高等职业教育 土建类专业项目式教材
GAODENG ZHIYE JIAOYU TUJIANLEI ZHUANYE XIANGMUSHI JIAOCAI

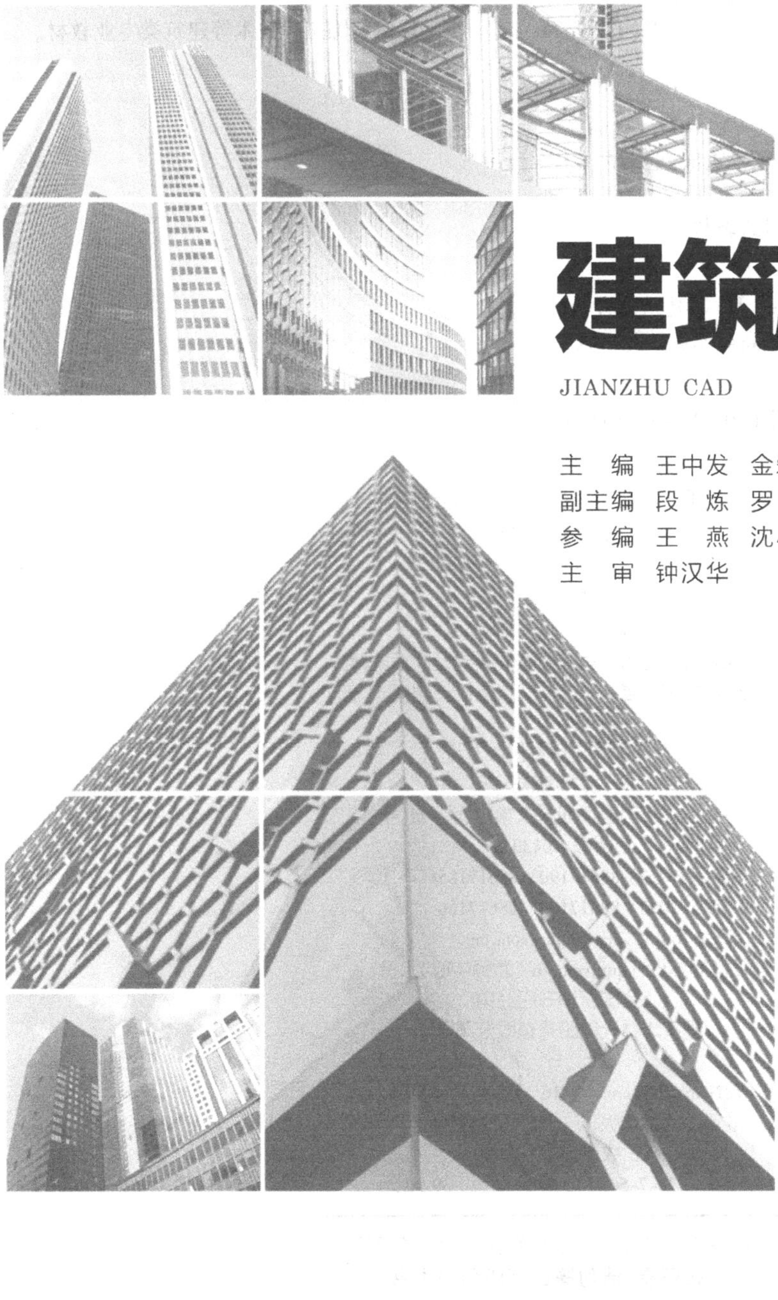

建筑CAD

JIANZHU CAD

主　编　王中发　金爱梅
副主编　段　炼　罗　中　徐　蕾　薛　艳
参　编　王　燕　沈小芹　熊　英
主　审　钟汉华

重庆大学出版社

内容简介

本书是按照国家专业制图标准和国家对职业教育工学结合教学模式的要求编写的。与传统 AutoCAD 教材的编写理念不同,本书按照学习内容与工作任务相一致的要求,以工程任务为对象,以培养学生职业绘图能力为目的,将 AutoCAD 绘图软件和建筑类专业图纸绘制方法有机结合起来,对 AutoCAD 软件的操作方法加以筛选;以实用为原则,重点是将 AutoCAD 操作方法应用到专业图纸绘制中,体现软件学习为绘制专业图纸服务的特点,加强对学生职业能力的培养。

本书主要介绍 AutoCAD 2012 的操作方法和建筑类专业图纸的绘制方法,将学习过程融入工作任务中。全书主要内容包括 AutoCAD 二维绘图基础、建筑施工图绘制、结构施工图绘制、建筑装饰施工图绘制、简单建筑三维图绘制和专业图纸的布局和打印。

本书可作为高等职业教育建筑工程技术、工程造价、工程监理、建筑装饰工程技术等建筑类专业教材。

图书在版编目(CIP)数据

建筑 CAD/王中发,金爱梅主编.—重庆:重庆大学出版社,2016.01(2021.1 重印)
高等职业教育土建类专业项目式教材
ISBN 978-7-5624-9309-9

Ⅰ.①建… Ⅱ.①王…②金… Ⅲ.①建筑设计—计算机辅助设计—AutoCAD 软件—高等职业教育—教材
Ⅳ.①TU201.4

中国版本图书馆 CIP 数据核字(2015)第 166802 号

高等职业教育土建类专业项目式教材
建筑 CAD
主 编 王中发 金爱梅
主 审 钟汉华
策划编辑:范春青 林青山
责任编辑:范春青 肖乾泉 版式设计:范春青
责任校对:关德强 责任印制:赵 晟
*
重庆大学出版社出版发行
出版人:饶帮华
社址:重庆市沙坪坝区大学城西路 21 号
邮编:401331
电话:(023) 88617190 88617185(中小学)
传真:(023) 88617186 88617166
网址:http://www.cqup.com.cn
邮箱:fxk@cqup.com.cn (营销中心)
全国新华书店经销
重庆华林天美印务有限公司印刷
*
开本:787mm×1092mm 1/16 印张:16 字数:379 千
2016 年 1 月第 1 版 2021 年 1 月第 3 次印刷
印数:4 001—6 000
ISBN 978-7-5624-9309-9 定价:39.00 元

编审委员会

前　言

本书根据职业教育要求，依照专业图纸绘制对 AutoCAD 绘图方法的要求，针对性地提炼 AutoCAD 软件操作方法的相关内容，将 AutoCAD 软件绘制方法融入专业图纸绘制当中，重点讲解专业图纸的绘制方法。

本书的作者是从事 AutoCAD 教学工作多年并都有丰富的工程实践经验的人员，对建筑专业图纸的绘制有全面深刻的理解。通过对本教材的学习，能快速掌握符合国家制图标准和行业规范的建筑类专业图纸的绘制和输出方法。

与传统 AutoCAD 教材的编写模式不同，本书按照学习内容与工作项目相一致的要求，将 AutoCAD 的操作方法应用到专业图纸绘制中，实现学校学习和企业工作的对接。

本书选用新版的 AutoCAD 2012 作为教学版本。全书有 6 个项目：AutoCAD 二维绘图基础、建筑施工图绘制、结构施工图绘制、建筑装饰施工图绘制、简单建筑三维图绘制、专业图纸的布局和打印。

根据知识的延递性，按照工学结合的原则，实施理实一体化教学，本课程教学宜安排在第二学期，参考学时数 50～60 学时。具体学时分配建议安排见下表。

章　节	名　称	建议学时
项目 1	AutoCAD 二维绘图基础	20
项目 2	建筑施工图绘制	14
项目 3	结构施工图绘制	10
项目 4	建筑装饰施工图绘制	8
项目 5	简单建筑三维图绘制	6
项目 6	专业图纸的布局和打印	2

本书由湖北水利水电职业技术学院王中发和长江工程职业技术学院金爱梅任主编，湖北水利水电职业技术学院段炼、罗中、徐蕾和薛艳任副主编，湖北水利水电职业技术学院王燕、沈小芹、熊英为参编。编写分工如下：王中发完成项目 1 的编写，金爱梅完成项目 3 的编写，罗中和徐蕾完成项目 2 的编写，段炼和薛艳完成项目 4 的编写，王燕、沈小芹完成项目 5 的编写，王中发和熊英完成项目 6 的编写。湖北水利水电职业学院钟汉华教授担任主审。

编　者

2015 年 6 月

目　录

项目 1

AutoCAD 二维绘图基础

根据项目化教学的要求，为满足绘制建筑专业图纸的需要，本项目对 AutoCAD 2012 的操作命令进行了筛选，选择适合绘制建筑类专业图纸的操作命令进行讲解，主要包括 AutoCAD 概述、绘图辅助工具、基本绘图命令、基本修改命令、文字输入、尺寸标注和块 7 个部分内容。

任务 1　AutoCAD 概述

【任务介绍】本任务介绍 AutoCAD 的发展历程和 AutoCAD 2012 对操作系统的要求，以及 AutoCAD 2012 的操作界面和操作命令的执行方法。

【任务目标】通过本任务的学习能够了解 AutoCAD 2012 对系统的要求，能够安装、卸载 AutoCAD 2012，熟悉 AutoCAD 2012 的操作界面，掌握 AutoCAD 2012 命令的基本执行方法。

1. AutoCAD 介绍

CAD(Computer Aided Design)是计算机辅助设计的缩写。AutoCAD 是一款由美国 Autodesk公司推出的通用计算机辅助设计软件，从 1982 年推出 AutoCAD 1.0 版，经历了 10 多次升级，目前在这一领域市场占有率远高于其他同类型软件。AutoCAD 应用较广泛的版本是 AutoCAD 2004、AutoCAD 2005、AutoCAD 2006、AutoCAD 2009 及 AutoCAD 2012 等。高版本可以打开低版本绘制的图形文件，而低版本不能打开高版本绘制的图形文件。本书以 AutoCAD 2012版作为教学版本。

1)配置要求

随着版本的升级，软件对计算机的配置要求也越来越高，AutoCAD 2012 对计算机配置的要求如下：

(1)32 位 AutoCAD 2012 对系统配置要求

- 操作系统:Win7、Vista、XPsp2;
- 处理器:英特尔奔腾 4、AMD Athlon 双核处理器 3.0 GHz 或英特尔、AMD 双核处理器 1.6 GHz或更高,支持 SSE2;
- 内存:2 GB 内存;
- 硬盘空间:1.8 GB 空闲磁盘空间进行安装;
- 显示器和显示卡 :1 280 ×1 024 真彩色视频显示器适配器,128 MB 以上独立显示卡。

(2)64 位 AutoCAD 2012 对系统配置要求

- 操作系统:Win7、Vista;
- 处理器:英特尔奔腾 4、AMD Athlon 双核处理器 3.0 GHz 或英特尔、AMD 的双核处理器2 GHz或更高,支持 SSE2;
- 内存:2 GB 内存;
- 硬盘空间:2 GB 空闲磁盘空间进行安装;
- 显示器和显示卡:1 280 ×1 024 真彩色视频显示器适配器,128 MB 以上独立显示卡。

AutoCAD 2012 主要有用于绘制建筑专业图纸的建筑 CAD 和用于绘制机械图的机械 CAD。本书主要介绍建筑 CAD。

2)基本功能

AutoCAD 2012 主要有绘图和辅助设计两大基本功能。

(1)基本绘图功能

①提供捕捉、栅格、正交、极轴、对象捕捉、对象追踪等各种绘图辅助工具。

②能简便地绘制圆、矩形、多边形等各种二维图形。

③能对简单二维图形进行修改,绘制复杂的二维图形。

④提供块及属性功能,从而更方便地绘制轴号、标高等特殊专业图形。

⑤提供图案填充,能方便绘制各种大样图、详图和剖面图等。

⑥提供尺寸标注功能,对各种图形进行尺寸标注。

⑦提供文字注写和表格编辑功能,能方便地在图形中插入文字和表格。

⑧提供布局和打印功能,能对绘制好的图形进行打印设置,方便出图。

⑨提供三维图形绘制和编辑工具,能绘制三维实体和编辑三维实体。

(2)辅助设计功能

①提供坐标、距离、长度、面积、体积及力学特性查询功能。

②提供三维实体和三维曲面着色、渲染等造型功能。

③能根据三维实体通过视图功能直接生成透视图、三面正投影等。

④具有二次开发功能,可以为天正等专业软件提供平台。

2. AutoCAD 2012 工作界面

启动 AutoCAD 2012 后,系统直接进入工作界面。在 Windows 操作系统下,AutoCAD 2012 的默认用户界面包括标题栏、菜单栏、工具栏、绘图区域、命令窗口、状态栏,如图 1.1 所示。

1）标题栏

标题栏包括常用的文件操作工具、工作空间菜单和当前文件的名称。

工作空间是一个比较实用的工具，用户可以根据不同的绘图需要在不同的工作空间之间切换，不同的工作空间显示的用户界面不同。如绘制常规二维图形时，用户可以切换到“草图与注释”工作空间；绘制简单三维图形，用户可以切换到“三维基础”工作空间；进行三维图形编辑时，用户可以切换到“三维建模”工作空间；还有一个工作空间是“AutoCAD 经典”，与 AutoCAD 之前的其他版本的工作界面一样。

2）菜单栏

AutoCAD 2012 的标准菜单栏主要包括以下 7 个工具条：

①常用：包括常用绘图命令、常用修改命令、常用图层工具栏、注释工具栏、块、对象特性等菜单。

②插入：包括块、块定义、参照、输入、数据等菜单。

③注释：包括文字、标注、引线、表格、标记等菜单。

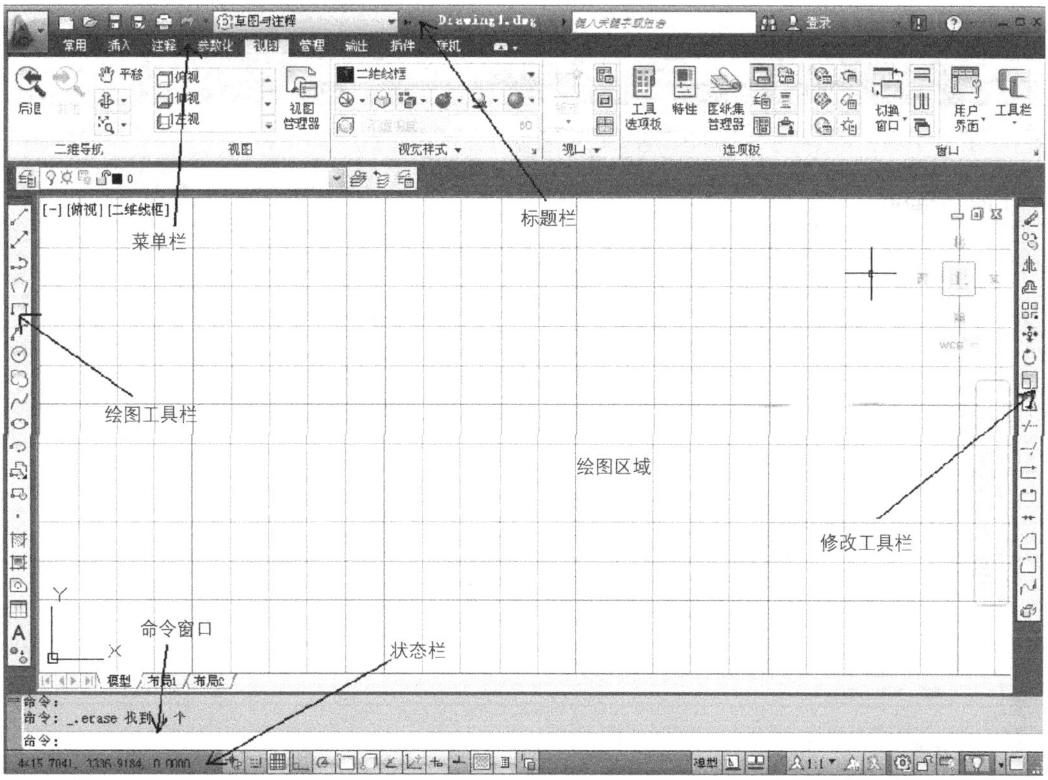

图 1.1　AutoCAD 2012 用户界面

④参数化：包括几何、标注和管理菜单。

⑤视图：包括二位导航、视图、视觉样式、视口、选项板等菜单。

⑥管理：包括动作录制器、自定义设置、应用程序等菜单。

⑦输出：包括打印和输出菜单。

另外，还有插件、联机和最小化菜单。

3)工具栏

工具栏是一系列相近命令的集合,例如将“文件”“编辑”“视图”菜单下的常用命令(如新建、打开、保持、复制、粘贴、缩放、平移等)集中在一起形成标准工具栏;将文字样式、标注样式和表格样式集中在一起形成样式工具栏;将颜色、线型、线宽等集中在一起形成对象特性工具栏 。AutoCAD 2012 提供 40 多种工具栏,方便用户在绘图时根据需要选择性显示或关闭,即可以在用户界面上增减工具栏。

打开新工具栏的方法:在已打开的任一工具栏上单击鼠标右键,此时会在列表上显示所有的工具栏,勾选要打开的工具栏即可;反之要关闭已打开的工具栏,只要不勾选即可。

4)命令窗口

命令窗口是一个用键盘输入命令和鼠标操作命令的窗口。在关闭动态输入的前提下,所有用键盘输入的命令和参数全部在命令窗口里显示;同时,命令窗口也会对输入的命令进行反馈。

例如:要绘制一个半径为 100 mm 的一个圆,在工具栏上单击圆的命令,命令窗口如图 1.2 所示。

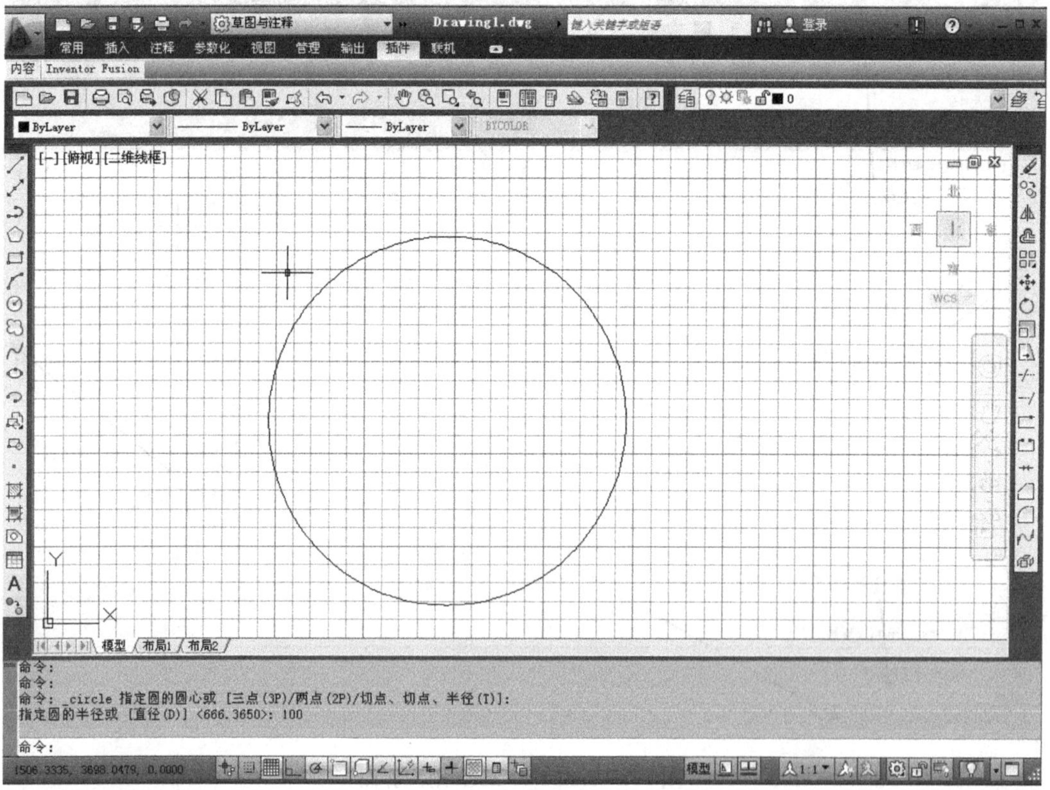

图 1.2 命令窗口

命令:-Circle 指定圆的圆心或[三点(3P)/两点(2P)/切点、切点、半径(T)]: >>提示选择绘制圆的方法

指定圆的半径或[直径(D)]:100 >>提示输入圆的半径或直径

按住键盘上“CTRL + 9”可关闭或打开命令窗口。

5）状态栏

状态栏是用户界面最下面的一行，包括当前鼠标所在点的坐标、精确辅助工具栏、模型和空间工具栏、其他辅助工具等，如图1.3所示。

图1.3　状态栏

6）绘图区域

所有的图形都在绘图区域内显示。

3. AutoCAD 2012 操作方法

一般来说，执行同一个操作，AutoCAD 2012提供3种途径：

- 从菜单栏中选择命令；
- 从工具栏中选择命令；
- 在命令窗口中用键盘输入命令。

下面以绘制直线为例进行说明：

（1）从菜单中选择绘制直线的命令

可以从菜单栏的二级菜单中选择绘制直线的按钮，如图1.4所示；然后根据命令窗口内的文字提示任意单击绘图区域内的两点，绘制完成一条直线。

（2）从工具栏中选择绘制直线的命令

在已打开的绘图工具栏中，选择绘制直线的按钮，如图1.5所示；然后根据命令窗口内的文字提示任意单击绘图区域内的两点，绘制完成一条直线。

（3）直接在命令窗口输入绘制直线的命令

直接用键盘输入“LINE”或其缩写“L”，如图1.6所示。

上述3种方式都可以绘制直线，且绘制的结果完全相同，如图1.7所示。

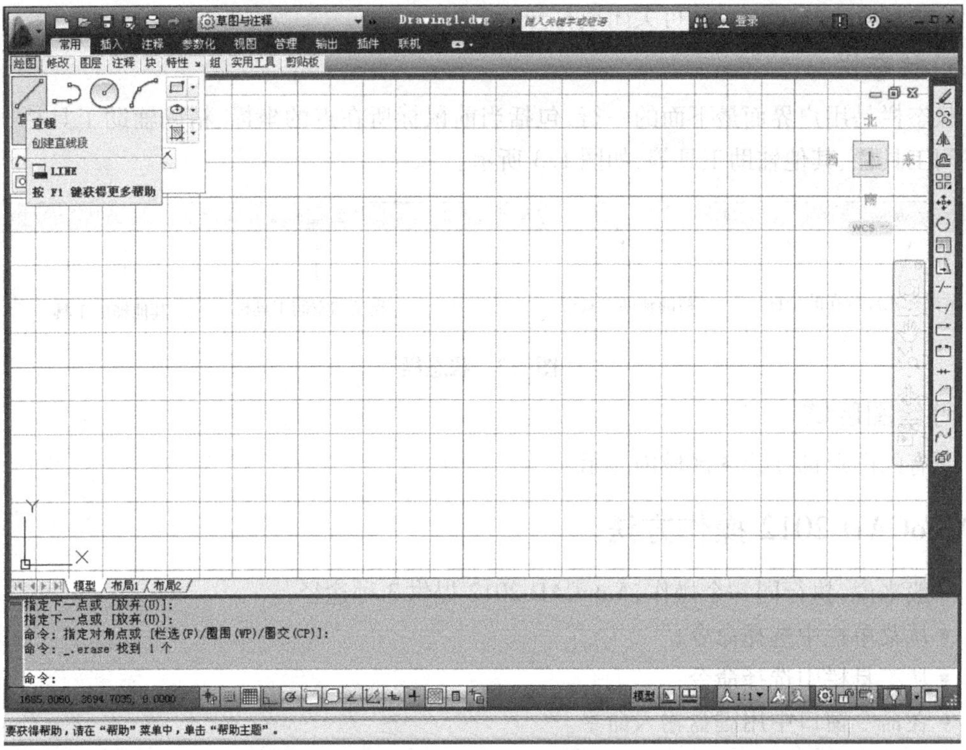

图 1.4　从菜单栏选择绘制直线的命令

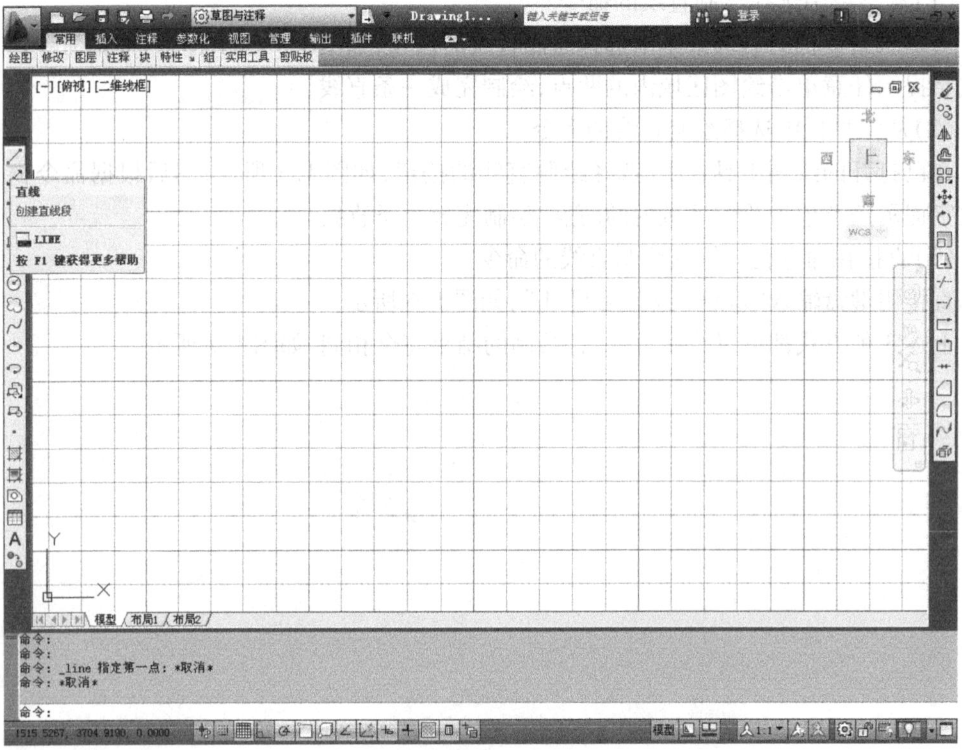

图 1.5　从绘图工具栏中选择绘图直线的命令

图1.6　在命令窗口中输入绘制直线的命令

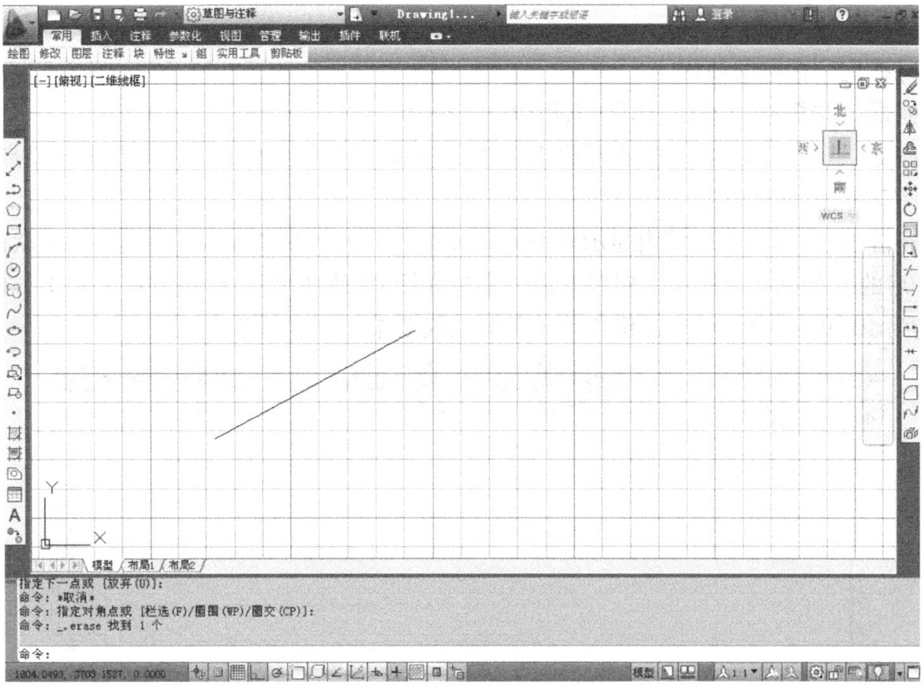

图1.7　绘制的直线

任务2　绘图辅助工具

【任务介绍】本任务介绍绘图辅助工具栏、视图、查询和图层等绘图辅助工具的使用方法。

【任务目标】掌握 AutoCAD 辅助工具的使用方法。

在图形绘制过程中，为使绘制的图形既精确又美观，经常需要用到绘图辅助工具，如绘制三角形需要拾取直线的端点、绘制矩形的对称轴需要拾取直线的中点、绘制圆的切线需要拾取圆周上的切点等。绘图辅助工具一般包括辅助工具栏、视图、查询、图层等。

1. 辅助工具栏

辅助工具栏也称为精确绘图工具，位于状态栏的中间（图 1.8），包括捕捉、栅格、正交、极轴、对象捕捉、对象追踪、对象捕捉追踪、动态输入等。每个辅助工具可用鼠标单击，凹下表示激活，凸起表示关闭，可以用快捷键激活或关闭辅助工具，如按 F9 激活或关闭捕捉辅助工具、按 F7 激活或关闭栅格辅助工具。其他辅助工具的快捷键如图 1.8 所示。

绘制建筑专业图纸，常用的辅助工具有捕捉、栅格、正交、极轴、对象捕捉、对象追踪、对象捕捉追踪、动态输入等。

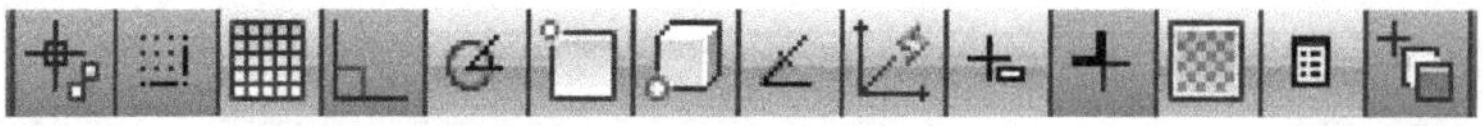

图1.8　辅助工具栏

1)捕捉和栅格

(1)捕捉和栅格的使用

“捕捉”和“栅格”经常一起使用,所以一起介绍。

“捕捉”是指鼠标光标只能在栅格点上跳跃移动,即鼠标光标只能停留在上栅格点上,而不会停留在其他位置。

“栅格”是指在绘图区域内显示水平方向和垂直方向等距离布置的点阵图案(默认状态下是开启的),如图1.9所示。栅格就像一张坐标纸,默认情况下,栅格沿着X和Y方向上的距离均为10单位(单位可通过格式菜单里的二级菜单“单位”设置)。

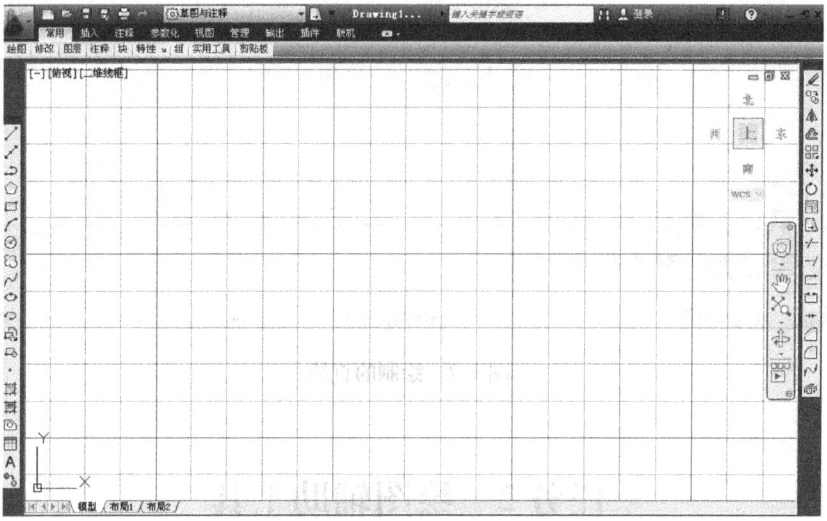

图1.9　栅格

由于栅格是等距离的点阵,在绘制图形的时候可通过拾取栅格点来确定距离。如:绘制一个边长分别为3,4,5个单位的直角三角形,可利用“捕捉”和“栅格”来完成。

①鼠标单击栅格按钮,显示栅格点阵。

②鼠标单击捕捉按钮,激活捕捉。

③执行绘制直线的命令。

④鼠标依次拾取栅格竖向3个单位距离、水平4个单位距离、连接第一点即可完成,如图1.10所示。

(2)捕捉和栅格的设置

在栅格按钮上单击鼠标右键,选择“草图设置”选项,打开捕捉和栅格设置选项板,如图1.11所示。该选项板包括“捕捉间距”“栅格样式”“极轴间距”“栅格间距”“捕捉类型”“栅格行为”等6个选项卡。

①“捕捉间距”:启用捕捉时,移动光标一次跳跃的距离。

②“栅格样式”:设置是否在“二维模型空间”“块编辑器”和“图纸/布局”中显示栅格。

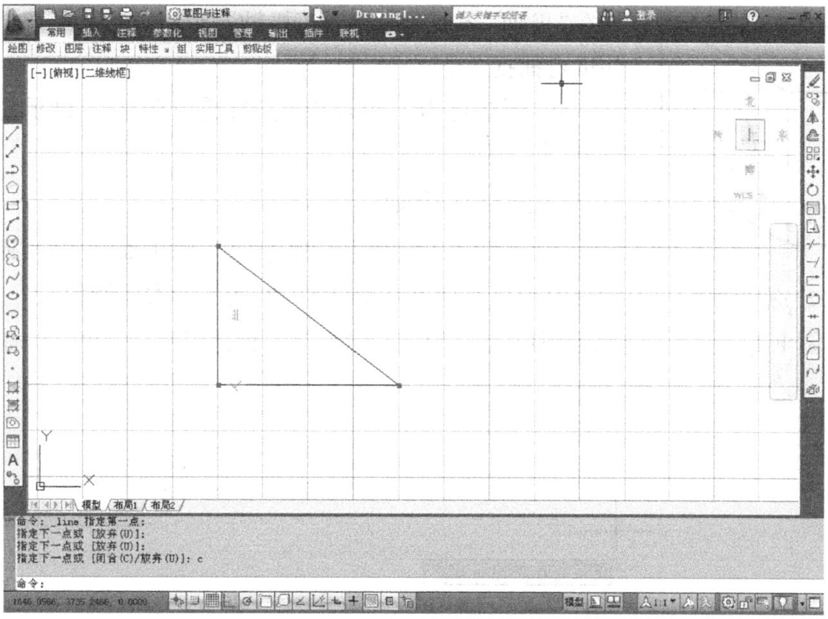

图 1.10　利用“栅格”和“捕捉”完成的三角形

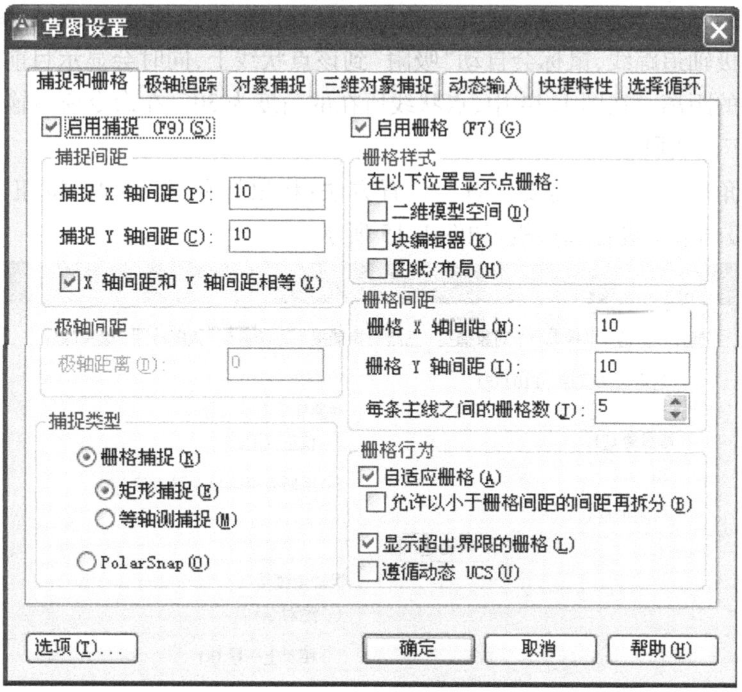

图 1.11　捕捉和栅格的设置

③“极轴间距”:设置极轴距离。

④“栅格间距”,可以设置栅格的间距(相邻栅格点的水平和垂直距离)。

⑤“捕捉类型”:“栅格捕捉”可以选择“矩形捕捉”或“等轴测捕捉”。“矩形捕捉”用来绘制正投影图,“等轴测捕捉”用来绘制等轴测图,如绘制如图 1.12 所示的等轴测图中的圆,就需要选择 “等轴测捕捉”来完成。“PolarSnap”在极轴追踪打开的情况下指定点,光标将沿

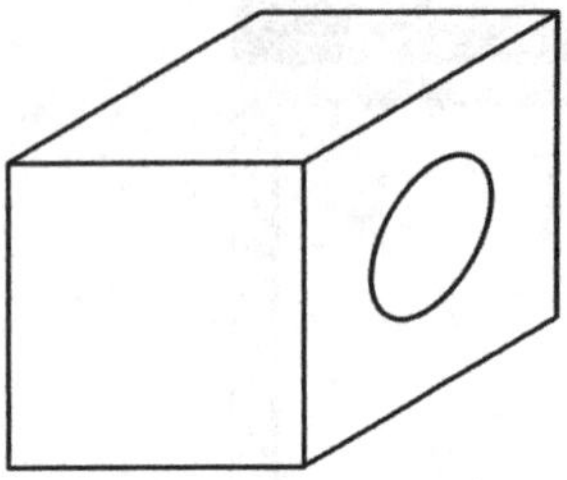

图 1.12　等轴测图

着在“极轴”选项卡上相对于极轴追踪起点设置的极轴对齐角度并进行捕捉。

⑥“栅格行为”:可以设置“自适应栅格”“显示超出界限的栅格”和“遵循动态”等。

2)正交和极轴

正交(图 1.13)是为了追踪到水平和垂直方向,使得鼠标光标仅限于在 X 轴和 Y 轴上移动,而不会发生倾斜。

极轴(图 1.14)是为了追踪到用户设定的任意角度,是一种比正交功能更强的辅助工具。

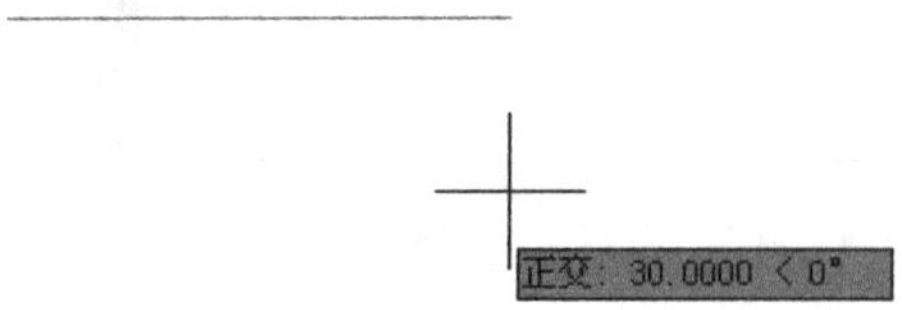

图 1.13　正交

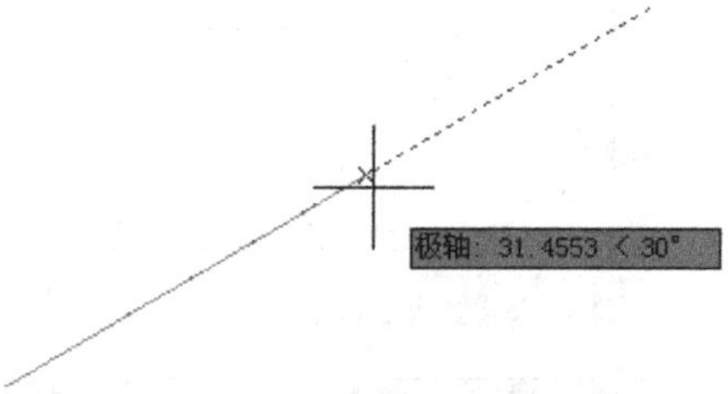

图 1.14　极轴

极轴的操作方法:鼠标光标在设置的角度及整数倍角度附近晃动,会出现一条点状线,该点状线称为极轴追踪线,鼠标会自动“吸附”到该点状线上,同时会显示目前点状线的角度及光标到起点的距离。在图 1.14 中,点状线所在的角度为 30°,在命令窗口输入距离就可以绘制倾角为 30°的线段。

极轴追踪角度可以根据需要设置。设置方法:将鼠标移至“极轴”按钮,右键选择“设置”即可打开极轴追踪设置选项板,如图 1.15 所示。

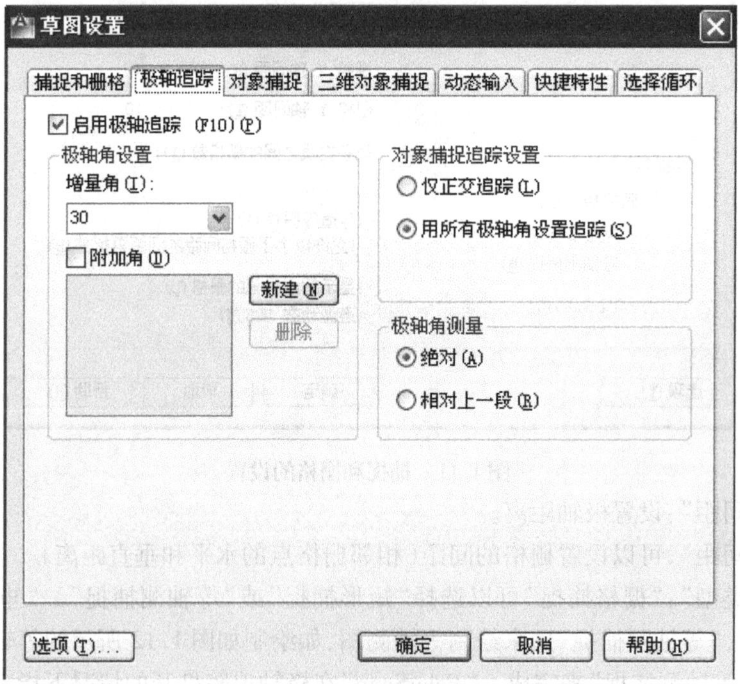

图 1.15　极轴追踪设置选项板

(1)极轴角设置

设置增量角,即选择一个角度作为增量角,这样就能追踪到该角度的整数倍角度,如将增量角设为30°,则在绘图区域光标能追踪到30°,60°,120°,150°等30°的整数倍角。

(2)对象捕捉追踪设置

该设置有两项可供选择:"仅正交追踪"和"用所有极轴角设置追踪"。"仅正交追踪"是指在进行"对象追踪 "时,只能追踪对象上的水平方向和垂直方向,如图1.16所示。"用所有极轴角设置追踪"是指在进行"对象追踪 "时,可以追踪对象上预先设定的增量角的整数倍角度方向,如图1.17所示。

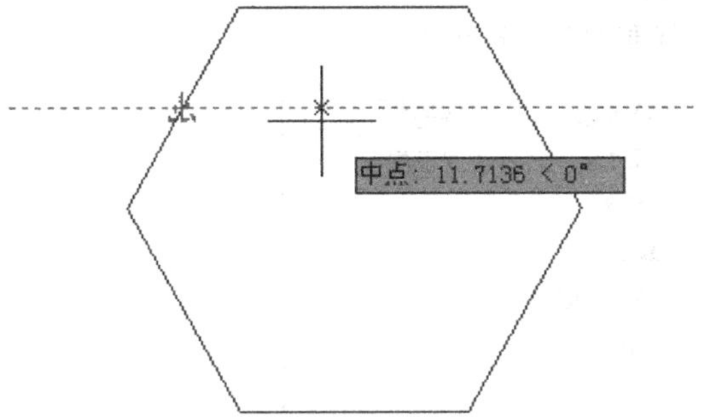

图1.16 "仅正交追踪"效果

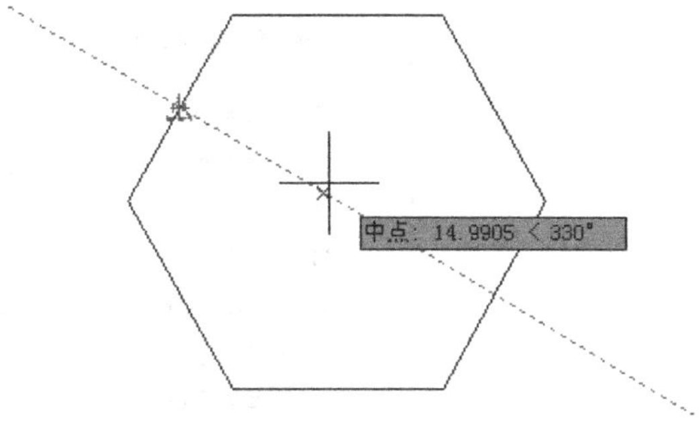

图1.17 "用所有极轴角设置追踪"效果

(3)极轴角测量

该设置有两项可供选择:"绝对"和"相对上一段"。"绝对"是指追踪角度是与X轴正向的夹角。"相对上一段"是指追踪角度是与前一段直线的夹角。

如:用直线命令绘制边长为100 mm的正六边形,当极轴角测量方式选用"绝对"时,绘制第三条边的时候,追踪角度显示为120°(第三条边和X轴正向的夹角),如图1.18所示。当极轴角测量方式选用"相对上一段"时,绘制第三条边的时候,追踪角度显示60°(第三条边和前一条边的夹角),如图1.19所示。

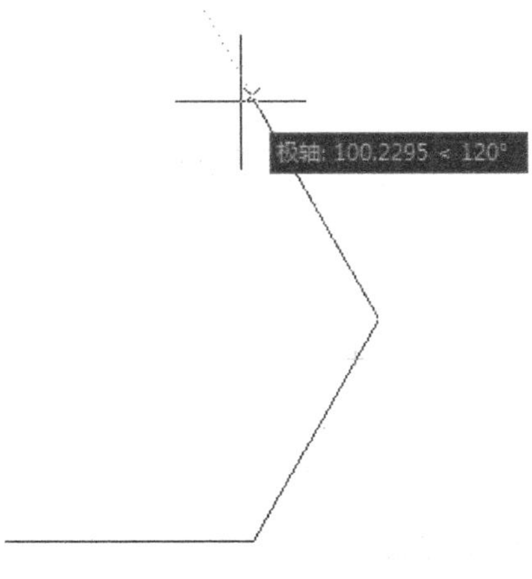

图1.18 "绝对"效果

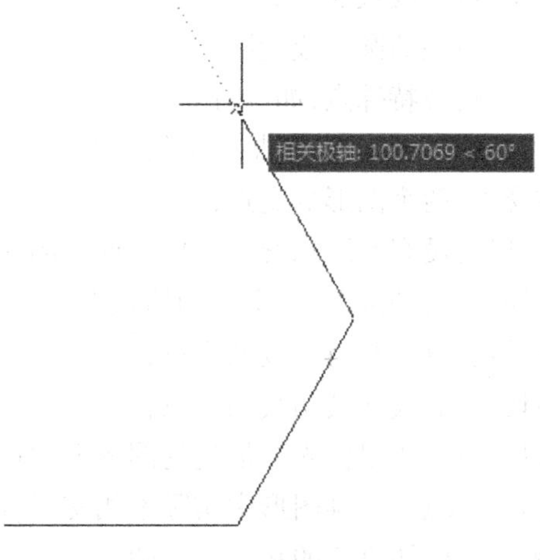

图1.19 "相对上一段"效果

3)对象捕捉

“对象捕捉”功能可以捕捉到对象上的特征点,如端点、中点、圆心、交点等,而无须知道该点的坐标,也不用担心光标点到该特征点之外的位置。AutoCAD 2012 提供端点、中点、圆心、节点、象限点、交点、延长线、插入点、垂足、切点、最近点、外观交点、平行线等 13 种特征点可供捕捉。在“对象捕捉”按钮上单击右键,可以打开“对象捕捉”选项板,勾选需要捕捉的点,如图 1.20 所示。

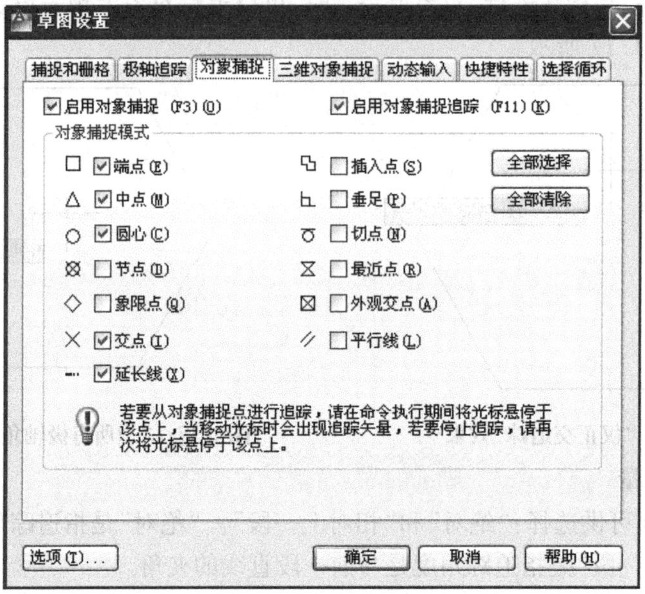

图 1.20 “对象捕捉”选项板

各个捕捉点的说明:

①端点:直线、曲线、三维实体等的端点;

②中点:直线或曲线的中点;

③圆心:圆的圆心或椭圆的中心;

④节点:各特殊点,如等分点;

⑤象限点:圆周与 X 轴、Y 轴的交点以及椭圆长轴和短轴的两个端点;

⑥交点:两个图形的交点;

⑦延伸:没有实际相交的对象延伸后的交点;

⑧插入点:外部图块、文字的插入点;

⑨垂足:直线和其垂线的交点;

⑩切点:曲线和其切线的交点;

⑪最近点:离鼠标光标最近的图形上的点;

⑫外观交点:三维图形中实际不相交但看起来相交的点;

⑬平行:已知直线的平行线上的点。

【例 1.1】如图 1.21 所示,过直线 AB 外一点 C,分别绘制直线 AB 的中线、垂线和平行线。

打开“对象捕捉”选项板,勾选对象捕捉模式里的中点、垂足和平行 3 个选项。

(1)绘制 *AB* 的中线

执行绘制直线的命令,第一点单击选择 *C* 点,鼠标光标在 *AB* 的中点附近晃动,当出现一个小三角形符号,表明中点已捕捉到,单击鼠标左键自动捕捉到中点,完成中线的绘制,如图 1.22 所示。

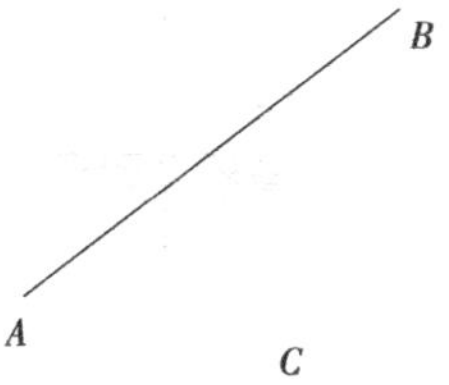

图 1.21　直线 *AB* 和外一点 *C*

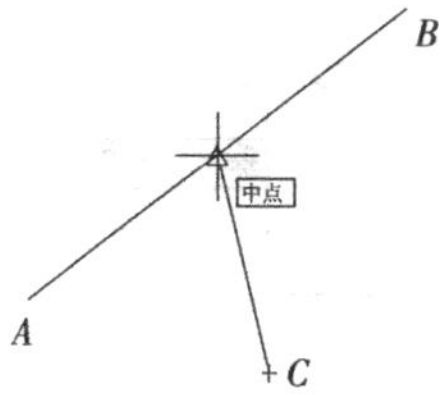

图 1.22　直线 *AB* 的中线

(2)绘制 *AB* 的垂线

执行绘制直线的命令,第一点单击选择 *C* 点,鼠标光标在 *AB* 的垂足点附近晃动,当出现一个小垂足符号,表明垂足点已捕捉到,单击鼠标左键自动捕捉到垂足点,完成垂线的绘制,如图 1.23 所示。

(3)绘制 *AB* 的平行线

执行绘制直线的命令,第一点单击选择 *C* 点,鼠标光标在直线 *AB* 上晃动,当出现一个小平行符号后,将光标移至 *AB* 平行线的大约位置。当提示“平行”出现时,表明平行线已捕捉到,在任一位置单击鼠标左键完成平行线的绘制,如图 1.24 所示。

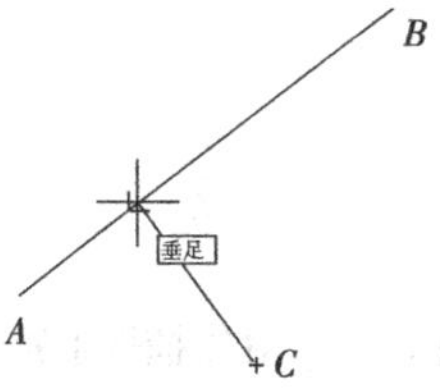

图 1.23　直线 *AB* 的垂线

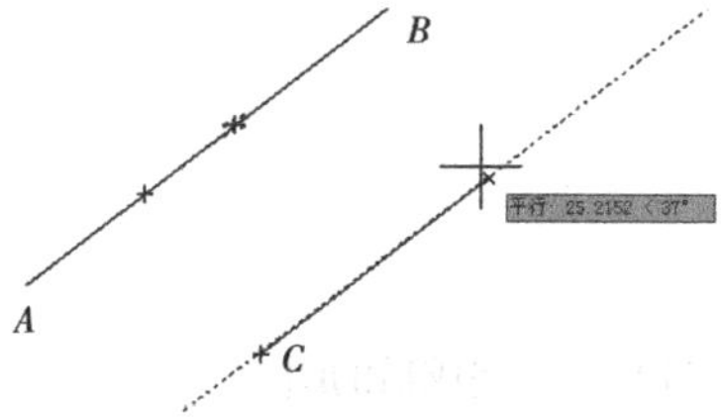

图 1.24　直线 *AB* 的平行线

【例 1.2】如图 1.25 所示,过圆 *O* 外一点 *C*,绘制圆 *O* 的切线。

打开“对象捕捉”选项板,勾选“切点”选项。执行绘制直线命令,单击 *C* 点后将光标移动至大致平行的位置,出现切点符号,单击鼠标左键自动捕捉到切点,单击完成切线的绘制,如图 1.25 所示。

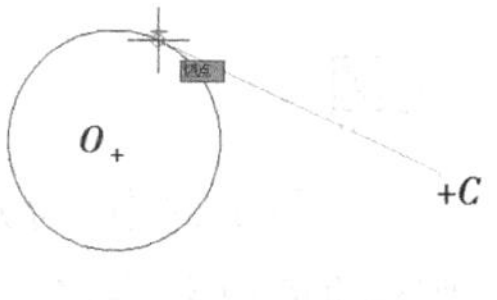

图 1.25　绘制圆 *O* 的切线

4)对象追踪

“对象追踪”是追踪对象上某点的沿极轴角方向的路径,相当于是“极轴”和“对象捕捉”的综合工具。

【例 1.3】任意一个矩形,要求以该矩形的中心为圆心绘制一个圆。

矩形绘制好后,执行绘制圆的命令,先将光标放置于左边线的中点附近(不要单击鼠标),出现小三角形图标(中点捕捉),将光标沿水平方向移动,出现 0°极轴,如图 1.26 所示。再将光标移至矩形上边线中点附近(不要单击),出现小三角形图标(中点捕捉),将光标沿垂直方向移动至大约中心点位置附近,会出现 中点: < 0°, 中点: < 270°,单击鼠标左键即将圆心设置在矩形的中心点处,如图 1.27 所示;用键盘输入圆的半径即可完成,如图 1.28

所示。

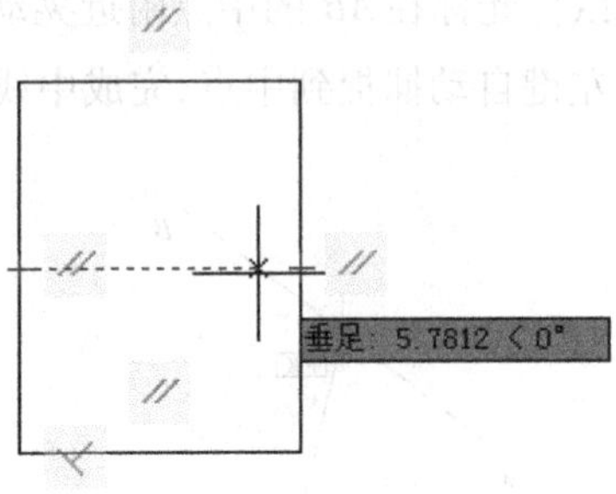

图 1.26　矩形左边线的 0°追踪

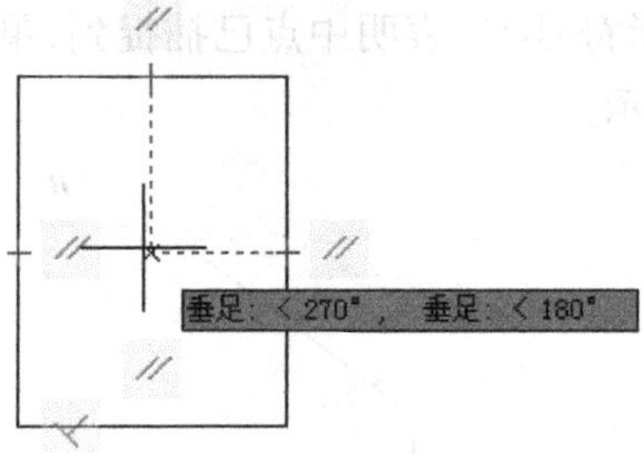

图 1.27　追踪到矩形的中心点

5）三维对象捕捉

“三维对象捕捉”工具可以捕捉三维对象上的特征点，与“对象捕捉”操作方法相同，不再赘述。

6）对象捕捉追踪

“对象捕捉追踪”是“对象捕捉”和“对象追踪”的综合工具。如图 1.29 所示，有一条直线 *AB*，要求绘制一条直线 *CD*，使 *D* 点和 *B* 点在的连线位于竖直方向，可用“对象捕捉追踪”工具实现。

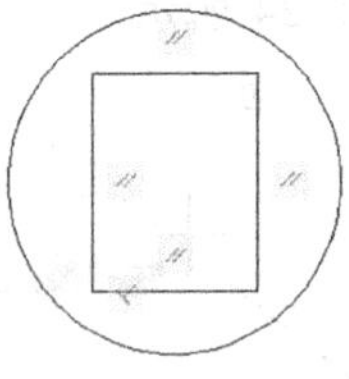

图 1.28　完成后的图

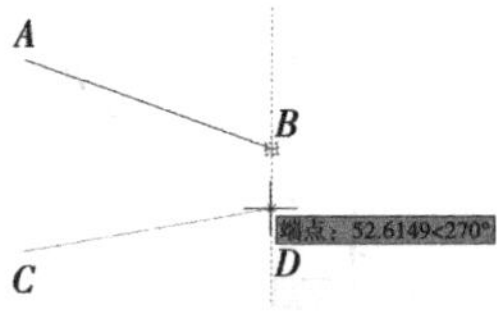

图 1.29　对象捕捉追踪

7）动态输入

“动态输入”是设置在输入距离或角度等参数时，参数在绘图区域显示而不在命令窗口内显示。

2. 视图

在绘图工程中，为方便观察和操作，经常需要调整对象显示的位置和大小，这就需要进行视图的缩放和平移。

1）视图的缩放

视图的缩放是指调整图形在绘图区域内显示的大小，只是改变图形的视觉效果，并不改变图形的实际尺寸，相当于把图纸移开或靠近的效果。

AutoCAD 2012 提供多种视图缩放方法，操作途径有多种，常用的有两种：通过视图菜单执行和通过在命令窗口输入缩放命令执行。

①单击菜单“视图”→“二维导航”，然后选择对应的缩放工具，如图 1.30 所示；

②在命令窗口用键盘输入命令：Zoom 或其缩写 Z，如图 1.31 所示。

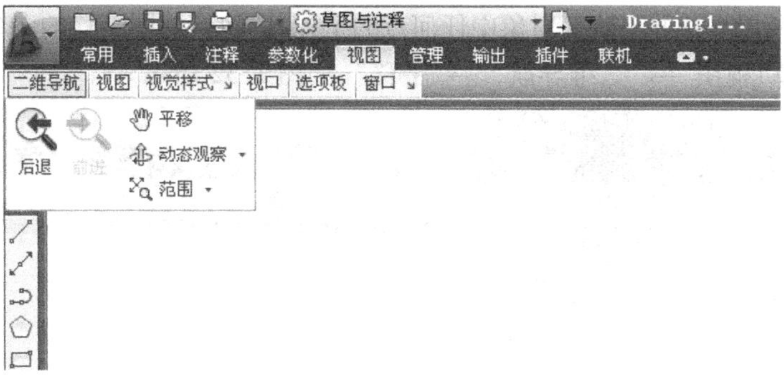

图 1.30　单击视图菜单执行视图缩放

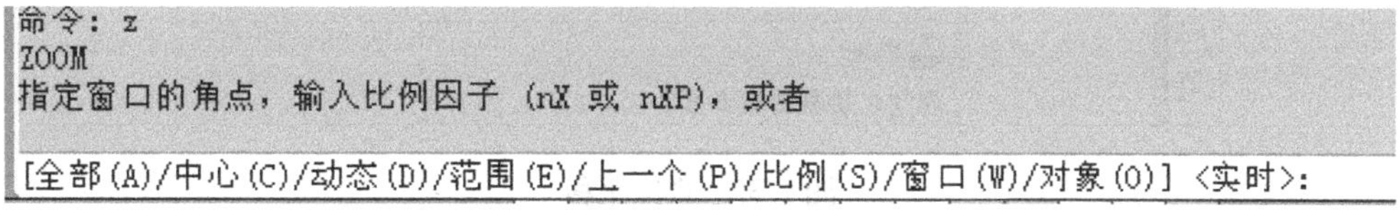

图 1.31　在命令窗口输入 Zoom 命令执行视图缩放操作

上述两种方式都可以执行视图缩放命令,效果完全一样。观察图 1.31 可以发现,视图缩放的方式有多种。在执行缩放命令后,可以选择不同的缩放方式:

①指定窗口的角点,输入比例因子（nX 或 nXP）。这是第一种缩放方式,也是默认操作选项,操作方法:直接用鼠标依次单击两个点,以这两个点为对角点构成的矩形区域所包含的图形放大到充满整个绘图区域。或者输入 nX 来指定要缩放的确定倍数,如输入 10X 表示将图形放大 10 倍。或者输入 nXP,指定相对于图纸空间缩放的比例。

②输入 A,回车,表示全部缩放,是指将全部图形缩放到图形界限。

③输入 C,回车,表示指定中心点缩放,是指将视图移动到绘图区域的中心,然后根据输入的比例或高度值居中缩放视图。

④输入 D,回车,表示动态缩放,是指使用视图框动态确定缩放范围来进行视图缩放,动态框调整好后回车。

⑤输入 E,回车,表示范围缩放,是指将整个图形对象全部缩放到充满整个绘图区域。与全部缩放不同的是,范围缩放不受之前设置的图形界限的限制。

⑥输入 P,回车,表示恢复上一个显示的图形窗口,最多可以显示前面 10 次显示过的图形窗口。

⑦输入 S,回车,表示按比例缩放,是指通过输入确定的比例因子缩放视图。

⑧输入 W,回车,表示窗口缩放,是指用鼠标拖出一个方框,被方框包含的对象(包括完整的图形和图形的一部分)缩放到充满绘图区域。

⑨输入 O,回车,表示按对象缩放,是指选定一个或多个对象,将选定的对象尽可能地缩放到充满整个绘图区域,并使其位于绘图的中心。

⑩不输入任何命令,直接回车,表示实时缩放,是指通过滑动鼠标滑轮实时调整缩放的大小。

2)视图的平移

视图的平移是指不改变图形显示的大小,而改变图形在绘图区域中的位置(平移时连同坐

标系一起平移,所以平移并不改变对象中任何点的坐标)。执行视图平移的命令有两种途径:

①单击菜单"视图"→"二维导航" →"平移",如图 1.32 所示。

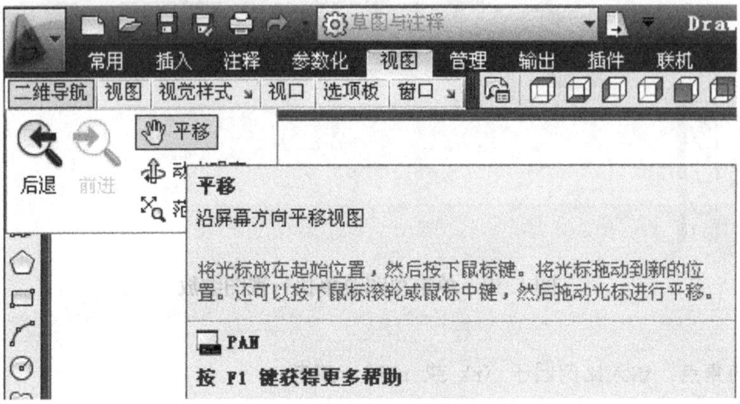

图 1.32　视图平移

②直接在命令窗口输入实时平移命令 Pan 或其缩写 P,回车。

执行上述任一种实时平移操作后,移动鼠标,整个图形以鼠标光标所在的点为基点进行平移。

3. 查询

查询功能是 AutoCAD 一个很有效的设计辅助工具。利用查询功能可以查询点的坐标、两点间的距离、半径、角度、封闭图形的面积和体积等,如图 1.33 所示。

1) 查询点的坐标

执行查询点的坐标操作有 3 种途径:

①单击菜单"常用"→"实用工具"→"点坐标";

②打开查询工具栏,单击查询工具栏上的"定位点"按钮,如图 1.34 所示;

③输入命令 ID,回车。

执行上述任一种查询操作后,鼠标拾取要查询的点,在命令窗口会显示该点的坐标值。

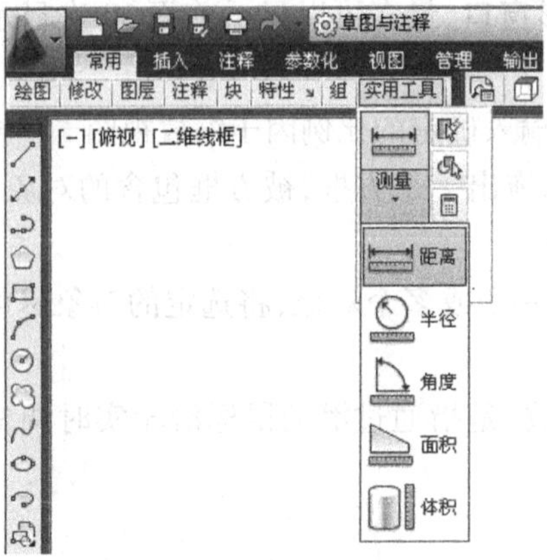

图 1.33　查询菜单

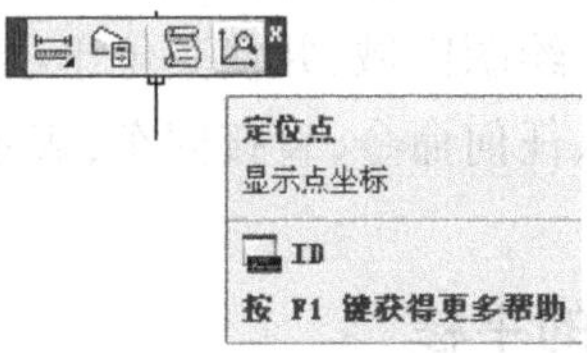

图 1.34　利用工具栏查询点坐标

2)查询两点间的距离

执行查询距离操作有 3 种途径:

①单击菜单“常用”→“实用工具”→“距离”;

②打开查询工具栏,单击查询工具栏上的“距离”按钮,如图 1.35 所示;

③输入命令 DI,回车。

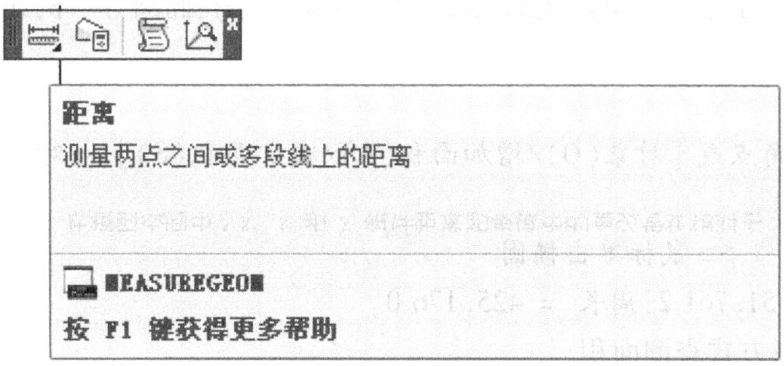

图 1.35　利用工具栏查询距离

执行上述任一种查询操作后,鼠标依次单击要查询距离的两个点,在命令窗口会显示该距离,如图 1.36 所示。

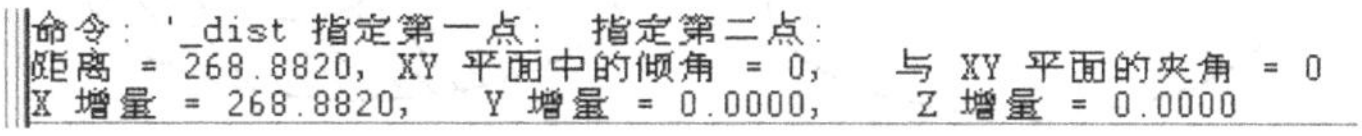
命令: '_dist 指定第一点: 指定第二点:
距离 = 268.8820, XY 平面中的倾角 = 0, 与 XY 平面的夹角 = 0
X 增量 = 268.8820, Y 增量 = 0.0000, Z 增量 = 0.0000

图 1.36　距离查询的结果

3)查询面积

执行查询面积操作有 3 种途径:

①单击菜单“常用”→“实用工具”→“面积”;

②打开查询工具栏,单击查询工具栏上的“面积”按钮;

③输入命令 Area,回车。

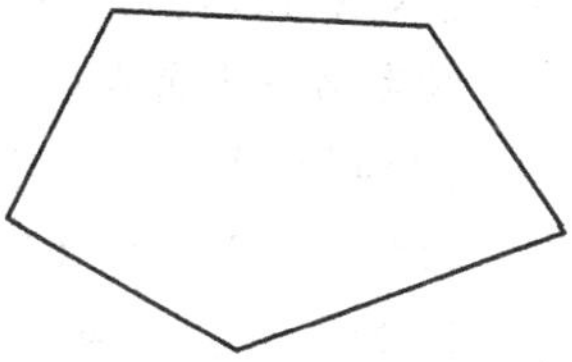

图 1.37　多边形

查询面积可以显示对象的面积和周长。根据对象的不同,查询面积的方式也不同,下面介绍 4 种查询面积的方法。

(1)通过鼠标依次拾取各点查询面积

这种查询面积的方法适用于全部由直线构成的闭合图形,如查询如图 1.37 所示的多线形的面积。

方法如下:

命令:area

输入选项[距离(D)/半径(R)/角度(A)/面积(AR)/体积(V)]<距离>:_area

\>>单击多边形的第一个角点

指定第一个角点或[对象(O)/增加面积(A)/减少面积(S)/退出(X)]<对象(O)>:

\>>单击多边形的第二个角点

指定下一个点或[圆弧(A)/长度(L)/放弃(U)]:　　>>单击多边形的第三个角点

注:命令后两格“>>”后的内容为对该命令操作的注释内容,全书同。

指定下一个点或［圆弧(A)/长度(L)/放弃(U)］:　　>>单击多边形的第四个角点

指定下一个点或［圆弧(A)/长度(L)/放弃(U)］:　　>>单击多边形的第五个角点

指定下一个点或［圆弧(A)/长度(L)/放弃(U)］:　　>>回车结束

区域 = 123 020.867 0,周长 = 1 523.968 9

(2)利用单击对象的方式查询面积

这种方式适用于单个对象构成的封闭图形,如矩形、圆、椭圆等。例如查询如图 1.38 所示椭圆的面积。

命令: _area

指定第一个角点或［对象(O)/增加面积(A)/减少面积(S)］<对象(O)>: O >>输入 O,回车

选择对象:　　>>鼠标单击椭圆

面积 = 11 151.761 2,周长 = 425.176 0

(3)利用加减方式查询面积

这种方法适合于组合图形,如查询图 1.39 中阴影部分的面积。

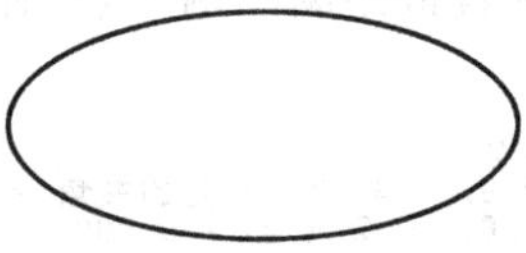

图 1.38　椭圆

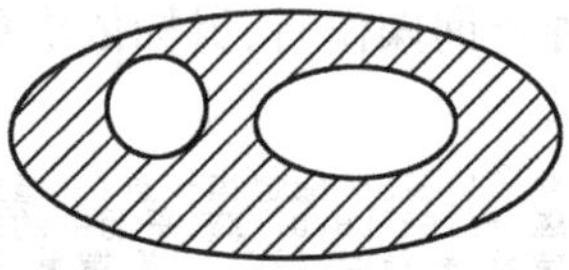

图 1.39　组合图形

命令: _area

指定第一个角点或［对象(O)/增加面积(A)/减少面积(S)］<对象(O)>: A >>输入 A,回车,采用加模式选择对象

指定第一个角点或［对象(O)/减少面积(S)］: O　　>>输入 O,回车

("加"模式) 选择对象:　　>>单击大椭圆

面积 = 11 151.761 2,周长 = 425.176 0,总面积 = 11 151.761 2

("加"模式) 选择对象:　　>>回车,结束加模式

指定第一个角点或［对象(O)/减少面积(S)］: S　　>>输入 S,回车,采用减模式选择对象

指定第一个角点或［对象(O)/增加面积(A)］: O　　>>输入 O,回车

("减"模式) 选择对象:　　>>鼠标单击小圆

面积 = 853.250 4,圆周长 = 103.548 3,总面积 = 10 298.510 8

("减"模式) 选择对象:　　>>鼠标单击另一小椭圆

面积 = 1 913.571 5,周长 = 165.658 8,总面积 = 8 384.939 3

最后的结果"总面积 = 8 384.939 3"即为阴影部分的面积。

(4)通过面域的方式查询面积

这种方法适用于查询含有曲线边界的封闭图形的面积,如查询如图 1.40 所示曲边多边形(实线部分,由两条直线和一段椭圆弧构成)的面积。若采用通过鼠标依次拾取各点的方式查询面积,查询的将是三角形的面积,而非曲边多边形的面积。

步骤如下:

①先利用“面域”命令，将由两条直线和一段椭圆弧构成的多边形编辑为一个面域，方法如下：单击菜单“常用” →“绘图”→“面域”，如图 1.41 所示。

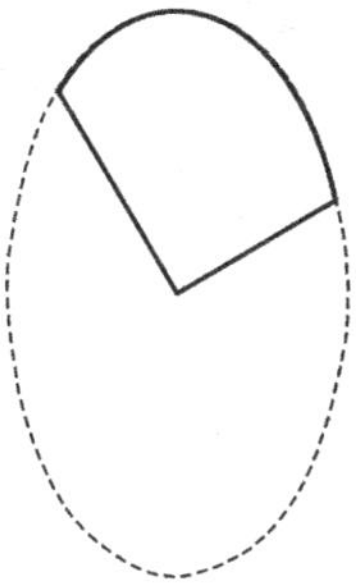

图1.40　曲边多边形

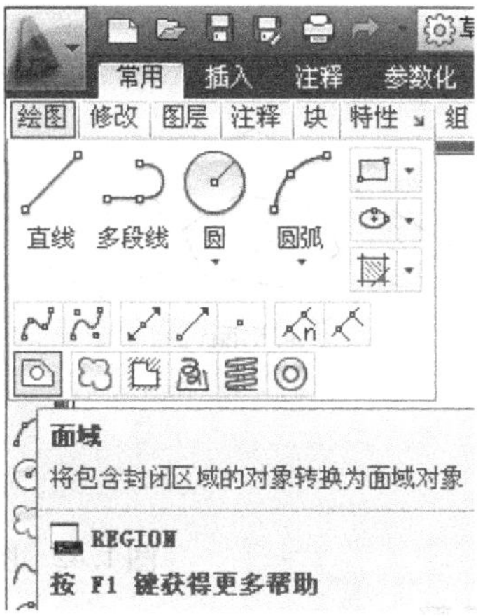

图1.41　面域操作

命令：_region

选择对象：找到 1 个　　　>>鼠标单击其中一条直线

选择对象：找到 1 个，总计 2 个　　　>>鼠标单击另一条直线

选择对象：找到 1 个，总计 3 个　　　>>鼠标单击椭圆弧

选择对象：　　>>回车

已提取 1 个环；

已创建 1 个面域；

已删除 3 个约束。

②再利用单击对象的方式查询面积。

命令：_area

指定第一个角点或［对象(O)/增加面积(A)/减少面积(S)］ <对象(O)>：O >>输入 O，回车

选择对象：　　>>单击椭圆弧

面积 = 53 643.038 2，周长 = 884.773 6

“面积 = 53 643.038 2”即为该曲边多边形的面积。

4. 图层

1) 图层的概念

图层是一个用来管理图形对象的工具，当绘图区域中图形对象很多时，为方便管理，可以将一系列具有相同或相似特点的对象放在一个图层里，每个图层就相当于一张透明的绘图纸(图层上绘制的图形对象不透明)。这样，整个绘图区域相当于由多个图层堆叠而成的，而整个图形就是由多个图层上的图形堆叠拼成的。

图层设置好后，可以只将某一图层在绘图区域内显示，从而在选取或修改对象时不用担心会选中其他图层内的对象。

如图 1.42 所示，左边的图可以看作是由右边 3 个图层里的图形对象堆叠而成的。

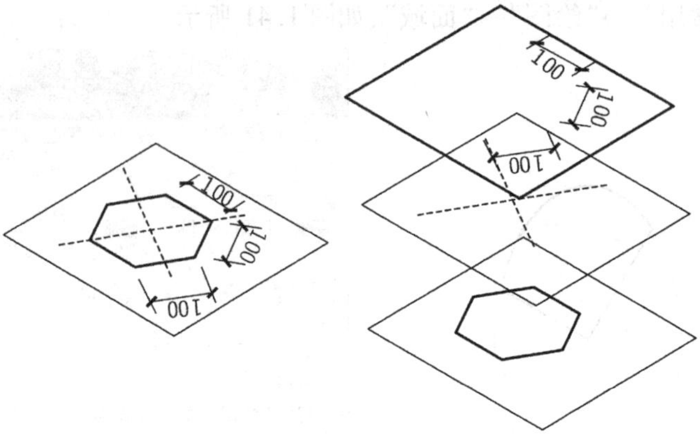

图 1.42　图层的效果

2)图层的设置

可以在图层特性管理器中对图层进行设置，打开图层特性管理器有 3 种途径：

①单击菜单“格式”→“图层”；

②单击工具栏上的“图层”按钮；

③在命令窗口输入 Layer 或其缩写 L。

图层特性管理器默认状态下如图 1.43 所示。图层特性管理器中各选项的说明如下：

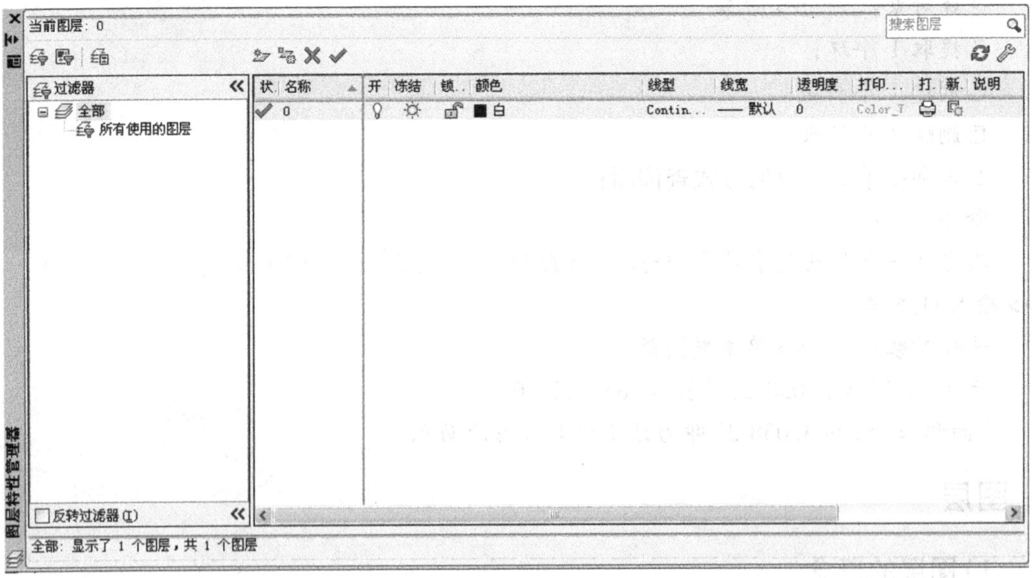

图 1.43　图层特性管理器

①打开与关闭：关闭的图层上的对象不显示、不编辑、不打印；打开反之。

②冻结与解冻：冻结的图层上的对象不显示、不编辑、不打印；打开反之。

冻结与关闭的区别是冻结图层可以减少系统重新生成图形的计算时间，提升系统运行效率。

③锁定与解锁：锁定图层后，改图层上的对象显示，也能打印，但是不能编辑。

④0 层，这是系统默认的图层，既不能删除，也不能修改名称。

图层的设置的步骤如下：

①启动图层特性管理器；

②单击“新建”按钮，新建一个图层；

③双击鼠标左键，修改图层名称；

④单击颜色项修改图层中对象的颜色，单击线型项修改图层中对象的线型，单击线宽项修改图层中对象的线宽。

提示：修改完图层中对象的颜色、线型和线宽后，在该图层绘制的对象初始的颜色、线型和线宽与图层中的一致，但也允许在绘图区域再次修改这些特性。

【例 1.4】新建一个图层，名称为轴线、颜色为红色、线型为点画线、线宽为 0.2 mm。

按照上述步骤，结果如图 1.44 所示。

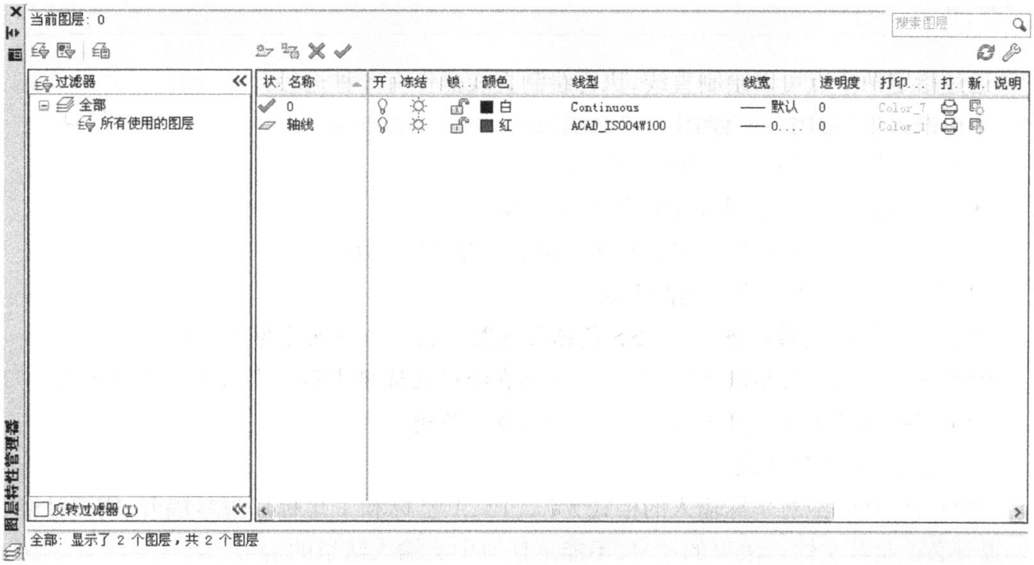

图 1.44　新建的图层

任务 3　基本绘图命令

【任务介绍】本任务介绍常用的二维绘图命令。

【任务目标】掌握 AutoCAD 二维绘图命令的操作方法。

1. 点的样式

二维图形都是由直线和曲线构成，而直线和曲线都是由点构成的。默认情况下，点是没有大小的，点在图形上是不会显示的，为了显示输入的点，可以打开“点样式”选项板调整点的外观。打开“点样式”选项板的方式：单击菜单“常用”→“实用工具”→“点样式”（图 1.45），“点样式”选项板如图 1.46 所示。

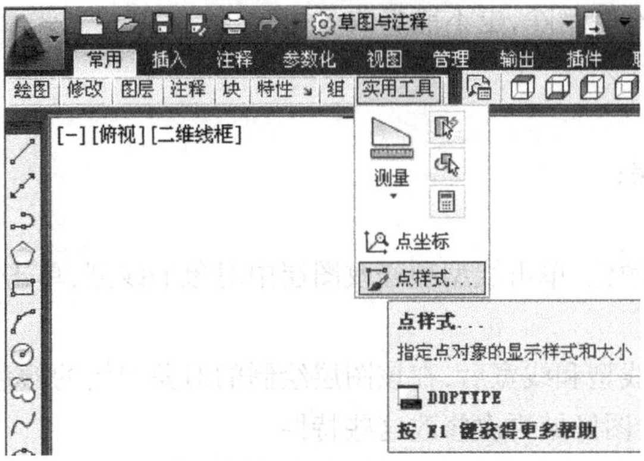

图1.45　调整点样式的方法

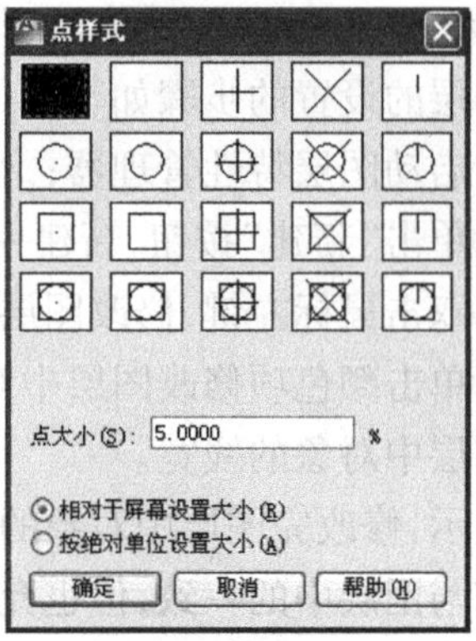

图1.46　点样式选项板

2. 直线

通过指定两个点可以绘制直线，执行绘制直线操作有3种途径：

- 单击菜单“常用”→“绘图”→“直线”；
- 单击“绘图工具栏”上“直线”按钮；
- 在命令窗口输入绘制直线的命令 Line 或 L。

根据要求不同，AutoCAD 2012 提供多种绘制直线的方法。

(1)用鼠标直接点取直线的两个端点

命令：_line 指定第一点：　　>>鼠标在绘图区域单击一点作为直线的起点

指定下一点或［放弃(U)］：　　>>鼠标在绘图区域单击第二点作为直线的终点

指定下一点或［放弃(U)］：　　>>回车或空格键完成

(2)输入坐标绘制直线

①绝对坐标。绝对坐标输入的格式为(X,Y)，X 坐标和 Y 坐标用逗号隔开，需要注意的是，逗号必须是英文输入法里的逗号，不能是任何中文输入法里的逗号。

【例1.5】用绝对坐标绘制一个三角形，三角形3个顶点的坐标依次为(60,60)、(80,60)、(80,80)。

操作方法如下：

命令：_line 指定第一点：60,60　　>>用键盘输入60,60，回车

指定下一点或［放弃(U)］：80,60　　>>用键盘输入80,60，回车

指定下一点或［放弃(U)］：80,80　　>>用键盘输入80,80，回车

指定下一点或［闭合(C)/放弃(U)］：C　　>>输入C，回车，表示闭合

完成的结果如图1.47所示。

②输入相对直角坐标。相对直角坐标输入的格式为@(ΔX,ΔY)，ΔX 和 ΔY 是后一点相对于前一点的直角坐标的差值，ΔX 和 ΔY 用逗号隔开，同样逗号必须是英文输入法里的逗号，不能是任何中文输入法里的逗号。

如用相对直角坐标绘制图1.47所示的三角形，方法如下：

命令：_line 指定第一点：60,60　　>>用键盘输入60,60，回车

指定下一点或［放弃(U)］：@20,0　　>>用键盘输入@20,0，回车

指定下一点或［放弃(U)］：@0,20　　>>用键盘输入@0,20,回车

指定下一点或［闭合(C)/放弃(U)］：C　　>>输入C,回车,表示闭合

③输入相对极坐标。相对极坐标输入的格式为@(距离<角度)，距离是后一点相对于前一点的距离，角度是直线相对于 X 轴正向的夹角(也可以设置成相对于上一条直线的夹角)，距离和角度用“<”隔开，注意“<”必须是英文输入法里的“<”，不能是任何中文输入法里的“<”。

【例1.6】绘制边长为100 mm的正三角形。

操作如下：

命令：_line 指定第一点：　　>>鼠标单击输入第一点

指定下一点或［放弃(U)］：@100<0　　>>输入@100<,回车

指定下一点或［放弃(U)］：@100<120　　>>输入@100<120,回车

指定下一点或［闭合(C)/放弃(U)］：C　　>>输入C,回车,表示闭合

绘制的结果如图1.48所示。

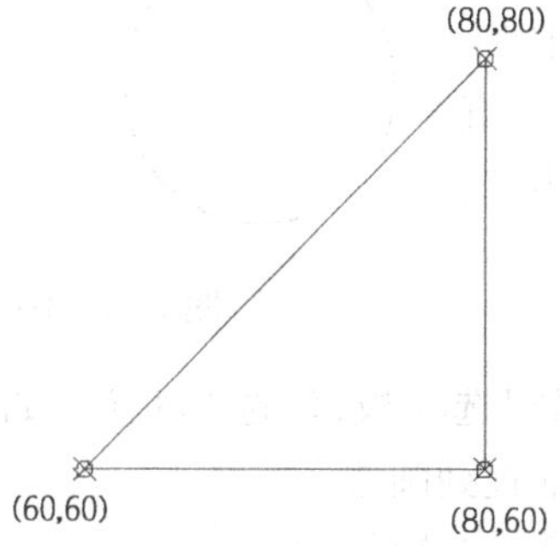

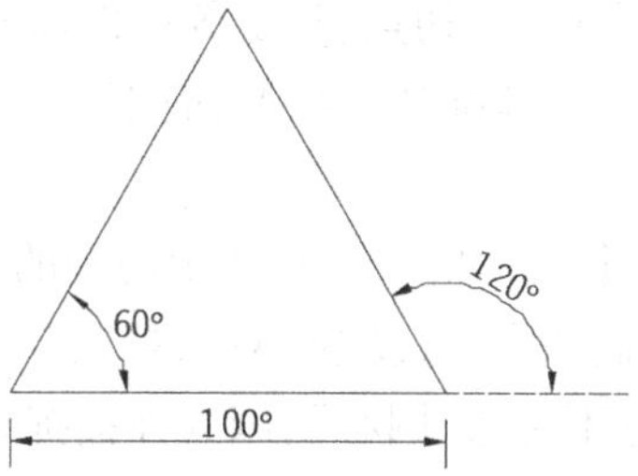

图1.47　用绝对坐标方式绘制直线　　　　图1.48　用相对极坐标绘制正三角形

在三维绘图中，还提供“球坐标”“柱坐标”“相对球坐标”和“相对柱坐标”等坐标系。

(3)直接输入距离绘制直线

这种方式需配合辅助工具“极轴”使用，即用键盘输入两点间的距离，角度通过极轴追踪来确定。

【例1.7】通过直接输入距离的方式绘制如图1.48所示的正三角形。

首先设置极轴的测量角为60°，确保极轴开启。

①点取第一点，鼠标沿水平方向移动，等0°极轴(水平点状线)出现(图1.49)，输入100，回车完成底边。

②鼠标沿大约120°方向滑动，出现120°极轴(120°点状线)，输入100，回车。

③输入C，回车。

具体操作方法为：

命令：_line 指定第一点：

指定下一点或［放弃(U)］：100　　>>输入100,回车

指定下一点或［放弃(U)］：100　　>>输入100,回车

指定下一点或［闭合(C)/放弃(U)］：C　　>>输入C,回车

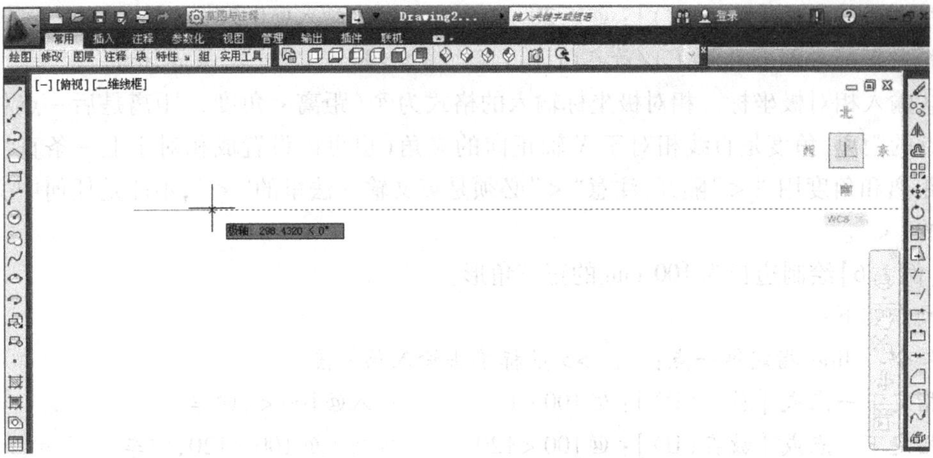

图 1.49　利用极轴绘制正三角形

(4)利用“对象捕捉”绘制直线

若直线的端点为其他对象上的特征点,如端点、中点、圆心、交点、象限点、切点、垂足等可以捕捉的点,则可以直接利用捕捉工具捕捉到这些点,而不需要输入坐标、距离、角度等。

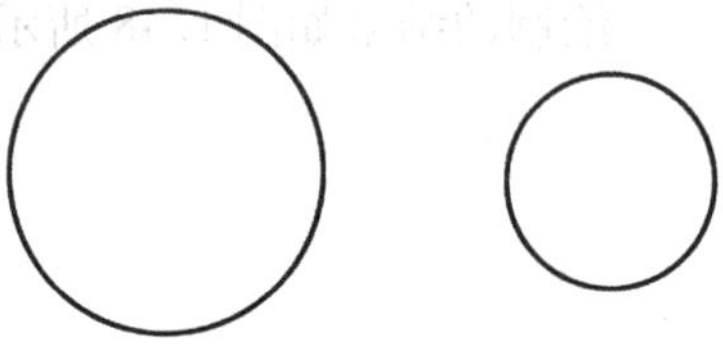

图 1.50　圆

【例 1.8】绘制如图 1.50 所示两圆的公切线。

首先绘制两个圆,设置“对象捕捉”,打开对象捕捉选项板,勾选“切点”,如图 1.51 所示,这时最好不勾选“圆心”,因为在捕捉切点时容易捕捉到圆心。

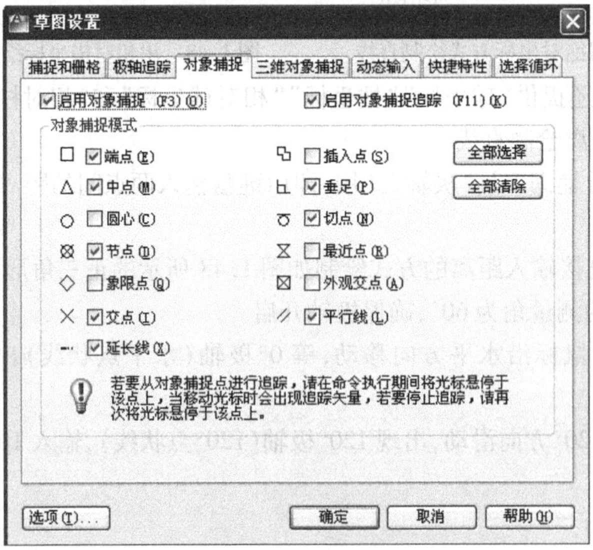

图 1.51　切点捕捉设置

操作方法如下:

命令: _line 指定第一点:　　>> 鼠标在切点 *A* 附近晃动,出现切点捕捉符号捕捉切点 *A*

指定下一点或[放弃(U)]:　　>> 鼠标在切点 *B* 附近晃动,出现切点捕捉符号捕捉切

点 *B*

指定下一点或［放弃(U)］:　　>>回车,完成公切线 *AB*

命令:LINE 指定第一点:　　>>鼠标在切点 *C* 附近晃动,出现切点捕捉符号捕捉切点 *C*

指定下一点或［放弃(U)］:　　>>鼠标在切点 *D* 附近晃动,出现切点捕捉符号捕捉切点 *D*

指定下一点或［放弃(U)］:　　>>回车,完成公切线 *CD*

命令:LINE 指定第一点:　　>>鼠标在切点 *E* 附近晃动,出现切点捕捉符号捕捉切点 *E*

指定下一点或［放弃(U)］:　　>>鼠标在切点 *H* 附近晃动,出现切点捕捉符号捕捉切点 *H*

指定下一点或［放弃(U)］:　　>>回车,完成公切线 *EH*

G 命令:LINE 指定第一点:　　>>鼠标在切点 *G* 附近晃动,出现切点捕捉符号捕捉切点 *G*

指定下一点或［放弃(U)］:　　>>鼠标在切点 *F* 附近晃动,出现切点捕捉符号捕捉切点 *F*

指定下一点或［放弃(U)］:　　>>回车,完成公切线 *GF*

绘制结果如图 1.52 所示。

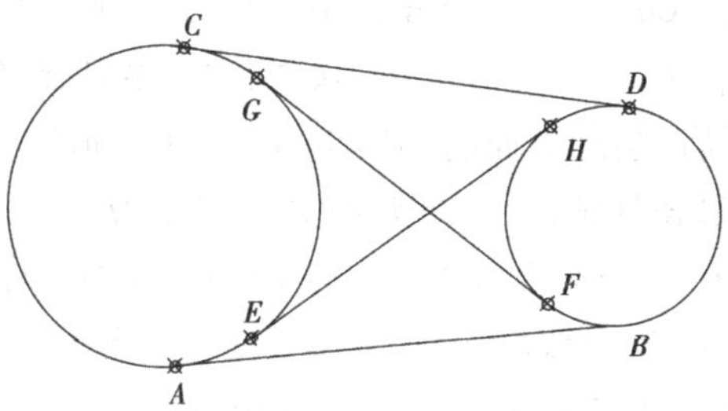

图 1.52　用对象捕捉绘制圆的公切线

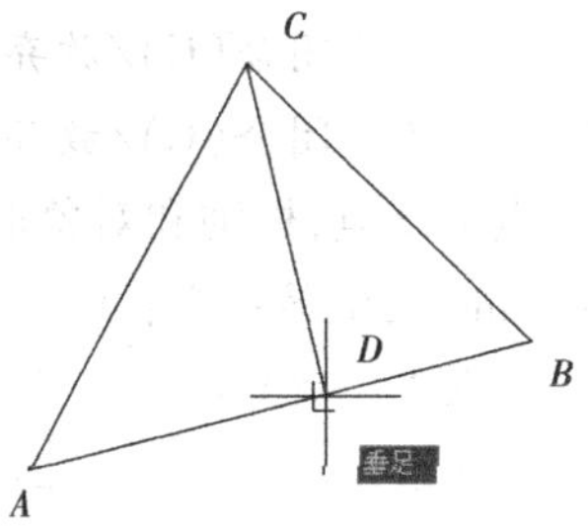

图 1.53　绘制三角形的垂线

【例 1.9】绘制如图 1.53 所示三角形 *AB* 边的垂线。

首先,绘制△*ABC*,设置“对象捕捉”,打开对象捕捉选项板,勾选“端点”“垂足”,如图 1.54所示。

操作方法如下:

命令: _line 指定第一点:　　>>利用端点捕捉,单击 *C* 点

指定下一点或［放弃(U)］:　　>>在垂足 *D* 点附近晃动,单击捕捉垂线垂足 *D* 点

指定下一点或［放弃(U)］:　　>>回车完成

绘制结果如图 1.53 所示。

【例 1.10】绘制基础立面图,如图 1.55 所示。

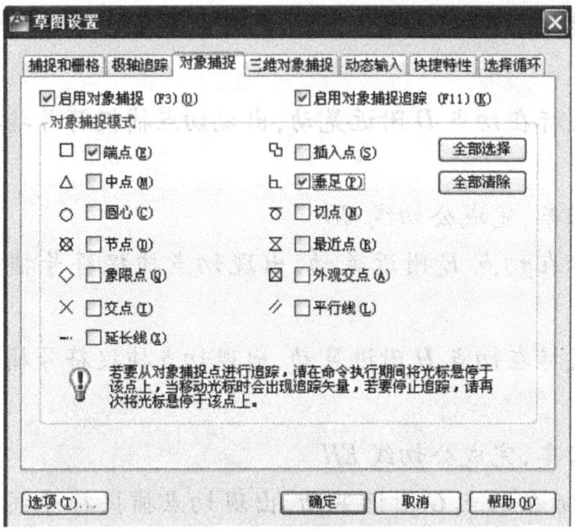

图 1.54　垂足捕捉设置

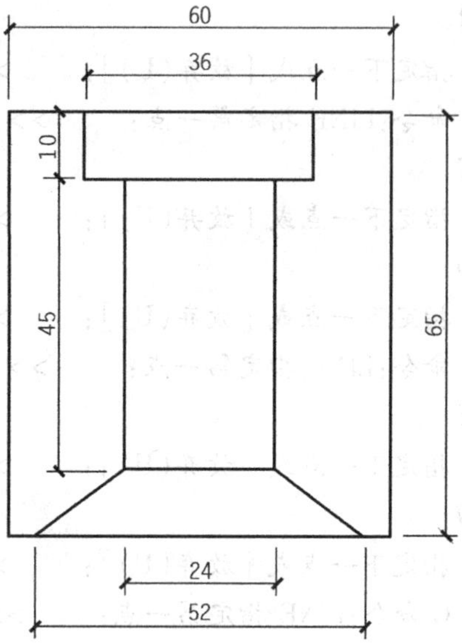

图 1.55　基础立面图

①从 *A* 点开始绘制最外面的矩形[图 1.56(a)]。

命令: _line 指定第一点:　　>>鼠标单击 *A* 点

指定下一点或[放弃(U)]: 60　　>>配合极轴,输入距离 60,完成直线 *AB*

指定下一点或[放弃(U)]: 65　　>>配合极轴,输入距离 65,完成直线 *BC*

指定下一点或[闭合(C)/放弃(U)]: 60　　>>配合极轴,输入距离 60,完成直线 *CD*

指定下一点或[闭合(C)/放弃(U)]: C　　>>输入 C,回车,完成最外面的矩形

②以 *A* 点为基点,极轴和对象追踪开启,绘制下面的梯形 *MEFN*[图 1.56(b)]。

命令: _line 指定第一点: 4　　>>配合极轴,输入距离 4,光标移至 *M*

指定下一点或[放弃(U)]: @14,10　　>>输入相对直角坐标@14,10,完成直线 *ME*

指定下一点或[放弃(U)]: 24　　>>配合极轴,输入距离 24,完成直线 *EF*

指定下一点或[闭合(C)/放弃(U)]: @14,-10　　>>输入相对直角坐标@14,-10,完成直线 *FN*

指定下一点或[闭合(C)/放弃(U)]:　　>>回车结束

③以 *D* 点为基点,极轴和对象追踪开启,完成上面的小矩形 *OGHP*[图 1.56(c)]。

命令: _line 指定第一点: 12　　>>配合 0°极轴,输入距离 12,光标移至 *O*

指定下一点或[放弃(U)]: 10　　>>配合 90°极轴,输入距离 10,完成直线 *OG*

指定下一点或[放弃(U)]: 36　　>>配合 0°极轴,输入距离 36,完成直线 *GH*

指定下一点或[闭合(C)/放弃(U)]: 10　　>>配合 90°极轴,输入距离 10,完成直线 *HP*

指定下一点或[闭合(C)/放弃(U)]　　>>回车结束

④绘制最后两条直线 *EI* 和 *FJ*[图 1.56(d)]。

命令: _line 指定第一点:　　>>单击 *E* 点

指定下一点或[放弃(U)]:　　>>配合 90°极轴,打开交点捕捉完成直线 *EI*

指定下一点或[放弃(U)]:　　>>回车结束

命令: _line 指定第一点:　　>>单击 *F* 点

指定下一点或 [放弃(U)]:　　>>配合 90°极轴,打开交点捕捉完成直线 *FJ*

指定下一点或 [放弃(U)]:　　>>回车结束

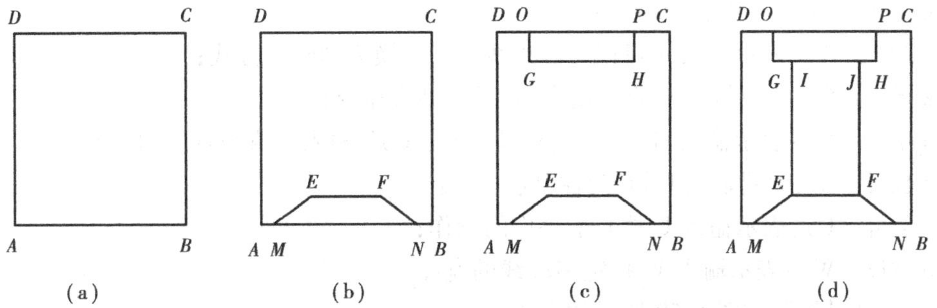

图 1.56　绘制步骤

3. 多段线

多段线是由几段直线或曲线构成的一个对象,执行多段线操作的途径有 3 种:

①单击菜单"常用" →"绘图"→"多段线(P)";

②单击"绘图工具栏"上的"多段线"按钮;

③在命令窗口输入多段线命令:Pline(Pl)。

【例 1.11】绘制弧形的门,如图 1.57 所示。

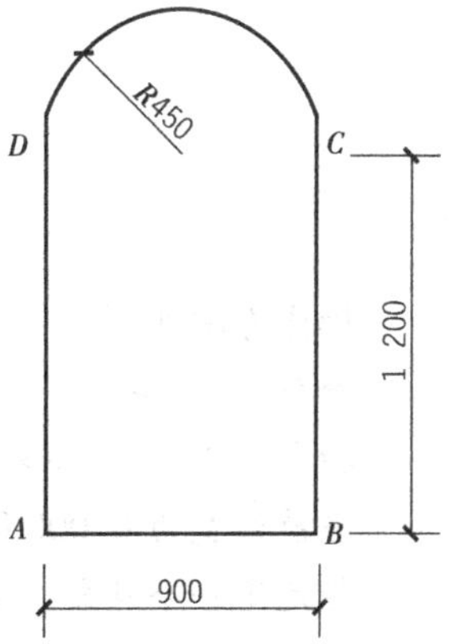

图 1.57　弧形门

操作方法如下:

命令: _pline　　>>输入多段线命令

指定起点:　　>>单击 *A* 点

当前线宽为 0.000 0

指定下一个点或 [圆弧(A)/半宽(H)/长度(L)/放弃(U)/宽度(W)]: 900　　>>完成直线 *AB*

指定下一点或 [圆弧(A)/闭合(C)/半宽(H)/长度(L)/放弃(U)/宽度(W)]: 1 200 >>完成直线 *BC*

指定下一点或 [圆弧(A)/闭合(C)/半宽(H)/长度(L)/放弃(U)/宽度(W)]: A >>输入 A,切换到画圆弧

指定圆弧的端点或[角度(A)/圆心(CE)/闭合(CL)/方向(D)/半宽(H)/直线(L)/半径(R)/第二个点(S)/放弃(U)/ 宽度(W)]: 900　　>>确定 *D* 点,完成圆弧

指定圆弧的端点或[角度(A)/圆心(CE)/闭合(CL)/方向(D)/半宽(H)/直线(L)/半径(R)/第二个点(S)/放弃(U)/宽度(W)]: L　　>>输入 L,切换到画直线

指定下一点或 [圆弧(A)/闭合(C)/半宽(H)/长度(L)/放弃(U)/宽度(W)]: >>单击 *A* 点完成直线 *DA*

指定下一点或 [圆弧(A)/闭合(C)/半宽(H)/长度(L)/放弃(U)/宽度(W)]: >>回车结束

多段线的绘制方法与直线相同,但多段线可以绘制圆弧,在绘制直线的过程中输入A(a)可以切换到圆弧绘制方式,同样可以在绘制圆弧的过程中,输入L(l)切换到直线绘制方式。无论绘制了多少条直线和多少个圆弧,多段线都是一个单独的对象。

关于多段线命令中各选项的说明:

①圆弧(A):表示输入A可以将画直线方式切换为画圆弧方式;

②闭合(C):表示输入C直接闭合多段线,结束命令;

③半宽(H):表示输入H可以调整多段线的线宽,输入的值为宽度的一半;

④长度(L):表示输入L指定直线度的长度;

⑤放弃(U):表示输入U放弃上一次的操作;

⑥宽度(W):表示输入W指定多段线的宽度。

【例1.12】绘制如图1.58所示的箭头。

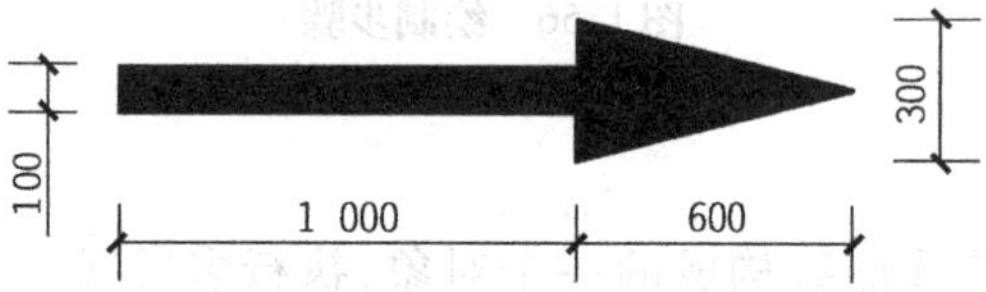

图1.58 箭头

操作方法如下:

命令:_pline　　>>输入多段线命令

指定起点:　　>>单击多段线起点

当前线宽为0.000 0

指定下一个点或[圆弧(A)/半宽(H)/长度(L)/放弃(U)/宽度(W)]:W　　>>输入W,设置多段线宽度

指定起点宽度 <0.000 0>:100　　>>输入100,多段线起点宽度100

指定端点宽度 <100.000 0>:　　>>输入100,多段线端点宽度100

指定下一个点或[圆弧(A)/半宽(H)/长度(L)/放弃(U)/宽度(W)]:1 000 >>输入1 000,指定下一点

指定下一点或[圆弧(A)/闭合(C)/半宽(H)/长度(L)/放弃(U)/宽度(W)]:W >>输入W,设置起点宽度

指定起点宽度 <100.000 0>:300　　>>输入300,起点宽度为300

指定端点宽度 <300.000 0>:0　　>>输入0,端点宽度为0

指定下一点或[圆弧(A)/闭合(C)/半宽(H)/长度(L)/放弃(U)/宽度(W)]:600 >>输入600,指定下一点

指定下一点或[圆弧(A)/闭合(C)/半宽(H)/长度(L)/放弃(U)/宽度(W)]: >>回车结束

4. 多线

多线是指由多条相互平行的直线构成的一种特殊的线条。执行绘制多线操作的方法为:在命令窗口输入Mline(ml)。

【例 1.13】绘制如图 1.59 所示图形。

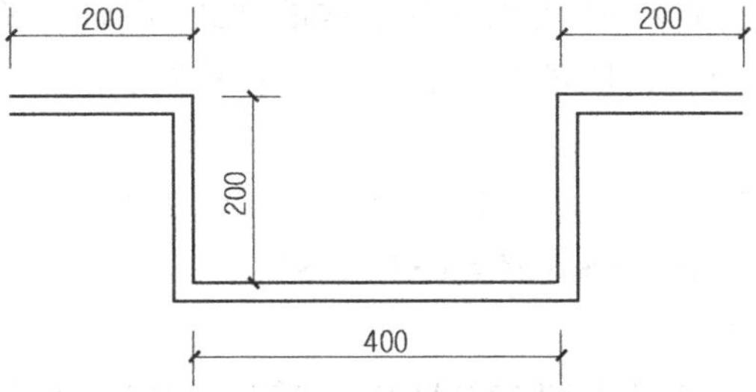

图 1.59 多线

操作方法如下：

命令：_mline　　>>输入多线命令

当前设置：对正 = 上，比例 = 20.00，样式 = STANDARD

指定起点或［对正(J)/比例(S)/样式(ST)］：　　>>单击第一点

指定下一点：200　　>>配合 0°极轴，输入 200，回车

指定下一点或［放弃(U)］：200　　>>配合 90°极轴，输入 200，回车

指定下一点或［闭合(C)/放弃(U)］：400　　>>配合 0°极轴，输入 400，回车

指定下一点或［闭合(C)/放弃(U)］：200　　>>配合 90°极轴，输入 200，回车

指定下一点或［闭合(C)/放弃(U)］：200　　>>配合 0°极轴，输入 200，回车

指定下一点或［闭合(C)/放弃(U)］：　　>>回车结束

在 AutoCAD 2012 中，多线最多可以由 16 条平行线组成。关于多线命令选项的说明：

①对正(J)，表示可以设置多线的对正方式。输入多线命令回车，在指定第一点之前，输入 J 回车，可以选择多线的对正方式。默认状态下对正方式为下(B)，操作如下：

命令：_mline　　>>输入多线命令，回车

当前设置：对正 = 上，比例 = 20.00，样式 = STANDARD

指定起点或［对正(J)/比例(S)/样式(ST)］:J　　>>输入 J，回车

输入对正类型［上(T)/无(Z)/下(B)］　　>>3 种对正方式

3 种对正方式如图 1.60 所示。

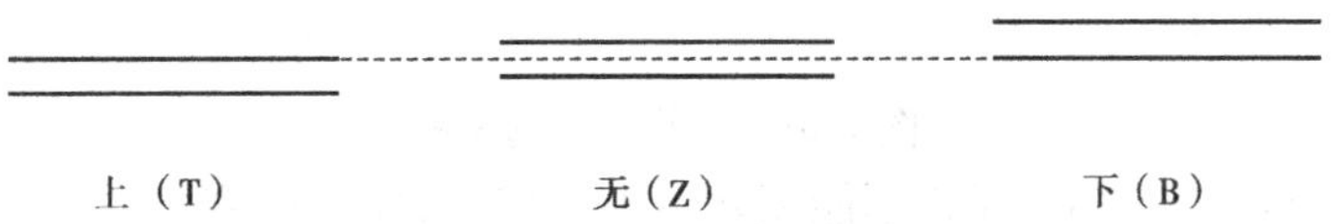

图 1.60 多线的对正方式

②比例(S)，表示可以设置多线的比例(多线中相邻两条直线间的距离相对于多线基准间距的倍数)。在输入多线命令回车后，在指定第一点之前输入 S 并回车，可以设置多线的比例，默认状态下比例 =20，操作步骤如下：

命令：_mline

当前设置：对正 = 下，比例 = 20.00，样式 = STANDARD　　>>输入多线命令，回车

指定起点或［对正(J)/比例(S)/样式(ST)］:S　　>>输入 S，回车

输入多线比例：

③多线样式(ST)，表示输入 ST 可以选择多线的样式，在输入多线命令回车后，在指定第一点之前输入 ST 回车，可以选择多线的样式，操作步骤如下：

命令：_mline

当前设置：对正 = 下，比例 = 20.00，样式 = STANDARD

指定起点或[对正(J)/比例(S)/样式(ST)]：ST

输入多线样式名或[?]：

默认状态下只有一种多线样式 STANDARD，若需要增加多线的样式，可执行多线样式的命令，有以下两种途径：

a. 单击菜单“格式”→“多线样式”（此时需要将工作空间由“草图与注释”模式切换到“AutoCAD 经典”模式，切换方法为单击 

工作空间后的小三角符号，展开后选择“AutoCAD 经典”模式即可）。

b. 在命令窗口输入 Mlstyle。执行多线命令后，弹出多线样式选项板，如图 1.61 所示。

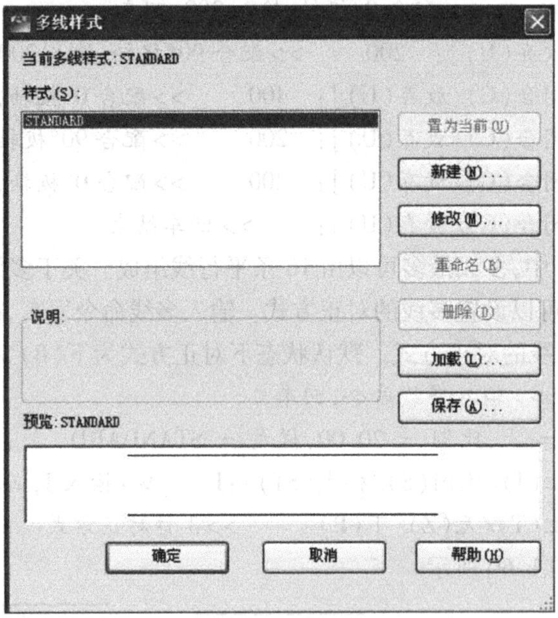

图 1.61　多线样式选项板

默认状态下，样式 STANDARD 不能删除也不能修改，要想改变多线的样式必须新建，在多线样式选项板单击“新建”按钮，新建多线样式。

如新建一个由 3 条平行线组成的多线样式，操作方法如下：

• 打开对象样式选项板后，单击“新建”，弹出“创建新的多线样式”界面，在新样式名输入框中输入新的样式名“3L”，如图 1.62 所示。

• 单击“继续”按钮，弹出“创建新的多线样式”编辑界面，如图 1.63 所示。

• 在“图元”区域设置元素特性。单击添加按钮，新建一条平行线，其偏移值为 0，如图 1.64 所示。

• 单击“确定”退出“图元”设置区域，再单击“确定”按钮，退出“新建多线样式”选项板。

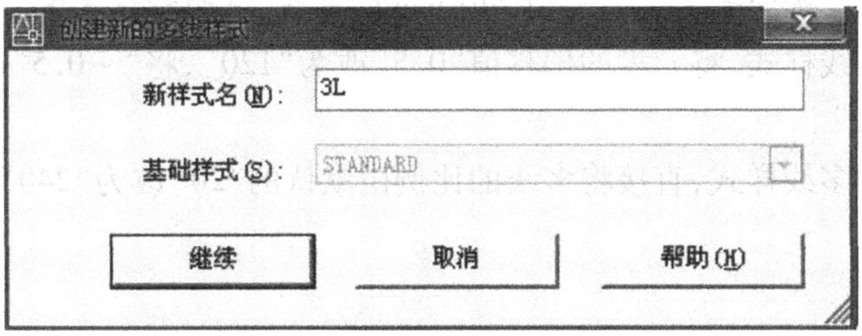

图1.62　创建新的多线样式

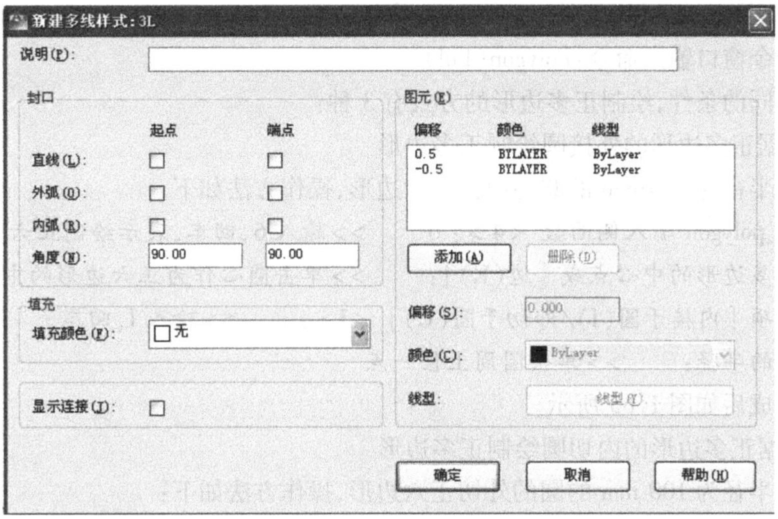

图1.63　多线样式编辑界面

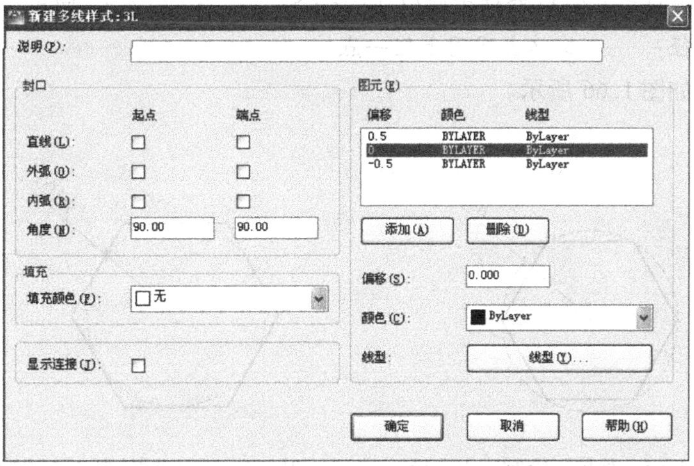

图1.64　设置多线样式的元素

说明：三条平行线的偏移值依次为0.5,0,−0.5,表示多线的基准间距为1,则多线的比例20(以20为例)表明多线的最外两条平行线的实际距离为20,即在基准间距为1的情况下,多线的比例就是多线的实际距离。若多线的基准距离不为1,则多线的实际距离为基准间距乘以多线比例。如绘制实际距离为 240 mm 的墙线，有两种设置方法。

- 设置新的多线样式，将元素的偏移值“0.5”改为“120”，将“ -0.5”改为“ -120”，此时多线的比例设为“1”。
- 不设置新的多线样式，直接将多线的比例由默认的“20”改为“240”。

5. 正多边形

执行正多边形操作的途径有 3 种：

- 单击菜单“常用”→“绘图”→“正多边形”；
- 单击“绘图工具栏”上的“正多边形”按钮；
- 在命令窗口输入命令：Polygon(Pol)。

根据不同的条件，绘制正多边形的方式有 3 种：

(1)根据正多边形的外接圆绘制正多边形

如绘制半径为 100 mm 的圆的内接正六边形，操作方法如下：

命令：_polygon 输入侧面数 <4>：6　　>>输入 6，回车，表示绘制正六边形

指定正多边形的中心点或[边(E)]：　　>>单击圆心作为正六边形的中心点

输入选项[内接于圆(I)/外切于圆(C)] <I>：　　>>输入 I，回车

指定圆的半径：　　>>单击圆周上任一点

绘制完成后如图 1.65 所示。

(2)根据正多边形的内切圆绘制正多边形

如绘制半径为 100 mm 的圆的外切正六边形，操作方法如下：

命令：_polygon 输入侧面数 <4>：6　　>>输入 6，回车，表示绘制正六边形

指定正多边形的中心点或[边(E)]：　　>>单击圆心作为正六边形的中心点

输入选项[内接于圆(I)/外切于圆(C)] <I>：　　>>输入 C，回车

指定圆的半径：　　>>单击圆周上任一点

绘制完成后如图 1.66 所示。

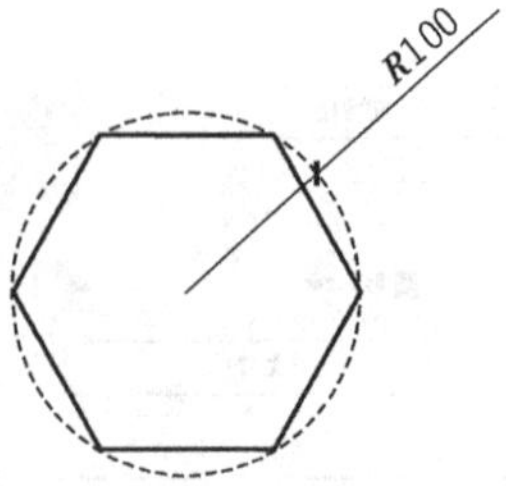

图 1.65　外接圆绘制正六边形

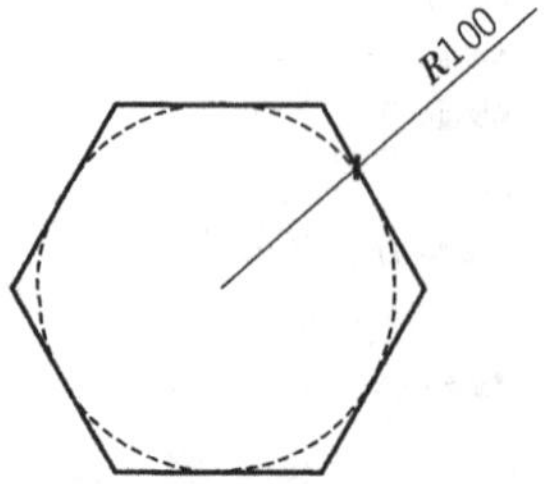

图 1.66　内切圆绘制正六边形

(3)通过指定边长绘制正多边形

如绘制一个边长为 100 mm 的正六边形，操作方法如下：

命令：_polygon 输入侧面数 <4>：6　　>>输入 6，回车

指定正多边形的中心点或[边(E)]：E 指定边的第一个端点：　　>>输入 E，回车，单

击第一个角点

指定边的第二个端点：100　　　>>输入100，完成正六边形

绘制完成后如图1.67所示。

【例1.14】绘制如图1.68所示的图形。

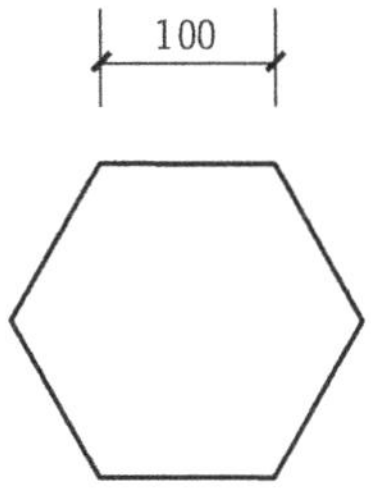

图1.67　指定边长绘制正六边形

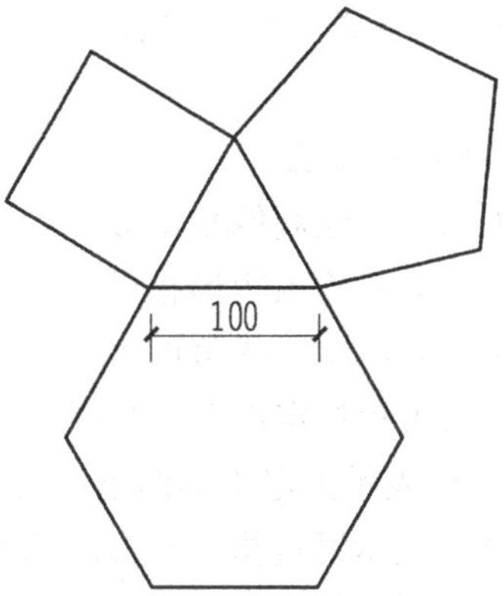

图1.68　例题1.14图

操作方法如下：

命令：_polygon 输入侧面数 <4>：3　　　>>输入3，回车

指定正多边形的中心点或［边(E)］：E 指定边的第一个端点：　　　>>输入E，回车，单击正三角形左下角点

指定边的第二个端点：100　　　>>输入100，回车，绘制正三角形

命令：_polygon 输入侧面数 <3>：4　　　>>输入4，回车

指定正多边形的中心点或［边(E)］：E 指定边的第一个端点：　　　>>输入E，回车，单击正三角形左下角点

指定边的第二个端点：　　　>>单击正三角形的顶点绘制正四边形

命令：_polygon 输入侧面数 <4>：5　　　>>输入5，回车

指定正多边形的中心点或［边(E)］：E 指定边的第一个端点：　　　>>输入E，回车，单击正三角形右下角点

指定边的第二个端点：　　　>>单击正三角形左下角点绘制正五边形

命令：_polygon 输入侧面数 <5>：6　　　>>输入6，回车

指定正多边形的中心点或［边(E)］：E 指定边的第一个端点：　　　>>输入E，回车，单击正三角形顶点

指定边的第二个端点　　　>>单击正三角形右下角点完成正六边形

6. 矩形

执行矩形操作的途径有3种：

①单击菜单“常用”→“绘图”→“矩形”；

②单击“绘图工具栏”上的“矩形”按钮；

③在命令窗口输入命令：Rectang(Rec)。

矩形的长和宽的输入格式为“@长,宽”,绘制矩形的操作方式为:

命令: _rectang

指定第一个角点或[倒角(C)/标高(E)/圆角(F)/厚度(T)/宽度(W)]:　　>>鼠标指定矩形左下角点

指定另一个角点或[面积(A)/尺寸(D)/旋转(R)]:@长,宽　　>>输入矩形@长,宽后回车

命令窗口中选项说明:

①倒角(C),表示绘制倒角矩形;

②标高(E),表示输入矩形相对于 *XY* 平面的距离;

③圆角(F),表示绘制圆角矩形;

④厚度(T),表示指定矩形的厚度;

⑤宽度(W),表示指定矩形四条边的宽度;

⑥面积(A),表示通过指定矩形的面积绘制矩形;

⑦尺寸(D),表示指定矩形的长度和宽度绘制矩形;

⑧旋转(R),表示指定矩形的倾角。

【例 1.15】绘制如图 1.69 所示的 4 个矩形。

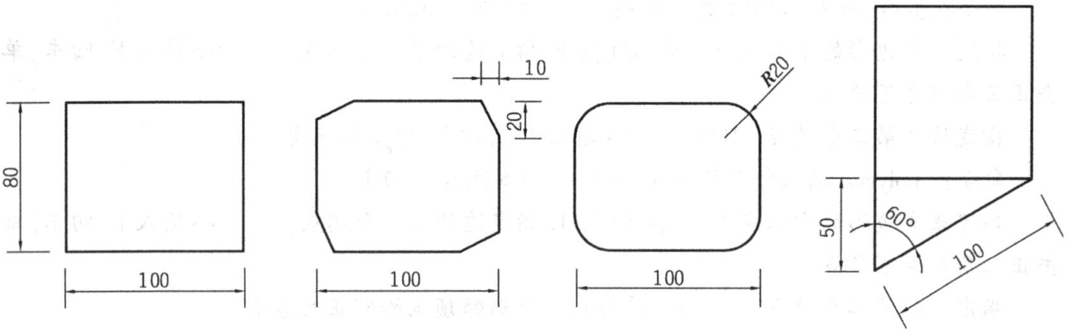

图 1.69　矩形

①绘制第一个矩形,操作方法为:

命令: _rectang

指定第一个角点或[倒角(C)/标高(E)/圆角(F)/厚度(T)/宽度(W)]:　　>>单击左下角点

指定另一个角点或[面积(A)/尺寸(D)/旋转(R)]: @100,80　　>>输入@100,80,回车

完成第一个矩形。

②绘制第二个倒角矩形,操作方法为:

命令: _rectang

指定第一个角点或[倒角(C)/标高(E)/圆角(F)/厚度(T)/宽度(W)]: C　　>>在单击第一个点之前输入 C,回车

指定矩形的第一个倒角距离 <0.000 0>: 20　　>>输入 20,回车

指定矩形的第二个倒角距离 <20.000 0>：10　　>>输入10，回车

指定第一个角点或［倒角(C)/标高(E)/圆角(F)/厚度(T)/宽度(W)］：　　>>单击左下角点

指定另一个角点或［面积(A)/尺寸(D)/旋转(R)］：@100,80　　>>输入@100,80，回车

完成第二个矩形。

③绘制第三个圆角矩形，操作方法为：

命令：_rectang

当前矩形模式：倒角 =20.000 0×10.000 0

指定第一个角点或［倒角(C)/标高(E)/圆角(F)/厚度(T)/宽度(W)］：F　　>>在单击第一个点之前输入F，回车

指定矩形的圆角半径 <20.000 0>：　输入20，回车

指定第一个角点或［倒角(C)/标高(E)/圆角(F)/厚度(T)/宽度(W)］：　　>>单击第一个角点

指定另一个角点或［面积(A)/尺寸(D)/旋转(R)］：@100,80　　>>输入@100,80，回车

完成第三个矩形。

④绘制第四个指定面积的矩形，操作方法为：

命令：_line 指定第一点：　　>>输入L，回车，绘制直线

指定下一点或［放弃(U)］：50　　>>输入50，回车，绘制第一条直角边

指定下一点或［放弃(U)］：@100<30　　>>输入@100<30，回车，绘制斜边

指定下一点或［闭合(C)/放弃(U)］：　　>>回车，完成三角形的绘制

命令：_rectang

指定第一个角点或［倒角(C)/标高(E)/圆角(F)/厚度(T)/宽度(W)］：　　>>单击三角形第一个角点

指定另一个角点或［面积(A)/尺寸(D)/旋转(R)］：A　　>>输入A，回车

输入以当前单位计算的矩形面积 <100.000 0>：8 000　　>>指定矩形的面积为800 0

计算矩形标注时依据［长度(L)/宽度(W)］<长度>：　　>>直接回车表示指定矩形的长度

输入矩形长度 <100.000 0>：

指定第二点：　　>>单击三角形的第一、二个角点，回车

完成第四个矩形。

7. 圆

执行绘制圆的操作的途径有3种：

- 单击菜单“常用”→“绘图”→“圆”；
- 单击“绘图工具栏”上的“圆”按钮；
- 在命令窗口输入Circle(C)。

根据不同的条件,AutoCAD 2012 提供 6 种绘制圆的方式。

①以“圆心、半径”的方式绘图。如绘制一个半径为 100 mm 的圆,操作方法如下:

命令: _circle 指定圆的圆心或 [三点(3P)/两点(2P)/相切、相切、半径(T)]: >>单击圆心

指定圆的半径或 [直径(D)]: 100　　>>输入半径 100,回车

②以“圆心、直径”的方式绘图。如绘制一个直径为 200 mm 的圆,操作方法如下:

命令: _circle 指定圆的圆心或 [三点(3P)/两点(2P)/相切、相切、半径(T)]: >>单击圆心

指定圆的半径或 [直径(D)] <100.000 0>: D　　>>输入 D,回车

指定圆的直径 <200.000 0>:　　>>输入 200,回车

③以“三点”方式绘图。通过单击圆周上的三个点来绘制圆,如绘制如图 1.70 所示三角形的外接圆,操作方法如下:

命令: _line 指定第一点:

指定下一点或 [放弃(U)]:

指定下一点或 [放弃(U)]:

指定下一点或 [闭合(C)/放弃(U)]:

指定下一点或 [闭合(C)/放弃(U)]:　　>>完成三角形绘制

命令: _circle 指定圆的圆心或 [三点(3P)/两点(2P)/相切、相切、半径(T)]: 3P >>输入 3P,回车

指定圆上的第一个点:　　>>单击三角形第一个角点

指定圆上的第二个点:　　>>单击三角形第二个角点

指定圆上的第三个点:　　>>单击三角形第三个角点

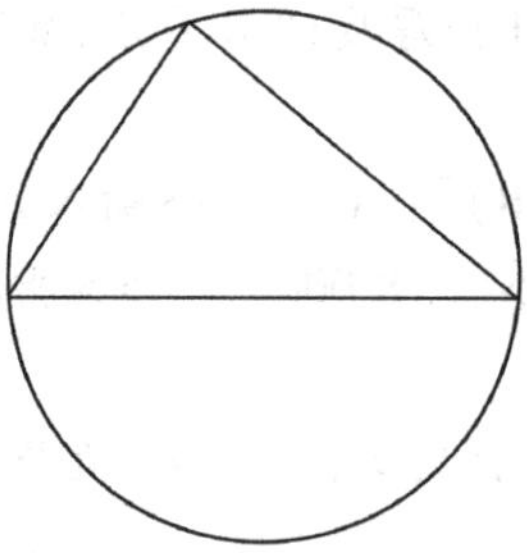

图 1.70　三点方式绘制圆

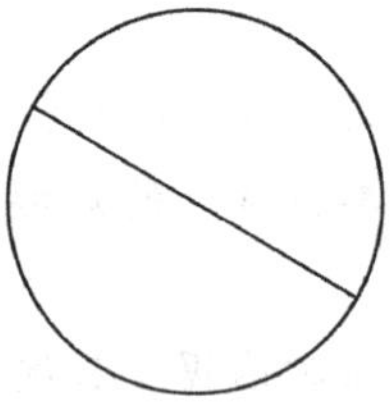

图 1.71　两点方式绘制圆

④以“两点”方式绘图。通过指定圆的直径的两个端点绘制圆,如绘制如图 1.71 所示的圆,操作方法如下:

命令: _circle 指定圆的圆心或 [三点(3P)/两点(2P)/相切、相切、半径(T)]: 2P

指定圆直径的第一个端点:

指定圆直径的第二个端点:

⑤以“相切、相切、半径”方式绘图。通过指定圆的两个切线和半径的方式绘制圆,如绘制与圆 1 和圆 2 相切半径为 300 mm 的圆,如图 1.72 所示。操作方法如下:

命令: _circle 指定圆的圆心或 [三点(3P)/两点(2P)/相切、相切、半径(T)]: T

\>> 输入 T,回车

指定对象与圆的第一个切点： >> 单击圆 1

指定对象与圆的第二个切点： >> 单击圆 2

指定圆的半径 <100.000 0>：300 >> 输入 300,回车

说明：满足和圆 1 圆 2 都相切且半径为 300 mm 的圆不止一个,要确定所要绘制的圆,在单击圆的时候,光标尽量在实际的切点附近单击。

⑥以 “相切、相切、相切” 方式绘图。这种方式不能通过“绘图工具栏”和输入命令 Circle(C)的方式来绘制,只能通过单击“菜单”→“圆”→“相切、相切、相切(A)”的方式绘制,如绘制如图 1.73 所示三角形的内切圆。操作方法如下：

命令：_circle 指定圆的圆心或［三点(3P)/两点(2P)/相切、相切、半径(T)］：3P

指定圆上的第一个点：_tan 到 >> 单击三角形第一条边

指定圆上的第二个点：_tan 到 >> 单击三角形第二条边

指定圆上的第三个点：_tan 到 >> 单击三角形第三条边

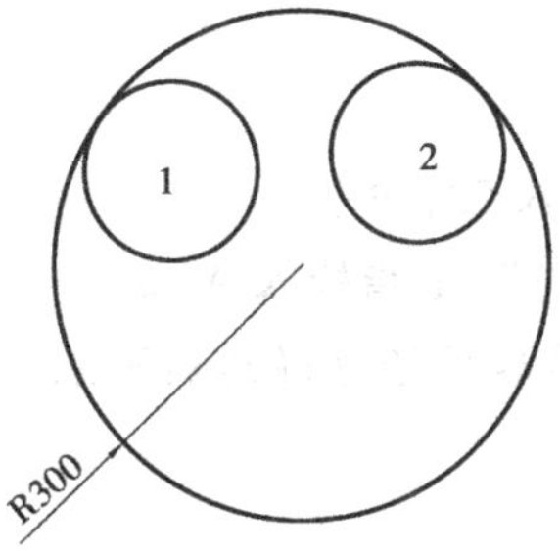

图 1.72 以“相切、相切、半径”方式绘制圆

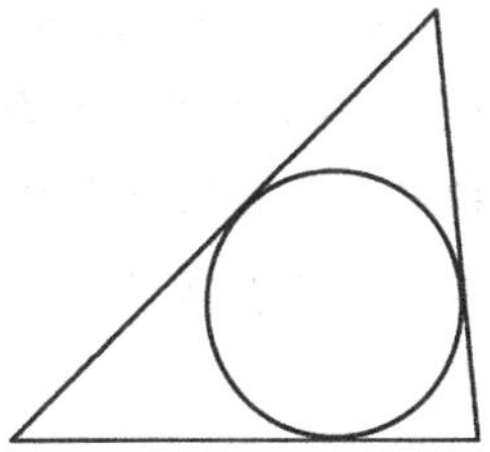

图 1.73 以“相切、相切、相切”方式绘制圆

8. 圆弧

执行绘制圆弧操作的途径有 3 种：

- 单击菜单“常用”→“绘图”→“圆弧”；
- 单击“绘图工具栏”上“圆弧”按钮；
- 在命令窗口输入圆弧命令：Arc(A)。

绘制如图 1.74 所示的圆弧,操作方法如下：

命令：_arc 指定圆弧的起点或［圆心(C)］：_C 指定圆弧的圆心：

指定圆弧的起点：

指定圆弧的端点或［角度(A)/弦长(L)］：_A 指定包含角：45

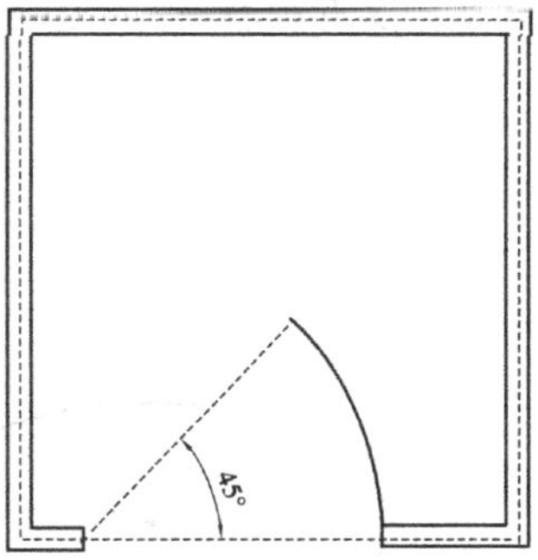

图 1.74 圆弧

说明：绘制圆弧的方法有很多,但大部分不经常用,而且很多时候利用绘制圆通过修剪得到圆弧的方法比直接绘制圆弧更实用。

9. 椭圆

执行绘制椭圆操作的途径有 3 种：

• 单击菜单“常用”→“绘图”→“椭圆”；

• 单击“绘图工具栏”上“椭圆”按钮；

• 在命令窗口输入圆弧命令：Ellipse(EL)。

绘制椭圆有两种方式：

①以“端点、半轴长”方式绘制椭圆。如绘制如图 1.75 所示的椭圆，操作方法如下：

命令：_ellipse

指定椭圆的轴端点或［圆弧(A)/中心点(C)］：　>>单击 *A* 点

指定轴的另一个端点：200　>>配合 0°极轴输入 200，回车，确定 *B* 点

指定另一条半轴长度或［旋转(R)］：50　>>输入 50，回车，确定另一条轴的半长

②以“中心、端点、半轴长”方式绘制椭圆。如绘制图 1.75 所示的椭圆，采用以“中心、端点、半轴长”方式，操作方法如下：

命令：_ellipse

指定椭圆的轴端点或［圆弧(A)/中心点(C)］：C　>>输入 C，回车

指定椭圆的中心点：　>>单击 *O* 点

指定轴的端点：　>>单击 *B* 点

指定另一条半轴长度或［旋转(R)］：50　>>输入 50，回车

说明：在指定椭圆的轴端点时，有一个选项“圆弧(A)”，是指输入 A 回车可以绘制椭圆弧，但直接绘制椭圆弧不适用，因为这种方法比绘制椭圆后用修剪得到椭圆弧更麻烦，所以就不作介绍。

10. 点

点的绘制方法前面已作了介绍，这里主要介绍定数等分点和定距等分点的绘制。

说明：定数等分点和定距等分点绘制好后，相当于在对象上面插入了一系列等分点，原对象并没有被打断，还是一个整体。

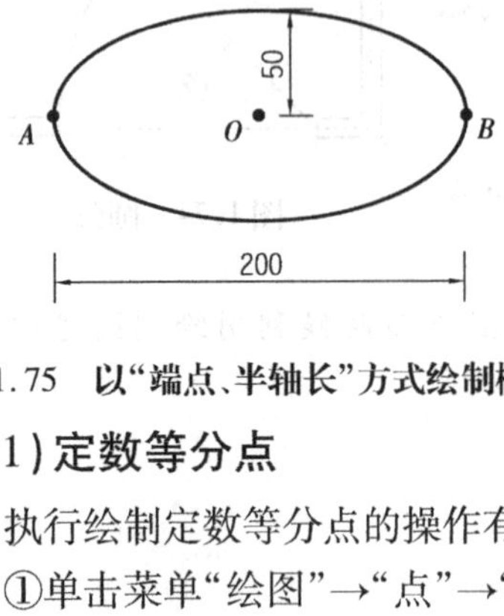

图 1.75　以“端点、半轴长”方式绘制椭圆

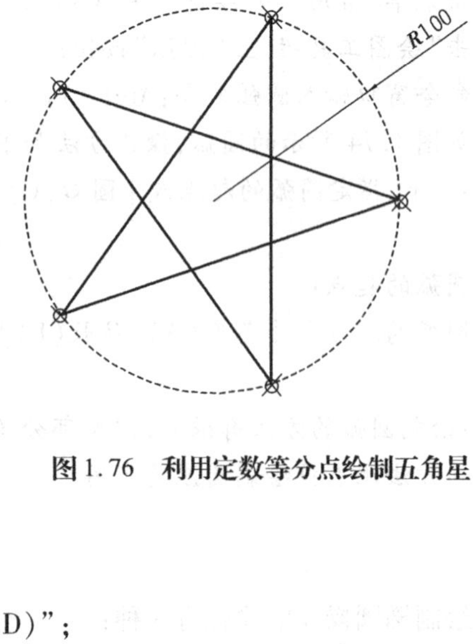

图 1.76　利用定数等分点绘制五角星

1) 定数等分点

执行绘制定数等分点的操作有两种：

①单击菜单“绘图”→“点”→“定数等分(D)”；

②在命令窗口输入 Divide(Div)。

【例 1.16】绘制半径为 100 mm 的五角星,如图 1.76 所示。

操作方法如下:

命令: _circle 指定圆的圆心或［三点(3P)/两点(2P)/相切、相切、半径(T)］:
>>绘制外接圆

指定圆的半径或［直径(D)］: 100　　>>指定外接圆半径 100

命令: _divide　　>>绘制定数等分点

选择要定数等分的对象:　　>>单击圆周

输入线段数目或［块(B)］: 5　　>>输入 5,回车

命令: _line 指定第一点:　　>>绘制直线

指定下一点或［放弃(U)］:　　>>单击第一个定数等分点

指定下一点或［放弃(U)］:　　>>单击第二个定数等分点

指定下一点或［闭合(C)/放弃(U)］:　　>>单击第三个定数等分点

指定下一点或［闭合(C)/放弃(U)］:　　>>单击第四个定数等分点

指定下一点或［闭合(C)/放弃(U)］:　　>>单击第五个定数等分点

指定下一点或［闭合(C)/放弃(U)］:　　>>回车,结束

2)定距等分点

执行绘制定距等分点的操作有两种:

①单击菜单"绘图"→"点"→"定距等分(M)";

②在命令窗口输入:Measure(Me)。

【例 1.17】绘制一条半径为 100 mm,弧长为 70 mm 的圆弧,如图 1.77 所示。

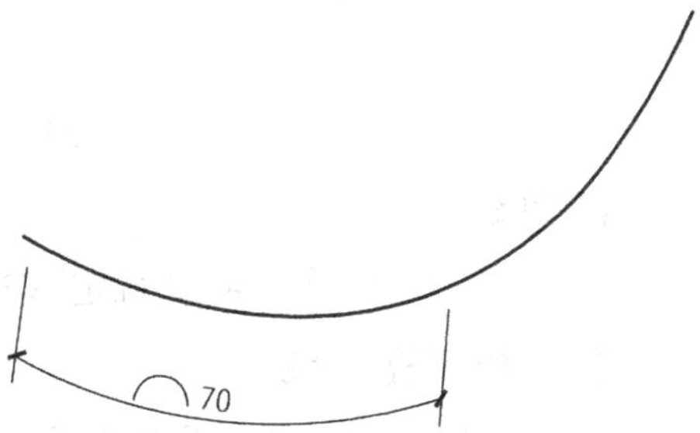

图 1.77　用定距等分点绘制指定弧长的圆弧

命令: _arc 指定圆弧的起点或［圆心(C)］:
>>绘制圆弧

指定圆弧的第二个点或［圆心(C)/端点(E)］: _E　　>>单击圆弧起点,输入 E,回车

指定圆弧的端点: @150,50　　>>用相对直角坐标指定端点

指定圆弧的圆心或［角度(A)/方向(D)/半径(R)］: _R 指定圆弧的半径: 100
>>输入 100,回车

命令: _measure　　>>绘制定距等分点

选择要定距等分的对象:　　>>单击圆弧

指定线段长度或［块(B)］: 70　　>>输入 70,回车

说明:绘制定距等分点时,若要定距等分的对象长度不是等分距离的整数倍,则在选择要定距等分的对象时,鼠标单击对象的左侧,则从左侧端点开始测量一个等分距离,直到右侧不足一个等分距离为止;反之,若单击对象的右侧,则从右侧端点开始测量一个等分距离,直到左侧不足一个等分距离为止。

11. 图案填充

执行图案填充操作的途径有 3 种：

①单击菜单“常用”→“绘图”→“图案填充”；

②单击“绘图工具栏”上“图案填充”按钮；

③在命令窗口输入命令：Bhatch(H)。

说明：

AutoCAD 2012 图案填充对填充区域的基本要求是：

①区域边界必须封闭；

②边界上不应有多余的线条；

③区域边界应在同一平面上。

执行图案填充命令后，弹出“图案填充”选项板，如图 1.78 所示。

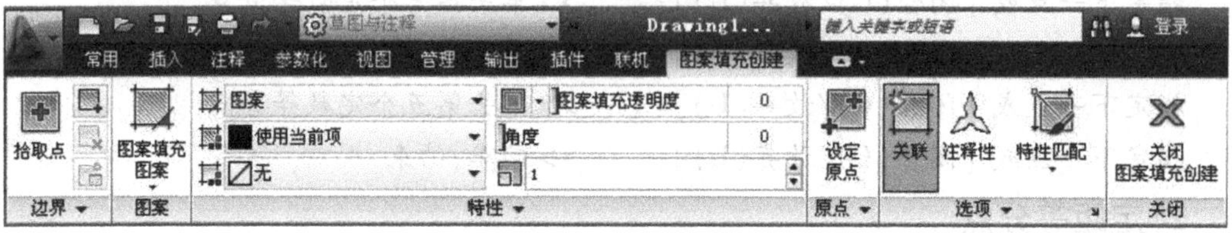

图 1.78　图案填充选项板

1) 图案

单击要填充的图案，单击“确定”按钮完成图案的选择，如图 1.79 所示。

2) 选择填充区域

填充的图案选择好后，需要选择填充的区域，AutoCAD 2012 提供两种方式选择填充区域，如图 1.80 所示：

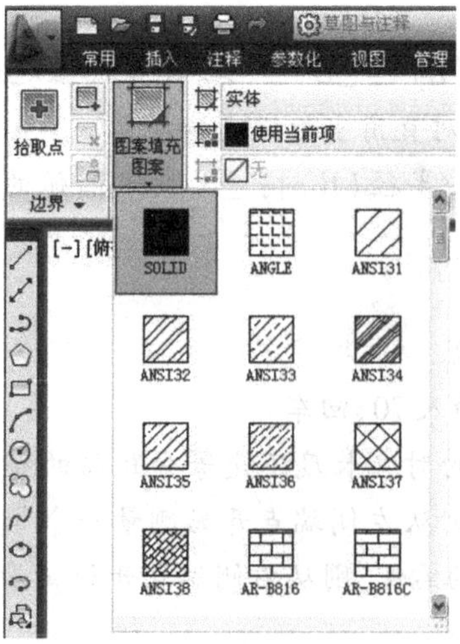

图 1.79　选择填充图案

图 1.80　选择填充区域

①拾取点:通过单击闭合区域内的任一点选择填充区域;

②选择边界对象:通过选择对象的方式确定填充区域。

a.通过单击闭合区域内的任一点选择填充区域,这种方式是以包含该点在内的最近闭合区域作为填充区域。

以绘制如图1.81所示的填充图案为例进行说明。

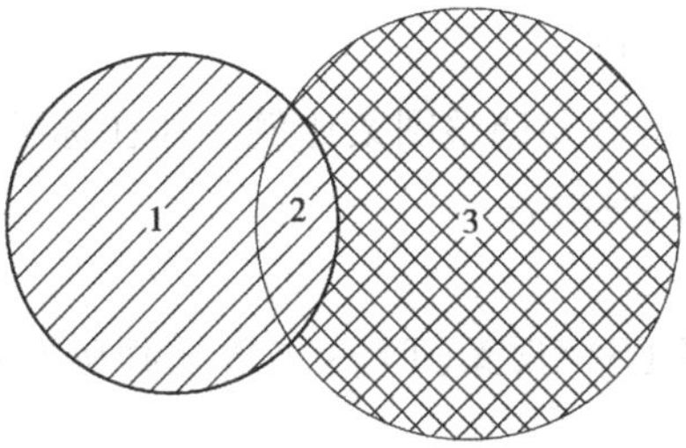

图1.81 通过单击闭合区域内的任一点选择填充区域

操作方法如下:

命令: _bhatch >>执行填充命令

拾取内部点或[选择对象(S)/删除边界(B)]:正在选择所有对象... >>选择图案"ANSI31"

正在选择所有可见对象... 单击"拾取点"按钮,在1区域内单击,系统正在运算确定填充区域

正在分析所选数据...

正在分析内部孤岛...

拾取内部点或[选择对象(S)/删除边界(B)]: >>回车确定,完成

命令: _bhatch >>执行填充命令

拾取内部点或[选择对象(S)/删除边界(B)]: 正在选择所有对象... >>选择图案"ANSI33"

正在选择所有可见对象... 单击"拾取点"按钮,在1区域内单击,系统正在运算确定填充区域

正在分析所选数据...

正在分析内部孤岛...

拾取内部点或[选择对象(S)/删除边界(B)]: >>回车确定,完成

命令: _bhatch >>执行填充命令

拾取内部点或[选择对象(S)/删除边界(B)]: 正在选择所有对象... >>选择图案"ANSI37"

正在选择所有可见对象... 单击"拾取点"按钮,在1区域内单击,系统正在运算确定填充区域

正在分析所选数据...

正在分析内部孤岛...

拾取内部点或［选择对象(S)/删除边界(B)］：　　　>>回车确定，完成

b.通过选择对象的方式确定填充区域。当填充区域由几个简单对象组成时可以采用这种方式。

3）角度和比例

①角度：图案填充的角度。

②比例：图案填充的密集程度。

为使填充的图案美观，经常需要调整图案比例。如在标准样板下绘制@20，10的矩形，用AR-B816图案填充，命令行会提示：

命令：_bhatch

拾取内部点或［选择对象(S)/设置(T)］：正在选择所有对象...

正在分析所选数据...

正在分析内部孤岛...

拾取内部点或［选择对象(S)/设置(T)］：

填充后的效果如图1.82(a)所示。原因是填充区域太小，而填充图案相对太大导致无法填充。要想填充，必须将填充比例调小，如比例改为0.01就可以填充了，如图1.82(b)所示。

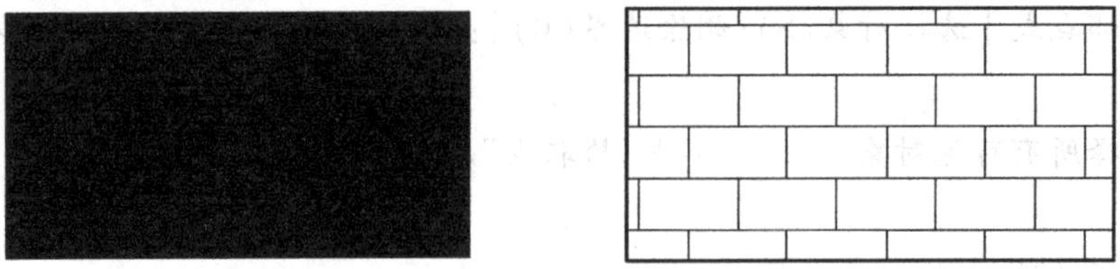

(a)　　　　(b)

图1.82　调整比例后填充完成

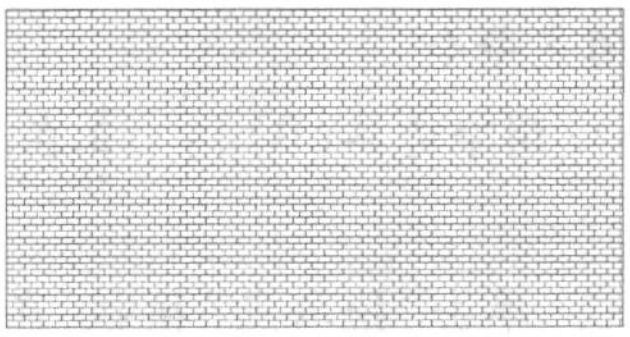

图1.83　比例太小导致填充太密集

相同的，若还是在标准样板下绘制@20000，10000的矩形，用AR-B816图案采用默认比例填充，会出现另一个问题——图案太密集(图1.86)，这样需要将比例调小。

说明：若提示“无法对边界进行图案填充”，有以下两种可能：

①填充比例太大，此时需要调整填充比例；

②填充区域没有闭合，此时需要编辑边界使之形成闭合区域。

4）孤岛

单击图案填充和渐变色最右下角的

里的：“>”，打开孤岛检测选项板，如图1.84所示。这里可以选择填充时的孤岛检测方式有3种：普通、外部、忽略。

当大区域里包含小区域时,3 种填充方式的含义是:

①普通方式:由外向内每隔一个区域进行填充,即由外向内填—不填—填—不填;

②外部方式:只填充最外面的大区域;

③忽略方式:全部填充。

图 1.84　孤岛检测选项板

任务 4　基本修改命令

【任务介绍】本任务介绍常用的二维修改命令。

【任务目标】掌握 AutoCAD 二维修改命令的操作方法。

1. 选择对象的方式

在绘图过程中经常需要修改已绘制的对象,这就需要选中要修改的对象,AutoCAD 提供多种选择对象的方式,被选中后的对象呈虚线所示。

执行任何一个修改命令,在命令窗口提示"选择对象"时,直接输入"?"回车,会出现所有的选择对象的方式。以复制操作为例,输入复制命令,命令窗口出现:

命令: _copy

选择对象: ?

无效选择

需要点或窗口(W)/上一个(L)/窗交(C)/框(BOX)/全部(ALL)/栏选(F)/圈围(WP)/圈交(CP)/编组(G)/添加(A)/删除(R)/多个(M)/前一个(P)/放弃(U)/自动(AU)/单个(SI)/子对象(SU)/对象(O)

常用的选择对象的方式有 3 种:单选、窗交、窗口。

(1)单选

单选是指直接用鼠标光标单击对象,每次单击都选中一个对象。

(2)窗交

窗交是指用鼠标光标自右下向左上(或自右上向左下)拖出一个矩形方框,被该方框包含的对象(圆)或与该方框相交的对象(两条直线)均被选中,如图 1.85 所示。

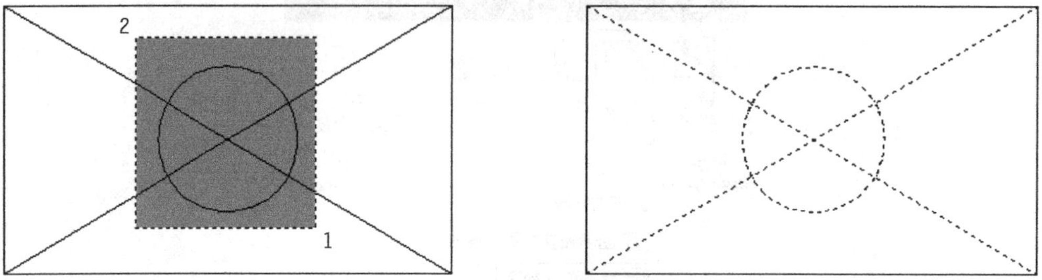

图 1.85 窗交方式选中对象

(3)窗口

用窗口选择对象是指用鼠标自左上向右下(或自左下向右上)拖出一个矩形方框,只有被该方框完全包含的圆才被选中(两条直线没有被完全包含,所以不能被选中),如图 1.86 所示。

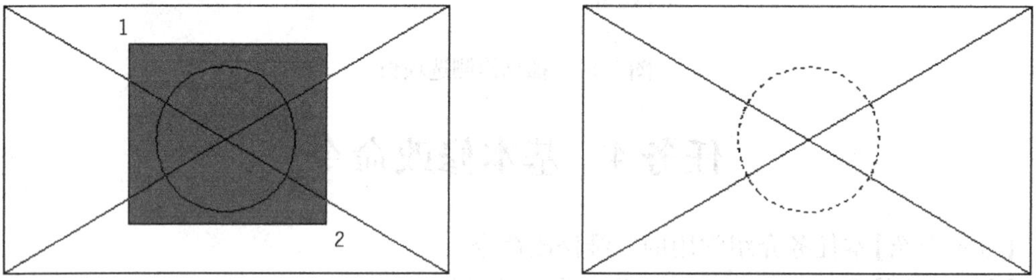

图 1.86 窗口方式选中对象

2. 删除

执行删除操作的途径有 3 种:

①单击菜单“修改”→“删除”;

②单击“修改工具栏”上“删除”按钮;

③在命令窗口输入删除命令:Erase(E)。

删除操作方法为:

命令: _erase

选择对象: 找到 1 个

选择对象: 找到 1 个,总计 2 个

选择对象: 找到 1 个,总计 3 个

选择对象:

3. 复制

执行复制操作的途径有 3 种：

①单击菜单“常用”→“修改”→“复制”；

②单击“修改工具栏”上“复制”按钮；

③在命令窗口输入复制命令：Copy（Co）。

【例 1.18】用复制操作完成柱网，如图 1.87 所示。

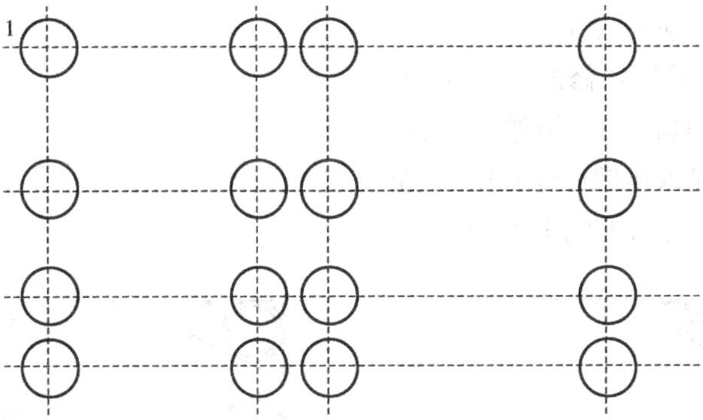

图 1.87　复制完成柱网

操作方法如下：

①先绘制圆柱 1：

命令：_circle 指定圆的圆心或［三点（3P）/两点（2P）/相切、相切、半径（T）］：

指定圆的半径或［直径（D）］<270.5329>：40

②用复制完成所有的圆柱：

命令：_copy

选择对象：指定对角点：找到 1 个

选择对象：

当前设置：　复制模式 = 多个

指定基点或［位移（D）/模式（O）］<位移>：指定第二个点或 <使用第一个点作为位移>：　　>>单击圆心

指定第二个点或［阵列（A）］<使用第一个点作为位移>：　　>>单击第 1 个交点

指定第二个点或［阵列（A）/退出（E）/放弃（U）］<退出>：　　>>单击第 2 个交点

指定第二个点或［阵列（A）/退出（E）/放弃（U）］<退出>：　　>>单击第 3 个交点

指定第二个点或［阵列（A）/退出（E）/放弃（U）］<退出>：　　>>单击第 4 个交点

指定第二个点或［阵列（A）/退出（E）/放弃（U）］<退出>：　　>>单击第 5 个交点

指定第二个点或［阵列（A）/退出（E）/放弃（U）］<退出>：　　>>单击第 6 个交点

指定第二个点或［阵列（A）/退出（E）/放弃（U）］<退出>：　　>>单击第 7 个交点

指定第二个点或［阵列（A）/退出（E）/放弃（U）］<退出>：　　>>单击第 8 个交点

指定第二个点或［阵列（A）/退出（E）/放弃（U）］<退出>：　　>>单击第 9 个交点

指定第二个点或［阵列（A）/退出（E）/放弃（U）］<退出>：　　>>单击第 10 个交点

指定第二个点或［阵列(A)/退出(E)/放弃(U)］＜退出＞：　　>>单击第 11 个交点
指定第二个点或［阵列(A)/退出(E)/放弃(U)］＜退出＞：　　>>单击第 12 个交点
指定第二个点或［阵列(A)/退出(E)/放弃(U)］＜退出＞：　　>>单击第 13 个交点
指定第二个点或［阵列(A)/退出(E)/放弃(U)］＜退出＞：　　>>单击第 14 个交点
指定第二个点或［阵列(A)/退出(E)/放弃(U)］＜退出＞：　　>>单击第 15 个交点

4. 镜像

执行镜像操作的途径有 3 种：

①单击菜单“常用”→“修改”→“镜像”；

②单击“修改工具栏”上“镜像”按钮；

③在命令窗口输入镜像命令：Mirror(Mi)。

【例 1.19】完成下图，如图 1.88 所示。

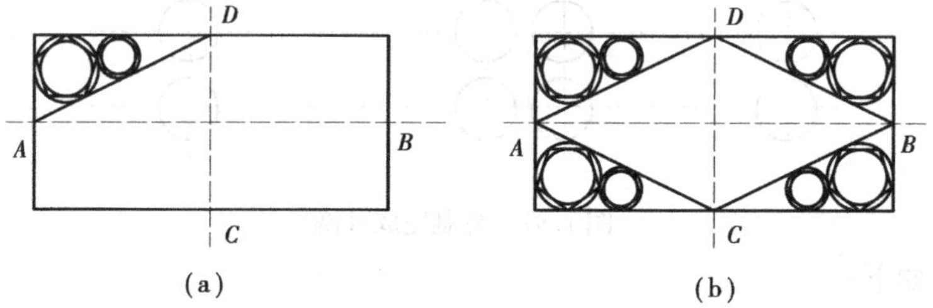

图 1.88　镜像

①先完成图 1.88(a)。

②用镜像完成 *AB* 轴线以上部分。

命令：_mirror

选择对象：指定对角点：找到 7 个　　>>用窗口方式选中要镜像的对象

选择对象：　指定镜像线的第一点：指定镜像线的第二点：　　>>依次单击 *C* 点和 *D* 点

要删除源对象吗？［是(Y)/否(N)］＜N＞：　　>>回车

③用镜像完成全部。

命令：_mirror

选择对象：指定对角点：找到 14 个　　>>用窗口方式选中要镜像的对象

选择对象：　指定镜像线的第一点：指定镜像线的第二点：　　>>依次单击 *A* 点和 *B* 点

要删除源对象吗？［是(Y)/否(N)］＜N＞：　　>>回车

5. 偏移

偏移是将对象做定距离的复制，但与复制不同的是：

①执行偏移的对象只能是单个对象；

②对于自行闭合的对象，如圆、正多边形，偏移后的对象尺寸会随着偏移距离而发生变化。

执行偏移操作的途径有 3 种：

①单击菜单“常用”→“修改”→“偏移”；

②单击“修改工具栏”上“偏移”按钮；

③在命令窗口输入偏移命令：Offset(O)。

【例 1.20】有边长为 100 mm 的正五边形，完成如图 1.89 所示的图形。

命令：_offset

当前设置：删除源＝否　图层＝源　OFFSETGAPTYPE＝0

指定偏移距离或［通过(T)/删除(E)/图层(L)］＜通过＞：15　　>>输入偏移距离 15，回车

选择要偏移的对象，或［退出(E)/放弃(U)］＜退出＞：　　>>单击外面的正五边形

指定要偏移的那一侧上的点，或［退出(E)/多个(M)/放弃(U)］＜退出＞：　　>>正五边形内部任点一点

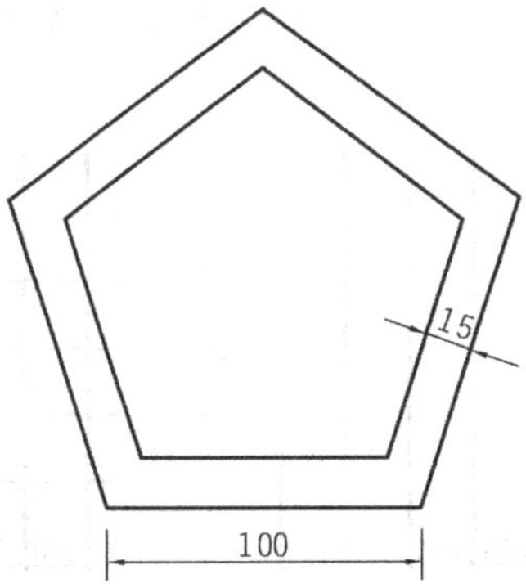

图 1.89　偏移

图 1.90　阵列选项板

说明：

①鼠标光标单击的位置表示偏移的方向；

②通过(T)，表示输入 T 可以通过鼠标单击两个点来确定偏移距离；

③删除(E)，表示输入 E 删除源对象；

④图层(L)，表示输入 L 可以将其他图层的对象偏移到当前图层，偏移后的对象具有当前图层的基本特性。

6. 阵列

执行阵列操作的途径有 3 种：

①单击菜单“常用”→“修改”→“阵列”；

②单击“修改工具栏”上“阵列”按钮；

③在命令窗口输入阵列命令：Array(Ar)。

输入阵列命令后，弹出阵列选项板，如图 1.90 所示。阵列方式分为矩形阵列和环形阵列，矩形阵列是将对象按行列排列，环形阵列是将对象绕一点环绕排列。

(1)矩形阵列

【例 1.21】完成如图 1.91 所示的柱网。

①绘制一条竖向轴线,如图 1.92(a)所示;阵列完成所有的竖向轴线,如图 1.92(b)所示。操作方法如下:

命令:_arrayrect

选择对象:指定对角点:找到 1 个　　>>选择直线

选择对象:

类型 = 矩形　关联 = 是

为项目数指定对角点或[基点(B)/角度(A)/计数(C)]<计数>:C　　>>输入 C,回车

输入行数或[表达式(E)]<4>:1　　>>输入 1,回车

输入列数或[表达式(E)]<4>:5　　>>输入 5,回车

指定对角点以间隔项目或[间距(S)]<间距>:S　　>>输入 S,回车

指定列之间的距离或[表达式(E)]<1>:200　　>>输入 200,回车

按 Enter 键接受或[关联(AS)/基点(B)/行(R)/列(C)/层(L)/退出(X)]<退出>:*取消*

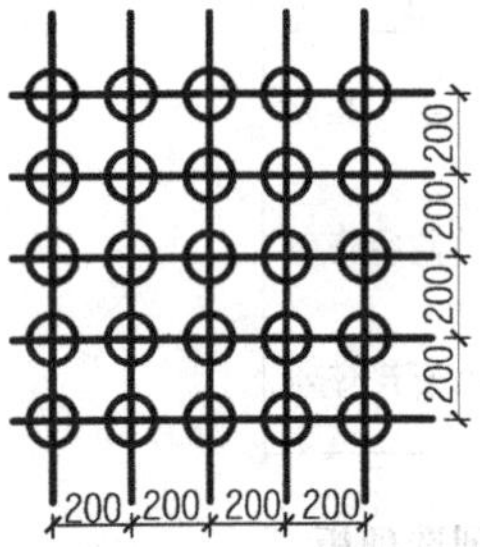

图 1.91　**柱网**

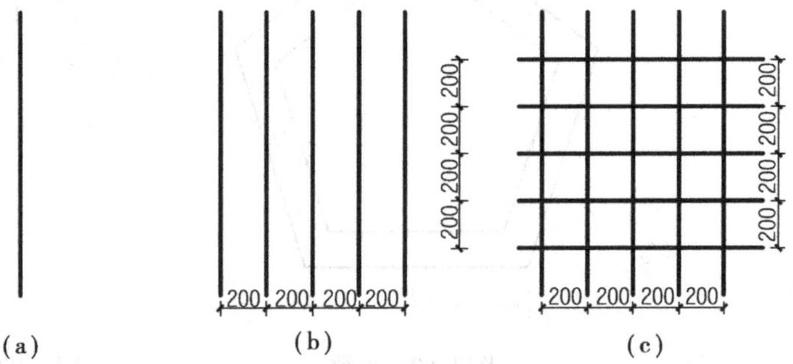

图 1.92　**绘制步骤**

②绘制一条水平轴线,阵列完成所有的水平轴线,如图 1.92(c)所示。操作方法如下:

命令:_arrayrect

选择对象:指定对角点:找到 1 个　　>>选择直线

选择对象:

类型 = 矩形　关联 = 是

为项目数指定对角点或[基点(B)/角度(A)/计数(C)]<计数>:C　　>>输入 C,回车

输入行数或[表达式(E)]<4>:5　　>>输入 5,回车

输入列数或[表达式(E)]<4>:1　　>>输入 1,回车

指定对角点以间隔项目或[间距(S)]<间距>:S　　>>输入 S,回车

指定列之间的距离或[表达式(E)]<1>:200　　>>输入 200,回车

按 Enter 键接受或[关联(AS)/基点(B)/行(R)/列(C)/层(L)/退出(X)]<退出>:*取消*

③绘制一个圆柱,阵列完成所有的圆柱。操作方法如下:

命令:_arrayrect

选择对象：指定对角点：找到 1 个　　>>选择圆

选择对象：

类型 = 矩形　关联 = 是

为项目数指定对角点或［基点(B)/角度(A)/计数(C)］<计数>：C　　>>输入 C，回车

输入行数或［表达式(E)］<4>：5　　>>输入 5，回车

输入列数或［表达式(E)］<4>：5　　>>输入 5，回车

指定对角点以间隔项目或［间距(S)］<间距>：S　　>>输入 S，回车

指定行之间的距离或［表达式(E)］<1>：200　　>>输入 200，回车

指定列之间的距离或［表达式(E)］<1>：200　　>>输入 200，回车

按 Enter 键接受或［关联(AS)/基点(B)/行(R)/列(C)/层(L)/退出(X)］<退出>：*取消*

(2)环形阵列

操作方法与矩形阵列相同，只是阵列选项板设计方式不同，环形阵列选项板如图 1.93 所示。

操作方法如下：

命令：_arraypolar

选择对象：找到 1 个

选择对象：

类型 = 极轴　关联 = 是

指定阵列的中心点或［基点(B)/旋转轴(A)］：

输入项目数或［项目间角度(A)/表达式(E)］<4>：8

指定填充角度(+ = 逆时针、- = 顺时针)或［表达式(EX)］<360>：

按 Enter 键接受或［关联(AS)/基点(B)/项目(I)/项目间角度(A)/填充角度(F)/行(ROW)/层(L)/旋转项目(ROT)/退出(X)］

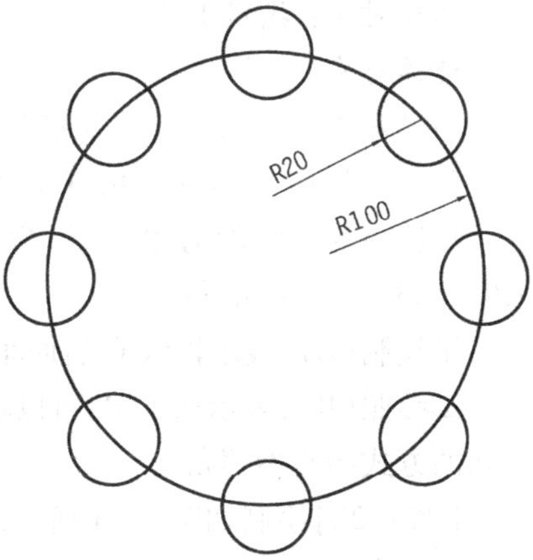

图 1.93　环形阵列

说明：

①中心点：即环绕的中心，可以输入坐标值确定，也可以用鼠标拾取；

②基点：指定阵列的基点；

③旋转轴：指定由两个指定点定义的自定义旋转轴，用于三维环形阵列；

④项目数：环形阵列后对象的总数；

⑤项目间角度：环形阵列中相邻两个对象所夹的圆心角。

7. 移动

执行移动操作的途径有 3 种：

①单击菜单“常用”→“修改”→“移动”；

②单击“修改工具栏”上“移动”按钮；

③在命令窗口输入移动命令：Move(M)。

命令：_move

选择对象：找到 1 个　　>>选择对象

指定基点或[位移]：　　>>指定第二个点

8. 旋转

执行旋转操作的途径有 3 种：

①单击菜单“常用”→“修改”→“旋转”；

②单击“修改工具栏”上“旋转”按钮；

③在命令窗口输入旋转命令：Rotate(Ro)。

旋转的操作方法为：

命令：_rotate

UCS 当前的正角方向：ANGDIR = 逆时针 ANGBASE = 0　　>>角度逆时针为正，顺时针为负

选择对象：找到 1 个　　>>选择要选择的对象

选择对象：

指定基点：　　>>单击旋转的中心点

指定旋转角度，或［复制(C)/参照(R)］<0>：50　　>>输入角度，回车

在选择要旋转的对象之后，命令窗口出现“指定旋转角度，或［复制(C)/参照(R)］<0>”，对其说明如下：

①复制(C)，表示输入 C 后回车，将对象旋转的同时，保留源对象；

②参照(R)，表示输入 R，可以输入参照角，当旋转的绝对角度未知时，可以采用指定参照物的方式指定参照角。

【例 1.22】绘制如图 1.94 所示的大小两个五角星，并使小五角星的一个角指向大五角星的中心点。

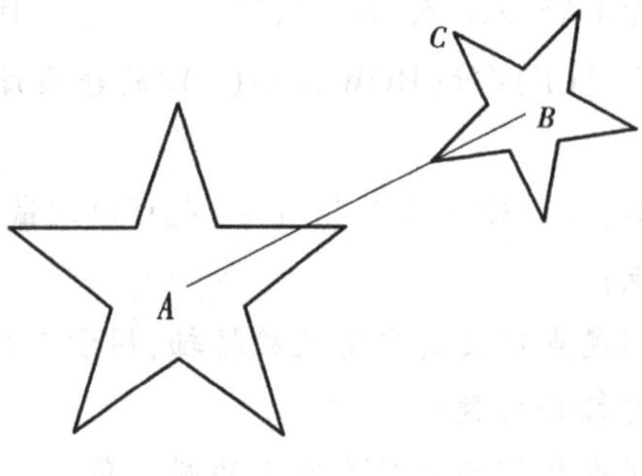

图 1.94　参照旋转

步骤如下：

①绘制大小两个正五边形，通过修剪得到大小两个五角星，并分别找到其中心点 *A* 点和 *B* 点(外接圆的圆心)；

②输入旋转命令或菜单；

③选择小五角星，回车；

④指定 *B* 点作为基点；

⑤在输入角度之前，输入 R，回车确认；

⑥在指定参照角时，先单击 *B* 点，再单击 *C* 点（把直线 *BC* 作为参照角）；

⑦再单击 *A* 点（即把直线 *AB* 作为旋转之后的角度）完成。

参照旋转操作方法如下：

命令：_rotate

UCS 当前的正角方向：　ANGDIR = 逆时针　ANGBASE = 0

选择对象：指定对角点：找到 11 个　　>> 选择小五角星

选择对象：　　>> 回车确定

指定基点：　　>> 单击 *B* 点

指定旋转角度，或［复制(C)/参照(R)］ <50 >：R　　>> 输入 R，回车

指定参照角 <162 >：　指定第二点：　　>> 单击 *C* 点

指定新角度或［点(P)］ <0 >：　　>> 单击 *A* 点完成

9. 缩放

执行缩放操作的途径有 3 种：

①单击菜单“常用”→“修改”→“缩放”；

②单击“修改工具栏”上“缩放”按钮；

③在命令窗口输入缩放命令：Scale（SC）。

缩放的操作方法为：

命令：_scale

选择对象：找到 1 个　　>> 选择对象

选择对象：　　>> 回车确认并结束选择

指定基点：　　>> 单击基点

指定比例因子或［复制(C)/参照(R)］ <2.0000 >：　　>> 输入比例因子，回车

在选择要缩放的对象之后，命令窗口出现“指定比例因子，或［复制(C)/参照(R)］ <0 >”，对其说明如下：

①复制（C），表示输入 C 回车，将对象缩放的同时保留源对象；

②参照（R），表示输入 R，可以输入参照比例因子，当缩放的绝对比例因子未知时，可以采用指定参照物的方式指定缩放比例因子。

【例 1.23】绘制如图 1.95(a)所示的图形。

操作方法如下：

①任意绘制一个正四边形，以其中心点为圆心绘制一个半径为 100 mm 的圆，如图 1.95(b)所示。

命令：_polygon 输入侧面数 <4 >：　　>> 回车

指定正多边形的中心点或［边(E)］：e 指定边的第一个端点：　　>> 单击正四边形左

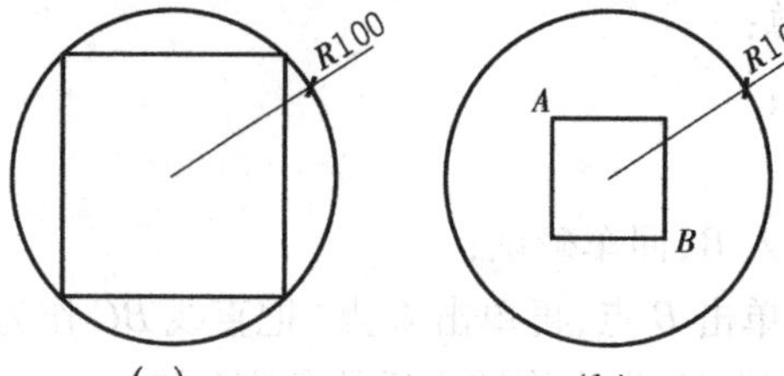

(a)　　(b)

图 1.95　参照缩放

下角点

指定边的第二个端点：　　>>配合 0°极轴，单击矩形右下角点

命令：　　>>回车结束

命令：_circle 指定圆的圆心或［三点(3P)/两点(2P)/相切、相切、半径(T)］：>>利用对象追踪捕捉矩形中心点

指定圆的半径或［直径(D)］：100

②利用参照缩放，将正四边形的对角线缩放成 200 mm，操作如下：

命令：_scale

选择对象：找到 1 个　　>>单击正四边形

选择对象：　　>>回车确认并结束选择

指定基点：　　>>单击圆心

指定比例因子或［复制(C)/参照(R)］ <1.0000>：　R　　>>输入 R，回车

指定参照长度 <100.0000>：　指定第二点：　　>>依次单击 A 点和 B 点

指定新的长度或［点(P)］ <100.0000>：　200　　>>输入 200，回车

10. 拉伸

拉伸是将对象中指定的部分进行移动，并保持和其他未移动部分相连接，拉伸部分的移动方向与鼠标移动的方向一致。执行拉伸操作的途径有 3 种：

①单击菜单"常用"→"修改"→"拉伸"；

②单击"修改工具栏"上"拉伸"按钮；

③在命令窗口输入拉伸命令：Stretch(S)。

拉伸的操作方法为：

命令：_stretch

以交叉窗口或交叉多边形选择要拉伸的对象...　　>>以窗交方式框选要拉伸的部分

选择对象：指定对角点：找到 1 个

选择对象：　　>>回车确认

指定基点或［位移(D)］ <位移>：　　>>单击任一点作为基点

指定第二个点或 <使用第一个点作为位移>：　　>>单击第二点确定拉伸的距离

以矩形为例，拉伸时窗交选择要拉伸的对象时，窗交方式只包含矩形一个端点，则拉伸的效果如图 1.96 所示。

若窗交方式只包含矩形两个端点，则拉伸的效果如图 1.97 所示。

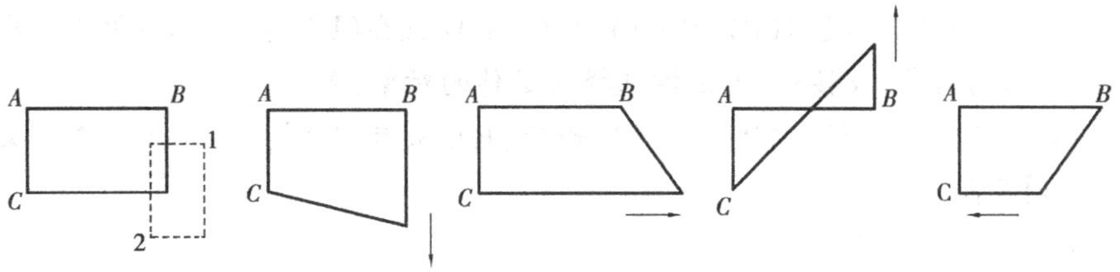

图1.96 拉伸效果1

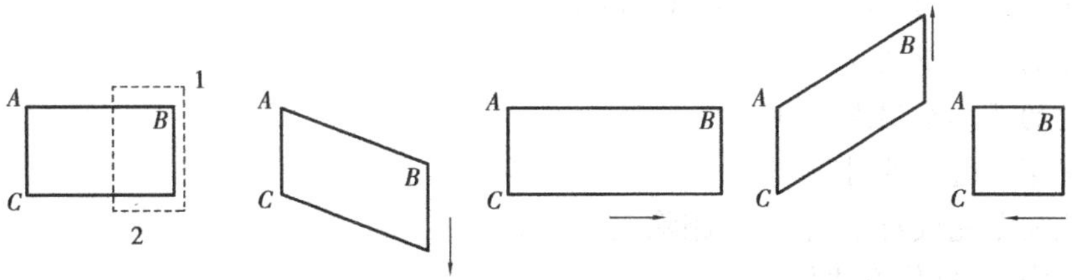

图1.97 拉伸效果2

拉伸操作要点：

①选择对象方式：只能用窗交方式选择，不能用窗口方式选择。

②对象变化规律：在窗口内的端点随鼠标移动，窗口外的端点不动，窗口内没有端点则拉伸无效。

③对于圆、椭圆、文字这类对象，窗口若包含圆或椭圆的圆心、文字的插入点时，拉伸等于移动；若没有包含，则拉伸无效。

11. 修剪

修剪是将对象沿某一边界剪掉一部分。执行修剪操作的途径有3种：

①单击菜单"常用"→"修改"→"修剪"；

②单击"修改工具栏"上"修剪"按钮；

③在命令窗口输入修剪命令：Trim（Tr）。

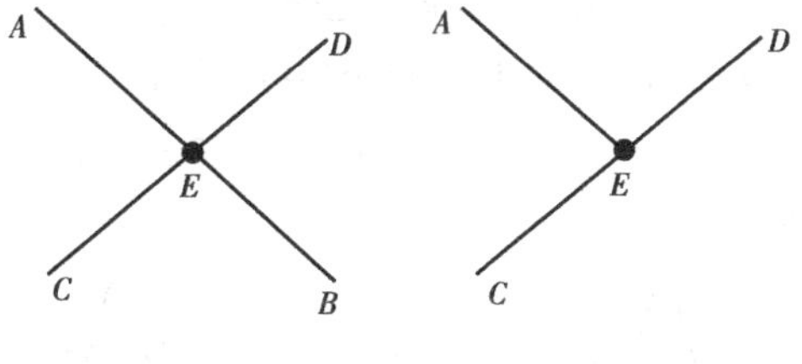

图1.98 修剪

如图1.98所示，要将直线*AB*修剪成*AE*，操作方法为：

命令：_trim

当前设置：投影 = UCS，边 = 无

选择剪切边...

选择对象或 <全部选择>：指定对角点： 找到 1 个 >>单击直线 *CD*

选择对象： >>回车结束选择

选择要修剪的对象，或按住 Shift 键选择要延伸的对象，或

[栏选(F)/窗交(C)/投影(P)/边(E)/删除(R)/放弃(U)]:　　>>单击直线 *EB*
选择要修剪的对象,或按住 Shift 键选择要延伸的对象,或
[栏选(F)/窗交(C)/投影(P)/边(E)/删除(R)/放弃(U)]:　　>>回车结束

【例 1.24】绘制五角星。

①绘制正五边形,操作如下:

命令:_polygon 输入边的数目 <4>:5
指定正多边形的中心点或[边(E)]:E
指定边的第一个端点:
指定边的第二个端点:100

②连接正五边形的对角线

用直线命令完成对角线,并且删除正五边形。

③修剪完成,操作方法如下:

命令:_trim
当前设置:投影=UCS,边=无
选择剪切边...
选择对象或 <全部选择>: 指定对角点:找到 5 个　　>>框选全部直线
选择对象:　　>>回车确认并结束选择
选择要修剪的对象,或按住 Shift 键选择要延伸的对象,或
[栏选(F)/窗交(C)/投影(P)/边(E)/删除(R)/放弃(U)]:　　>>单击 *AB* 直线
选择要修剪的对象,或按住 Shift 键选择要延伸的对象,或
[栏选(F)/窗交(C)/投影(P)/边(E)/删除(R)/放弃(U)]:　　>>单击 *BC* 直线
选择要修剪的对象,或按住 Shift 键选择要延伸的对象,或
[栏选(F)/窗交(C)/投影(P)/边(E)/删除(R)/放弃(U)]:　　>>单击 *CD* 直线
选择要修剪的对象,或按住 Shift 键选择要延伸的对象,或
[栏选(F)/窗交(C)/投影(P)/边(E)/删除(R)/放弃(U)]:　　>>单击 *DE* 直线
选择要修剪的对象,或按住 Shift 键选择要延伸的对象,或
[栏选(F)/窗交(C)/投影(P)/边(E)/删除(R)/放弃(U)]:　　>>单击 *EA* 直线
选择要修剪的对象,或按住 Shift 键选择要延伸的对象,或　　>>回车结束

完成五角星如图 1.99 所示。

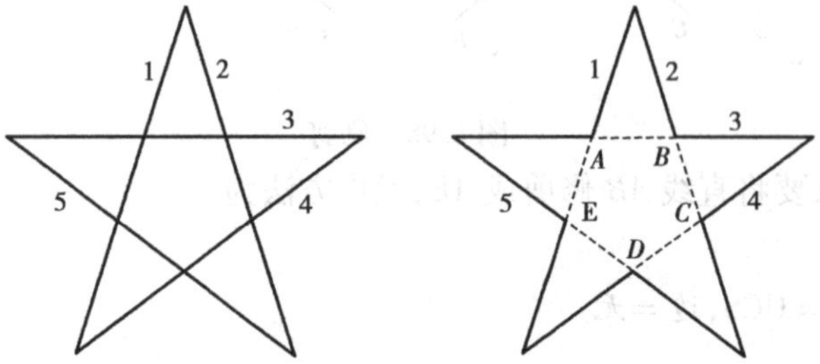

图 1.99　五角星及形成过程

除了直线可以修剪外,多段线、多线、矩形、正多边形、圆及圆弧、椭圆及椭圆弧等都可以修剪。

12. 延伸

延伸是将并不实际相交(但延长后可以相交)的线条延长使之相交,其操作方法与修剪相似。执行延伸操作的途径有3种:

①单击菜单"常用"→"修改"→"延伸";

②单击"修改工具栏"上"延伸"按钮;

③在命令窗口输入延伸命令:Extend(Ex)。

延伸操作方法为:

命令: _extend

当前设置:投影=UCS,边=无

选择边界的边... >>选择边界线

选择对象或 <全部选择>: 找到1个 >>回车确认并结束选择

选择对象:

选择要延伸的对象,或按住Shift键选择要修剪的对象,或

[栏选(F)/窗交(C)/投影(P)/边(E)/放弃(U)]: >>单击要延伸的对象

选择要延伸的对象,或按住Shift键选择要修剪的对象,或

[栏选(F)/窗交(C)/投影(P)/边(E)/放弃(U)]: >>回车结束

13. 倒角

倒角是将两个不平行的对象用直线相连,相当于在对象的顶点切去一个角。执行倒角操作的途径有3种:

①单击菜单"常用"→"修改"→"倒角";

②单击"修改工具栏"上"倒角"按钮;

③在命令窗口输入倒角命令:Chamfer(Cha)。

【例1.25】绘制如图1.100所示的图形。

命令: _chamfer

("修剪"模式) 当前倒角距离1 = 0.0000,距离2 = 0.0000 >>默认倒角距离

选择第一条直线或[放弃(U)/多段线(P)/距离(D)/角度(A)/修剪(T)/方式(E)/多个(M)]: D >>输入D,回车

指定第一个倒角距离 <0.0000>: 10 >>输入10,回车

指定第二个倒角距离 <10.0000>: 20 >>输入20,回车

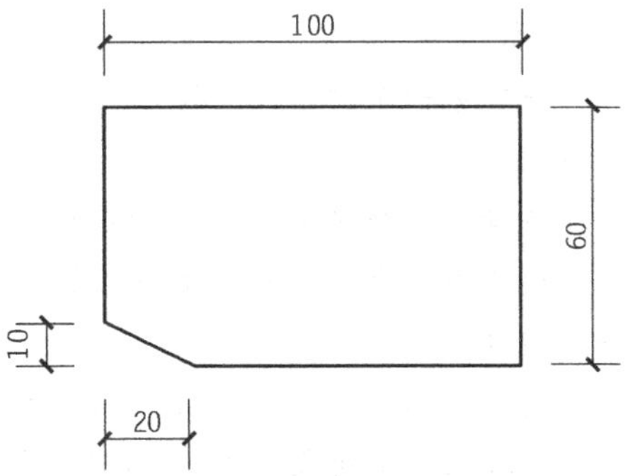

图1.100 倒角

选择第一条直线或[放弃(U)/多段线(P)/距离(D)/角度(A)/修剪(T)/方式(E)/多个(M)]: >>单击竖直边

选择第二条直线,或按住Shift键选择要应用角点的直线: >>单击水平边

选项说明："修剪"模式是指不保留原先的顶点。

14. 圆角

圆角是用指定半径的圆弧连接两个对象。执行圆角操作的途径有 3 种：

①单击菜单"常用"→"修改"→"圆角"；

②单击"修改工具栏"上"圆角"按钮；

③在命令窗口输入圆角命令：Fillet(F)。

【例 1.26】绘制如图 1.101 所示的图形。

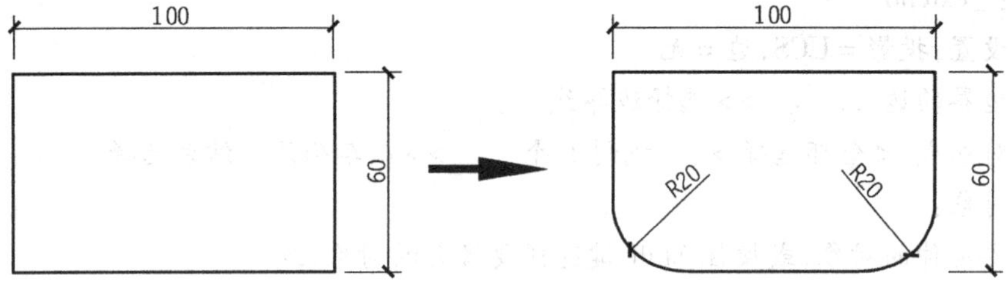

图 1.101　圆角

先绘制一个 100 mm×60 mm 的矩形，再利用圆角完成。

圆角的操作方法为：

命令：_fillet

当前设置：模式 ＝ 修剪，半径 ＝ 0.0000

选择第一个对象或［放弃(U)/多段线(P)/半径(R)/修剪(T)/多个(M)］：R 指定圆角半径　　>>输入 R，回车

<0.0000>：20　　>>输入 20，回车

选择第一个对象或［放弃(U)/多段线(P)/半径(R)/修剪(T)/多个(M)］：M　　>>输入 M，回车

选择第一个对象或［放弃(U)/多段线(P)/半径(R)/修剪(T)/多个(M)］：　　>>单击左边线

选择第二个对象，或按住 Shift 键选择要应用角点的对象：　　>>单击下边线

选择第一个对象或［放弃(U)/多段线(P)/半径(R)/修剪(T)/多个(M)］：　　>>单击下边线

选择第二个对象，或按住 Shift 键选择要应用角点的对象：　　>>单击右边线

选择第一个对象或［放弃(U)/多段线(P)/半径(R)/修剪(T)/多个(M)］：　　>>回车结束

15. 分解

分解是将单个对象分解为多个对象，如将矩形分解为四条直线。执行分解操作的途径有 3 种：

①单击菜单"常用"→"修改"→"分解"；

②单击“修改工具栏”上“分解”按钮；

③在命令窗口输入分解命令：Explode（E）。

分解操作方法为：

命令：e ERASE

选择对象：找到 1 个

选择对象：

16. 夹点编辑

夹点是对象上的控制点，如直线的端点和中点、圆的象限点和圆心、多边形的各个角点等，所有对象都有夹点。在没有执行任何命令的情况下，选中对象，夹点会显现出来，单击夹点可以对对象进行编辑操作，夹点具有拉伸、移动、旋转、比列缩放、镜像 5 种编辑功能。对象上的夹点如图 1.102 所示。

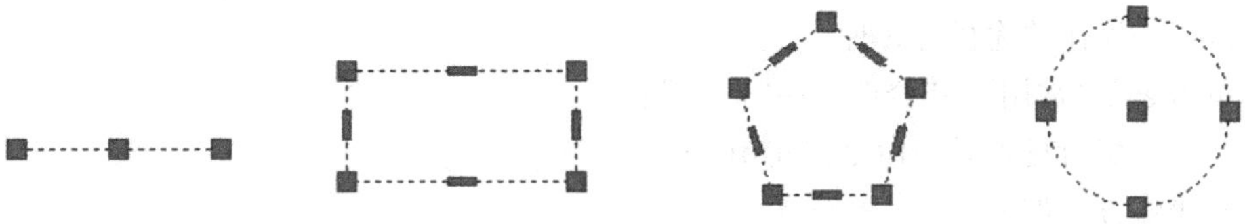

图 1.102　对象上的夹点

单击夹点，夹点被激活变成红色，可以对该夹点进行编辑操作。

单击夹点后命令窗口出现：

＊＊ 拉伸 ＊＊　　>>表示目前可以对对象进行拉伸操作

指定拉伸点或［基点(B)/复制(C)/放弃(U)/退出(X)］：　　>>指定拉伸点

＊＊ MOVE ＊＊　　>>单击键盘空格键

指定移动点或［基点(B)/复制(C)/放弃(U)/退出(X)］：　　>>夹点编辑功能切换到移动操作

＊＊ 旋转 ＊＊　　>>单击空格键

指定旋转角度或［基点(B)/复制(C)/放弃(U)/参照(R)/退出(X)］：　　>>夹点编辑功能切换到旋转操作

＊＊ 比例缩放 ＊＊　　>>单击空格键

指定比例因子或［基点(B)/复制(C)/放弃(U)/参照(R)/退出(X)］：　　>>夹点编辑功能切换到比列缩放操作

＊＊ 镜像 ＊＊　　>>单击空格键

指定第二点或［基点(B)/复制(C)/放弃(U)/退出(X)］：　　>>夹点编辑功能切换到镜像操作

夹点的每一种编辑操作同前述的一般编辑操作相同。

【例 1.27】利用夹点的拉伸操作，延长直线 *BA* 使之与矩形上边线相交，如图 1.103 所示。

操作方法为：

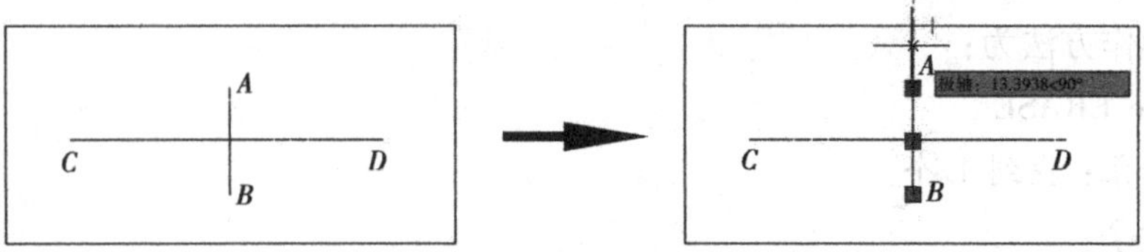

图 1.103　夹点的拉伸操作

＊＊ 拉伸 ＊＊　　>>选中直线 *AB*,单击夹点 *A*

指定拉伸点或[基点(B)/复制(C)/放弃(U)/退出(X)]:　　>>配合极轴和对象捕捉,单击垂足完成

17. 对齐

执行对齐操作的途径有 3 种:

①单击菜单“常用”→“修改”→“对齐”;

②在命令窗口输入对齐命令:Align(Al)。

对齐操作方法如下:

命令:_align

选择对象:找到 1 个

选择对象:

指定第一个源点:

指定第一个目标点:

指定第二个源点:

指定第二个目标点:

指定第三个源点或 < 继续 >:

是否基于对齐点缩放对象?[是(Y)/否(N)] < 否 >:

18. 修改对象特性

每个对象都有自己的特性,除了前述的颜色、线型和线宽之外,其他特性可以通过特性选项板查看。打开特性选项板通常有两种方式:

①在命令窗口输入命令:Properties(Pr);

②快捷键:Ctrl + 1。

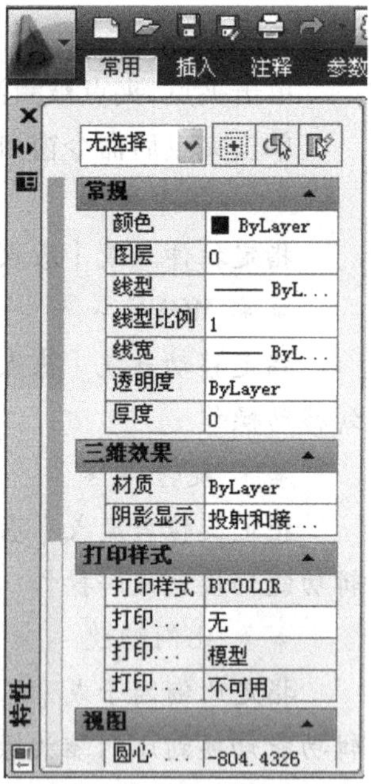

图 1.104　特性选项板

特性选项板如图 1.104 所示。

例题 1.25 中观察图 1.110,完成如下要求:

①将所有半径为 50 mm 的圆,半径都改为 100 mm。

操作方法如下:

a. 按 Ctrl + 1 打开特性选项板;

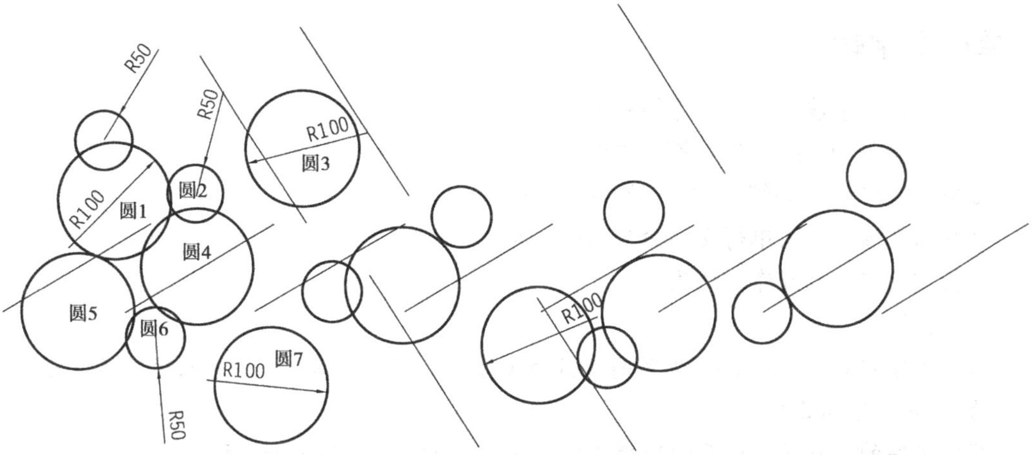

图 1.105　例题 1.28 图

b. 单击“快速选择”按钮，如图 1.106 所示，弹出快速选择对话框，将“对象类型”选为“圆”，“特性”选为“半径”，“运算符”选为“ = ”，“值”选为“50”，如图 1.107 所示，单击“确定”，返回特性选项板，如图 1.108 所示。

c. 再观察特性选项板，可以发现半径为 50 mm 的圆全部被选中，直接将半径值由 50 改为 100。

②将所有倾角为 30°的直线，宽度改为 0.3 mm。

操作方法同①，不再赘述。

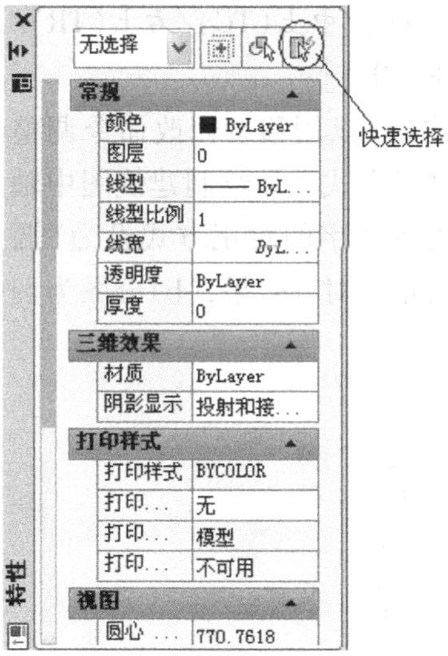

图 1.106　特性选项板

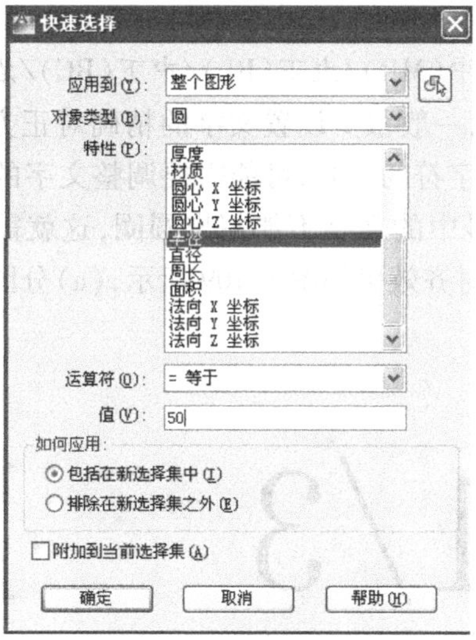

图 1.107　快速选择选项卡

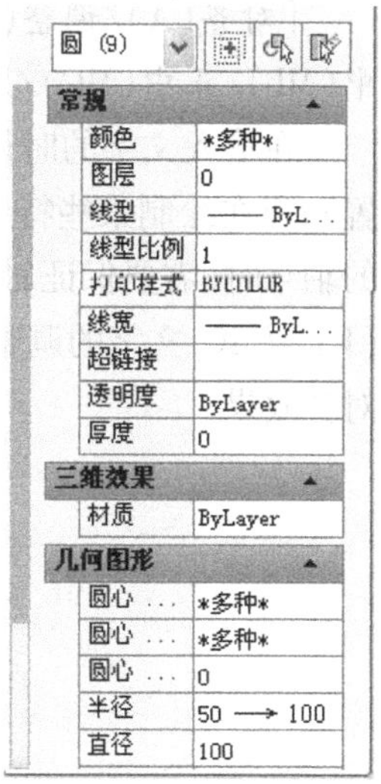

图 1.108　修改特性

任务 5　文字输入

【任务介绍】本任务介绍单行文字输入和多行文字的输入方法。

【任务目标】掌握在专业图纸中输入文字和修改文字的方法。

1. 单行文字输入

执行单行文字输入操作的途径有 3 种:

①单击菜单“常用”→“文字”→“单行文字”;

②单击“文字工具栏”上“单行文字”按钮;

③在命令窗口输入单行文字命令:Text(Dt)。

单行文字输入的操作方法为:

命令: dt TEXT

当前文字样式:“Standard”文字高度:185.6822　注释性:否　　>>表示默认状态文字样式为“song”,字高 2.5

指定文字的起点或[对正(J)/样式(S)]:　　>>单击文字的起点

指定高度 <2.5000>:　　>>输入文字的高度

指定文字的旋转角度 <0>:　　>>输入文字的旋转角度

说明:

①文字样式。每一类字体都对应有一种样式,文字样式将在后面介绍。

②文字高度。在专业图纸中文字高度就是文字的字号,其应符合国家对制图的要求,一般建筑图里文字的高度应为 2,3,3.5,5,7,10,14,20 mm 等。

③对正(J)。文字的对正方式有很多,在指定文字的起点之前输入 J 回车,出现文字的对正方式:

[对齐(A)/调整(F)/中心(C)/中间(M)/右(R)/左上(TL)/中上(TC)/右上(TR)/左中(ML)/正中(MC)/右中(MR)/左下(BL)/中下(BC)/右下(BR)]:

在输入文字的时候,一般很少设置文字的精确对正方式(可以用移动修改命令调整位置),但在绘制某些特殊字符的时候,可能需要调整文字的对正方式。如绘制建筑图中轴网的轴号时,需要保证轴号中的文字不能超出圆圈,这就需要将文字的对正方式设为“调整(F)”方式,文字的调整对齐效果如图 1.109 所示,(a)分图为正中对齐效果,(b)分图为调整对齐效果。

(a)　　(b)

图 1.109　文字的调整对齐效果

操作方法为:

命令: dt TEXT

当前文字样式: song

当前文字高度：0.0000

指定文字的起点或［对正(J)/样式(S)］：J　　>>输入J,回车

［对齐(A)/调整(F)/中心(C)/中间(M)/右(R)/左上(TL)/中上(TC)/右上(TR)/左中(ML)/正中(MC)/右中(MR)/左下(BL)/中下(BC)/右下(BR)］：F　　>>输入F,回车

指定文字基线的第一个端点：　　>>单击矩形左下角点

指定文字基线的第二个端点：　　>>单击矩形右下角点

指定高度 <2.0000>：2.5　　>>输入文字高度2.5

指定文字的旋转角度 <0>：

④文字的旋转角度。它是指文字的方向与水平线之间的夹角。

2. 多行文字输入

执行多行文字输入操作的途径有3种：

①单击菜单“常用”→“文字”→“多行文字”；

②单击“绘图工具栏”上“多行文字”按钮；

③在命令窗口输入多行文字命令：Mtext(Mt)。

多行文字输入方法与单行文字相同,但不同的是多行文字具有自动换行、字体加粗、加上(下)划线、斜体、堆叠等排版功能,所以多行文字适合较多文字的输入。

多行文字操作方法如下：

命令：_mtext 当前文字样式：“Standard”　文字高度：288.3651　注释性：否

指定第一角点：　　>>鼠标单击选择文字的起点

指定对角点或［高度(H)/对正(J)/行距(L)/旋转(R)/样式(S)/宽度(W)/栏(C)］：>>鼠标单击选择文字的起点

在指定对角点后,确定一个输入多行文字的文本框,同时弹出多行文字编辑器,在文字编辑器下的文本框里用键盘输入文字,如图1.110所示。

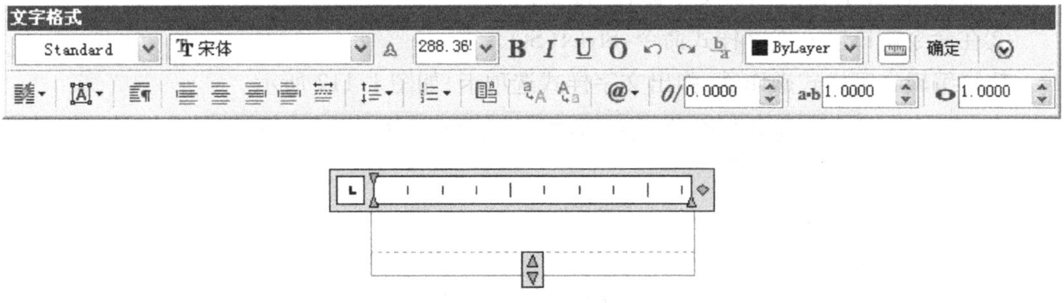

图1.110　多行文字编辑器

在多行文字编辑器里可以选择文字的样式、字体、字高及其他各种排版功能。

说明：

①多行文字编辑器下的文本框的位置和大小不需要很精确,位置不对时可以用移动操作调整位置,文本框的大小能根据输入的字符数自动调整。

②多行文字允许在选定文字样式后修改文字的字体。

③多行文字可以输入一些特殊的字符，在文本框内单击鼠标右键，可以选择要输入的特殊字符，如直径符号、正负号等，如图 1.111 所示。

图 1.111　多行文字输入特殊字符

3. 文字样式

执行编辑文字样式操作的途径通常有两种：

①单击“样式工具栏”上“文字样式”按钮；

②在命令窗口输入文字样式命令：Stylet(St)。

执行编辑文字样式操作后，弹出文字样式选项卡，如图 1.112 所示。

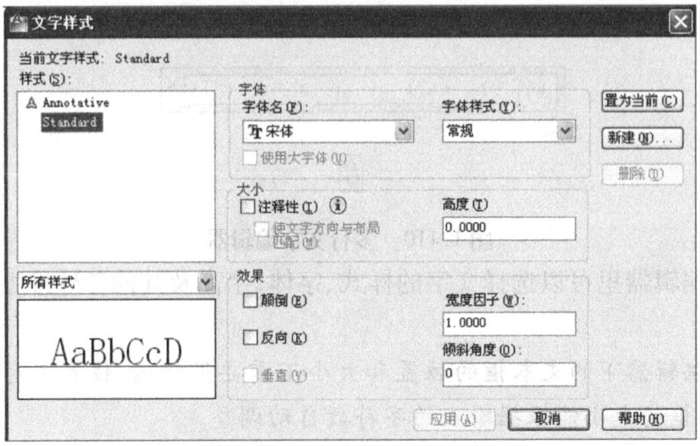

图 1.112　文字样式选项卡

可以在选项卡里编辑文字样式，一个文字样式由以下几部分构成：

(1)样式名

文字样式的名称，可以根据需要增加或修改，单击“新建”按钮，可以创建新的样式，右键单击要修改名称的样式，可以修改已有样式的名称。

(2)字体名

AutoCAD 的字体分为两大类：

①TTF 字体。Windows 系统下各应用软件的通用字体，字符集非常庞大，如宋体、仿宋体、楷体等。这些字体字形美观，但占用较多的计算机内存，影响运行速度。

②SHX 字体。AutoCAD 的专用字体，字形简单粗糙不够美观，但是内存占用较少。这类字体都有同样的后缀名 shx，如 txt. Shx、gbeitc. shx、gbcbig. shx 等。

对于 AutoCAD 专业图纸，很多时候需要输入大量的文字，如建筑设计说明、结构设计说明等，此时建议采用 SHX 字体，而对文字外观要求较高时可以采用 TTF 字体。

(3)文字大小

①注释性。使用此特性，用户可以自动完成缩放注释的过程，从而使注释能够以正确的大小在图纸上打印或显示。用户不必在各个图层、以不同尺寸创建多个注释，而可以按对象或样式打开注释性特性，并设定模型或布局视口的注释比例。注释比例控制注释性对象相对于图形中的模型几何图形的大小。文字、标注、图案填充、公差、多重引线、块和属性等对象通常用于注释图形，并包含注释性特性。

②文字高度。默认值为 0，表示文字高度可以调整。这里尽量不要输入文字高度，因为输入文字高度后，在输入单行文字时，文字的高度一律采用输入的高度值，不能在输入时调整。

(4)效果

除了宽度比例，其他几项一般不需采用。宽度比例是指单个文字的宽度与高度的比值，国标字体一般设置为 0.7，如“仿宋_GB2312”宽度比例为 0.7。

【例 1.29】按要求完成文字输入，如图 1.113 所示。

门窗：M1尺寸为900*1200，离地高度1200

标注：标注文字采用gbeitc.shx字体

图名：首层平面图　1：100

图 1.113　文字输入

文字样式要求如下：

样式名	字体	说明
门窗	Complex. shx	用于门窗符号
标注	Gbeitc. shx	用于尺寸标注
图名	宋体	用于书写图名

①新建文字样式。输入命令 St,弹出文字样式选项卡,单击"新建"按钮,弹出新建样式对话框,如 1.114 所示。设置用于输入门窗文字的样式,在样式名输入"门窗",单击"确定",回到新建文字样式选项卡,勾选"使用大字体"选项时只能选择 SHX 字体集,不勾选"使用大字体"选项切换到 TTF 字体集。

图 1.114 新建样式对话框

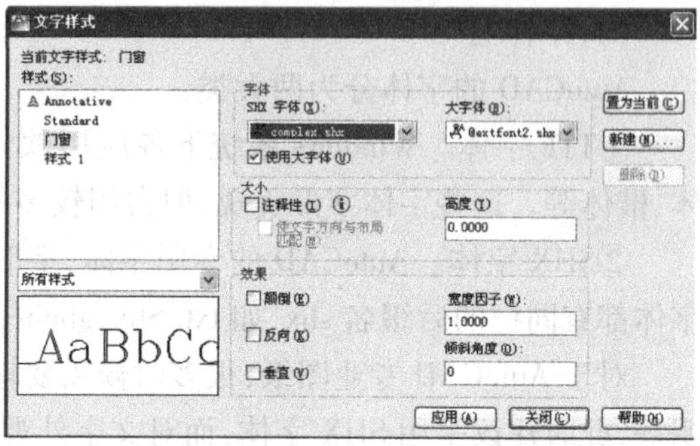

图 1.115 选择门窗对应的字体

勾选"使用大字体"选项,拉动下拉条,选择字体 complex. shx,其他不变,如图 1.115 所示。单击"应用"按钮,就新建了一个样式名为"门窗"的文字样式。

按照上述过程,依次完成"标注""图名"文字样式的新建。

②使用多行文字输入完成。文字高度在输入的时候根据要求修改。

4. 文字的编辑

对已有的文字进行编辑有两种方式:

①双击文字;

②同时按下"Ctrl + 1",打开特性选项板,再选中待编辑的文字。

双击文字对象可以打开该文字样式选项卡,在对话框内框选需要修改的文字,然后在选项卡上的标题栏里修改,如图 1.116 所示。

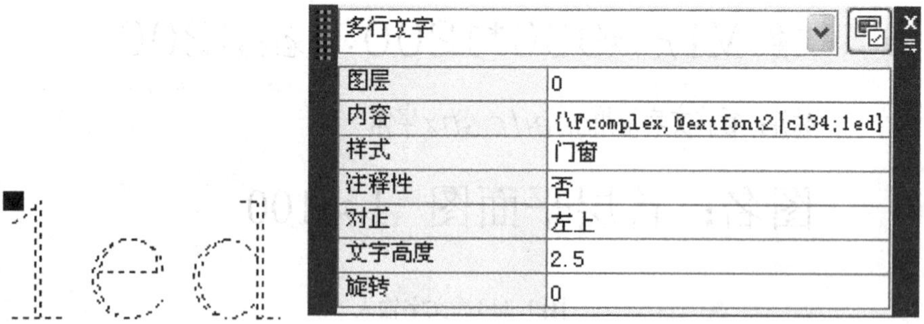

图 1.116 文字的编辑

任务 6 尺寸标注

【任务介绍】本任务介绍各类尺寸标注的操作方法。

【任务目标】掌握能对专业图进行尺寸标注。

1. 尺寸标注的类型

常用的尺寸标注有线性标注、对齐标注、弧长、坐标、半径标注、折弯标注、直径标注、角度标注、快速标注、基线标注、连续标注、等距标注、公差标注、圆心标记等，如图 1.117 所示。

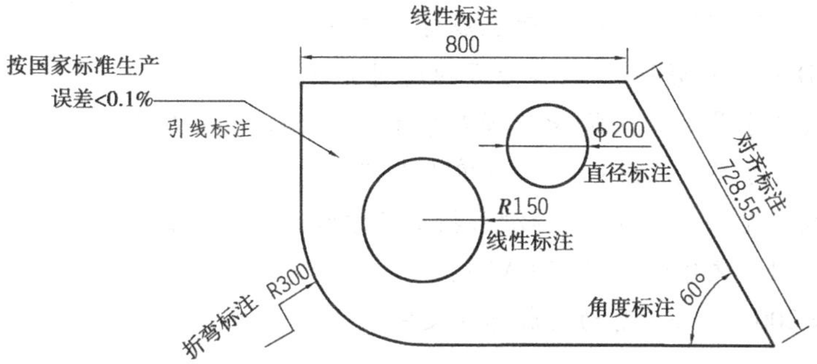

图 1.117　标注类型

一个完整的尺寸标注由 4 个部分构成：尺寸线、尺寸界线、箭头和文字，如图 1.118 所示。

1）线性标注和对齐标注

两者都是用来标注对象的长度，且操作方法相同，线性标注用来标注对象的水平长度和竖向长度，对齐标注用来标注对象的实际长度，若对象处于水平方向或竖向，两者是一样的。

执行对齐标注操作的途径有 3 种：

①单击菜单“常用”→“注释”→“线性标注”或“对齐标注”；

②单击“标注工具栏”上“线性标注”或“对齐标注”按钮；

③在命令窗口输入线性标注命令：Dimaligned（Dli）或对齐标注命令：Dimaligned（Dal）。

下面以图 1.119 为例来说明线性标注和对齐标注的操作方法。

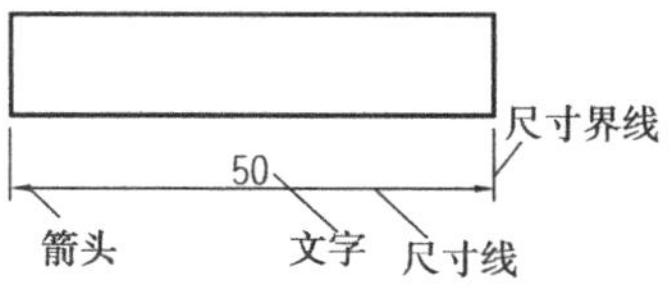

图 1.118　尺寸标注组成

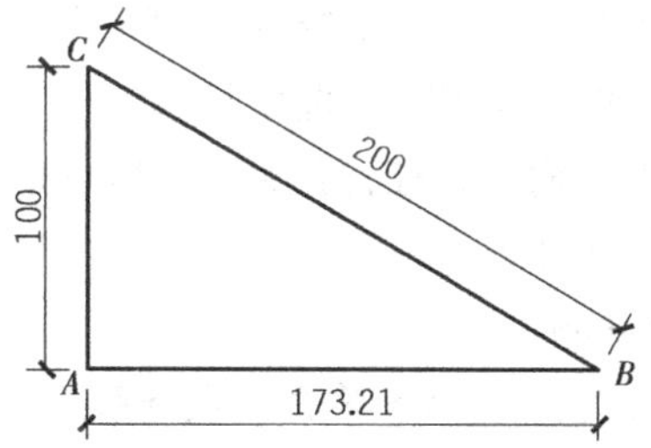

图 1.119　对齐标注

命令：dal DIMALIGNED　　　>>输入对齐标注命令

指定第一条尺寸界线原点或 <选择对象>：　　>>单击 *C* 点

指定第二条尺寸界线原点：　　>>单击 *A* 点

指定尺寸线位置或　　　>>鼠标滑移指定尺寸线放置的位置

[多行文字(M)/文字(T)/角度(A)]：

标注文字 = 100　　　>>自动生成标注文字

命令：dal DIMALIGNED　　　>>重复执行对齐标注

指定第一条尺寸界线原点或 <选择对象>:　　>>单击 *A* 点
指定第二条尺寸界线原点:　　>>单击 *B* 点
指定尺寸线位置或　　>>鼠标滑移指定尺寸线放置的位置
[多行文字(M)/文字(T)/角度(A)]:
标注文字 = 173.21　　>>自动生成标注文字
命令: dal DIMALIGNED　　>>重复执行对齐标注命令
指定第一条尺寸界线原点或 <选择对象>:　　>>单击 *B* 点
指定第二条尺寸界线原点:　　>>单击 *C* 点
指定尺寸线位置或　　>>鼠标滑移指定尺寸线放置的位置
[多行文字(M)/文字(T)/角度(A)]:
标注文字 =200　　>>自动生成标注文字

选项说明:

①多行文字(M):输入 M 回车,可以用多行文字替代标注的文字,默认状态下标注文字是自动生成的,为对象的实际长度(称为测量单位),输入 M 回车后可直接输入新的标注文字(称为文字替代)。

②文字(T):输入 T 回车,可以用单行文字替代标注的文字。

③角度(A):输入 A 回车,可以调整文字的方向。

2)直径标注、半径标注、弧长标注和折弯标注

这类标注的对象都是圆或圆弧,直径标注、半径标注、弧长标注的操作方法相同。折弯标注也称大半径标注,当弧线的半径很大时,圆心离弧线太远;若用半径标注,尺寸线会伸出图形界限之外,这时可采用折弯标注。

(1)直径标注

执行直径标注操作的途径有 3 种:

①单击菜单"常用"→"注释"→"直径";

②单击"标注工具栏"上"直径"按钮;

③在命令窗口输入直径标注命令:Dimdiameter(Ddi)。

直径标注操作如下:

命令: _dimdiameter
选择圆弧或圆:　　>>单击圆或圆弧
标注文字 = 272.32　　>>系统自动生成对象的直径值
指定尺寸线位置或[多行文字(M)/文字(T)/角度(A)]:　　>>移动鼠标指定标注文字放置的位置

(2)半径标注

执行半径标注操作的途径有 3 种:

①单击菜单"常用"→"注释"→"半径";

②单击"标注工具栏"上"半径"按钮;

③在命令窗口输入半径标注命令:Dimradius(Dra)。

操作方法同直径标注。

命令：_dimradius

选择圆弧或圆：　　>>单击圆或圆弧

标注文字 = 136.16　　>>系统自动生成对象的半径值

指定尺寸线位置或［多行文字(M)/文字(T)/角度(A)］：　　>>移动鼠标指定标注文字放置的位置

(3)弧长标注

执行弧长标注操作的途径有3种：

①单击菜单“常用”→“注释”→“弧长”；

②单击“标注工具栏”上“弧长”按钮；

③在命令窗口输入弧长标注命令：Dimarc(Dar)。

操作方法同直径标注。

命令：_dimarc

选择弧线段或多段线弧线段：　　>>单击圆弧

指定弧长标注位置或［多行文字(M)/文字(T)/角度(A)/部分(P)/引线(L)］：>>滑移鼠标指定文字位置

标注文字 = 201.95　　>>系统自动生成弧长值

(4)折弯标注

执行折弯标注操作的途径有3种：

①单击菜单“常用”→“注释”→“折弯”；

②单击“标注工具栏”上“折弯”按钮；

③在命令窗口输入折弯标注命令：Dimjogged(Djo)。

【例1.30】采用折弯标注如图1.120所示的大半径圆弧。

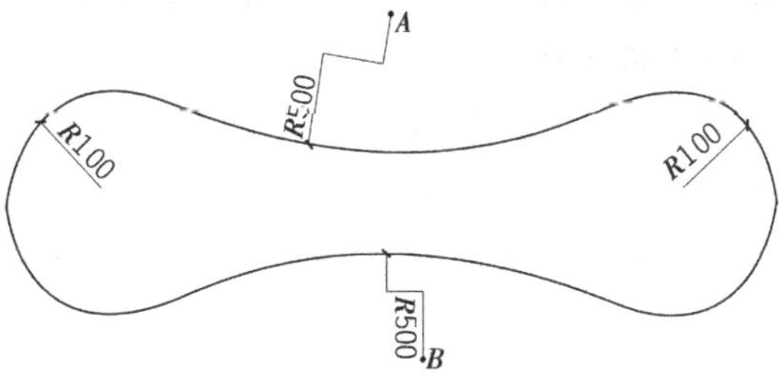

图1.120　折弯标注

折弯标注操作方法如下：

命令：_dimjogged

选择圆弧或圆：　　>>单击上面的圆弧

指定中心位置替代：　　>>单击A点，代替圆弧实际的圆心

标注文字 = 500　　>>自动生成半径值

指定尺寸线位置或［多行文字(M)/文字(T)/角度(A)］：　　>>鼠标单击一点，确定文字的位置

指定折弯位置：　　>>鼠标滑移指定折弯的位置

命令：_dimjogged

选择圆弧或圆：　　>>单击下面的圆弧

指定中心位置替代：　　>>单击 B 点，代替圆弧实际的圆心

标注文字 = 500　　>>自动生成半径值

指定尺寸线位置或［多行文字(M)/文字(T)/角度(A)］：　　>>鼠标单击一点，确定文字的位置

指定折弯位置：　　>>鼠标滑移指定折弯的位置

3）角度标注

执行角度标注操作的途径有 3 种：

①单击菜单“常用”→“注释”→“角度”；

②单击“标注工具栏”上“角度”按钮；

③在命令窗口输入角度标注命令：Dimangular(Dan)。

命令：_dimangular

选择圆弧、圆、直线或 <指定顶点>：　　>>单击第一条直线

选择第二条直线：　　>>单击第二条直线

指定标注弧线位置或［多行文字(M)/文字(T)/角度(A)］：　　>>滑移鼠标指定文字位置

标注文字 = 30　　>>系统自动生成角度值

选项说明：

<指定顶点>：不单击第一条直线，直接回车。

【例 1.31】 标注正五边形的外角，如图 1.121 所示。

命令：_dimangular

选择圆弧、圆、直线或 <指定顶点>：　　>>直接按空格键

指定角的顶点：　　>>单击 A 点

指定角的第一个端点：　　>>单击 B 点

指定角的第二个端点：　　>>单击 C 点

指定标注弧线位置或［多行文字(M)/文字(T)/角度(A)/象限点(Q)］：　　>>滑移鼠标指定文字的位置

标注文字 = 252

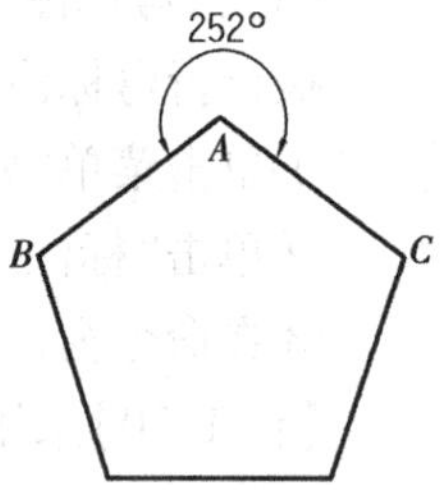

图 1.121　角度标注

4）基线标注和连续标注

若多个标注具有同一尺寸源点，可采用基线标注，各标注的第一条尺寸界限重合。若多个标注首位相连，可采用连续标注，前一标注的第二条尺寸界限与后一标注的第一条尺寸界限重合。基线标注的效果如图 1.122 所示，连续标注的效果如图 1.123 所示。

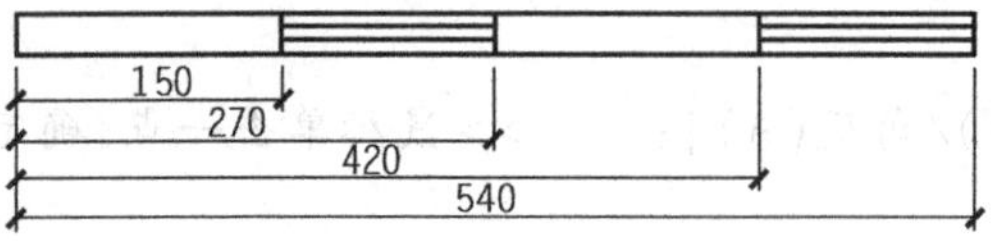

图 1.122　基线标注效果

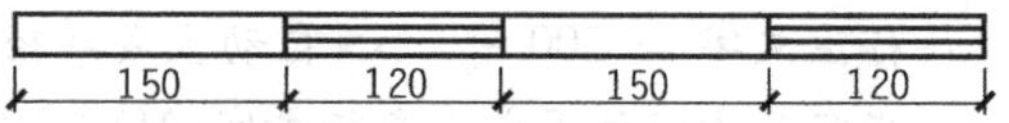

图 1.123　连续标注效果

执行基线标注或连续标注操作的途径通常有两种：

①单击"标注工具栏"上"基线标注"或"连续标注"按钮；

②在命令窗口输入基线标注命令：DIMBASELINE(Dba)或连续标注命令 DIMCONTINUE(Dco)。

完成如图 1.127 所示的基线标注，操作方法如下：

命令：DIMBASELINE　　>>执行线性标注操作

指定第一条尺寸界线源点或 <选择对象>：　　>>单击第一尺寸源点

指定第二条尺寸界线源点：　　>>单击第二尺寸源点

指定尺寸线位置或[多行文字(M)/文字(T)/角度(A)/水平(H)/垂直(V)/旋转(R)]：　　>>单击指定尺寸线位置

标注文字 = 150

命令：　　>>回车结束线性标注操作

命令：_dimbaseline　　执行基线标注操作

指定第二条尺寸界线源点或 [放弃(U)/选择(S)] <选择>：　　>>单击第三尺寸源点

标注文字 = 270

指定第二条尺寸界线源点或 [放弃(U)/选择(S)] <选择>：　　>>单击第四尺寸源点

标注文字 = 420

指定第二条尺寸界线源点或 [放弃(U)/选择(S)] <选择>：　　>>单击第五尺寸源点

标注文字 = 540

指定第二条尺寸界线源点或 [放弃(U)/选择(S)] <选择>：　　>>回车结束基线标注操作

连续标注的操作方法和基线标注相同。

5)快速标注

创建系列基线或连续标注，或者为一系列圆或圆弧创建标注。快速标注命令操作方法如下：

命令：qd

关联标注优先级 = 端点

选择要标注的几何图形：　　>>选择要标注的对象或要编辑的标注并按 Enter 键

指定尺寸线位置或

[连续(C)/并列(S)/基线(B)/坐标(O)/半径(R)/直径(D)/基准点(P)/编辑(E)/设置(T)] <当前>：　　>>输入选项或按 Enter 键

选项说明：

①连续：创建一系列连续标注；

②并列：创建一系列并列标注；

③基线：创建一系列基线标注；

④坐标:创建一系列坐标标注;

⑤半径:创建一系列半径标注;

⑥直径:创建一系列直径标注;

⑦基准点:为基线标注和坐标标注设定新的基准点;

⑧编辑:编辑一系列标注,将提示用户在现有标注中添加或删除点;

⑨设置:为指定尺寸界线原点设置默认对象捕捉。

2. 尺寸标注样式的设置

不同的图形对象对标注的要求不同,标注样式可以通过"标注样式管理器"进行修改和创建。打开"标注样式管理器"有两种途径:

①单击"标注工具栏"上"标注"按钮;

②在命令窗口输入命令:Dimsyle(D)。

"标注样式管理器"选项板如图 1.124 所示。

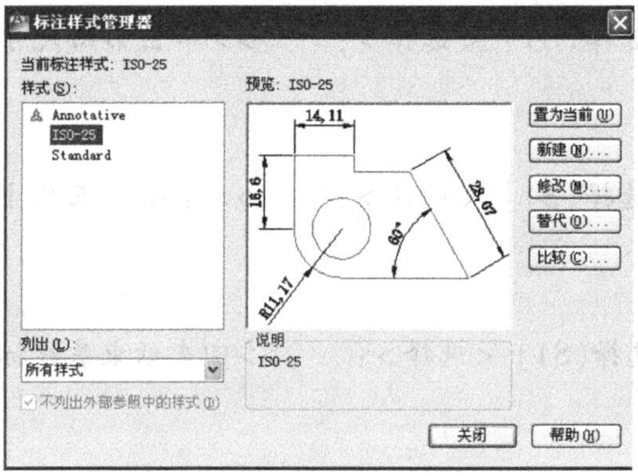

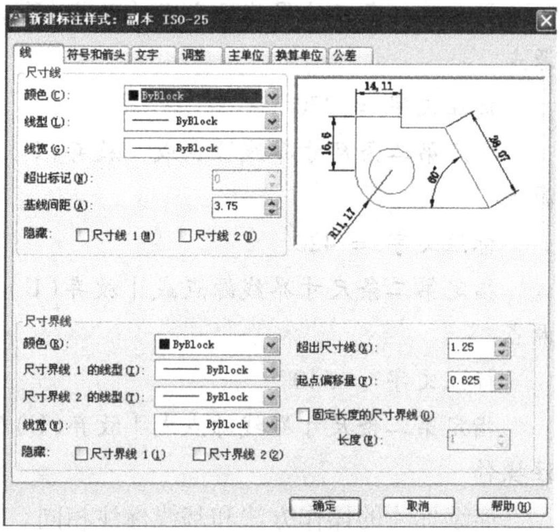

图 1.124　标注样式管理器选项板　　**图 1.125　"直线"选项卡**

在"标注样式管理器"选项板上单击"置为当前"表示选中的标注样式为默认样式;单击"新建"可以新建一个标注样式;单击"修改"可以对当前选中的标注进行修改。

单击"新建"或"修改"进入下一级选项板,如图 1.125 所示。该选项板由"直线""符号和箭头""文字""调整""主单位""换算单位""公差"等 7 项组成。在这里可以对尺寸标注的所有要素进行设置和修改。

1)线

单击"线"选项卡,进入尺寸标注中"直线"要素选项卡,如图 1.125 所示。

(1)尺寸线

此选项卡由颜色、线型、线宽、超出标记、基线间距、隐藏等 6 项组成。

①颜色:修改尺寸线的颜色;

②线型:修改尺寸线的线型;

③线宽:修改尺寸线的线宽;

④基线间距：采用基线标注时相邻两个尺寸标注间尺寸线之间的垂直距离；

⑤隐藏：可以选择是否隐藏尺寸线 1 和尺寸线 2。

上述选项中，除了基线间距其他几项均无须修改，对于建筑图纸，根据国家标准要求，基线间距取值应为 7 ~ 10 mm，故应将默认状态下的 3.75 改为 7 ~ 10。

(2)尺寸界线

此部分由颜色、尺寸界线 1、尺寸界线 2、线宽、隐藏、超出尺寸线、起点偏移量、固定长度的尺寸界线等 8 项组成。

①颜色：修改尺寸界线的样式；

②尺寸界线 1 和尺寸界线 2：修改尺寸界线 1 和尺寸界线 2 的线型；

③线宽：修改尺寸界线的线宽；

④隐藏：可以选择是否隐藏尺寸界线 1 和尺寸界线 2；

⑤超出尺寸线：修改尺寸界线超出尺寸线的长度；

⑥起点偏移量：修改尺寸界线到尺寸源点间的距离；

⑦固定长度的尺寸界线：是否将尺寸界线的长度设为固定值，即进行尺寸标注在指定尺寸标注文字的位置时，鼠标滑移尺寸界线的长度始终保持不变，若选择可以输入尺寸界线的固定长度值。

对于建筑图纸，根据国家标准的要求，有两项需要修改、一项可以根据需要修改。需要修改的两项是：

①超出尺寸线：一般应改为 2 ~ 3 mm；

②起点偏移量：一般应改为 2 ~ 3 mm。

可以根据需要修改的是“是否将尺寸界线设为固定值”。

2）符号和箭头

单击“符号和箭头”选项卡，进入尺寸标注中“符号和箭头”要素选项卡，如图 1.126 所示。

此选项卡由箭头、圆心标记、弧长符号、半径折弯标注、折断标注、线性折弯标注等组成。

①箭头：修改尺寸标注中箭头的形式和大小，对于建筑图纸，根据国际标准要求，箭头的形式均应改为建筑标记 建筑标记，箭头大小保持 2.5 不变；

②圆心标记：修改直径标注和半径标注中圆心标记和中心线的外观，对于建筑图纸一般不需修改；

③弧长符号：设置弧长标注中弧长符号放置的位置；

④半径标注折弯角度：修改折弯标注中的折弯角度；

⑤折断标注：调整折断标注的折断大小；

⑥线性折弯标注：设置折弯高度因子。

3）文字

单击“文字”选项卡，进入尺寸标注中“文字”要素选项卡，如图 1.127 所示。

(1)文字外观

①文字样式：修改尺寸标注中文字的样式，若已经设置好文字样式，可以选择；若没有设

置好,可以单击后面的...进行设置。

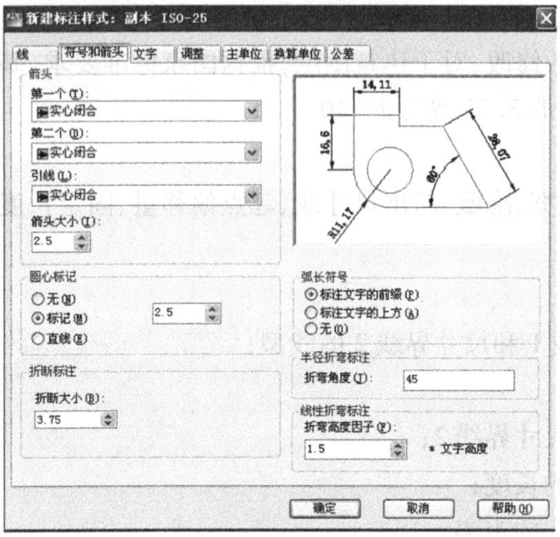

图 1.126 “符号和箭头”选项卡

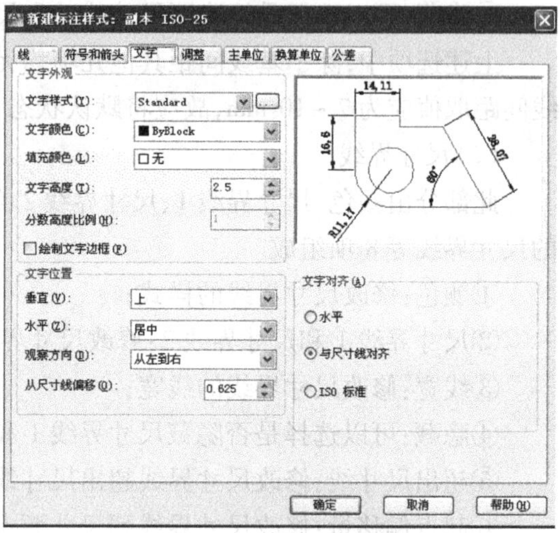

图 1.127 “文字”选项卡

②文字颜色:修改文字的颜色。

③填充颜色:设置文字的背景颜色。

④文字高度:修改文字的高度,对于建筑图纸,根据国家标准要求,取 2.5 mm 或3.5 mm。

(2)文字位置

• 垂直:修改文字在垂直于尺寸线方向上的位置,有“居中”“上”“外部”“下”“JIS”等 5 种方式选择。其中,“上方”表示文字在尺寸线的上部,“置中”表示文字在尺寸线的中部,即尺寸线通过文字中心,“外部”表示文字在尺寸线的外部。对于建筑图纸一般选择“上方”方式。

• 水平:修改文字在平行于尺寸线方向上的位置,有“置中”“第一条尺寸界线”“第二条尺寸界线”“第一条尺寸界线上方”“第二条尺寸界线上方”等 5 种选择方式。其中,“置中”表示文字在尺寸线的正中间,“第一(二)条尺寸界线”表示文字靠近第一(二)条尺寸界线,“第一(二)条尺寸界线上方”表示文字不在两条尺寸界线中间,而位于第一(二)条尺寸界线上。对于建筑图纸,一般选择“置中”方式。

• 从尺寸线偏移:修改文字底端到尺寸线的距离,默认值为 0.625,对于建筑图纸一般无须修改。

(3)文字对齐

• 水平:表示无论尺寸线位于任何方向,文字始终保持水平。

• 与尺寸线对齐:表示无论尺寸线位于任何方向,文字始终保持与尺寸线平行。

• ISO 标准:表示文字对齐方式采用国际标准。

对于建筑图纸一般采用“与尺寸线对齐”方式。

4)调整

单击“调整”选项卡,进入尺寸标注中“调整”要素选项卡,如图 1.128(a)所示。

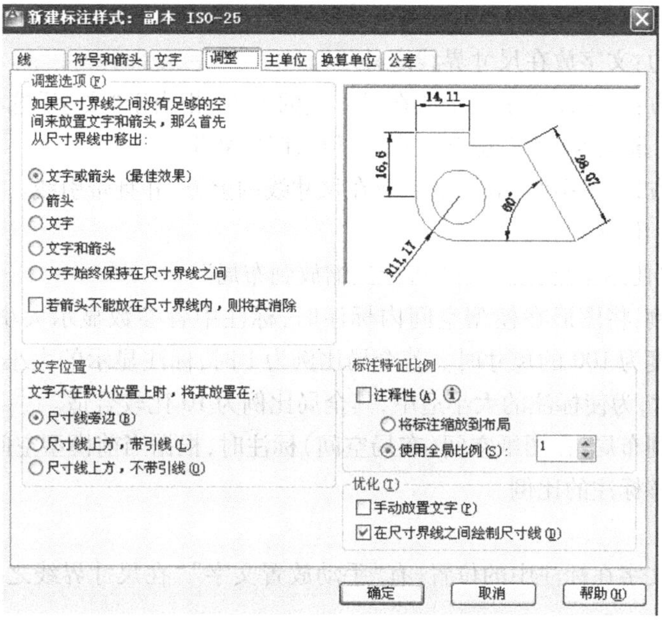

(a)

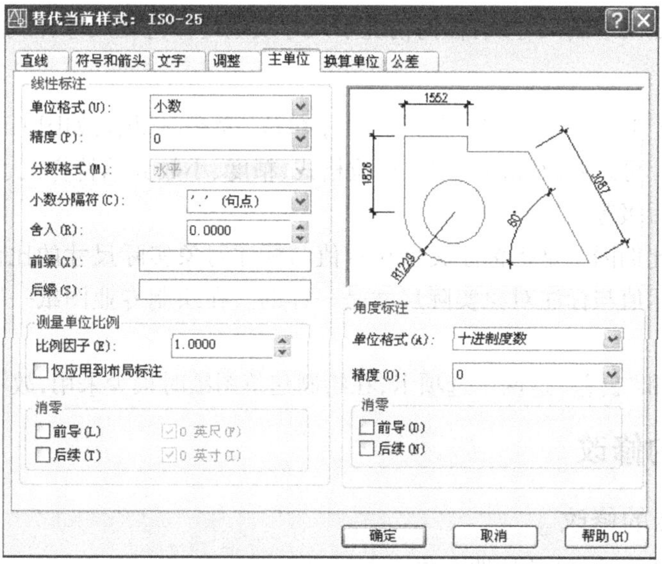

(b)

图 1.128　“调整”选项卡

(1)调整选项

在标注小尺寸时，尺寸界线间距离太小，导致尺寸界线、箭头和文字之间可能会有重叠，此时可以调整文字和箭头放置的位置。调整的方式有“文字或箭头(最佳效果)”“箭头”“文字”“文字和箭头”“文字始终保持在尺寸界线之间”“若不能放在尺寸界线之内，则消除箭头”等 6 种。

(2)文字位置

当文字移开时，设定文字放置的位置，有“尺寸线旁边”“尺寸线上方，带引线”“尺寸线上方，不带引线”等3种。

①尺寸线旁边：文字放在尺寸界线之外。

②尺寸线上方：带引线表示文字放在尺寸线的上方，相当于“文字”选项卡中“从尺寸线偏移”值比“直线”选项卡中的“超出尺寸线”值大时的效果。

③尺寸线上方，不带引线：表示文字放在尺寸线的上方，并且带引线。

(3)标注特征比例

该选项包括“使用全局比例”和“将标注缩放到布局”。

使用全局比例：将图形在模型空间内标注时，标注中各参数显示大小与实际大小的比例。如在标注长度为100的尺寸时。若全局比例为1时，标注显示的大小适中；在标注长度为1 000的尺寸时，为使标注的大小适中，其全局比例为10比较合适。

将标注缩放到布局：在图纸空间(布局空间)标注时，根据当前模型空间视口和图纸空间之间的比例来调整标注的比例。

(4)优化

进一步优化文字在标注中的位置，有“手动放置文字”“在尺寸界线之间绘制尺寸线”两项选择。

手动放置位置：可以在指定尺寸线的位置时，鼠标滑移指定放置的位置。

在尺寸界线之间绘制尺寸线：任何情况下尺寸线始终保持在尺寸界线之内。

5)主单位

单击“主单位”选项卡，进入尺寸标注中“主单位”要素选项卡，如图1.128(b)所示。

①线性标注。可以修改标注文字的单位格式、精度、小数分隔符样式、舍入方式、是否对标注文字添加前后缀等。

②测量单位比例因子是指标注文字显示值与标注对象实际尺寸的比值，默认情况下是1，即标注文字显示值与标注对象实际尺寸是一样的。在绘制专业图纸一图多比例显示时，通常会用到此项。

“换算单位”和“公差”这两个选项卡，在绘制建筑图纸时很少采用，故不作介绍。

3. 尺寸标注的修改

1)标注要素的修改

双击要修改的标注，打开特性选项板进行修改。

2)标注外观的修改

①编辑标注，单击“标注工具栏”上的“编辑标注”按钮，命令窗口出现如下命令行：

命令：_dimedit

输入标注编辑类型 [默认(H)/新建(N)/旋转(R)/倾斜(O)] <默认>：

输入N可以修改标注的文字样式，输入R可以文字倾斜角度，输入O可以修改尺寸界线的倾斜角度。

②编辑标注文字，单击“标注工具栏”上的“编辑标注文字”按钮，命令窗口出现如下命令行：

命令：_dimtedit

选择标注：

为标注文字指定新位置或［左对齐(L)/右对齐(R)/居中(C)/默认(H)/角度(A)］：

可依据命令行的各选项进行修改对应的项目。

任务7　块

【任务介绍】本任务介绍块的创建、块的属性定义和块的插入。

【任务目标】掌握在专业图纸中使用图块的方法。

绘制建筑图纸时，如门窗等由一些直线和曲线组成的组合图形会重复使用，可以将这些组合图形定义为一个图形对象，即块。定义为块之后，要使用这些图形时，只要插入块即可调出这些图形，提高绘图效率。

1. 块的提取

AutoCAD 为使用户绘图方便，提供了很多专业图块，它们位于“设计中心”文件夹中，需要使用时，可直接打开“设计中心”文件夹提取。打开“设计中心”文件夹的方式有 3 种：

①单击“标注工具栏”上的“设计中心”按钮；

②在命令窗口输入命令 Adcenter(Adc)；

③使用快捷键 Ctrl + 2。

“设计中心”默认状态如图 1.129 所示。

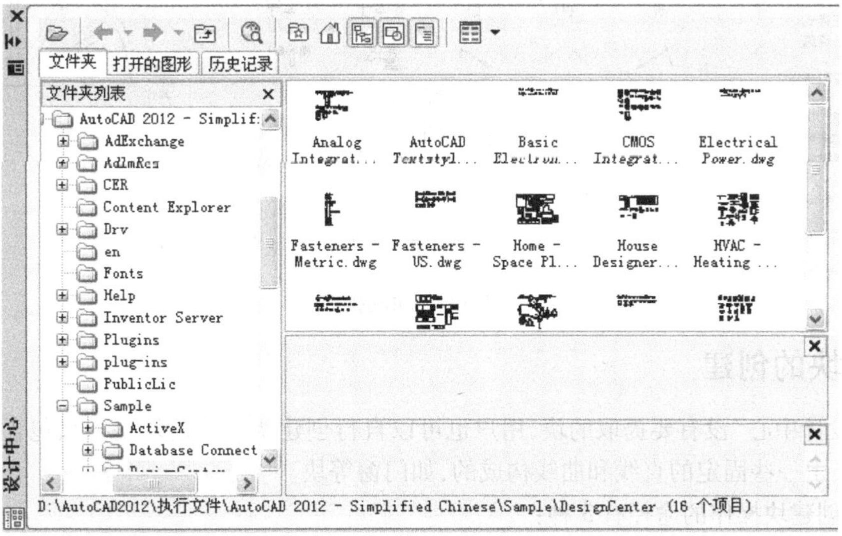

图 1.129　设计中心默认状态界面

在设计中心界面左侧的树状文件夹中单双击“DesignCenter”文件夹，可以展开“设计中心”文件夹显示里面存放的图块。这些图块是按专业分类存放的。例如：要提取“House Designer”中的图块，双击 House Designer. dwg 文件展开列表，再单击展开后的文件“块”，可以显示所有的图块（图 1.130）。找到要提取的块后，用鼠标将其从“设计中心”拖到绘图区域即可完成块的提取,如要从图 1.130 中提取“窗-半圆 36 英寸”的图块,鼠标按住该图块,拖到绘图区域即可,如图 1.131 所示。

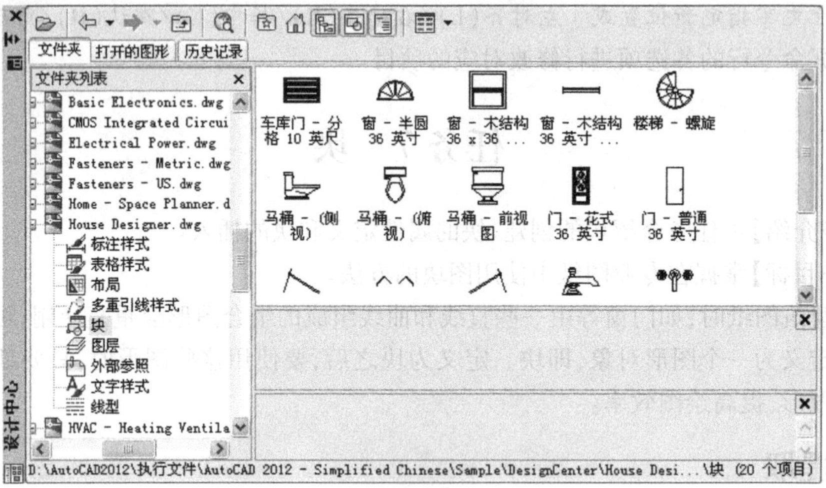

图 1.130 House Designer 中的图块

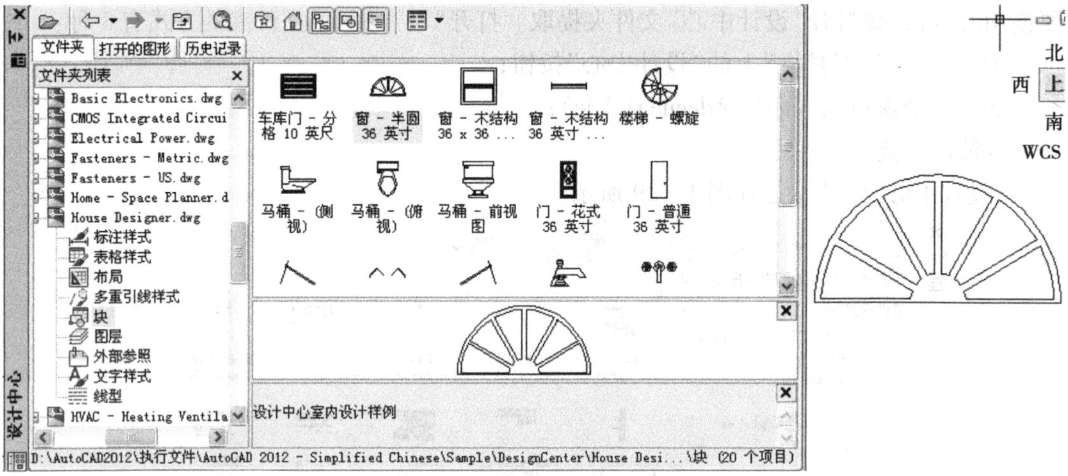

图 1.131 块的提取

2. 普通块的创建

若“设计中心”没有要提取的块,用户也可以自行创建块。普通块是指只包含固定图形对象的块,由一些固定的直线和曲线构成的,如门窗等块。

执行创建块操作的途径有 3 种:

①单击菜单“常用”→“块”→“创建”;

②单击“绘图工具栏”中的“创建块”按钮;

③在命令窗口输入命令:Block(B)。

执行创建块命令后,弹出块定义选项卡,如图 1.132 所示。

如要创建一个宽度为 900 mm,开启角度为 45°的窗图块,分两步完成:

①用直线和圆弧命令完成窗的绘制,如图 1.133 所示。

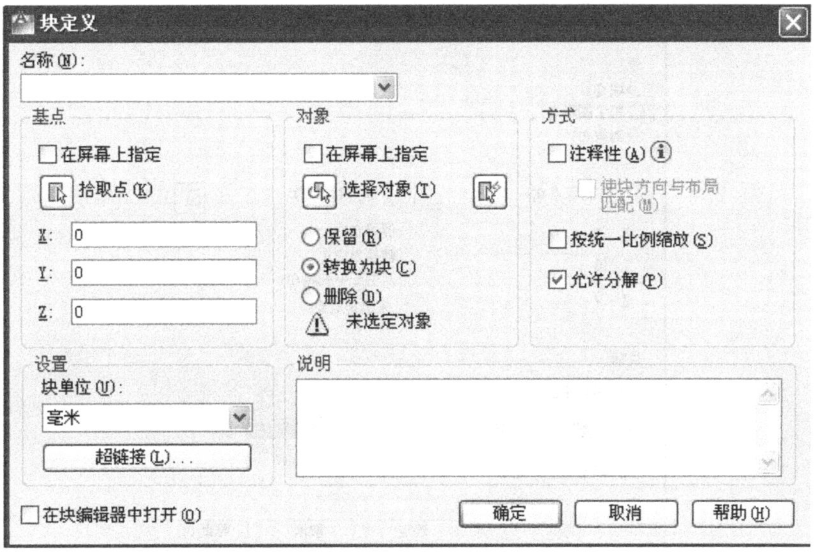

图1.132　块定义选项卡

②将绘制好的窗创建为块，操作方法为：

命令：_block 指定插入基点：　　>>在名称框内输入块名“窗-900”，单击拾取点按钮 拾取点(K)，返回绘图区域单击圆心作为块的基点（块插入时的基点）

选择对象：指定对角点：找到 3 个　　>>单击选择对象按钮 选择对象(T) ，选中门图形后回车

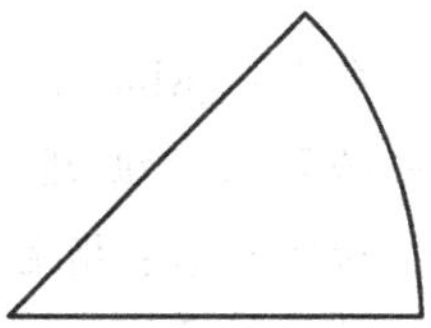

图1.133　绘制好的窗

选择对象：　　>>单击确定按钮，完成块的创建

“对象”区选项说明：

- 保留：另外创建一个块，原图形不发生变化；
- 转换为块：将原图形直接转换为块并保留；
- 删除：将原图形直接转换为块并删除原图形。

“方式”区选项说明：

- 注释性：使块方向与图纸方向匹配；
- 按统一比例缩放：在插入该块时，可以输入块的缩放比例；
- 允许分解：设置是否允许将块分解为单个对象，若勾选此项，将块插入绘图区域后，可用“分解”命令将该块分解为单个对象。

3. 写块和块的插入

1）写块

按上述方法创建块后，块并不能保存，只是一个临时文件，打开新的窗口后并不能插入前一个窗口内创建的块，块只能在创建的窗口内使用。要想将创建的块保存并能应用于其他窗口，需要用到写块的命令 Wblock，执行写块命令后，弹出写块选项卡，如图 1.134 所示。

操作方法如下：

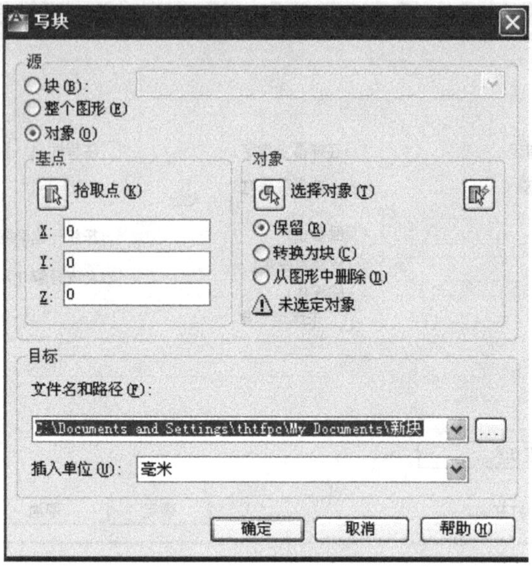

图 1.134 写块选项卡

命令：_wblock 指定插入基点：　　>>在文件名和路径框内输入保存位置和块名，单击拾取点按钮，返回绘图区域选择基点

选择对象：指定对角点：找到 3 个　　>>单击选择对象按钮，选中对象

选择对象：　　>>单击确定按钮，完成块的创建

完成操作后，一个名称为"新块"的块保存在计算机 D 盘下的 My Documents 文件夹中，打开新的窗口后，使用插入块的命令，可以从该位置找到该块，并插入到绘图区域。

2)块的插入

执行插入块操作的途径有 3 种：

①单击菜单"常用"→"块"→"插入"；

②单击"绘图工具栏"上的"插入块"按钮；

③在命令窗口输入命令：Insert(I)。

执行块的插入命令后，弹出插入块选项卡，如图 1.135 所示，插入上述保存的新块操作方法如下：

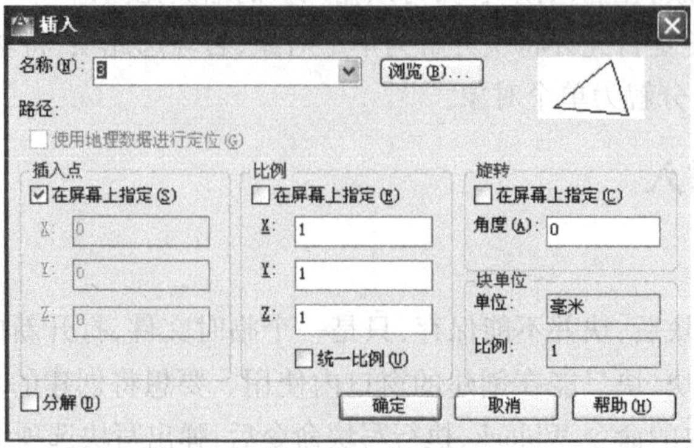

图 1.135 插入块选项卡

命令：_insert　　>>单击浏览按钮，从保存位置找到块名(图1.136)

指定插入点或［基点(B)/比例(S)/X/Y/Z/旋转(R)］：　　>>现在插入点即可插入块

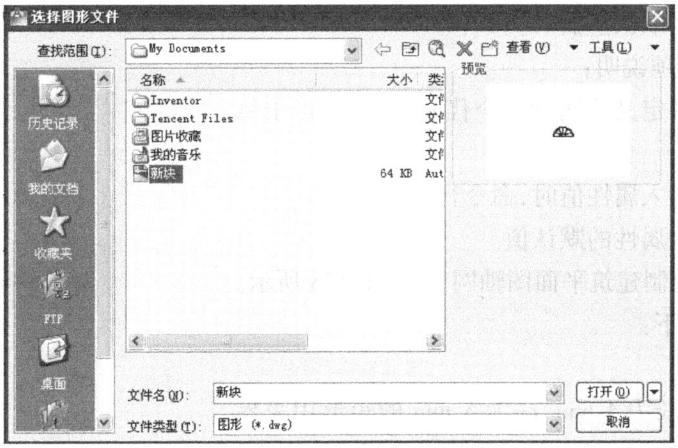

图1.136　从保存位置找到块

使用插入块的操作既能插入创建的块，也能插入写的块。

4. 属性块

普通块只包含固定的图形对象，若要在块中附加一些活动的文字信息，可以通过块的属性定义来实现。如：建筑图中的轴号，不同的轴号有相同的图形对象，但有不同的文字信息，这就需要进行块的属性定义。

执行块的属性定义操作的途径有两种：

①单击菜单“常用”→“块”→“定义属性”；

②在命令窗口输入命令：Attdef(Att)。

执行命令后，弹出块属性定义选项卡，如图1.137所示。

图1.137　块属性定义选项卡

“模式”区常用选项说明：

- 不可见:插入块后不显示属性;
- 固定:属性已预先设定不能更改;
- 验证:插入块时提示验证属性值是否正确;
- 预设:块以默认值插入。

“属性”区选项说明:

- 标记:给要定义的属性一个代号,标记图形中每次出现的属性;
- 提示:在插入属性值时,命令行出现提示;
- 默认:指定属性的默认值。

【例 1.32】绘制建筑平面图轴网,如图 1.138 所示。

操作方法如下:

①绘制轴线。

②绘制一个长为 4 mm,高为 5 mm 的矩形用来界定轴号中字符的范围,再绘制一个圆心在矩形中心、半径为 4 mm 的圆,完成一个标准的轴号,如图 1.139 所示。

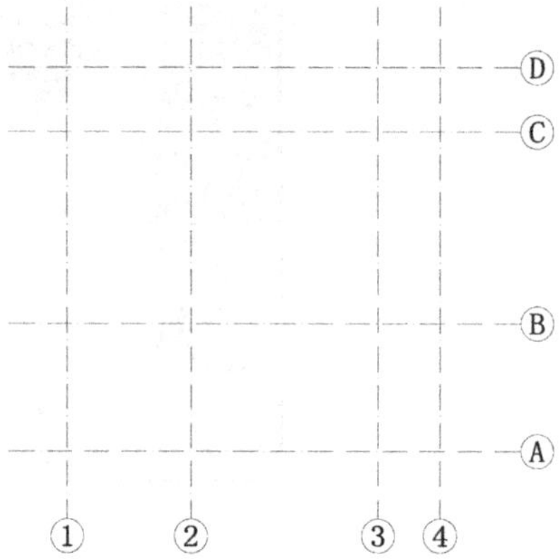

图 1.138　建筑平面图轴网

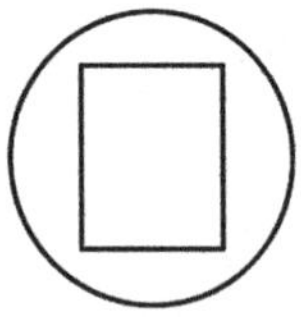

图 1.139　标准尺寸轴号

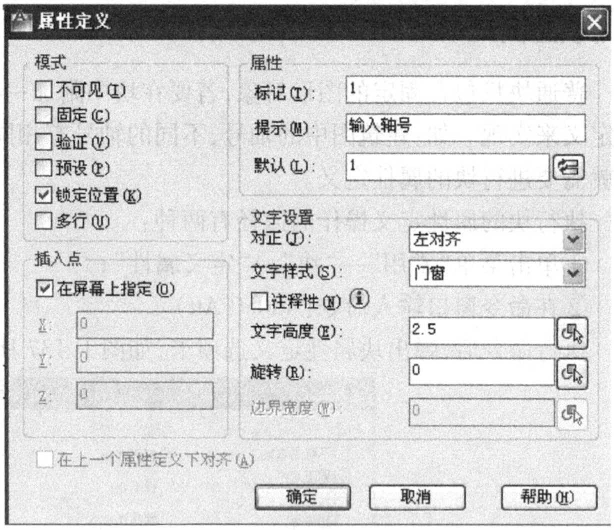

图 1.140　属性定义填写

③给上述轴号定义属性,操作方法如下:

命令: _attdef　　>>输入属性定义选项卡,属性定义填写如图 1.140 所示

指定文字基线的第一个端点:　　>>属性定义填好后,单击确定返回绘图区域,单击矩形左下角点

指定文字基线的第二个端点:　　>>单击矩形右下角点,完成文字属性的定义

命令: _. erase 找到 1 个　　>>输入删除命令,选择矩形

选择对象:　　>>回车删除矩形,完成后如图 1.141 所示

图 1.141　**定义属性的轴号块**

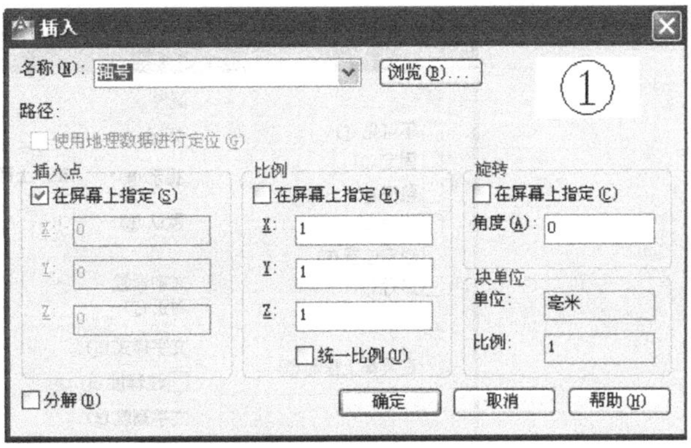

图 1.142　**插入轴号块**

④创建块

输入创建块命令,创建带有活动字符的轴号块,操作方法如下:

命令:_block 指定插入基点:　　>>单击插入块时鼠标光标所在的点

选择对象:指定对角点:找到 2 个　　>>选中文字和圆

选择对象:　　>>回车

⑤插入块

命令:_insert　　>>在插入块选项卡中找到创建的块名和统一比例(图 1.142),单击确定

指定插入点或[基点(B)/比例(S)/X/Y/Z/旋转(R)]:单击插入点

输入属性值

输入轴号 <1 >:1　　>>输入 1 回车,完成 1 号轴号的绘制

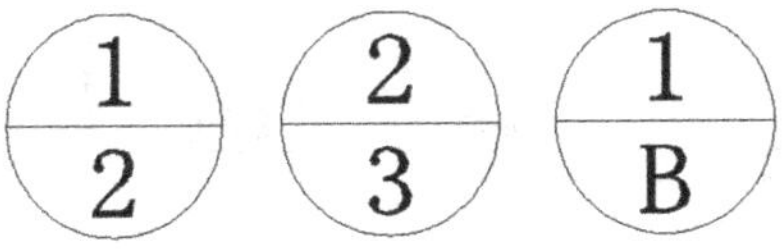

图 1.143　**轴号**

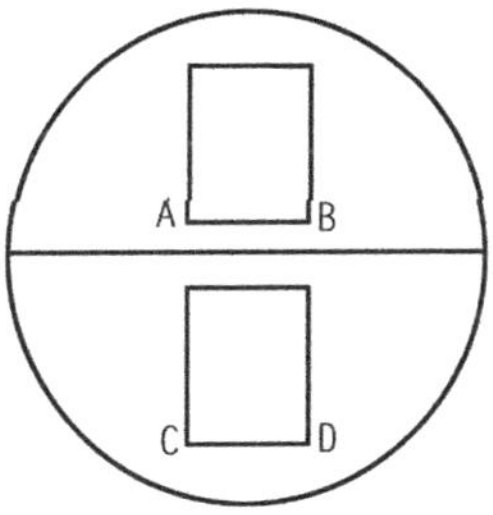

图 1.144　**轴号准备图形**

重复步骤⑤依次完成其他轴号的绘制。

【例 1.33】利用属性块完成如图 1.143 所示轴号。

操作方法如下:

①完成如图 1.144 所示图形,两个矩形尺寸均为 2 mm×2.5 mm,用来界定轴号中上下字符的位置。

②给上述轴号定义属性,操作方法如下:

命令:_attdef　　>>输入属性定义选项卡,属性定义填写如图 1.145 所示

指定文字基线的第一个端点:　　>>属性定义填好后,单击确定返回绘图区域,单击矩形左下角 *A* 点

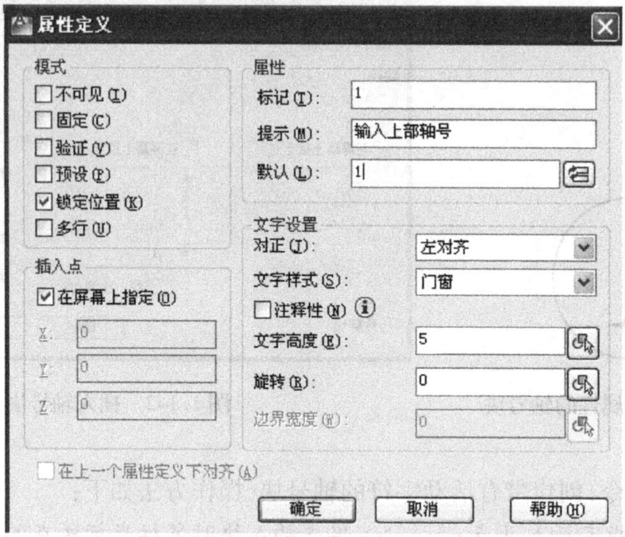

图1.145　上部属性定义填写

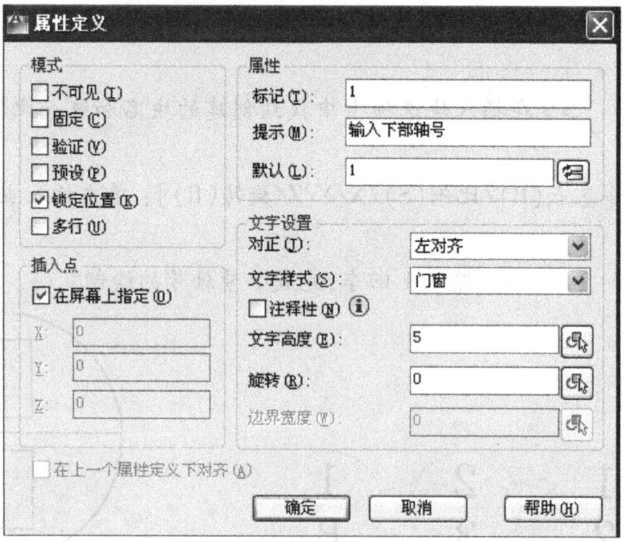

图1.146　下部属性定义填写

指定文字基线的第二个端点：　　>>单击矩形右下角 *B* 点,完成上部文字属性的定义

命令：_attdef　　>>输入属性定义选项卡,属性定义填写如图1.146所示

指定文字基线的第一个端点：　　>>属性定义填好后,单击确定返回绘图区域,单击矩形左下角 *C* 点

指定文字基线的第二个端点：　　>>单击矩形右下角 *D* 点,完成下部文字属性的定义

完成后如图1.147所示。

命令：_.erase 找到 1 个　　>>输入删除命令,选择矩形

选择对象：　　>>回车删除矩形,完成后如图1.148所示

图 1.147　**定义属性后**

图 1.148　**删除矩形后**

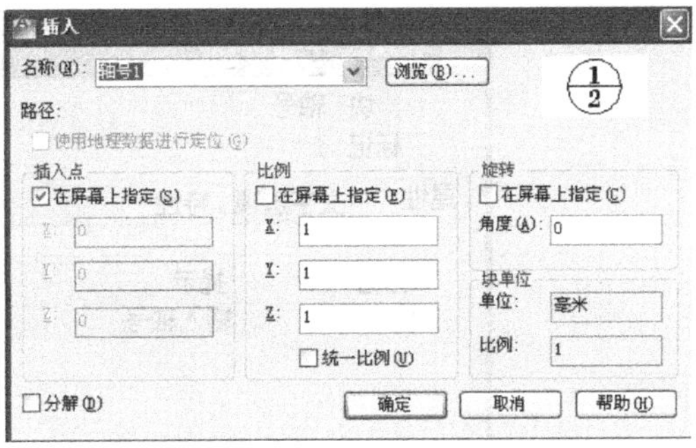

图 1.149　**插入轴号块**

③创建块

输入创建块命令创建带有活动字符的轴号块,操作方法如下:

命令: _block 指定插入基点:　　>> 单击插入块时鼠标光标所在的点

选择对象: 指定对角点: 找到两个　　>> 选中文字和圆

选择对象:　　>> 回车完成属性块的创建

④插入块

命令: _insert

指定插入点或 [基点(B)/比例(S)/X/Y/Z/旋转(R)]:　　>> 输入属性值

输入下部轴号 <2>: 2

输入上部轴号 <1>: 1

完成第一个轴号的插入(图 1.149)。

命令: _insert

指定插入点或 [基点(B)/比例(S)/X/Y/Z/旋转(R)]:　　>> 输入属性值

输入下部轴号 <2>: 3

输入上部轴号 <1>: 2

完成第二个轴号的插入。

命令: _insert

指定插入点或 [基点(B)/比例(S)/X/Y/Z/旋转(R)]:　　>> 输入属性值

输入下部轴号 <2>: B

输入上部轴号 <1>: 1

完成第三个轴号的插入。

5. 块的编辑

块创建好后,可以执行一般对象的移动、复制、旋转等修改操作,但不能直接修改块的组成对象。

1) 修改块中定义的文字属性

双击“块”,弹出“增强属性编辑器”对话框,如图 1.150 所示。“增强属性编辑器”有“属性”“文字选项”“特性”三个选项,可以在对应的选项里修改,如将 D 轴号改成 F 轴号,只要将“属性”选项卡里“值”中“D”改为“F”即可。在这里既可以修改属性值,还可以单击“文字

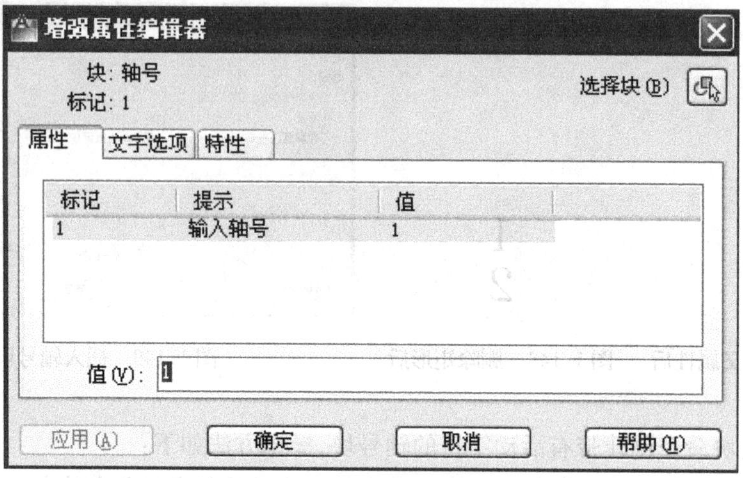

图1.150　增强属性编辑器

选项”修改块中文字属性，如文字样式、对正方式、高度、倾斜角度等。

2)分解块后修改

分解块的前提是在创建块时，在“块定义”选项板中勾选“允许分解(P)”，否则块将不能分解。

块的分解很简单，直接用“分解”命令即可。执行块分解操作后，块被分解成了各个单独对象，按照普通对象进行修改即可。

块分解后，定义的文字属性会还原成块的默认属性值。如果块含有嵌套，即一个块是另一个块的组成对象，需要逐层分解。

3)块的在位编辑

将一个块进行编辑后保存为另一个新块。执行块的在位编辑操作通常有两种途径：

①单击菜单“常用”→“外”→“块编辑器”；

②在命令窗口输入命令：Refedit。

如将“设计中心”中原有的块“窗-半圆36英寸”(图1.151)，改为新块“窗-半圆36英寸新”的块，(图1.152)，可按如下方法进行：

执行块所在位编辑命令后，弹出“编辑”块定义对话框，如图1.153所示。在“参照名”下选择要在位编辑的块，单击“确定”。进入块在位编辑窗口，在此窗口内块相对于分解成了各个组成对象(实际上还是一个整体)，可以直接修改块的各个组成对象，修改成如图1.152所示后，单击“参照工具栏”上“保存参照编辑”按钮，将修改后的块保存为一个新块“窗-半圆36英寸新”。

图1.151　原块

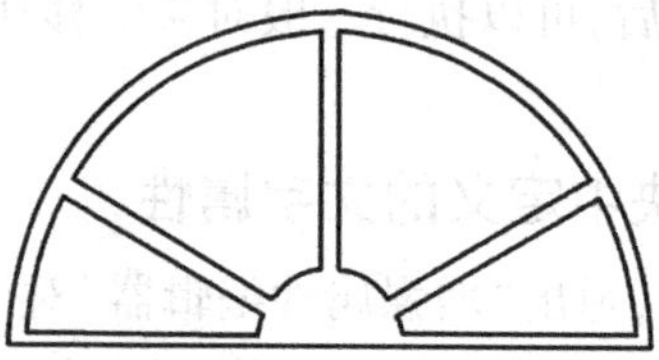

图1.152　新块图

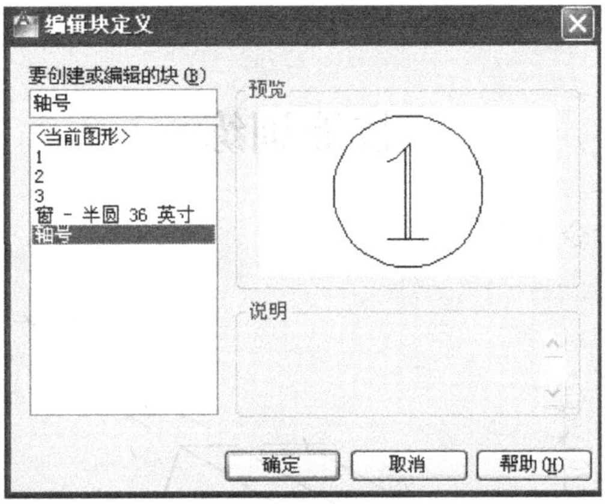

图 1.153　参照编辑选项卡

项目小结

(1) AutoCAD 2012 工作界面由标题栏、菜单栏、工具栏、绘图区域、命令窗口及状态栏组成,其中工具栏是一系列操作集组成的。默认情况下,工具栏由标准工具栏、样式工具栏、图层工具栏、对象特性工具栏、绘图工具栏及修改工具栏组成,用户可以根据绘图的需要进行删减。

(2) 一般情况下,执行一个操作有 3 种途径:从菜单栏中选择操作命令、从工具栏中选择操作命令、在命令窗口输入操命令。

(3) AutoCAD 2012 提供很多绘图辅助工具,包括精确辅助工具、视图、查询和图层。

(4) 精确辅助工具包括栅格和捕捉、正交和极轴、对象捕捉和对象追踪。

(5) 常用的二维绘图命令有直线、多段线、多线、正多边形、矩形、圆、圆弧、椭圆、等分点、图案填充等。

(6) 常用的二维修改命令有复制、偏移、镜像、阵列、移动、旋转、缩放、拉伸、修剪、延伸、倒角、圆角、分解、夹点编辑等。

(7) 文字的输入有单行文字和多行文字两种方式。

(8) 常用的尺寸标注类型有线性标注、对齐标注、直径标注、半径标注、弧长标注、折弯标注、角度标注、基线标注和连续标注等。标注样式的调整可以通过标注样式管理器来完成,标注的编辑可以通过标注特性选项板完成。

(9) 常用的块的操作有设计中心选项板提取块、块的创建、定义属性创建带有活动文字信息的属性块、写入块并保存、块的编辑等。

技能训练

(1)利用二维绘图命令完成下列图形。

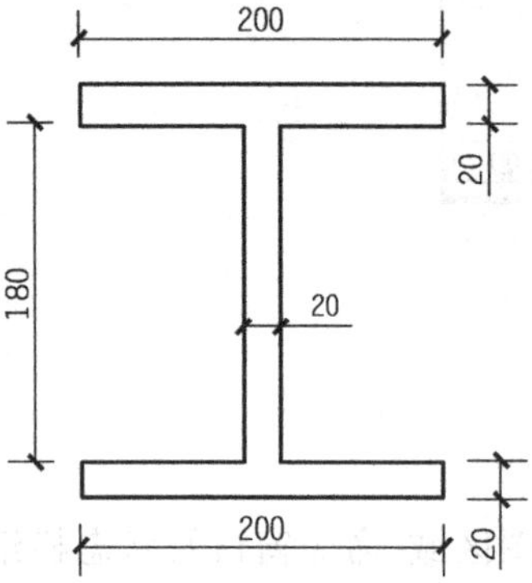

图1.154

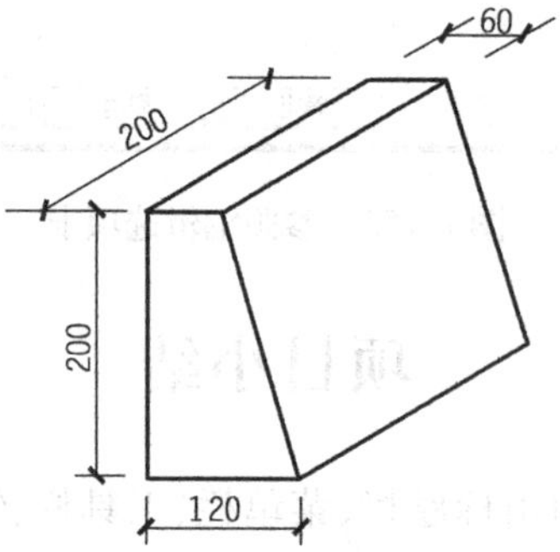

图1.155

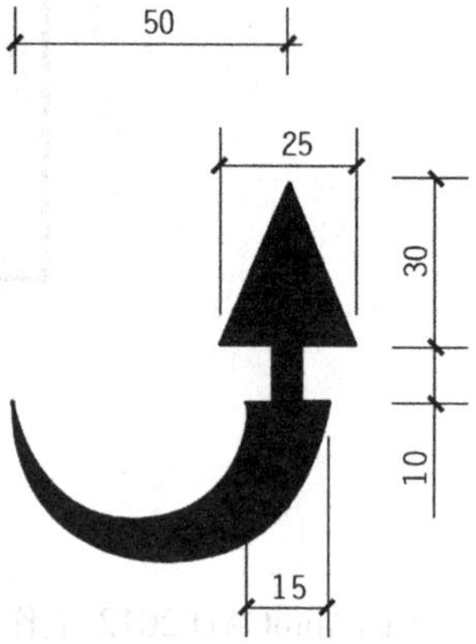

图1.156

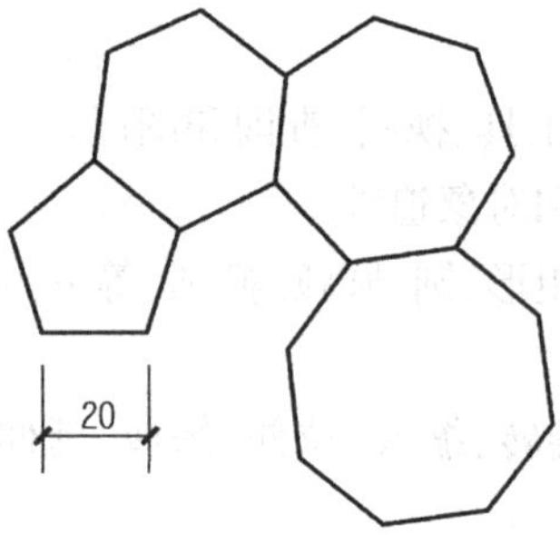

图1.157

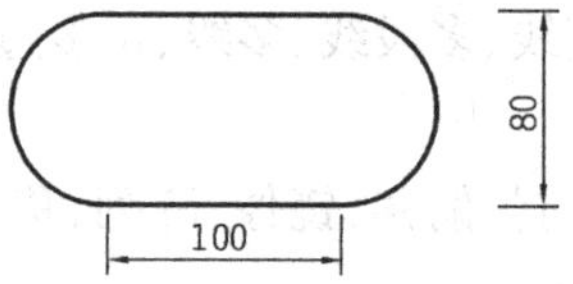

图1.158

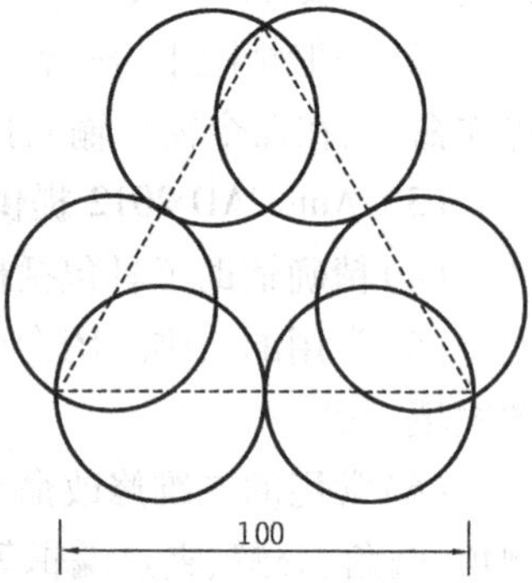

图1.159

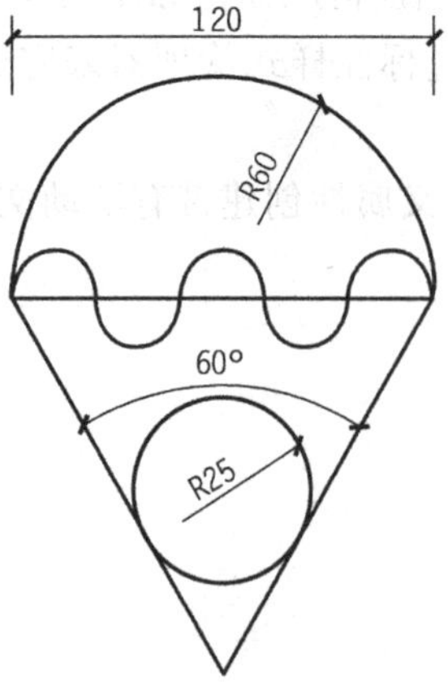

图1.160

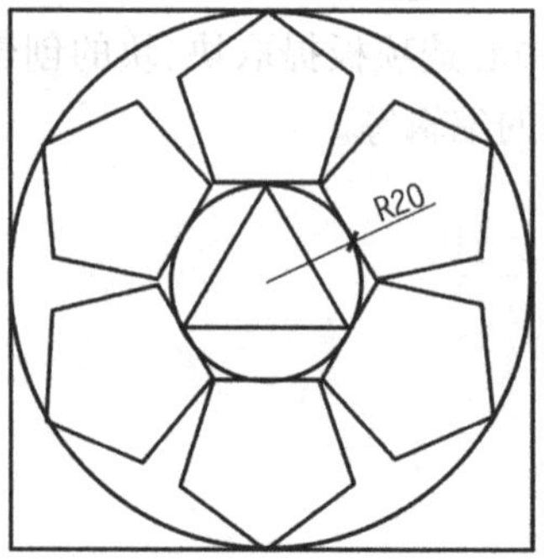

图1.161

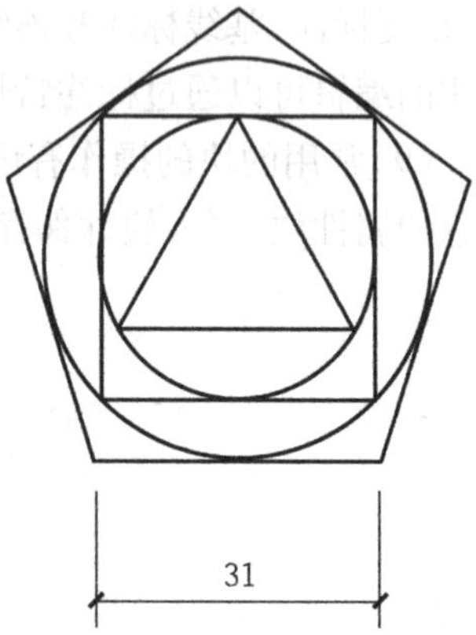

图1.162

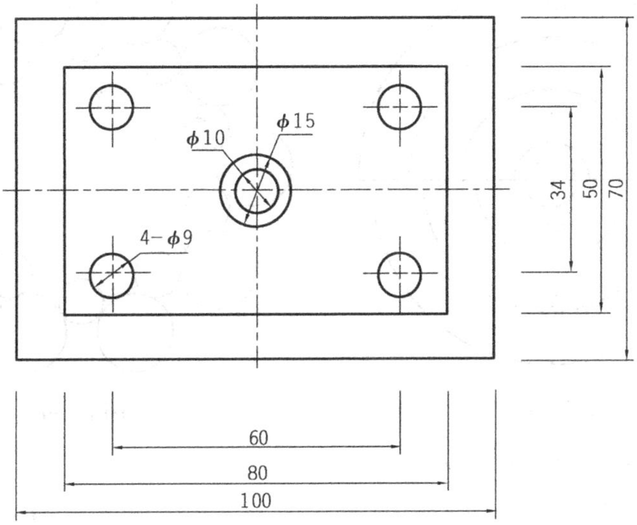

图 1.163

(2)利用基本绘图命令和基本修改命令完成下列图形的绘制。

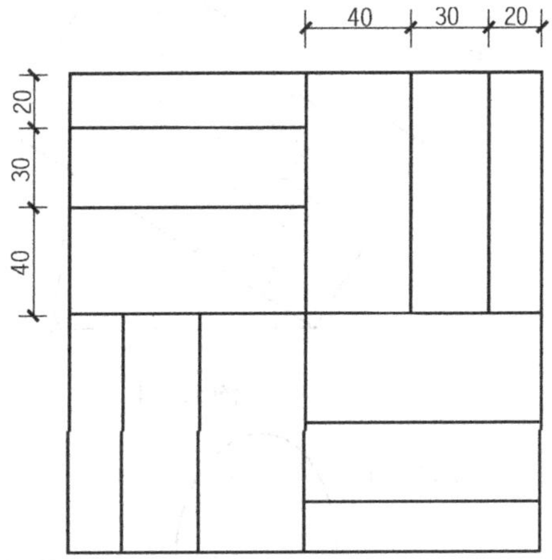

图 1.164

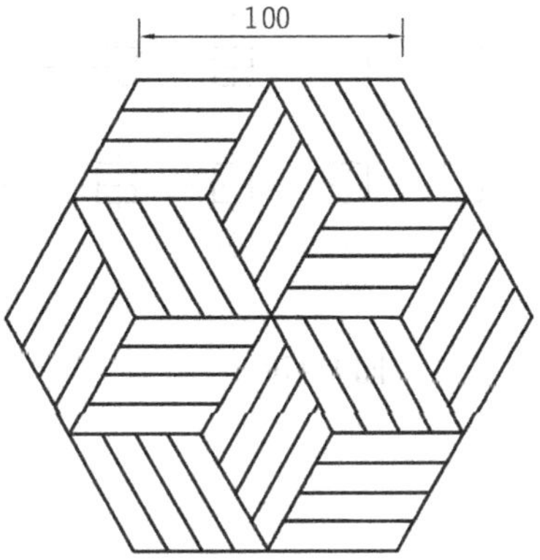

图 1.165

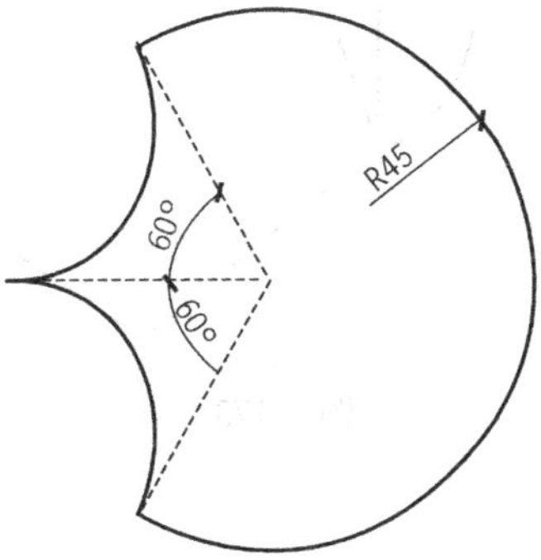

图 1.166

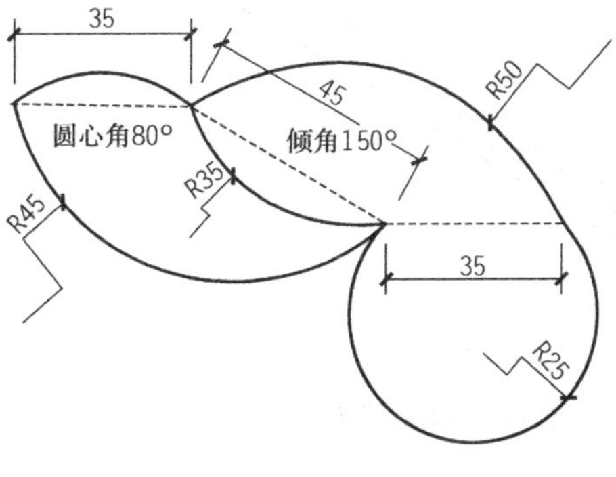

图 1.167

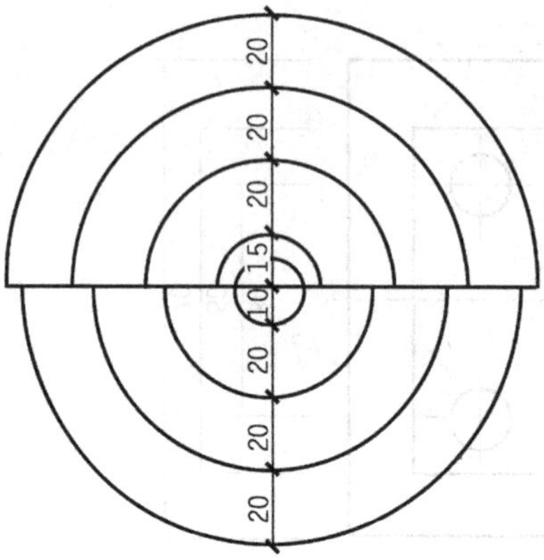

图 1.168

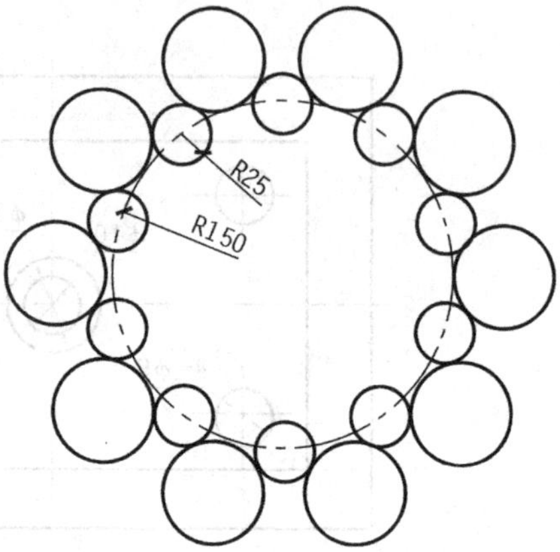

图 1.169

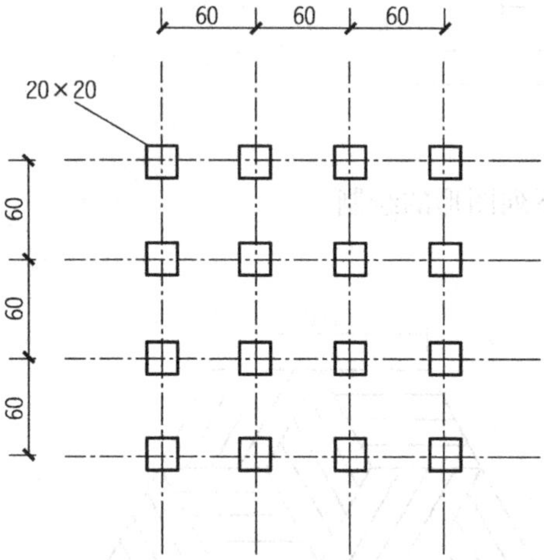

图 1.170

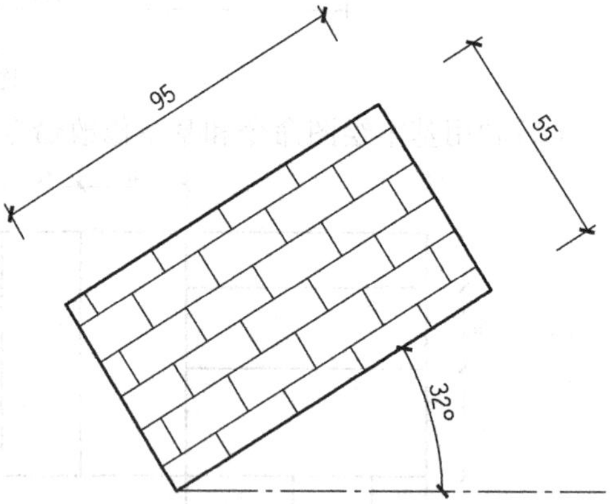

图 1.171

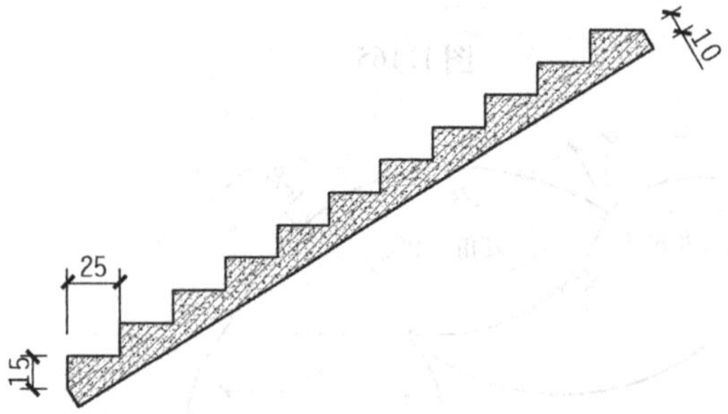

图 1.172

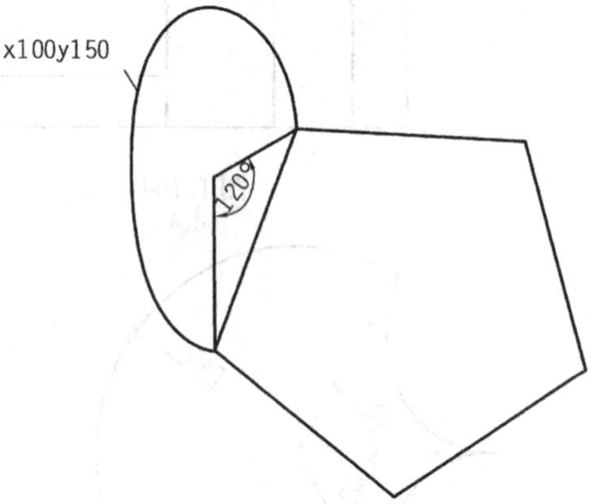

图 1.173

(3)绘制下列图形并进行尺寸标注。

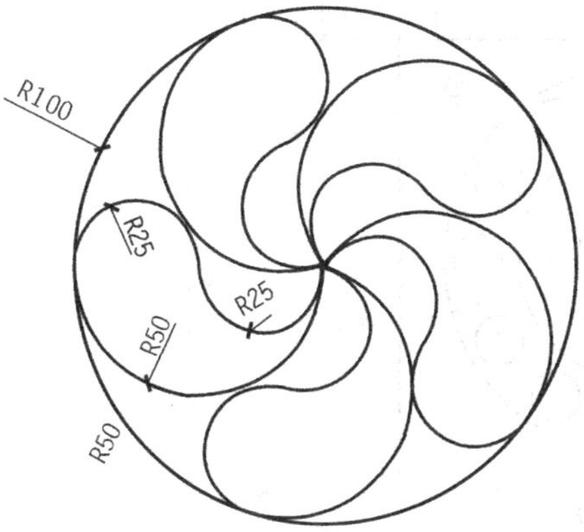

图 1.174

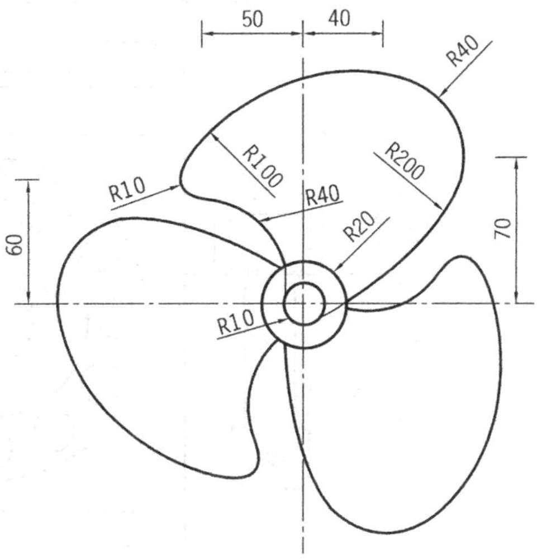

图 1.175

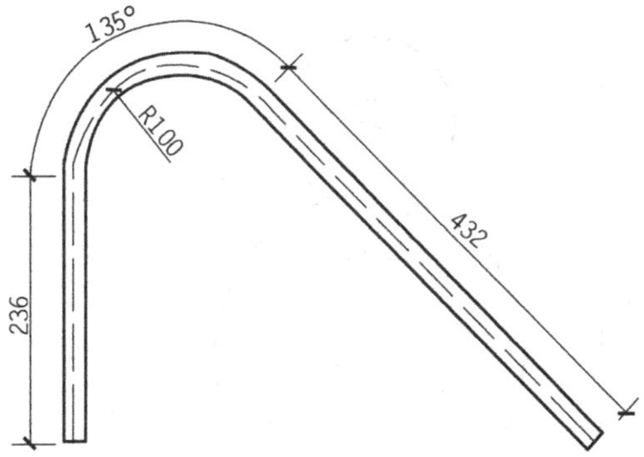

图 1.176

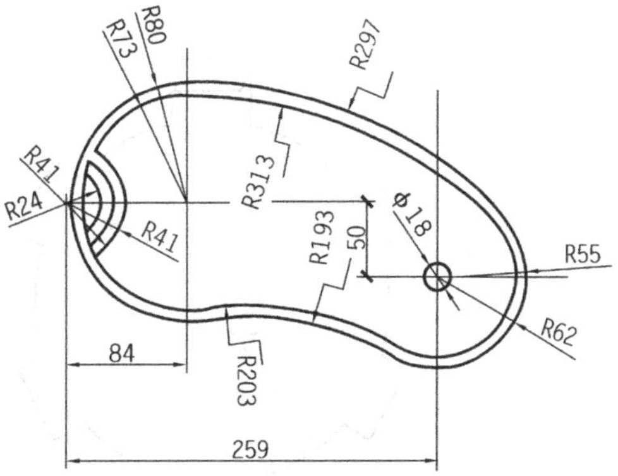

图 1.177

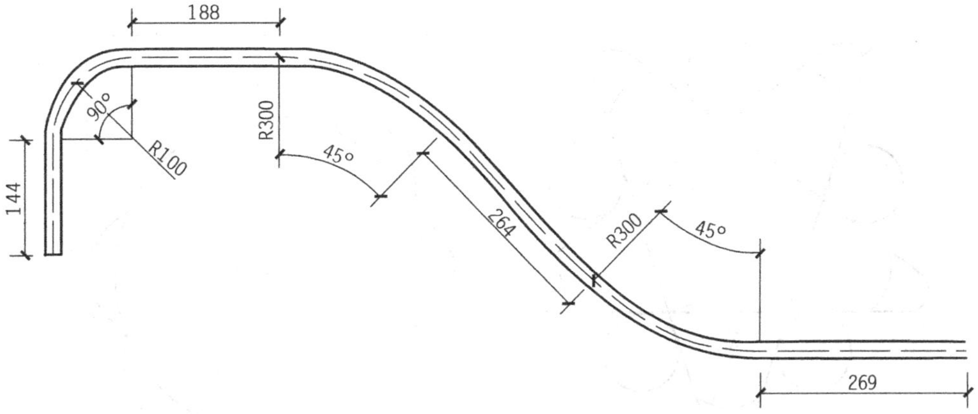

图 1.178

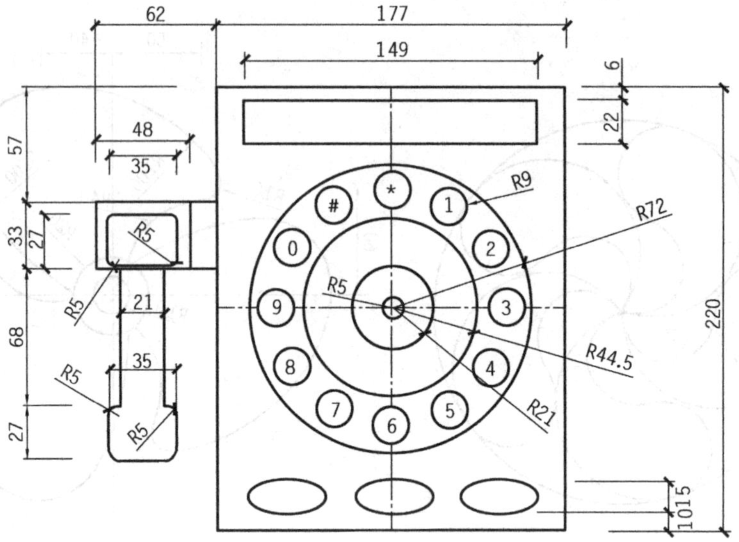

图 1.179

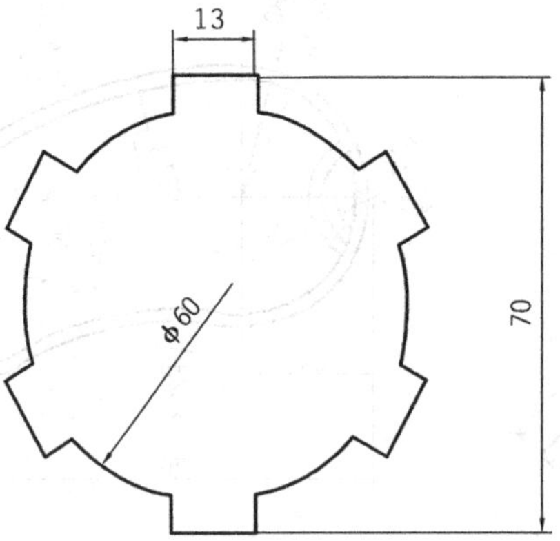

图 1.180

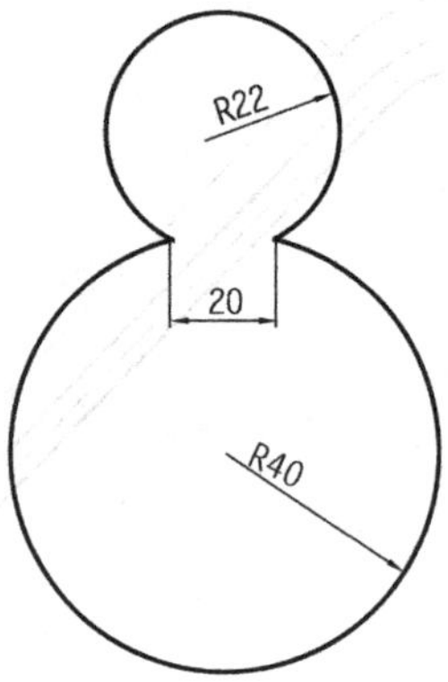

图 1.181

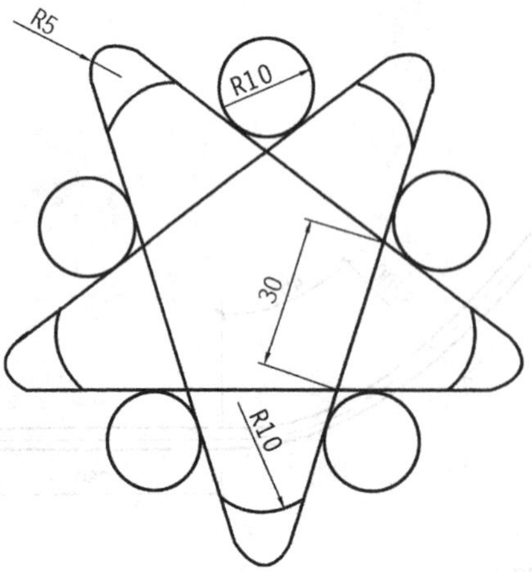

图 1.182

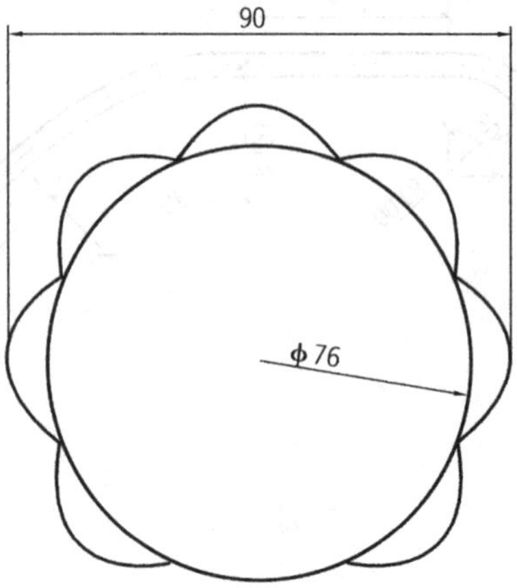

图 1.183

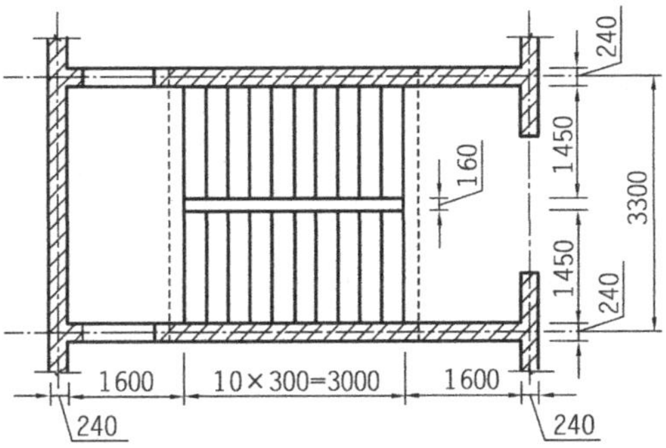

图 1.184

(4)绘图命令、修改命令、文字输入、尺寸标注和图块训练。

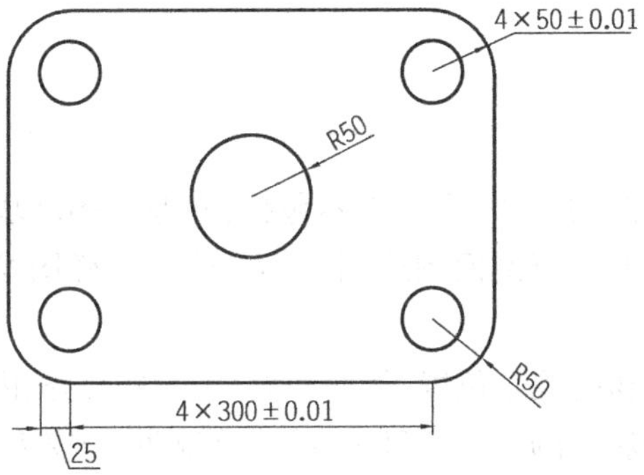

图 1.185

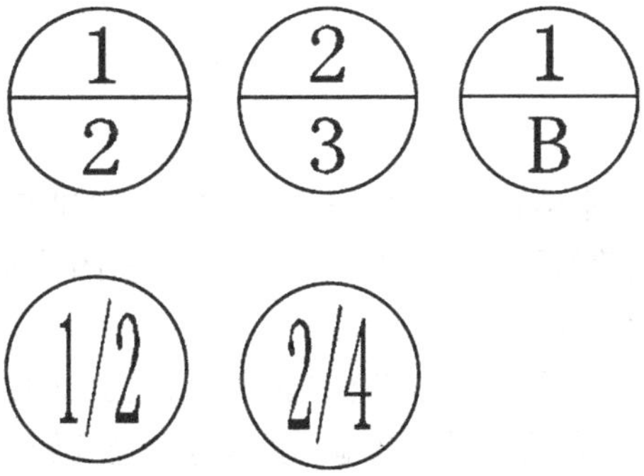

图 1.186

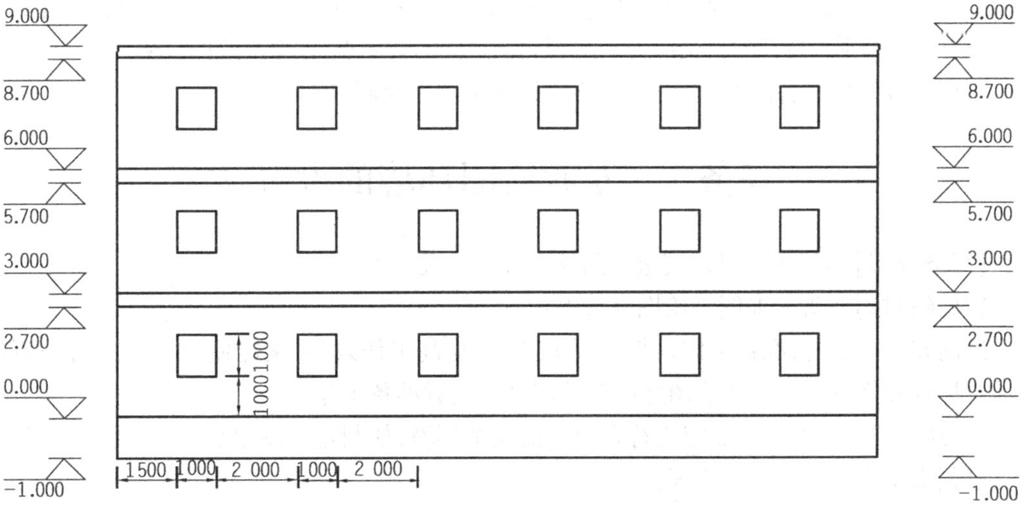

图 1.187

项目 2

建筑施工图绘制

本项目介绍 AutoCAD 2012 绘制建筑施工图的方法，主要内容包括：专业绘图环境的设置、建筑平面图绘制实例、建筑立面图绘制实例、建筑剖面图绘制实例和建筑大样图绘制实例 5 个部分。

建筑施工图（简称“建施”），主要反映建筑物的规划位置、外形和大小、内外装修、内部布置、细部构造做法及施工要求等。建筑施工图包括首页（图纸目录、设计总说明、门窗表、材料表等）、总平面图、平面图、立面图、剖面图和大样图等。总平面图表现了拟建房屋的平面形状和周围环境；平面图和剖面图则是分别采用水平和垂直的剖切平面将建筑物剖开后得到的正射投影图；立面图反映了建筑物的外观造型等。由于每一种图形各自具备不同的特征，在绘图过程中要注意区别对待，同时，又应善于找到它们之间的共同点，以提高绘图效率。

本项目以一幢宿舍的设计为例，介绍建筑施工图的绘制过程。

任务 1　专业绘图环境的设置

【任务介绍】本任务介绍建筑施工图绘图环境的设置方法。

【任务目标】掌握专业图纸绘图环境的设置。

绘制施工图之前，准备工作是很必要的，既能提高工作效率，又能使绘图工作有条不紊且易于检查和修改。现介绍绘图之前有关图纸的设置准备工作。

在开始绘制前，首先需要定义符合要求的绘图环境，如制定绘图单位、图形界限、设计比例、图层、文字样式和标注样式等。

1. 单位设置

选取菜单命令“格式”→“单位”，打开“单位”面板如图 2.1 所示。将单位设置为 mm，精确到 0.000，采用十进制，如图 2.2 所示。（注意：为方便可先将工作空间由“草图与注释”切换为“AutoCAD 经典”。)

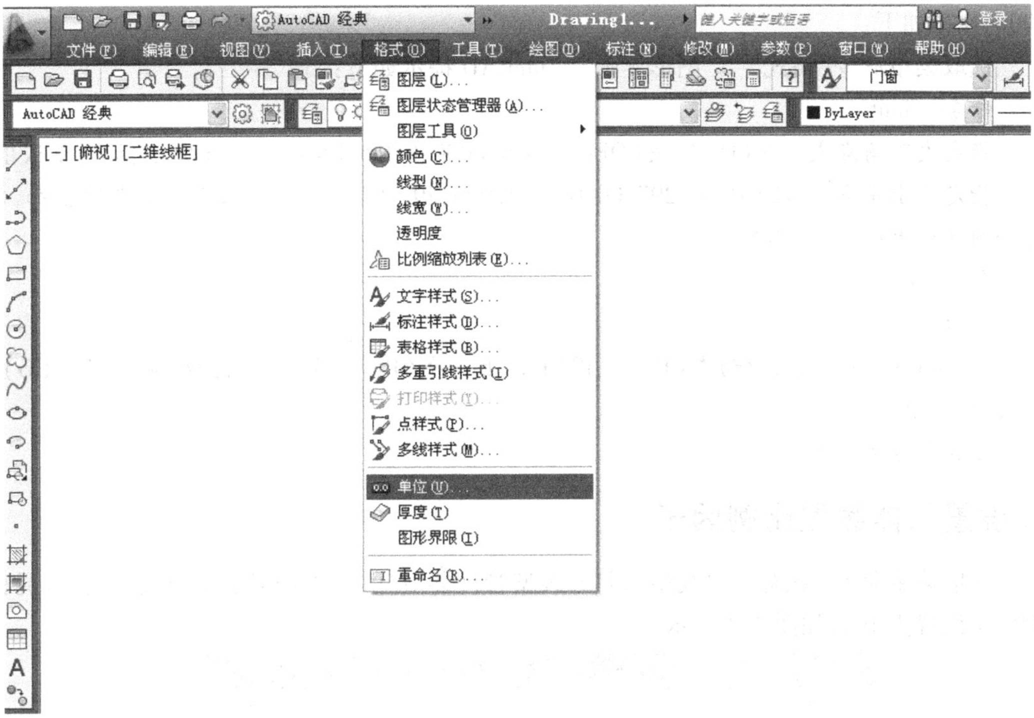

图 2.1 格式下拉菜单

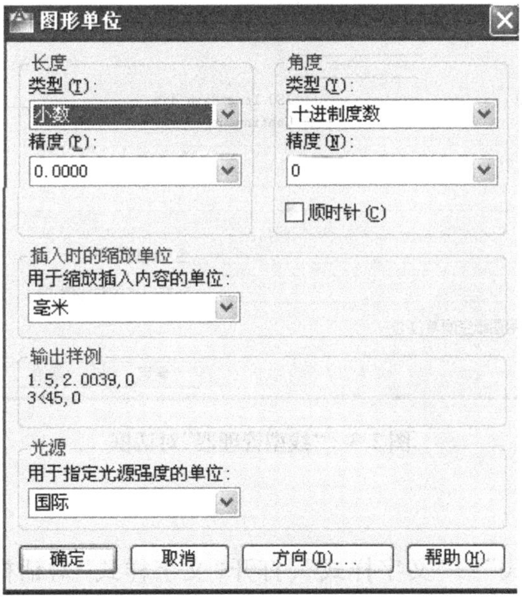

图 2.2 “图形单位”对话框

2. 设置图形界限

设置绘图区域大小,根据图纸的大小,设置合适的绘图范围,是一个“虚拟”的边界。如采用 A3 幅面图框绘制，绘图比例是 100 时，图形界限为 42 000 mm × 29 700 mm，即 A3 × 100。操作如下：

选取菜单命令“格式”→“图形界限”，AutoCAD 提示如下：

命令：limits

指定左下角点或［开(ON)/关(OFF)］ <0.0000,0.0000 >：　　>> 回车，接受默认值

指定右上角点 <420.0000,297.0000 >：42000,29700　　>> 输入右上角点的坐标，制定绘图区域大小，按回车键

命令：z

ZOOM

［全部(A)/中心(C)/动态(D)/范围(E)/上一个(P)/比例(S)/窗口(W)/对象(O)］ < 实时 >：A

正在重生成模型

3. 设置总体线型比例因子

选取菜单命令“格式”→“线型”，打开线型管理器对话框，单击显示细节按钮，将全局比例因子设置为 100，如图 2.3 所示。

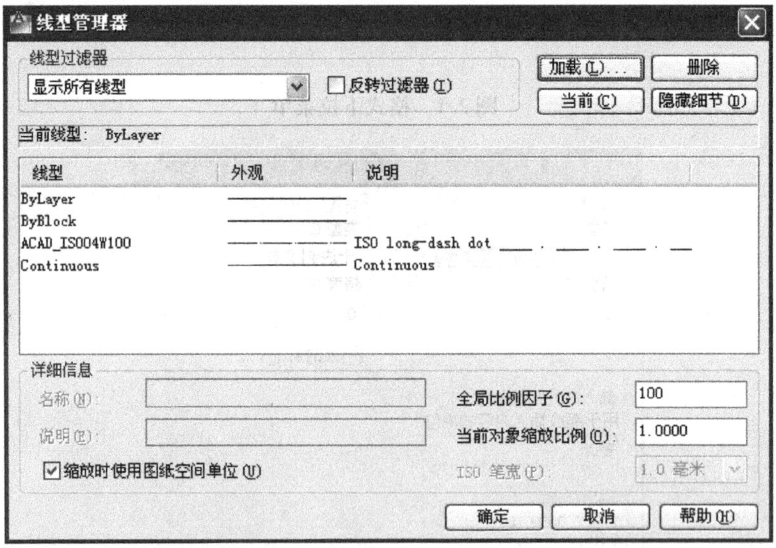

图 2.3　“线型管理器”对话框

4. 设置文字样式

选取菜单命令“格式”→“文字样式”，打开“文字样式”对话框进行设置。字样式为 Standard，字体为宋体，宽度因子为 1，如图 2.4 所示。

5. 设置标注样式

选取菜单命令“格式”→“标注样式”，打开“标注样式管理器”对话框进行设置，如图2.5所示。该对话框是管理尺寸样式的，通过它可以创建新的尺寸样式或修改样式中的尺寸变量。

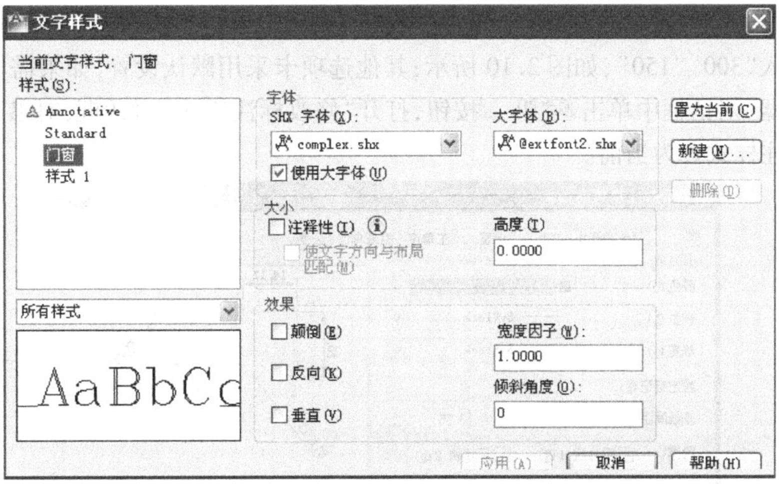

图 2.4 “文字样式”对话框

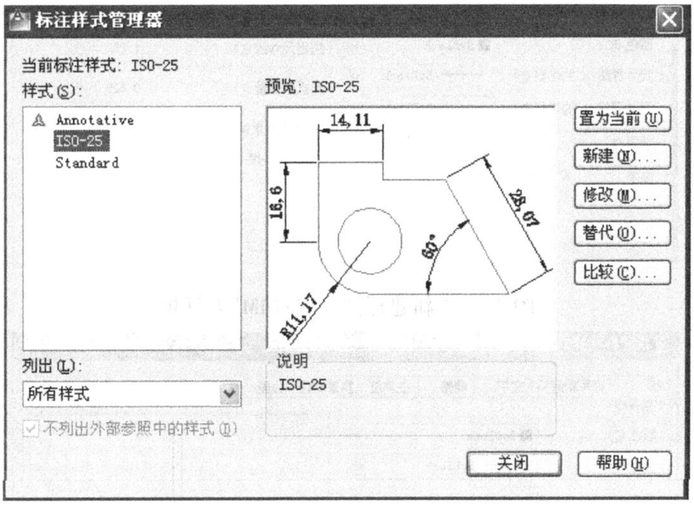

图 2.5 “标注样式管理器”对话框

①单击 新建(N)... 按钮，打开“创建新标注样式”对话框，在该对话框中新样式名文本框中输入新的样式名称“DIM”，在基础样式下拉列表中指定某个尺寸样式作为新样式的基础样式。在“用于”下拉列表中设置新样式的尺寸类型，采用默认选项“所有标注”，意思是指新样式将控制所有类型的尺寸，如图 2.6 所示。

②单击 继续 按钮，打开“新建标注样式”对话框，如图 2.7 所示。该对话框有 7 个选项卡，在这些选项卡中可以进行以下设置。在“直线”选项卡设置尺寸线和尺寸界线相关参数，颜色、线型、线宽设置为 ByLayer；“超出尺寸线”“起点偏移量”分别设置为“250”“300”，如图 2.8 所示；在“符号和箭头”选项中“箭头”分组框的“第一个”下拉列表中选取“建筑标记”，在“箭头大

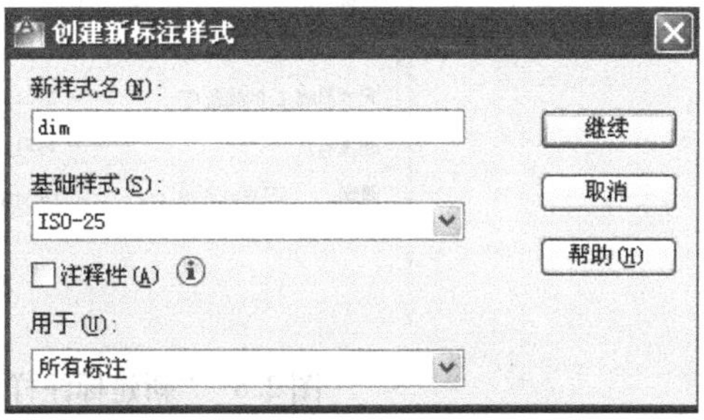

图 2.6 “创建新标注样式”对话框

小”设置框中输入“150”,如图 2.9 所示;在“文字”选项卡中,在文字高度从尺寸线偏移设置框中分别输入“300”“150”,如图 2.10 所示;其他选项卡采用默认设置,如果需要修改在“标注样式管理器”对话框中单击 修改(M)... 按钮,打开“修改标注样式”对话框,对参数进行修改。将“DIM”标注样式置为当前。

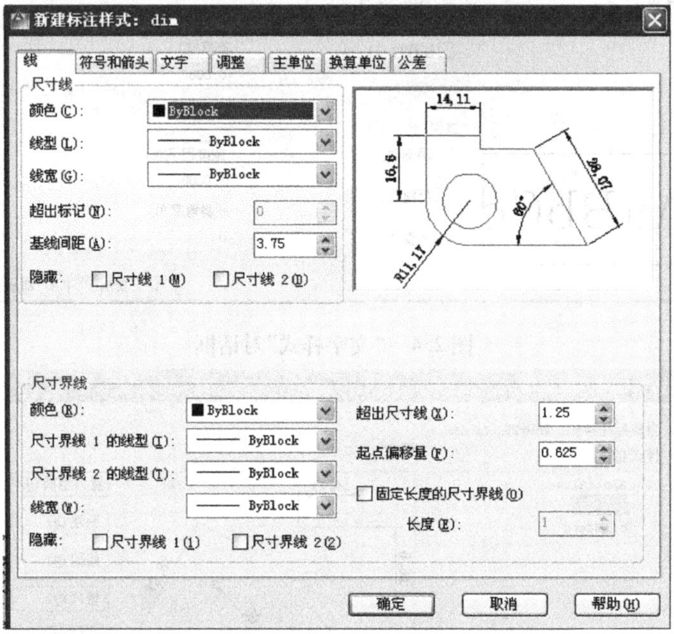

图 2.7 “新建标注样式:DIM”对话框

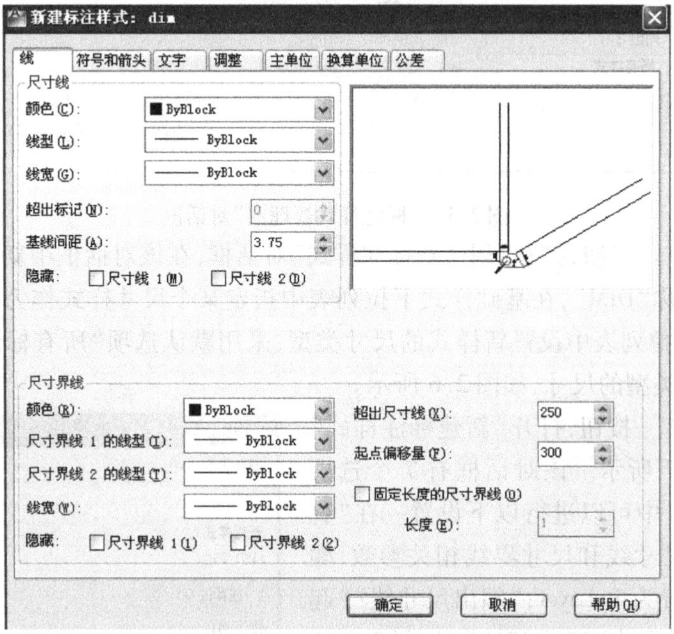

图 2.8 “新建标注样式:DIM”对话框“线”选项卡设置

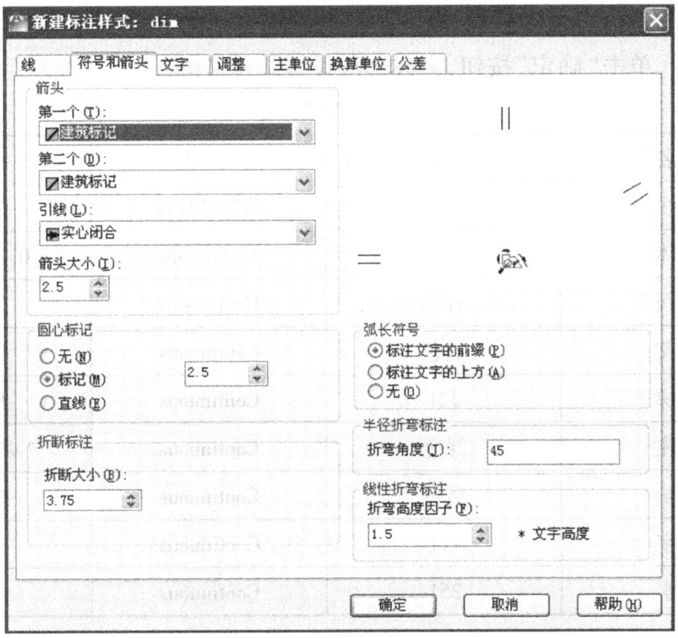

图 2.9　“新建标注样式:DIM”对话框“符号和箭头”选项卡设置

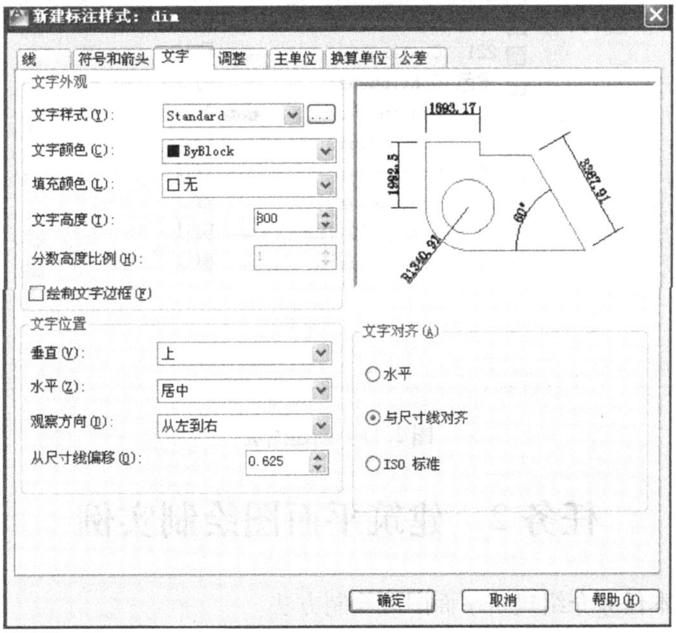

图 2.10　“新建标注样式:DIM”对话框“文字”选项卡设置

6. 设置图层

单击工具栏的 (图层特性)按钮,打开“图层特性管理器”对话框,进行图层设置。图层设置包括颜色、线型、线宽及比例的设置。在分步绘制施工图的时候,首先选择好对应的图层，条理清楚，方便以后对图纸的修改，如绘制平面图示需要的图层如表 2.1 所示，创建结果如图 2.11 所示，单击“确定”按钮，完成图层设置。

表 2.1　组织图层

图层名称	颜色	线型	线宽
轴线	红色	CENTERX2	默认
墙体	白色	Continuous	0.70 mm
柱网	青色	Continuous	默认
门窗	黄色	Continuous	默认
楼梯	221	Continuous	默认
标注	绿色	Continuous	默认
台阶	黄色	Continuous	默认
文字	111	Continuous	默认
散水	251	Continuous	默认

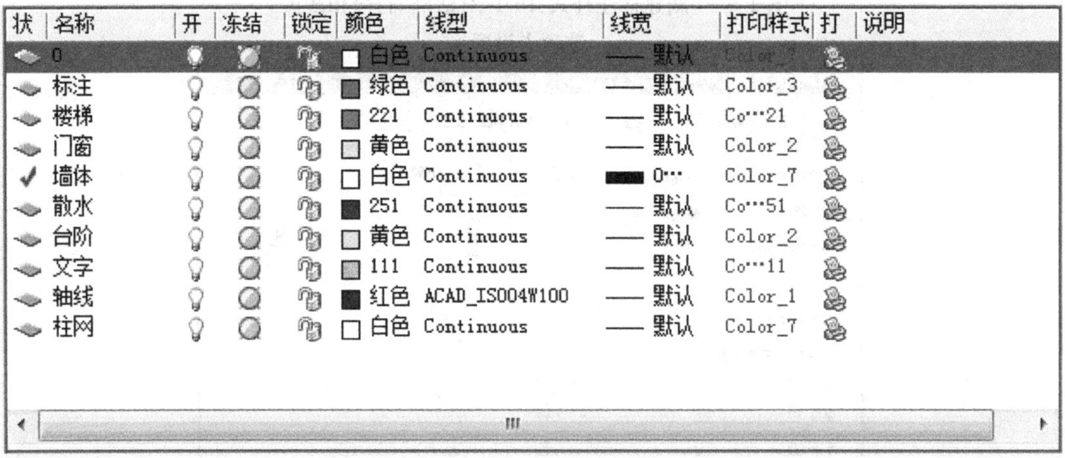

图 2.11　创建图层

任务 2　建筑平面图绘制实例

【任务介绍】本任务介绍建筑平面图的绘制方法。

【任务目标】掌握建筑平面图的绘制。

假想用一水平剖切面沿门窗洞的位置将房屋剖切后，对剖切面以下部分作出的水平剖面图，即为建筑平面图，简称平面图。该图是建筑施工图中最基本的图样之一，它反映房屋的平面形状、大小和房间的布置、墙(柱)的位置、厚度和材料、门窗的类型等。

1. 建筑平面图的主要内容

①建筑物及其组成房间的名称、尺寸、定位轴线和墙壁厚等。

②走廊、楼梯位置及尺寸。

③门窗位置、尺寸及编号。

④台阶、阳台、雨篷、散水等的位置及细部尺寸。

⑤室内地面的高度。

⑥首层地面上应画出剖面图的剖切位置线,以便与剖面图对照查阅。

2. 用 AutoCAD 绘制建筑平面图的步骤

在准备工作完成后,可以进行建筑平面图的绘制,平面图的绘图顺序一般从最底层开始,以后每层都在前一层的基础上进行修改。各层平面在图纸上一般从左至右或从下至上布置,这样便于统一柱网,且条理清楚,避免低级错误的发生。用 AutoCAD 绘制建筑平面图的总体思路是先整体后局部,其主要绘图过程如下:

①创建图层,如轴线层、墙体层、门窗层等;

②设置图形界限,用 Limits(图形界限)命令设置绘图区域的大小;

③用 Line(直线)命令绘制水平和竖直的定位轴线基准线,用 Offset(偏移)、Trim(修剪)命令绘制其他水平及竖直的定位轴线;

④绘制轴线编号并标注定位尺寸;

⑤用 Mline(多线)命令绘制外墙体,形成大致的平面形状;

⑥用 Mline(多线)命令绘制内墙体;

⑦绘制门窗、楼梯等其他局部细节;

⑧标注尺寸;

⑨书写文字;

⑩插入标准图框,并以绘图比例的倒数缩放图框。

3. 建筑平面图绘制实例

【例 2.1】绘制建筑平面图,如图 2.12 所示,绘图比例为 1:100,采用 A2 图框。

绘图步骤如下:

①绘图环境设置。设置图形界限 59 400 mm × 420 000 mm(A2 × 100),设置总体线型比例因子为 100,对单位、文字样式、标注样式进行设置,详见 2.1 专业绘图环境的设置;

②使用 layer(图层)命令创建如表 2.1 所示的图层,当创建不同的对象时,应切换到相应的图层;

③绘制定位轴线、轴线尺寸、轴号。

平面图的轴线位置主要是承重墙体和柱的中点,轴线也是施工放线的依据。

以“轴线”图层为当前图层,按下正交按钮(或按 F8)打开正交模式,用 Line(直线)命令绘制一条比较长(长度≥总尺寸线)的水平轴线和一条垂直轴线,作为作图基准线,然后用 Offset(偏移)命令按图 2.12 中标注的定位尺寸偏移复制水平和垂直轴线,生成轴线图。

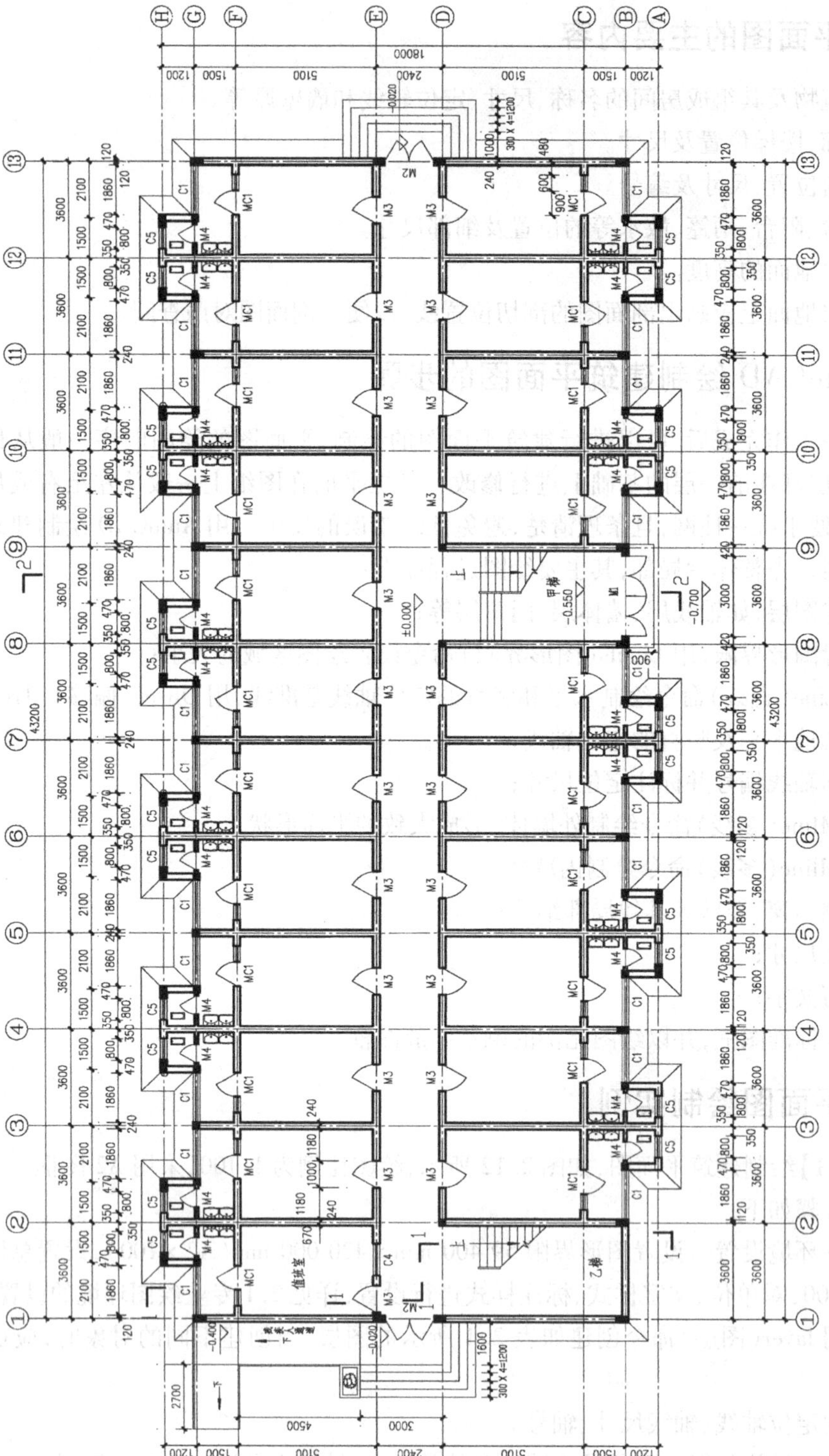

图2.12 底层平面图

操作如下：

单击工具栏中按钮，或输入 Line(直线)命令，AutoCAD 提示如下：

命令：_line 指定第一点：　　>>任意指定绘图区中的一点作为水平定位轴线基准线的起点

指定下一点或[放弃(U)]：　<正交 开> 50000　　>>打开正交，鼠标放置在起点右侧，输入 50000，生成Ⓐ轴线

指定下一点或[放弃(U)]：*取消*　　>>按 Esc 键退出

命令：l　　>>再次调用直线命令

Line 指定第一点：　　>>任意指定绘图区中的一点作竖直定位轴线基准线的起点，但要保证水平和竖直轴线要相交

指定下一点或[放弃(U)]：30000　　>>鼠标放置在起点上侧，输入 30000，生成①轴线

指定下一点或[放弃(U)]：*取消*　　>>按 Esc 键退出

结果如图 2.13 所示。

命令：O　　>>调用偏移命令

OFFSET

当前设置：删除源 = 否　图层 = 源　OFFSETGAPTYPE = 0

指定偏移距离或[通过(T)/删除(E)/图层(L)] <1.0000>:3600　　>>输入定位尺寸

选择要偏移的对象，或[退出(E)/放弃(U)] <退出>：　　>>用拾取框选择①轴线

图 2.13　绘制定位轴线

指定要偏移的那一侧上的点，或[退出(E)/多个(M)/放弃(U)] <退出>：　　>>单击竖直定位轴线右侧的点，竖直定位轴线向右侧偏移，生成②轴线

依次生成其他定位轴线，如图 2.14 所示。

单击绘图工具栏中"圆"按钮，在轴线端部绘制直径 8mm 的圆。设置块和块属性，插入块生成轴线编号，如图 2.14 所示。

④标注总尺寸及定位尺寸。设置"标注"图层为当前图层，单击"标注"菜单栏中的(线性)和(连续)命令进行尺寸标注，添加轴线尺寸和总尺寸，如图 2.15 所示。

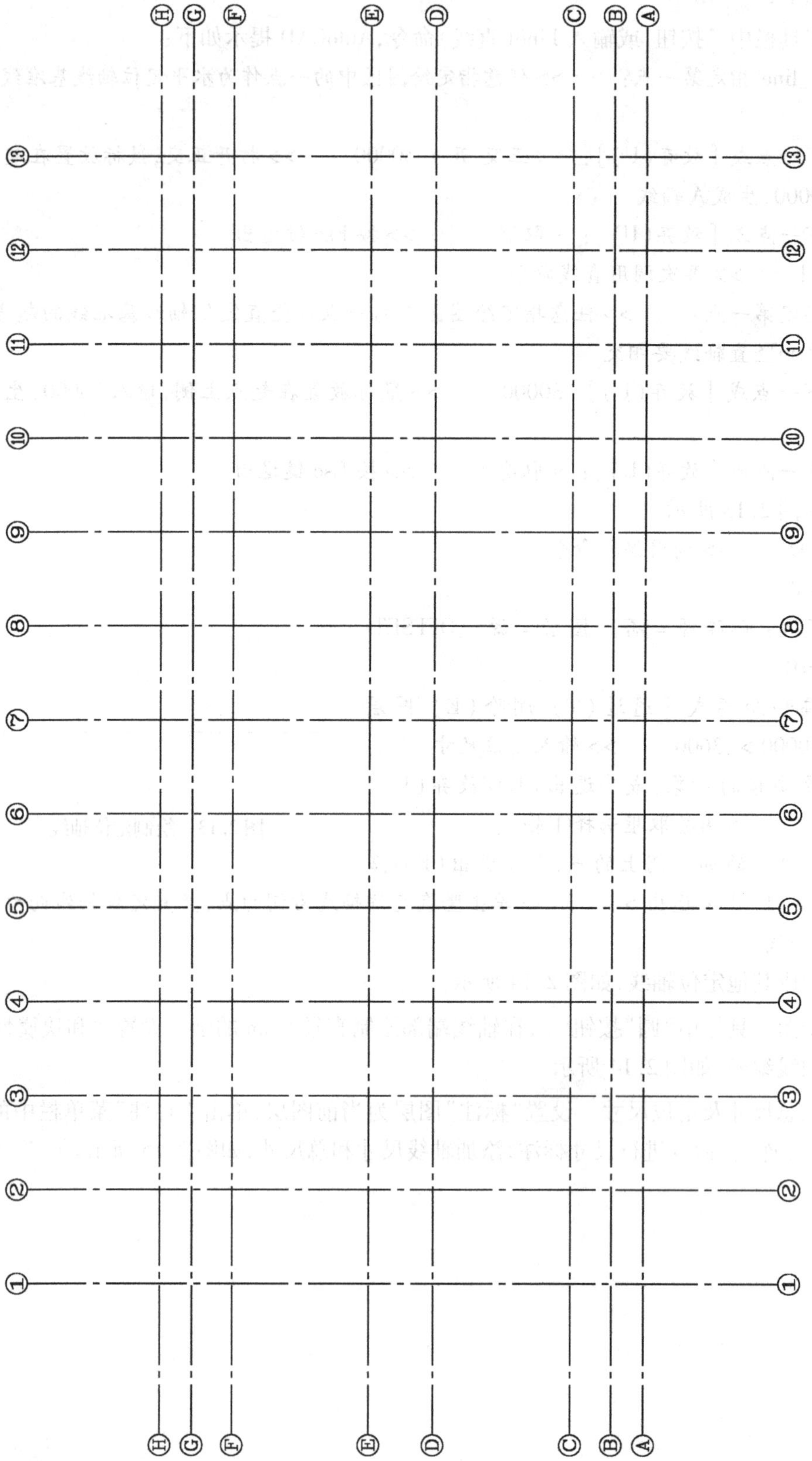

图2.14 定位轴线完成

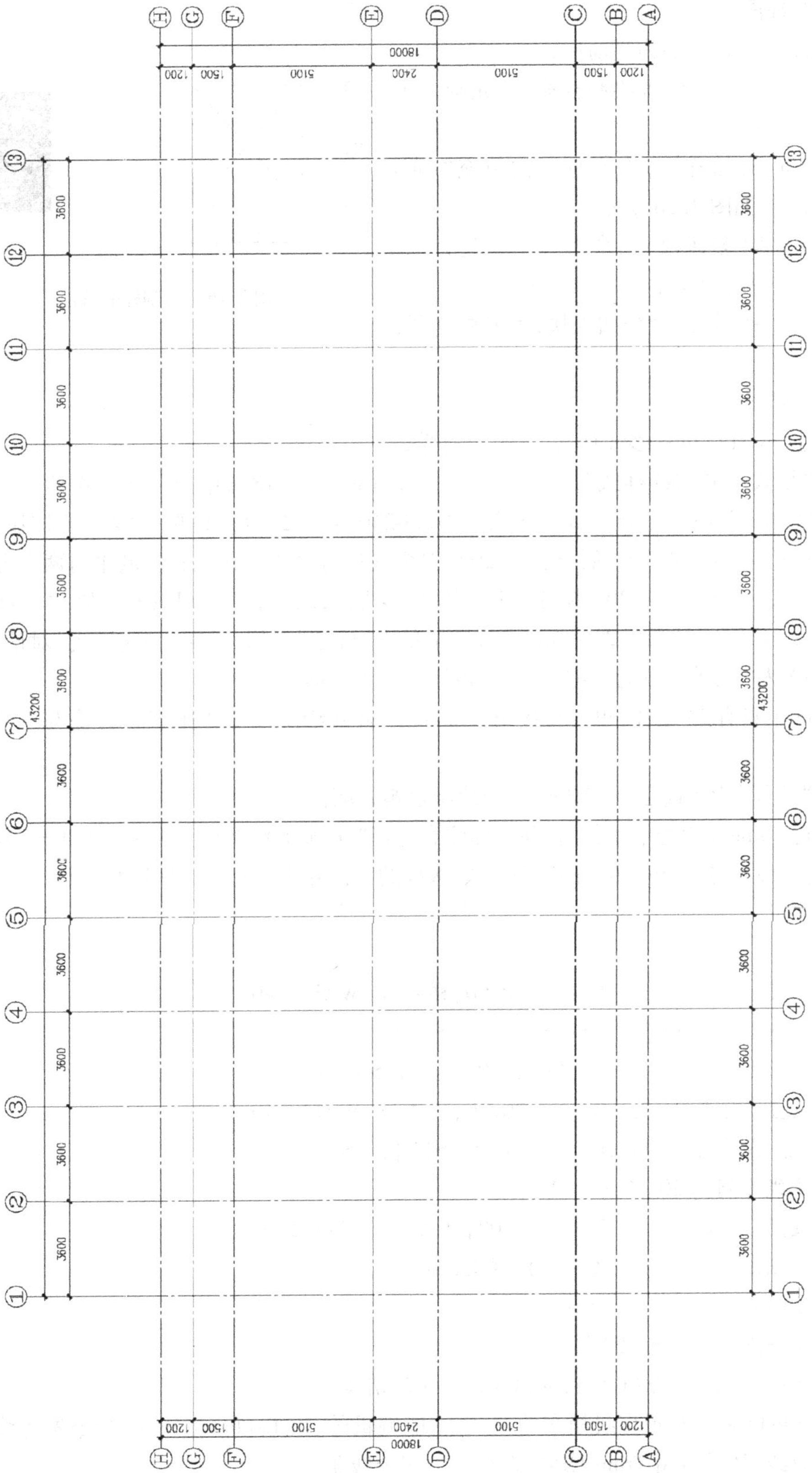

图2.15　定位尺寸和总尺寸

⑤绘制柱网：

• 设置“柱网”图层为当前层；

• 在屏幕上适当位置绘制柱截面，先画一个矩形，连接对角线；

• 用 Hatch（填充）命令在柱子内填充“solid（实心）”图案，如图 2.16 所示；

• 用 Block（创建块）命令将柱子创建为块，以对角线交点为插入点；

• 用 Insert（插入）命令插入块，生成柱网图，如图 2.17 所示。

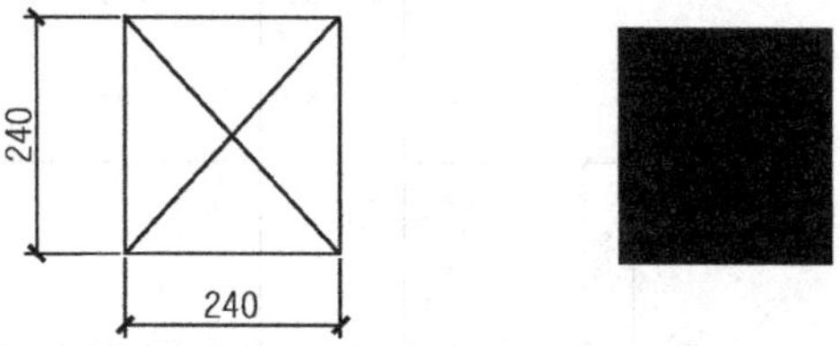

图 2.16　绘制柱的截面

⑥绘制墙体。

a. 创建“WALL-240”多线样式，置为当前样式。

单击“格式”→“多线样式”，打开多线样式对话框（图 2.18），单击“新建”按钮，打开“创建新的多线样式”对话框，新样式名定义为“wall-240”（图 2.19），再单击“继续”按钮，打开“新建多线样式：wall-240”对话框（图 2.20），对多线进行设置。在元素区域里对两个元素的偏移量分别设为 120 和 –120（本例题中墙体为 24 墙），颜色设置为 bylayer（随层）、线型设置为 bylayer（随层），如图 2.21 所示，设置完毕单击“确定”按钮，返回“多线样式”对话框，选择“wall-240”样式，单击置为当前按钮，将该样式置为当前。

如果图中只有 24 墙体，也可直接用“Standard”样式绘制，但比例设置要注意与多线样式相匹配。

b. 以“墙体”为当前层，用 Mline 命令绘制建筑物墙体。

在执行 Mline 命令绘制墙体时，除了要注意选择“比例（S）”选项变换多线宽度外，还要注意选择“对正（J）”选项变换多线的对正方式，多线的对正方式有上、中、下 3 种。操作如下：

```
命令：ml
MLINE
当前设置：对正 = 上，比例 = 20.00，样式 = WALL-240
指定起点或 [对正(J)/比例(S)/样式(ST)]： J
输入对正类型 [上(T)/无(Z)/下(B)] <上>： Z
当前设置：对正 = 无，比例 = 20.00，样式 = WALL-240
指定起点或 [对正(J)/比例(S)/样式(ST)]： S
输入多线比例 <20.00>： 1
当前设置：对正 = 无，比例 = 1.00，样式 = WALL-240
指定起点或 [对正(J)/比例(S)/样式(ST)]：
指定下一点：  <正交 开>
指定下一点或 [放弃(U)]：
指定下一点或 [闭合(C)/放弃(U)]：  *取消*
```

c. 用 Mledit 命令编辑多线相交的形式，不能编辑的，用 Explode（分解）命令先将墙线分解为普通直线，然后再用 Trim（修剪）命令修剪多余线条。

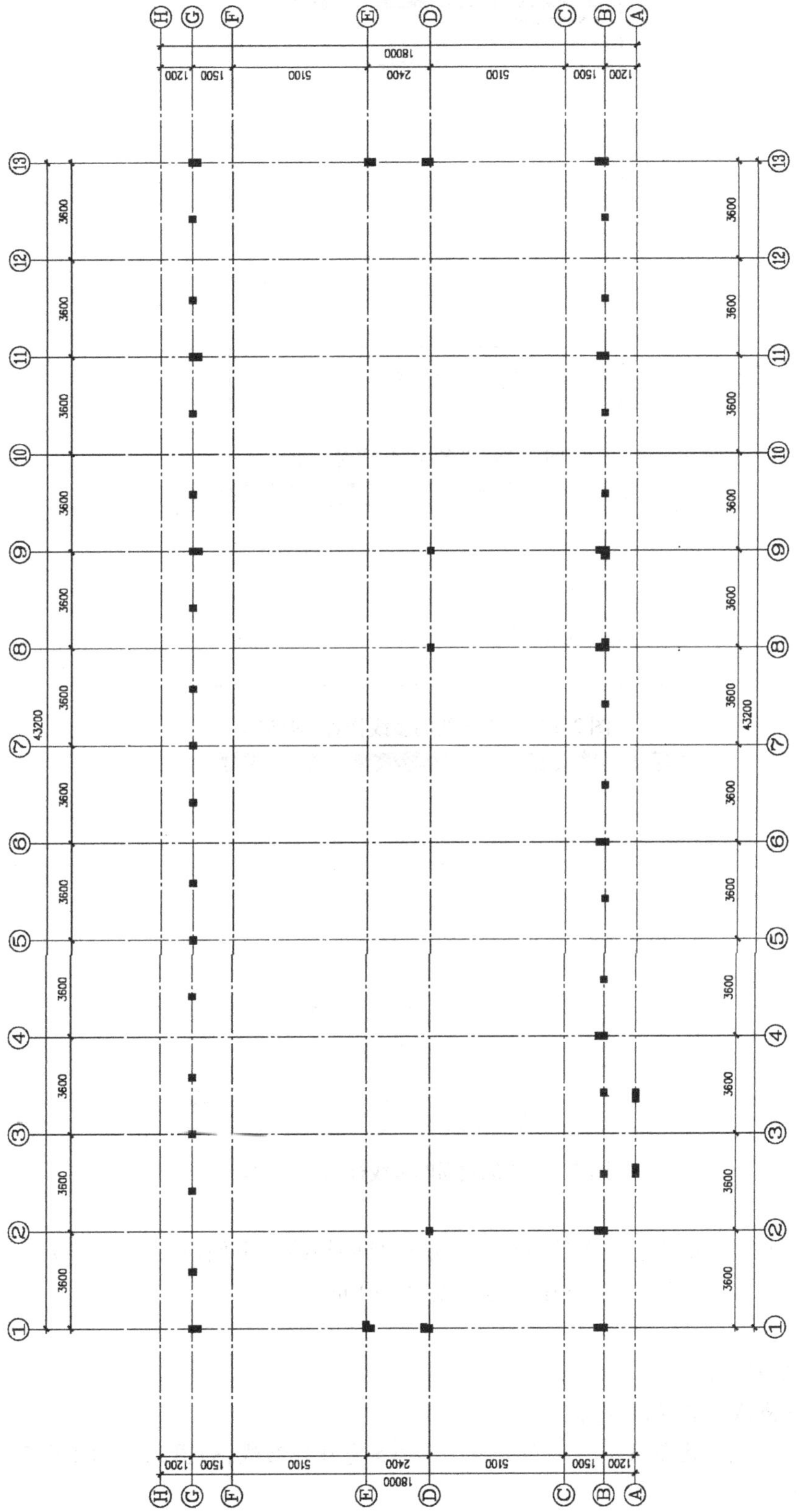

A
B
C
D
E
F
G
H
1
2
3
4
5
6
7
8
9
10
11
12
13
3600
43200
18000
1200
1500
5100
2400

图2.17　形成柱网

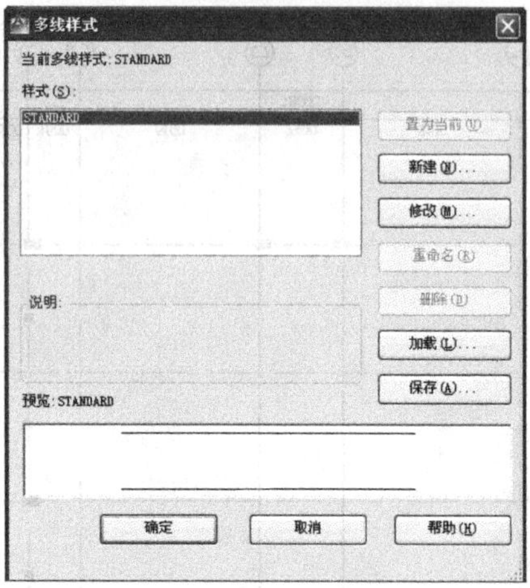

图 2.18 “多线样式”对话框

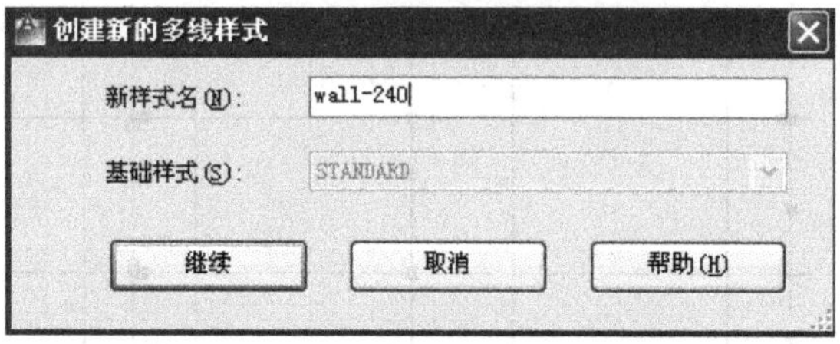

图 2.19 “创建新的多线样式”对话框

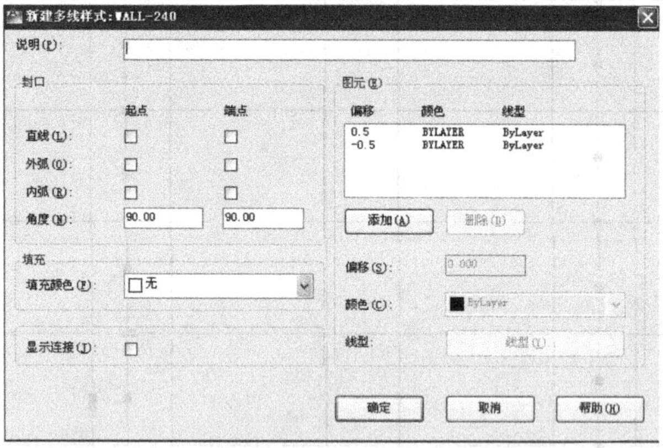

图 2.20 “创建新的多线样式”对话框

⑦绘制门窗洞口：

a. 用 Offset 或 Line 直线命令绘制门、窗、墙的分隔短线。下面以图 2.22(a)所示来介绍开设门窗洞的方法与操作过程，图中墙体厚度为 240 mm。

命令：l

LINE 指定第一点：

指定下一点或[放弃(U)]：

指定下一点或[放弃(U)]：*取消*　　>>先作辅助线，如图 2.22(b)所示

命令：O

OFFSET

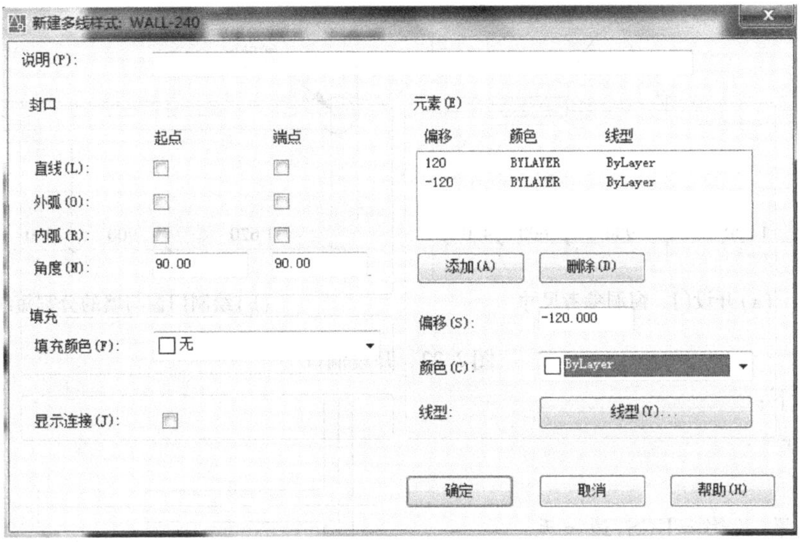

图 2.21　“创建新的多线样式”设置完成

当前设置：删除源 = 否　图层 = 源　OFFSETGAPTYPE = 0

指定偏移距离或［通过(T)/删除(E)/图层(L)］ <120.0000>:1500　　>>形成门洞线

选择要偏移的对象，或［退出(E)/放弃(U)］ <退出>:

指定要偏移的那一侧上的点，或［退出(E)/多个(M)/放弃(U)］ <退出>:

选择要偏移的对象，或［退出(E)/放弃(U)］ <退出>:　　* 取消 *

命令:O　　>>按回车键，继续调用偏移命令

OFFSET

当前设置：删除源 = 否　图层 = 源　OFFSETGAPTYPE = 0

指定偏移距离或［通过(T)/删除(E)/图层(L)］ <1500.0000>:900

选择要偏移的对象，或［退出(E)/放弃(U)］ <退出>:

指定要偏移的那一侧上的点，或［退出(E)/多个(M)/放弃(U)］ <退出>:

选择要偏移的对象，或［退出(E)/放弃(U)］ <退出>:　　* 取消 *

命令:O

OFFSET

当前设置：删除源 = 否　图层 = 源　OFFSETGAPTYPE = 0

指定偏移距离或［通过(T)/删除(E)/图层(L)］ <900.0000>:600

选择要偏移的对象，或［退出(E)/放弃(U)］ <退出>:

指定要偏移的那一侧上的点，或［退出(E)/多个(M)/放弃(U)］ <退出>:

选择要偏移的对象，或［退出(E)/放弃(U)］ <退出>:　* 取消 *

操作完成后形成如图 2.22(b)所示门窗洞口线。

b. 用 Trim 命令修剪多余墙线。在图 2.22(b)中，将门窗与墙体的两条分隔短线之间的多余墙线修剪掉后得到新图形(图 2.23)。为防止误修剪轴线，可以先关闭或冻结“轴线”图层。

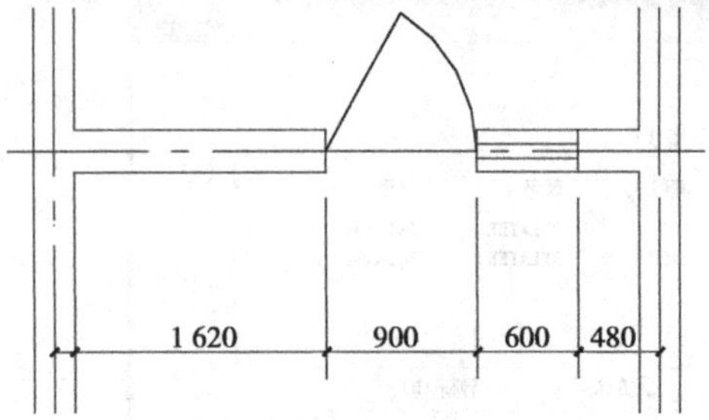

(a)开设门、窗洞参考尺寸

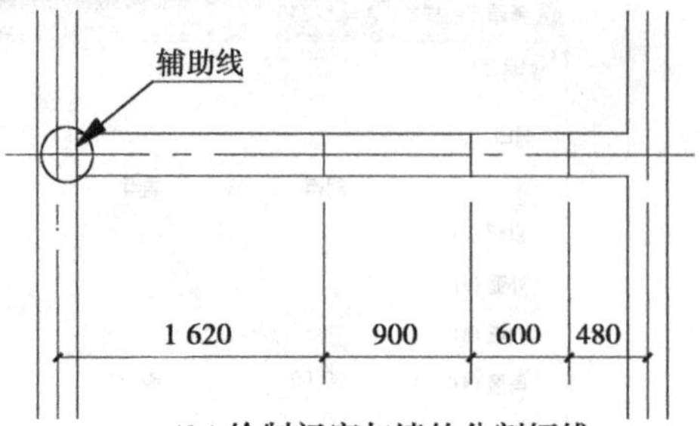

(b)绘制门窗与墙的分割短线

图 2.22　开设洞口

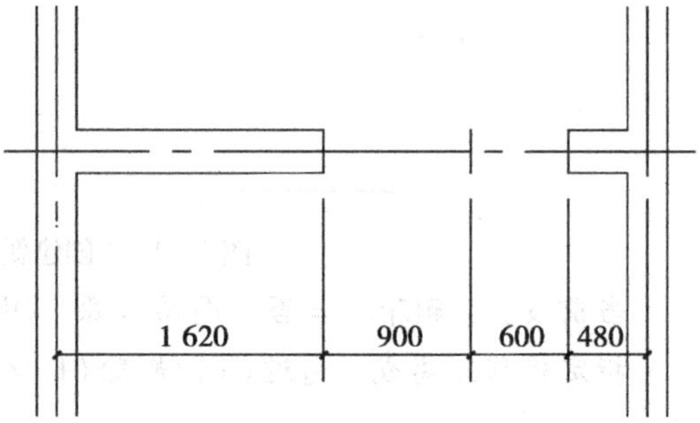

图 2.23　修剪窗洞中的多余墙线

操作如下：

命令：tr

TRIM

当前设置：投影 = UCS，边 = 无

选择剪切边...

选择对象或 <全部选择>：　　>>按回车键，执行默认选项

选择要修剪的对象，或按住 Shift 键选择要延伸的对象，或

[栏选(F)/窗交(C)/投影(P)/边(E)/删除(R)/放弃(U)]：　　>>选择要修剪的对象

选择要修剪的对象，或按住 Shift 键选择要延伸的对象，或

[栏选(F)/窗交(C)/投影(P)/边(E)/删除(R)/放弃(U)]：

选择要修剪的对象，或按住 Shift 键选择要延伸的对象，或

[栏选(F)/窗交(C)/投影(P)/边(E)/删除(R)/放弃(U)]：　*取消*

以此方法完成所有的门窗洞口，如图 2.24 所示。

⑧绘制门窗：考虑到门、窗对象在图形中反复出现，为提高绘图效率，一般将同一型号的门、窗定义为块，在需要的时候用 Insert 命令将定义的块插入当前的图形中。下面介绍定义门块和窗块的操作，以 2.22(a)图门窗为例。

a. 将"门窗"图层设置为当前层，为绘制门、窗做准备。

b. 绘制和定义窗块。使用 Line(直线)和 Offset(偏移)命令绘制窗户。

命令：l　　>>调用直线命令

LINE 指定第一点：

指定下一点或 [放弃(U)]：　<正交 开> 600　　>>打开正交，绘制水平线，长度 600

指定下一点或 [放弃(U)]：*取消*　　>>按 Esc 键退出

命令：O　　>>调用偏移命令

OFFSET

当前设置：删除源 = 否　图层 = 源　OFFSETGAPTYPE = 0

指定偏移距离或 [通过(T)/删除(E)/图层(L)] <通过>：　80　　>>输入偏移距离

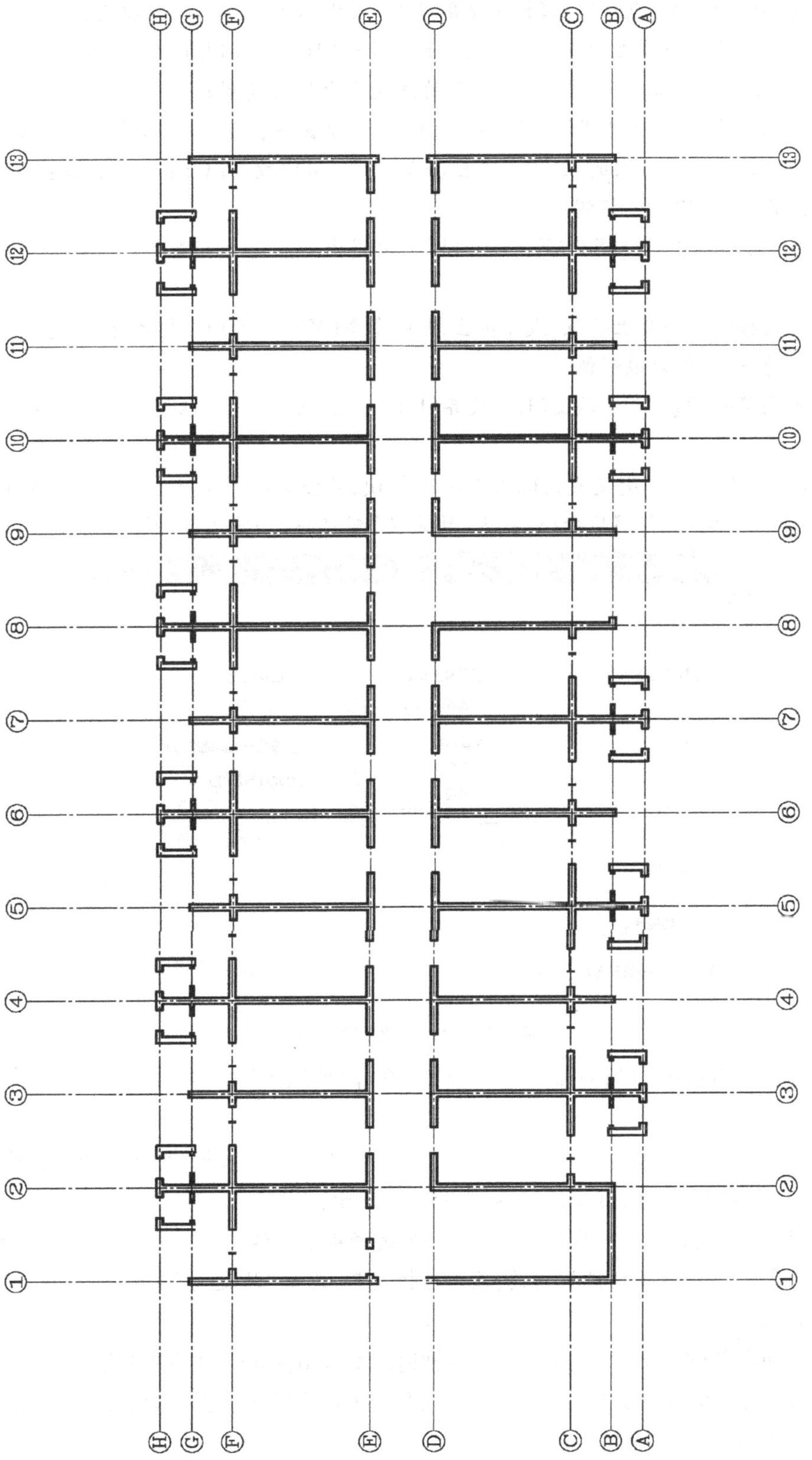

图2.24　墙体及门窗洞口

选择要偏移的对象,或 [退出(E)/放弃(U)] <退出>:　　>> 选择直线

指定要偏移的那一侧上的点,或 [退出(E)/多个(M)/放弃(U)] <退出>:　　>> 指定偏移侧,偏移复制对象(如向上偏移,后面的线也向上偏移复制)

选择要偏移的对象,或 [退出(E)/放弃(U)] <退出>:　　>> 选择偏移以后的直线

指定要偏移的那一侧上的点,或 [退出(E)/多个(M)/放弃(U)] <退出>:　　>> 继续指定上面的一点,作为偏移侧

选择要偏移的对象,或 [退出(E)/放弃(U)] <退出>:　　>> 选择上一操作形成的第三条直线

指定要偏移的那一侧上的点,或 [退出(E)/多个(M)/放弃(U)] <退出>:　　>> 继续指定上面的一点,作为偏移侧

选择要偏移的对象,或 [退出(E)/放弃(U)] <退出>: *取消*　　>> 按 Esc 键退出

用 Block 命令将窗户定义成名称为"mc1"的块,并设置左下角点为插入点。操作如下:

命令: b　　>> 执行写块命令,打开"块定义"对话框,如图 2.25 所示

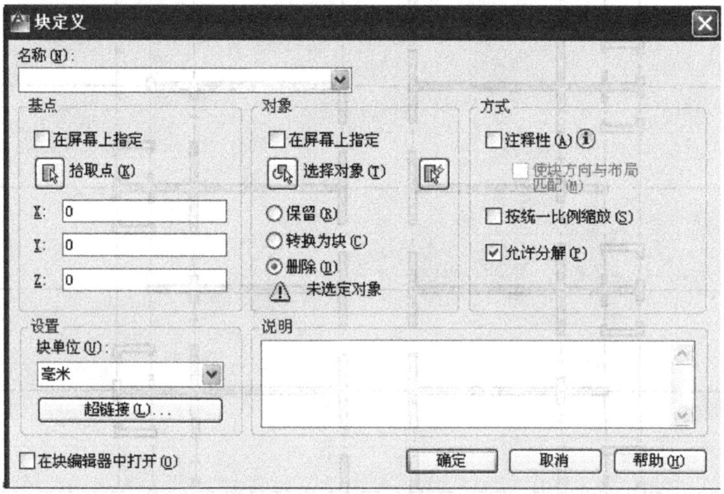

图 2.25 "块定义"对话框

定义块名称为 mc1,然后对基点进行设置,单击"拾取点"按钮,返回绘图界面,命令行提示:

BLOCK 指定插入基点:　　>> 指定左下角点作为插入的基点,返回"块定义"对话框

单击"选择对象"按钮,返回绘图界面,命令行提示:

选择对象: 指定对角点: 找到 4 个　　>> 选择 4 条直线

选择对象:　　>> 单击鼠标右键,表示选择完毕,返回"块定义"对话框,单击确定按钮完成块创建操作

c. 绘制和定义 900 mm 的门块。设置极轴追踪增量角为 60°,并启用极轴追踪,然后使用 Line 和 Block 命令绘制图 2.22(a)所示门并以左下角点为插入点创建为块,具体操作如下:

命令: _line 指定第一点:

指定下一点或 [放弃(U)]: 900　　>> 当出现 60°极轴追踪线时,输入 900,绘制 oa

线，如图 2.26 所示

指定下一点或［放弃(U)］：＊取消＊　　>>按 Esc 键退出

命令：a　　>>调用圆弧命令

ARC 指定圆弧的起点或［圆心(C)］：　　>>单击 a 点作为圆弧起点

指定圆弧的第二个点或［圆心(C)/端点(E)］:C　　>>选择“C”，以确定圆弧圆心

指定圆弧的圆心：　　>>单击 O 点

指定圆弧的端点或［角度(A)/弦长(L)］:A　　>>选择“A”，以输入圆弧包含的圆心角

指定包含角：-60　　>>输入圆弧包含的圆心角，因为是顺时针旋转，所以圆心角是负值

命令：＊取消＊　　>>按 Esc 键退出

使用 Mirror 命令镜像左开门形成右开门，以便使用时直接插入，如图 2.26 所示。

使用 Block 命令分别将左、右开门图形定义为“Ld900”和“Rd900”的门块，同理绘制其他模数的门。

图 2.26　绘制和定义左开门和右开门两个门块

⑨使用 Insert(插入)命令在需要的地方插入窗、门块。如图 2.27 所示，选择要插入的块名称，在屏幕上制定插入点(如门窗洞口的左下角点)，单击“确定”按钮将所选图块插入正确的位置。完成所有门窗图块插入，结果如图 2.28 所示。

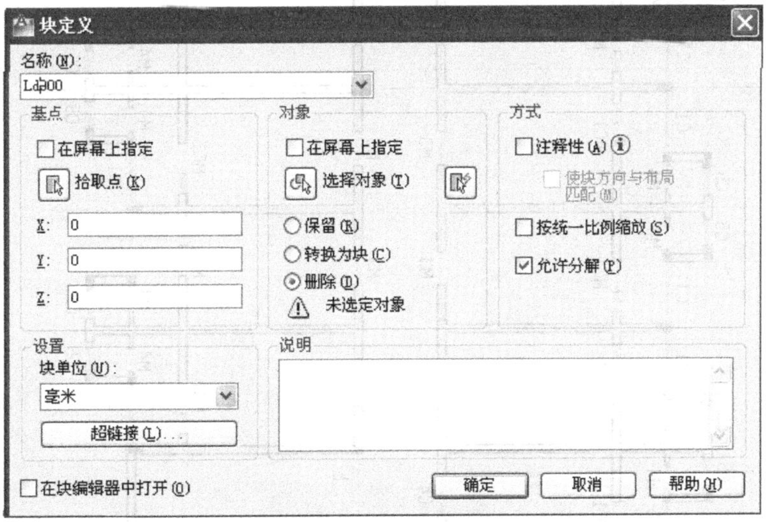

图 2.27　插入对话框

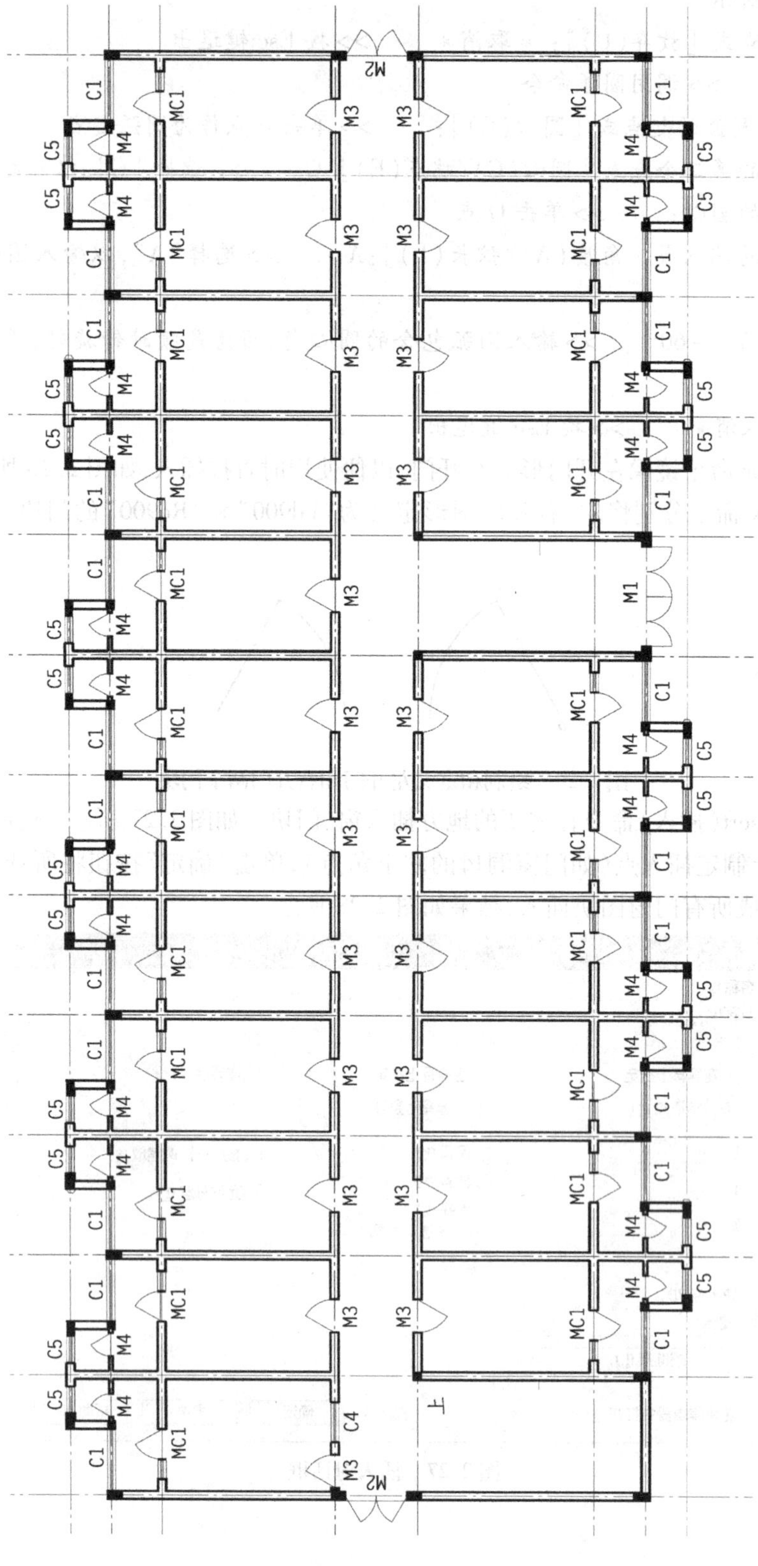

图2.28 插入门窗图块

如果绘制和创建窗块时定义为1 mm×1 mm的单位长度块，插入块时只需要在屏幕上通过指定窗洞的两个对角点来确定插入窗块在 X、Y 两个方向的比例系数，操作过程非常简单快捷。

⑩其他。绘制室外台阶及散水，细部尺寸。

⑪绘制楼梯。

⑫标注尺寸。

⑬绘制A2图框，用Scale命令缩放图框，缩放比例为100，然后将剖面图布置在图框中。

⑭将文件以“底层平面图.dwg”为名称保存，该文件将用于绘制立面图和剖面图。

任务3　建筑立面图绘制实例

【任务介绍】本任务介绍建筑施工图立面图的绘制方法。

【任务目标】掌握建筑立面图的绘制方法。

建筑立面图是指用正投影法对建筑各个外墙面进行投影所得到的正投影图。与平面图一样，建筑的立面图也是表达建筑物的基本图样之一，它主要反映建筑物的立面形式和外观情况。

立面图主要是反映房屋的外貌和立面装修的做法，这是因为建筑物给人的外表美感主要来自其立面的造型和装修。建筑立面图是用来研究建筑立面的造型和装修的。反映主要入口，或是比较显著地反映建筑物外貌特征的立面图叫作正立面图；其余的面的立面图，相应地称为背立面图和侧立面图。如果按照房屋的朝向来分，立面图可以分为南立面图、东立面图、西立面图和北立面图。如果按照轴线编号来分，也可以根据平面图中的首尾轴线命名立面图如①~⑬立面图、⑬~①立面图等。建筑立面图使用大量图例来表示很多细部，这些细部的构造和做法，一般都另有详图。

建筑立面图绘制的一般步骤：从总体上来说，立面图是在平面图的基础上，引出竖向投影线，将建筑物的主要特征投影到立面图上。然后根据高度方向的设计尺寸确定立面图样的水平位置及尺寸，从而绘制出一个个图样。

用AutoCAD绘制建筑立面图的主要绘图过程如下：

①创建图层，如建筑轮廓层、轴线层、门窗层、标注层等。

②绘图环境设置，设置图形界限。

③将建筑平面图引入当前图形中，或打开已经绘制好的建筑平面图，将其另存为一个文件，以此为基础绘制立面图。

④绘制建筑物的竖向投影线，再绘制地平线、屋顶线等，构成建筑物的主要轮廓。

⑤利用投影线完成各层门窗洞口线。

⑥绘制门窗、墙面细部，阳台、窗台及楼梯等。

⑦标注尺寸。

⑧书写文字。

⑨插入标准图框，并以绘图比例的倒数缩放图框。

【例2.2】绘制建筑立面图，如图2.29所示，绘图比例为1:100，采用A2图框。

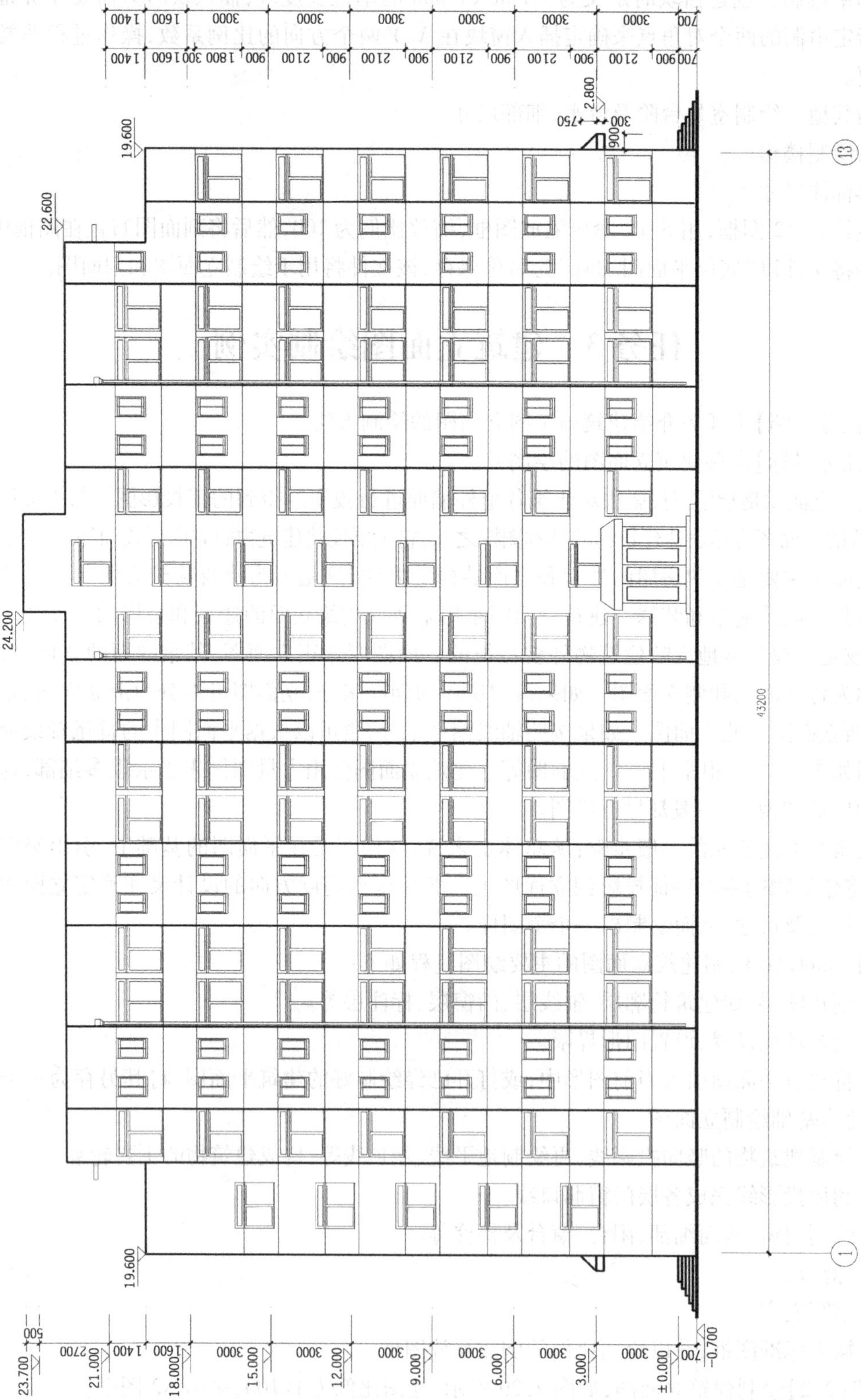

图2.29　绘制建筑立面图

①绘图环境设置。用 Limits（图形界限）命令设置图形界限 59 400 mm ×42 000 mm（A2 ×100），设置总体线型比例因子为 100。

②创建以下图层表 2.2，当创建不同的对象时，应切换到相应的图层。

表 2.2　组织图层

图层名称	颜色	线型	线宽
轴线	红色	CENTERX2	默认
构造	白色	Continuous	默认
地坪	白色	Continuous	1.00 mm
轮廓	白色	Continuous	0.70 mm
门窗	黄色	Continuous	默认
楼梯	白色	Continuous	默认
标注	绿色	Continuous	默认
台阶	黄色	Continuous	默认
文字	白色	Continuous	默认

③确定定位辅助线：包括墙、柱定位轴线、楼层水平定位辅助线及其他立面图样的辅助线。打开已有的平面图，将其另存为一个文件，以此文件为基础绘制立面图。用 Xline（构造线）命令从平面图绘制建筑物轮廓的竖直投影线，再用 Line（直线）、Offset（偏移）、Trim（修剪）命令绘制室内外地坪线、屋顶线等，这些线条构成了立面图的主要布局线，如图 2.30 所示。

④用 Line（直线）命令绘制立面图的主要轮廓，如图 2.31 所示。

⑤利用投影线形成各层门窗洞口线，如图 2.32 所示。

⑥创建门、窗、阳台立面图块。门、窗、阳台立面图一般以图块插入，窗户的细部尺寸如图 2.33 所示。

⑦插入门、窗、阳台立面图块。使用 Insert（插入）命令，插入已经创建好的门、窗、阳台立面图块，如图 2.34 所示和如 2.35 所示。

⑧绘制雨篷、台阶。以从平面图绘制竖直投影线，绘制雨篷及室外台阶，结果如图 2.35 所示。

⑨标注尺寸，标高等。

⑩绘制 A2 图框，用 Scale 命令缩放图框，缩放比例为 100，然后将剖面图布置在图框中。

⑪保存图形。该文件将用于绘制剖面图。

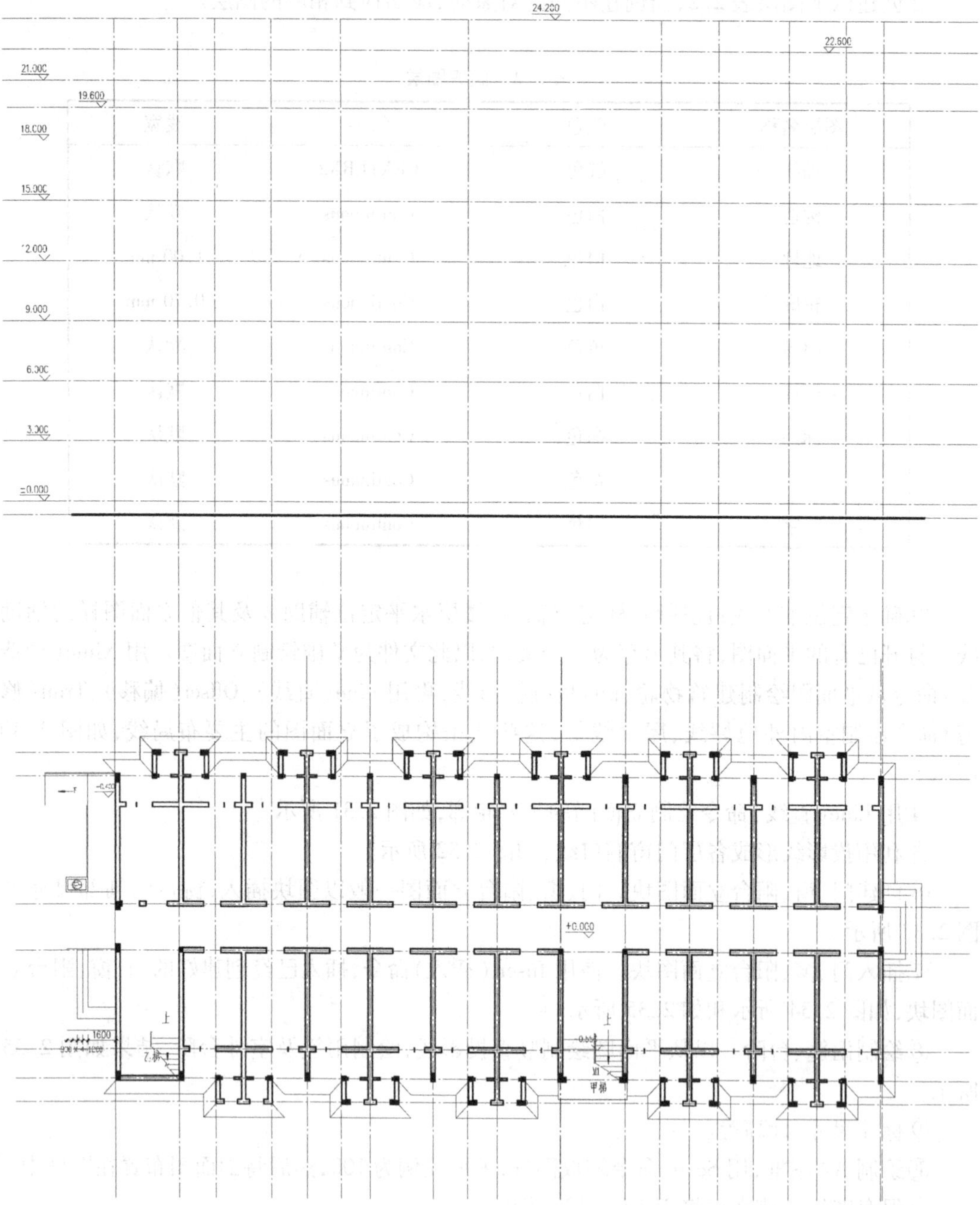
24.200
22.600
21.000
19.600
18.000
15.000
12.000
9.000
6.000
3.000
±0.000
-0.450
+0.000
1600
-0.650
甲梯

图 2.30　绘制投影线

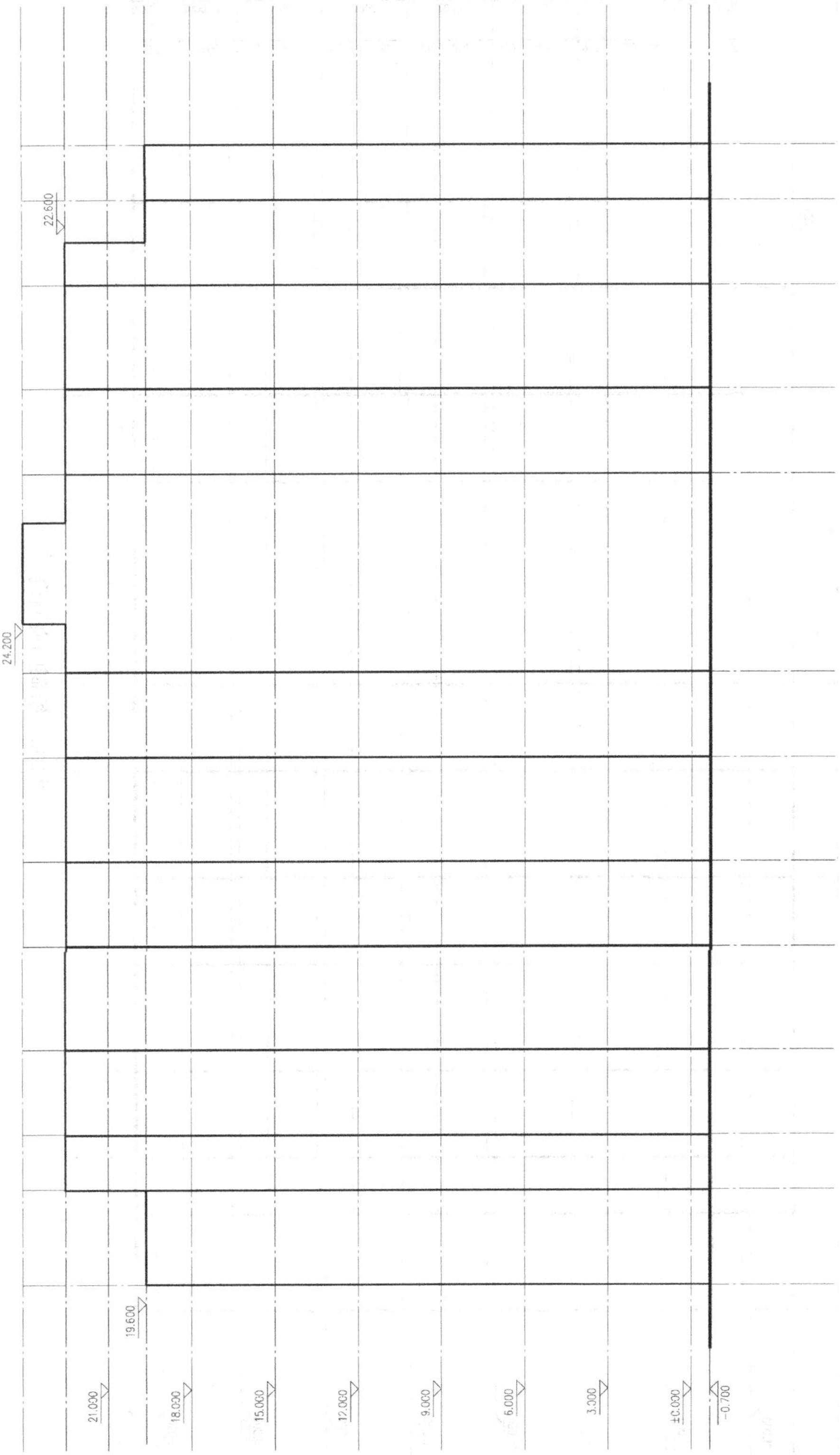

图2.31　绘制建筑物轮廓线

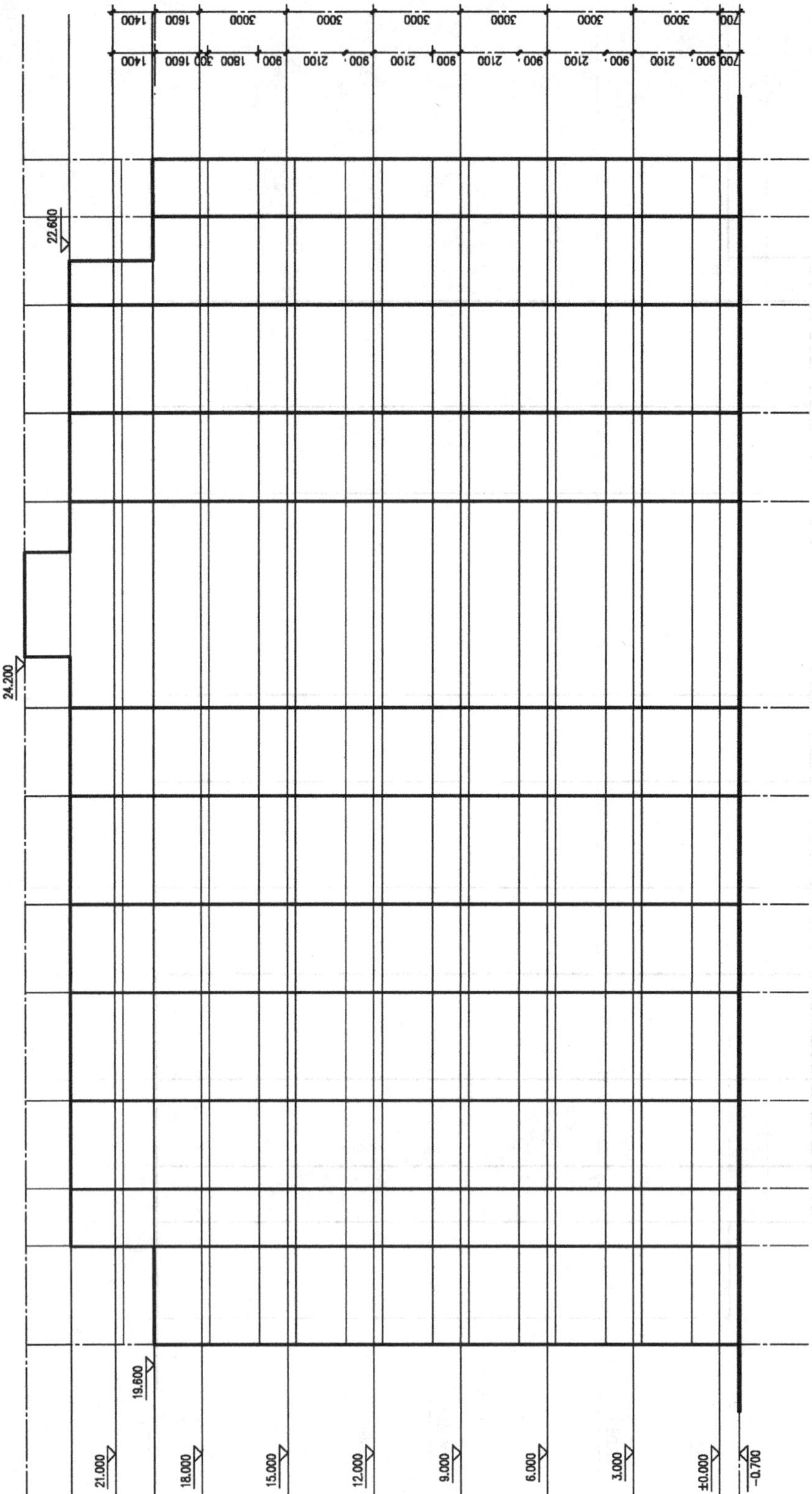
24.200
22.600
21.000
19.600
18.000
15.000
12.000
9.000
6.000
3.000
±0.000
-0.700

图2.32 绘制门窗洞线

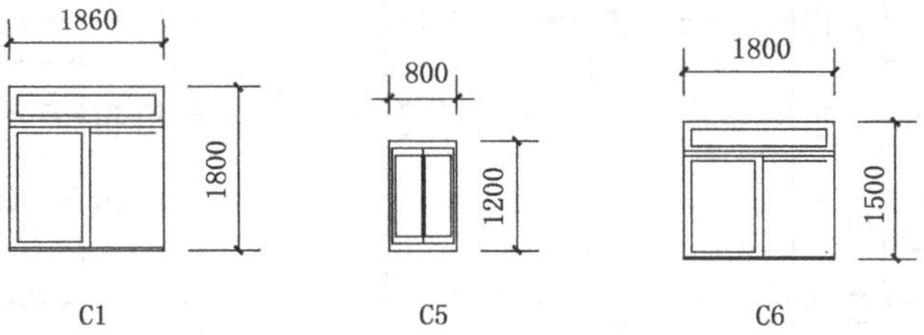

图2.33　窗的细部尺寸

图2.34　插入窗户

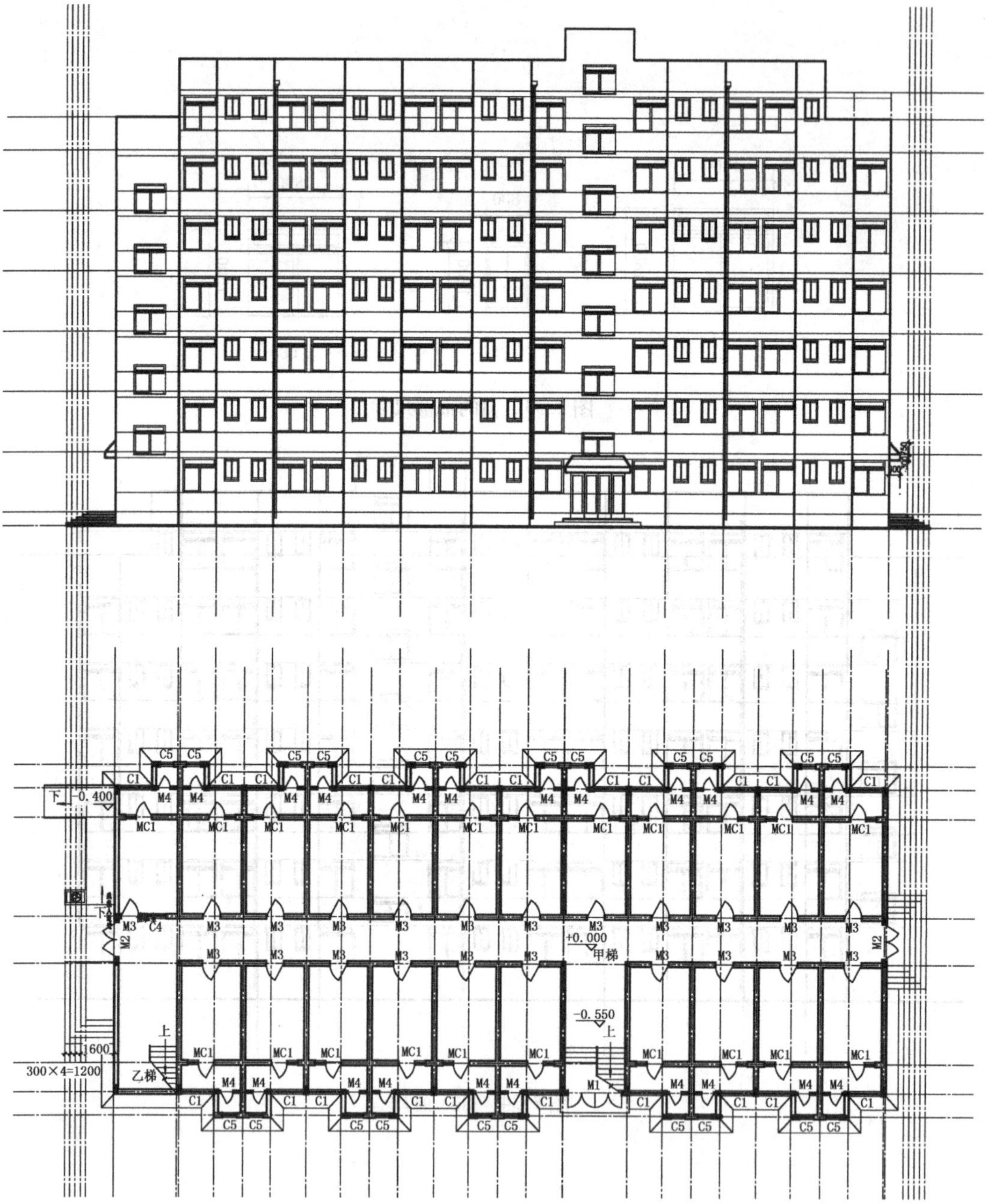

图 2.35　绘制室外台阶

任务 4　建筑剖面图绘制实例

【任务介绍】本任务介绍建筑施工图剖面图的绘制方法。

【任务目标】掌握建筑剖面图的绘制方法。

建筑剖面图一般是指建筑物的垂直剖面图，为表明房屋内部垂直方向的主要结构，假想用一个平行于正立投影面或侧立投影面的竖直剖切面将建筑物垂直剖开，移去处于观察者和剖切面之间的部分，把余下的部分向投影面投射所得投影图，称为建筑剖面图（简称剖面图）。

建筑剖面图主要表示建筑物垂直方向的内部构造和结构形式，反映房屋的层次、层高、楼梯、结构形式、层面及内部空间关系等。它与建筑平面图、立面图相配合，是建筑施工图中不可缺少的重要图样之一。

剖面图的剖切位置和数量要根据房屋的具体情况和需要表达的部位来确定。剖切位置应选择在内部结构和构造比较复杂或有代表性的部位。剖面图的图名和投影方向应与底层平面图上的标注一致。

用 AutoCAD 绘制建筑剖面图的主要绘图过程如下：

①创建图层，如墙体层、楼面层、门窗层、构造层、标注层等。

②绘图环境设置，设置图形界限。

③将建筑平面图、立面图引入到当前图形中，作为绘制剖面图的辅助图形。

④将平面图旋转 90°并放置在合适的位置，从平面图和立面图绘制竖直和水平投影线，修剪多余线条，形成剖面图的主要布局线。

⑤利用投影线形成各层门窗高度线、墙体厚度线和楼板厚度线等。

⑥以布局线为基准绘制未剖切到的墙面细节，如阳台、窗台及墙体等。

⑦标注尺寸。

⑧书写文字。

⑨插入标准图框，并以绘图比例的倒数缩放图框。

【例 2.3】绘制建筑剖面图，如图 2.36 所示，绘图比例为 1∶100。

绘图步骤如下：

①绘图环境设置。设置图形界限 42 000 mm × 297 00 mm（A3 × 100），设置总体线型比例因子为 100。

②创建图层表 2.3，如轴线、墙体、楼面、门窗层，当创建不同的对象时，应切换到相应的图层。

表 2.3　组织图层

图层名称	颜　色	线　型	线　宽
轴线	红色	CENTERX2	默认
构造	白色	Continuous	默认
地坪	白色	Continuous	1.00 mm
轮廓	白色	Continuous	0.70 mm
门窗	黄色	Continuous	默认
楼梯	白色	Continuous	默认
标注	绿色	Continuous	默认
台阶	黄色	Continuous	默认
文字	白色	Continuous	默认

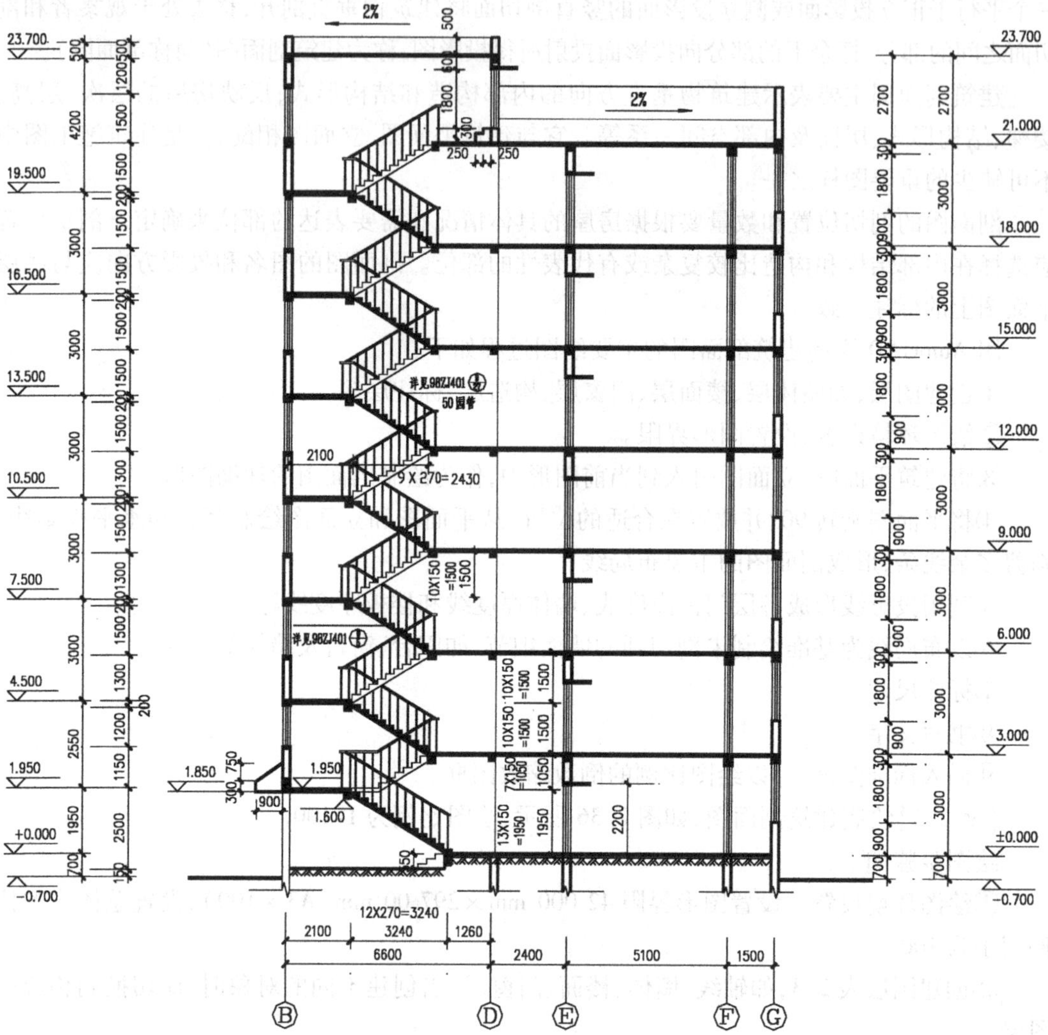

图 2.36　绘制建筑剖面图

③绘制辅助定位线。可将平面图、立面图作为绘制剖面图的辅助图形。将平面图旋转90°,并布置在合适的位置,从平面图、立面图绘制竖直及水平投影线,形成剖面图的主要特征,然后绘制剖面图各部分细节,如图 2.37 所示。

④绘制墙体。从平面图绘制竖直投影线,投影墙体,如图 2.38 所示。

⑤绘制楼板,形成门窗洞口。从立面图绘制水平投影线,再用 Offset(偏移)、Trim(修剪)等命令形成楼板、窗洞及檐口,如图 2.39 所示。

⑥绘制楼梯并填充。将被剖切到的梯段、楼板、过梁等填充材料,如图 2.40 所示。

⑦绘制窗户、门、柱及其他细节,如图 2.41 所示。

⑧标注尺寸。

⑨绘制 A3 图框,用 Scale 命令缩放图框,缩放比例为 100,然后将剖面图布置在图框中。

⑩保存图形。

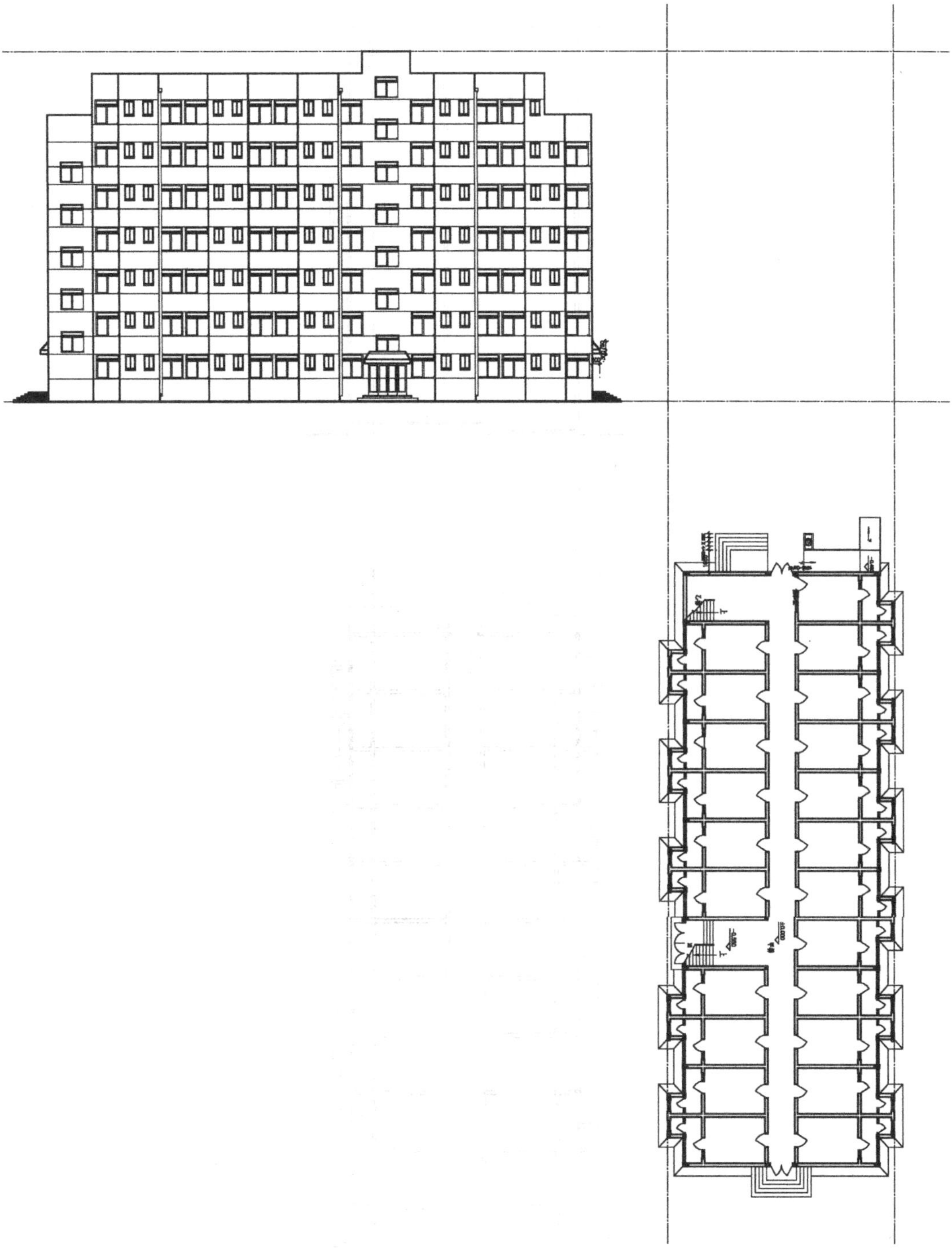

图 2.37 绘制投影线及屋顶端面线

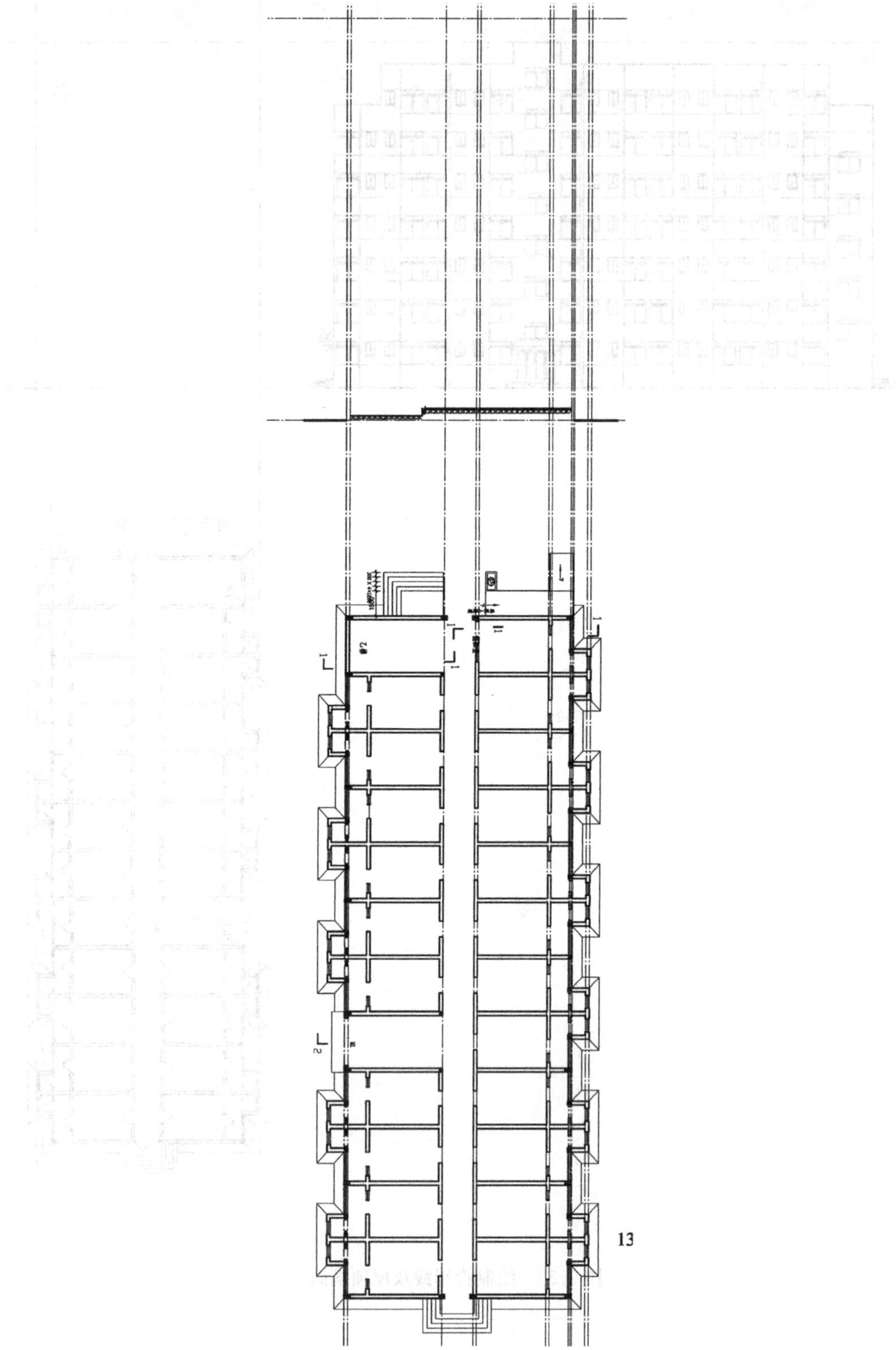

图 2.38　投影墙体，绘制建筑墙体轮廓线

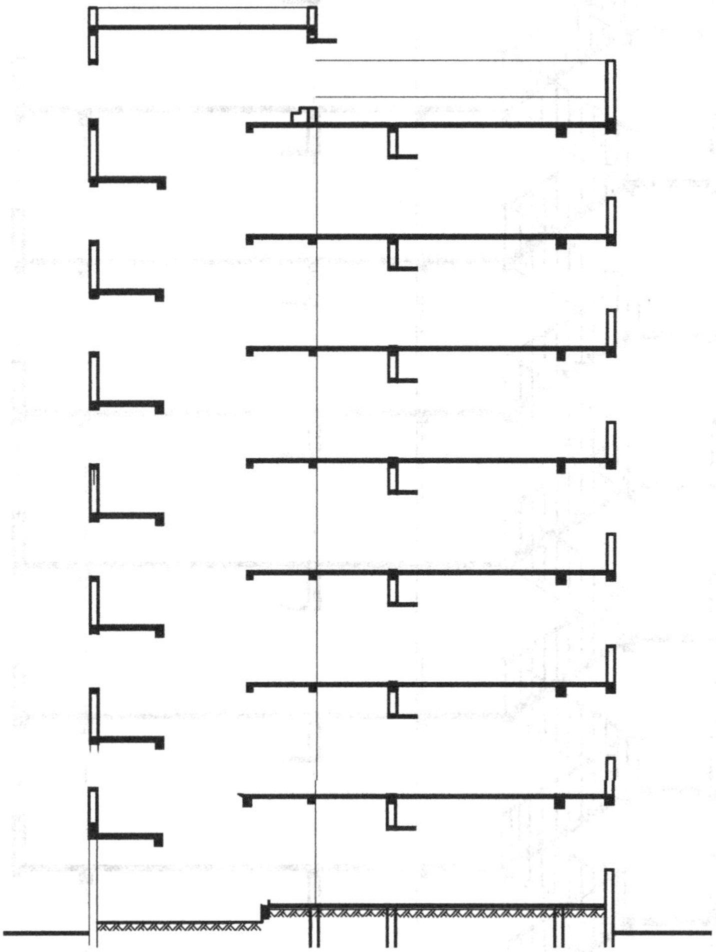

图2.39 绘制楼板、门窗及洞口

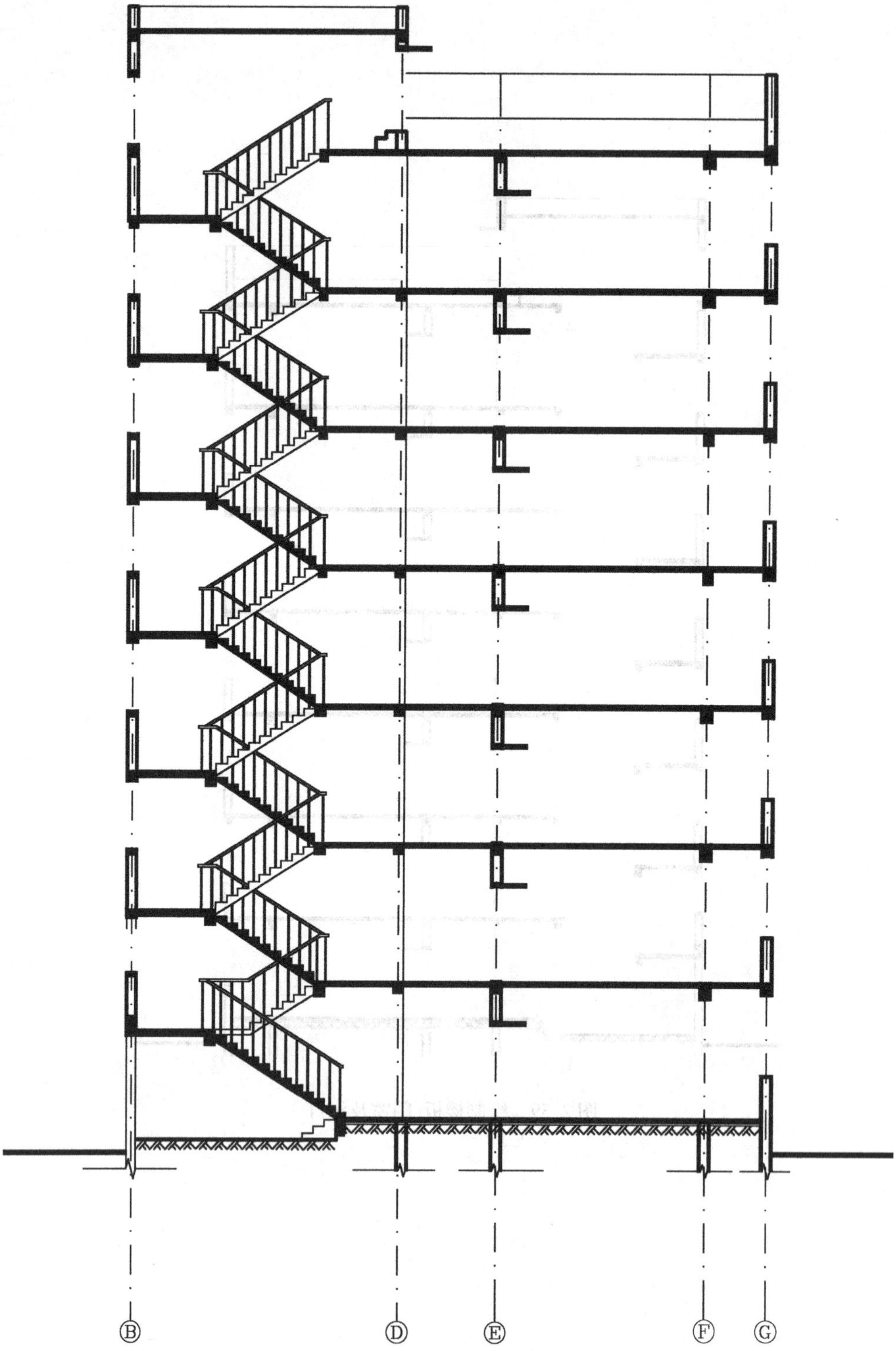

图 2.40　绘制楼梯

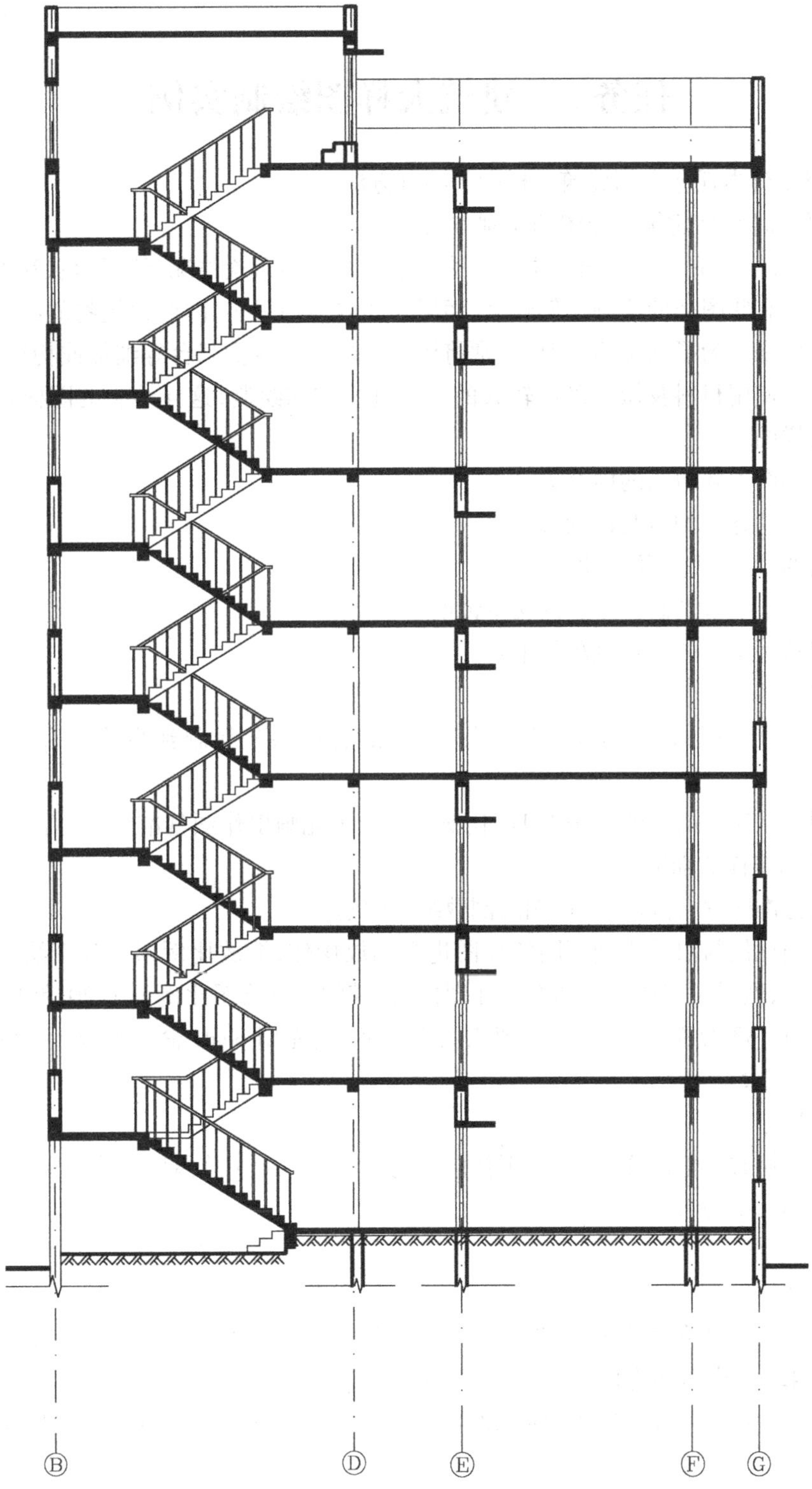

图2.41　绘制门窗、柱等细节

任务5　建筑大样图绘制实例

【任务介绍】本任务介绍建筑大样图的绘制方法。

【任务目标】掌握建筑大样图的绘制方法。

建筑平面图、立面图和剖面图主要表达了建筑物平面布置情况、外部形状和垂直方向上的结构构造。有些图样的绘制比例较小,而反映的内容却很多,因此建筑物的细部结构很难清晰地表达出来。为了满足施工要求,常将楼梯、墙身、门窗及阳台等细部或构件局部、配件的形状、大小、使用材料及做法采用较大的比例进行详细绘制,这样绘制的图样称为建筑详图或建筑大样图。

建筑大样图主要包括的内容为:

①某部分的详细构造及详细尺寸。

②使用的材料、规格及尺寸。

③有关施工要求及制作方法的文字说明。

绘制建筑大样图的主要过程如下:

①创建图层。

②需要时,可将平面图、立面图或剖面图中的有用部分复制到当前图形中,以减少工作量。

③不同绘制比例的详图都按1:1的比例绘制。可先画出作图基准线,然后利用 Offset 及 Trim 命令绘制图样的细节。

④插入标准图框,并以出图比例的倒数缩放图框。

⑤对绘图比例与出图比例不同的详图进行缩放操作,缩放比例因子等于绘图比例与出图比例的比值,然后再将所有详图布置在图框内。例如,有绘图比例为1:20和1:50的两张详图,要布置在A3幅面的图纸内,出图比例为1:50,应先用 Scale 命令缩放1:20的详图,缩放比例因子为2.5。

⑥标注尺寸。

⑦对已经缩放 n 倍的详图,应采用新样式进行标注。标注总体比例为出图比例的倒数,尺寸数值比例因子为 $1/n$。

⑧书写文字。

⑨保存文件。

【例2.4】绘制建筑大样图,如图2.42所示,绘图比例为1:100,图幅采用A3幅面。

以图2.42(a)中右图为例,绘图步骤如下:

①绘图环境设置。设置图形界限42 000 mm×29 700 mm(A3×100),设置总体线型比例因子为100。

②创建以下图层表2.4。当创建不同的对象时,应切换到相应的图层。

③用 Line 命令绘制水平及竖直定位轴线。

④绘制轴线编号。

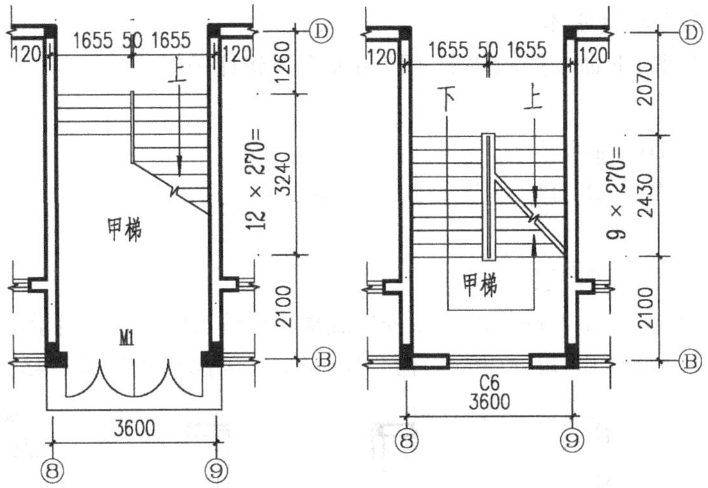

(a) 甲梯大样

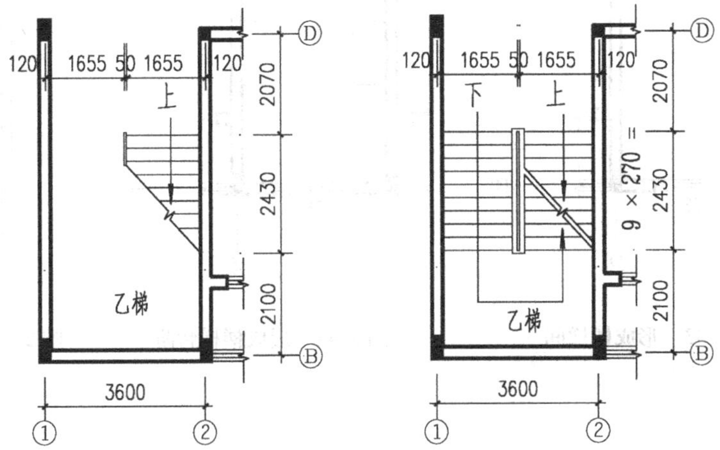

(b) 乙梯大样

图 2. 42　楼梯大样

表 2.4　组织图层

图层名称	颜　色	线　型	线　宽
轴线	红色	CENTERX2	默认
轴线编号	白色	Continuous	默认
墙体	白色	Continuous	0. 70 mm
门窗	黄色	Continuous	默认
楼梯	洋红	Continuous	默认
柱子	白色	Continuous	默认
标注	绿色	Continuous	默认
文字	白色	Continuous	默认

⑤用 Mline 命令绘制墙体。

⑥用 Line 和 Bhatch 命令绘制柱子,用 Block 命令将柱子创建为块,再用 Insert 命令将柱子插入图中。

⑦用 Offset 和 Trim 命令绘制门窗洞口。

⑧绘制门窗,创建为块,并插入图中,如图 2.43 所示。

⑨绘制楼梯:

a. 以“楼梯”图层为当前层。

b. 用 Line 和 Offset(或 Array 阵列)命令生成楼梯台阶,如图 2.44 所示。

c. 用 Rectang(矩形)和 Offset(偏移)命令绘制梯井,细部尺寸如图 2.45 所示,操作如下:

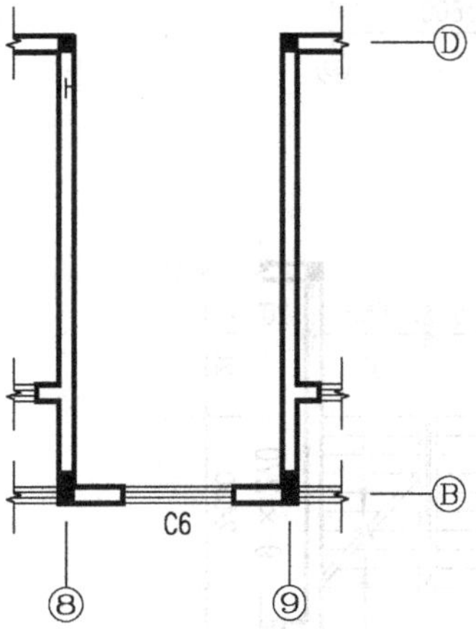

图 2.43 形成楼梯间

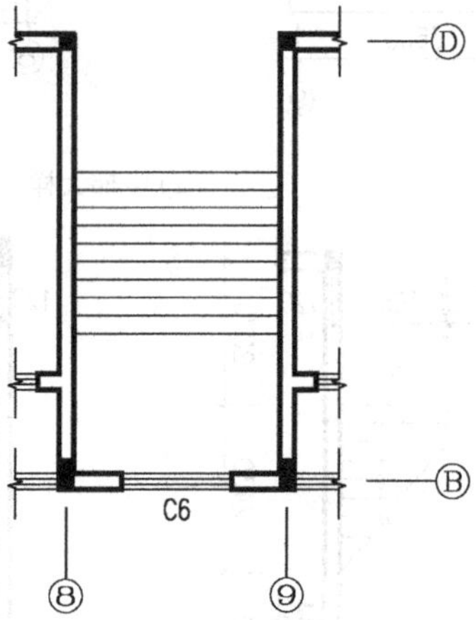

图 2.44 形成楼梯台阶

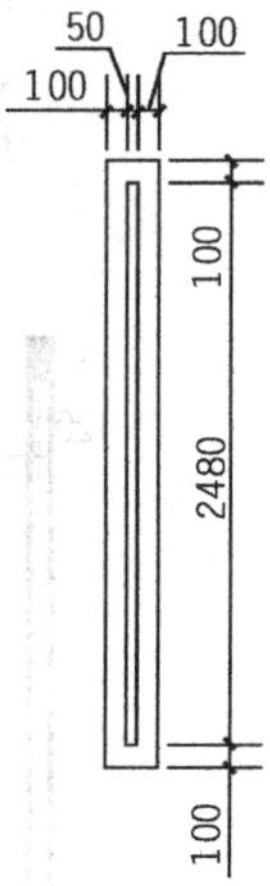

图 2.45 梯井

命令: rec

RECTANG

指定第一个角点或[倒角(C)/标高(E)/圆角(F)/厚度(T)/宽度(W)]:

指定另一个角点或[面积(A)/尺寸(D)/旋转(R)]: @50,2480

命令: o

OFFSET

当前设置: 删除源 = 否 图层 = 源 OFFSETGAPTYPE = 0

指定偏移距离或[通过(T)/删除(E)/图层(L)] <100.0000>:100

选择要偏移的对象,或[退出(E)/放弃(U)] <退出>:

指定要偏移的那一侧上的点,或[退出(E)/多个(M)/放弃(U)] <退出>:

选择要偏移的对象,或[退出(E)/放弃(U)] <退出>: *取消*

d. 用 Move(移动)命令将梯井移动到正确位置,基点选中点。

e. 用 Pline(多段线)命令绘制折断线和箭头。

⑩标注尺寸。

⑪绘制 A3 图框,用 Scale 命令缩放图框,缩放比例为 100,然后将剖面图布置在图框中。

⑫保存图形。

项目小结

本章结合专业图纸,通过绘制建筑平面图、立面图、剖面图和大样图的讲解介绍了专业绘图环境的设置方法及绘制建筑施工图的方法与步骤。

主要内容总结如下:

(1)绘制建筑平面图的主要步骤是:先绘制轴线、柱及墙体等的分布情况,然后定出门窗位置并绘制细部特征。

(2)绘制建筑立面图的主要步骤是:以平面图为辅助图,先画出外墙轮廓线、地坪线和屋顶线等,这些线条构成主要布局线,然后绘制墙面细节特征。

(3)绘制建筑剖面图的主要步骤是:以平面图、立面图为辅助图,先画出剖切位置的轮廓线,然后绘制门窗高度线、墙体厚度线、楼板厚度线及墙面细节等。

(4)绘制建筑大样图的主要步骤是:总的作图思路是先整体后局部,首先绘制结构定位线、重要的边线和轮廓线,然后以这些线为基准,用 Offset、Line、Trim 命令绘制图样细节。

在绘制房屋建筑施工图的过程中,一般先平面后立面再剖面,先整体后局部,先轴线后边线(轮廓线),先绘图后标注。绘图中要擅用 Xline、Offset、Line、Trim 等命令以及图块,标注样式等功能。

技能实训

(1)绘制如下所示建筑施工图。

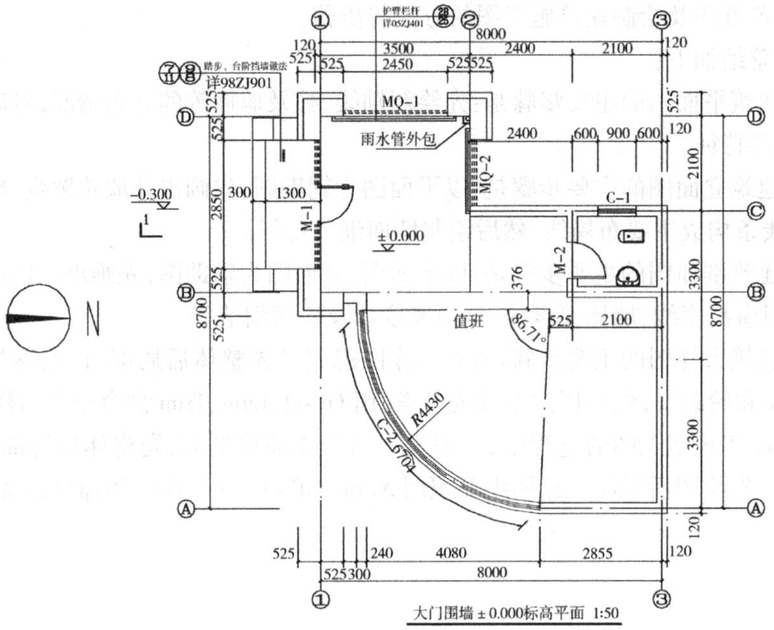

图 2.46　大门围墙 ±0.000 标高平面

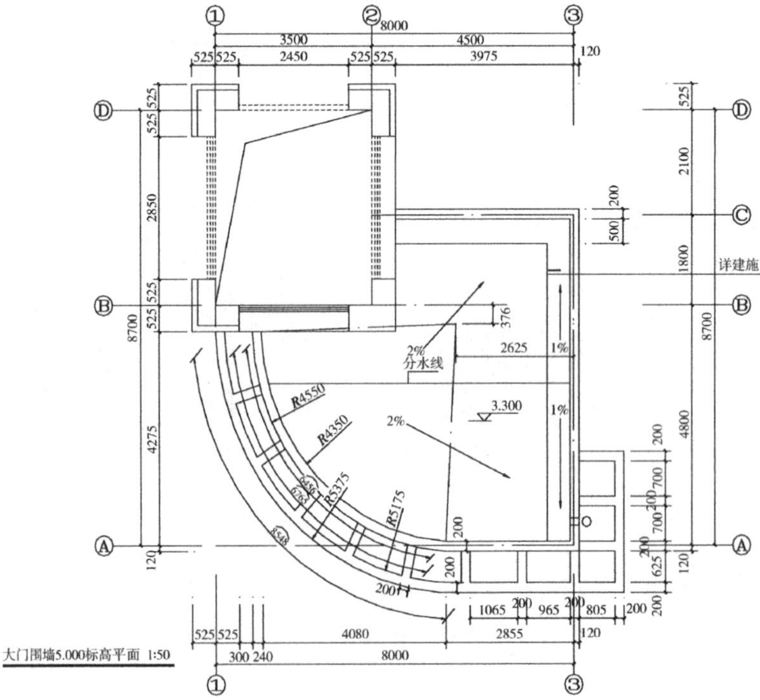

图 2.47　大门围墙 5.000 m 标高平面

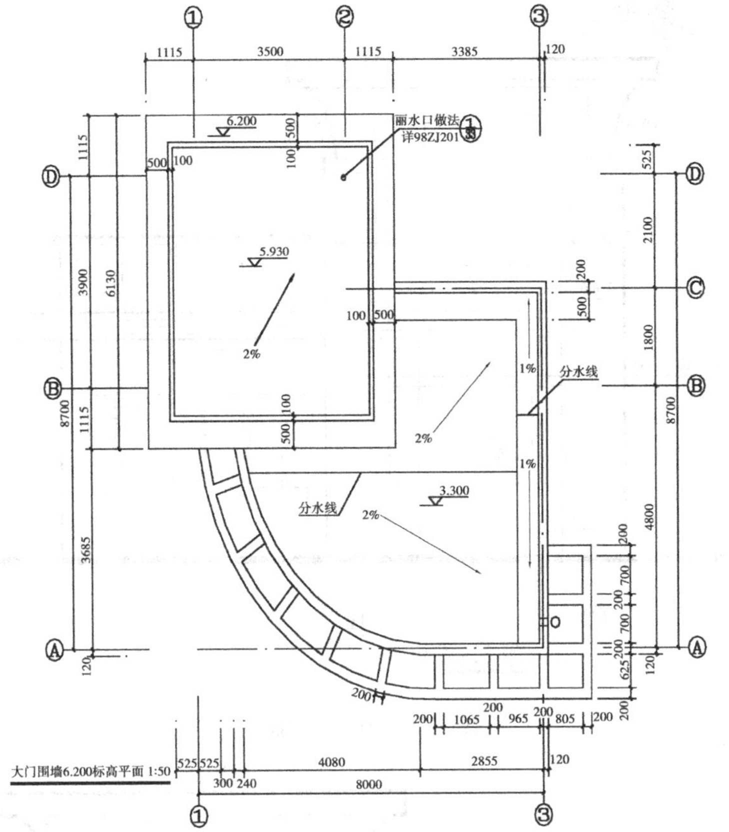

图 2.48　大门围墙 6.200 m 标高平面

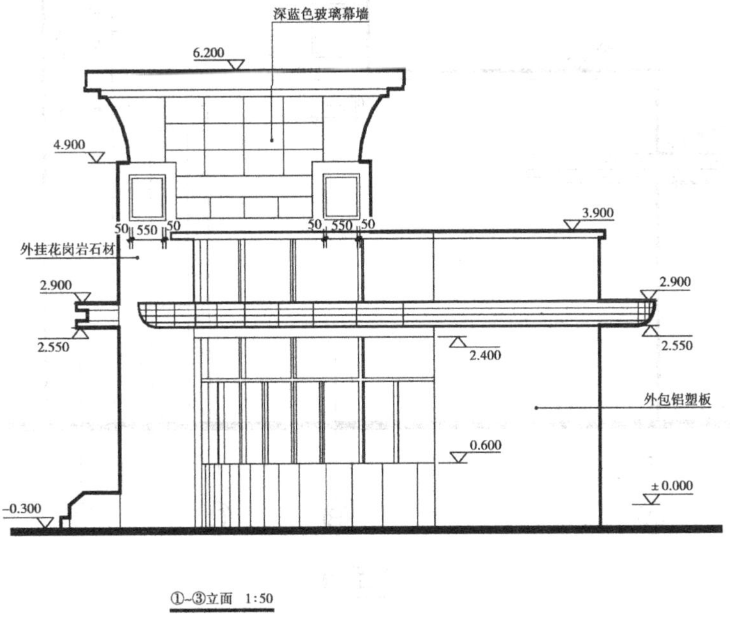

图 2.49　①～③立面

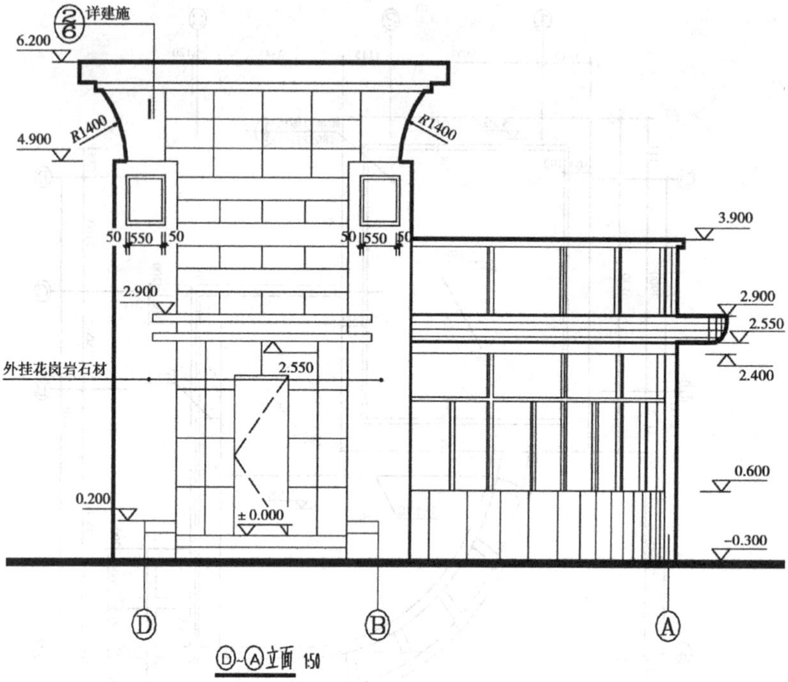

图2.50　Ⓓ~Ⓐ立面图

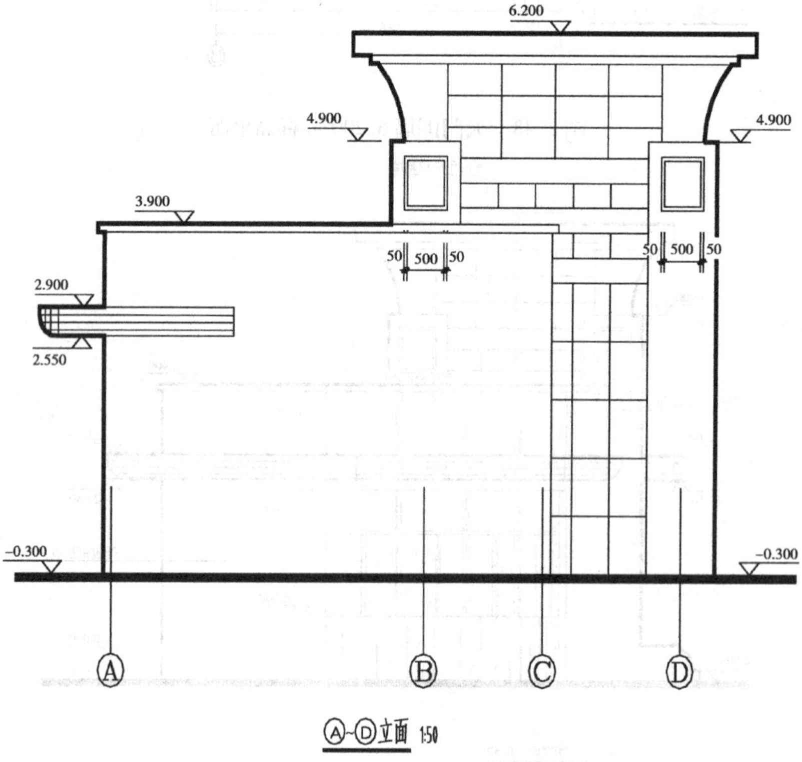

图2.51　Ⓐ~Ⓓ立面图

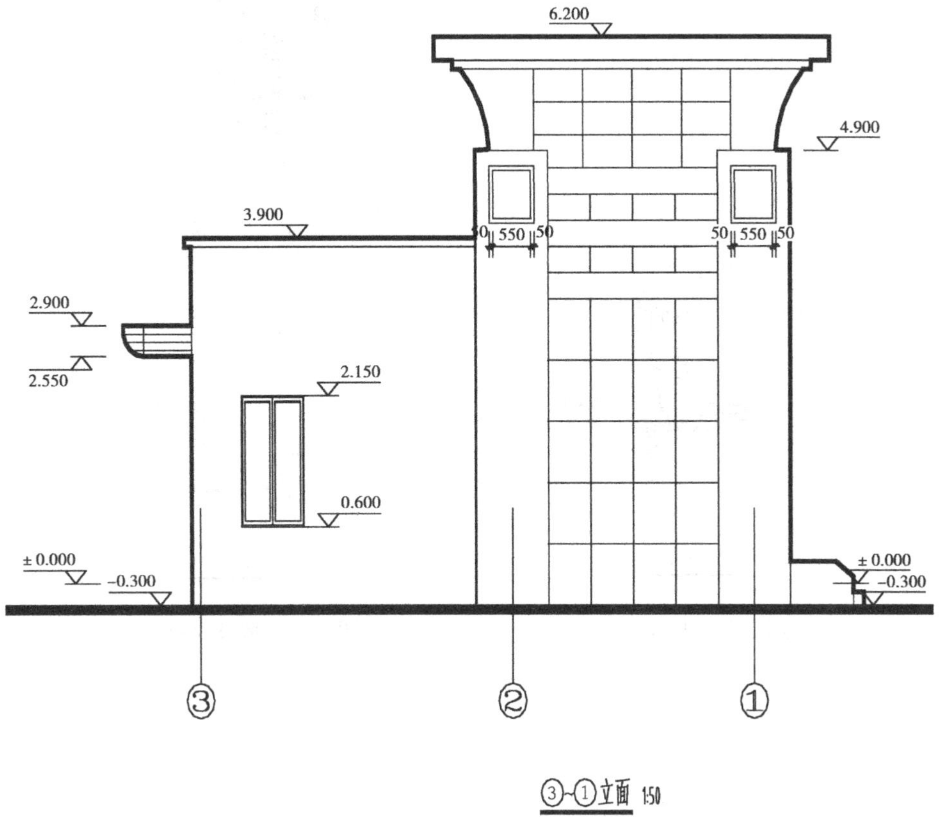

图2.52　③～①立面

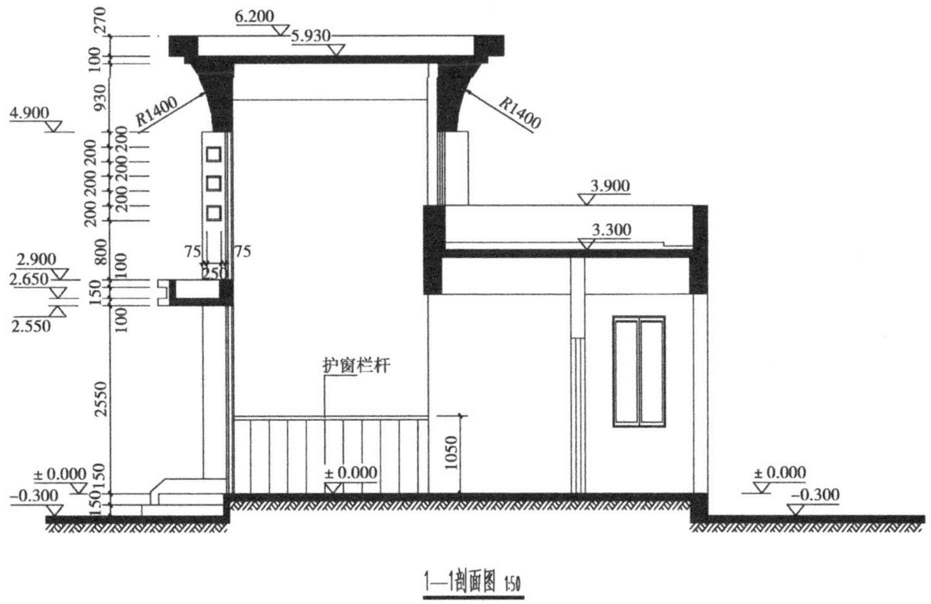

图2.53　1—1 剖面

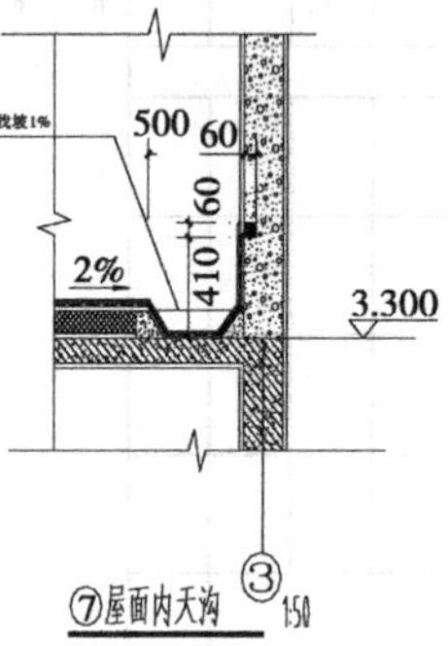

图 2.54　屋面内天沟

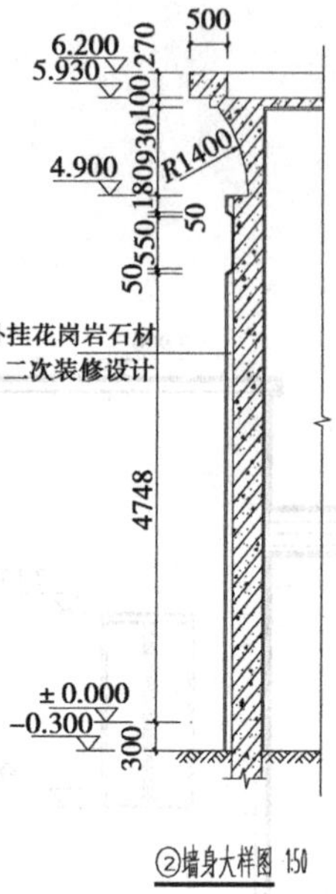

图 2.55　墙身大样

项目3

结构施工图绘制

本项目介绍房屋结构施工图的绘制方法，主要内容包括基础平面配筋图绘制实例、柱平面配筋图绘制实例、梁平面配筋图绘制实例、板平面配筋图绘制实例和墙平面配筋图绘制实例等5部分。

结构施工图的绘制方法和建筑施工图的绘制相同，目前结构施工图大多采用平面整体注写方式。一套完整结构施工图主要应该包含基础平面配筋图、柱平面配筋图、梁平面配筋图、板平面配筋图、楼梯配筋图等5部分，对于剪力墙结构，还应有剪力墙平面配筋图。

任务1　结构施工图绘制准备工作

不同的工程结构施工图不同，本节选取湖北水利水电职业技术学院汤逊湖校区后勤服务中心工程作为结构施工图绘制的实例。该工程为钢筋混凝土框架结构，采用独立基础，地上共有3层，室外地面到大屋面檐口的最大高度为13.050 m。该工程共有13张结构施工图，图纸目录见表3.1所示。

表3.1　图纸目录

图号	图　名	图幅	图号	图　名	图幅
1	结构设计说明	A1	8	三层板配筋平面图	A2
2	基础平面配筋图	A2 + 1/4	9	屋面梁配筋平面图	A2
3	基础梁配筋平面图	A2 + 1/4	10	屋面板配筋平面图	A2
4	柱配筋平面图	A2 + 1/4	11	1号楼梯结构平面图	A1
5	二层梁配筋平面图	A2 + 1/4	12	2号楼梯结构平面图	A1
6	二层板配筋平面图	A2	13	3号楼梯结构平面图	A2
7	三层梁配筋平面图	A2			

我们选取图号2作为基础平面配筋图绘制实例,选取图号4作为柱平面配筋图绘制实例,选取图号5作为梁平面配筋图绘制实例,选取图号6作为板平面配筋图绘制实例。本工程是框架结构,没有剪力墙,因此另外选取一个剪力墙结构作为墙平面配筋图绘制实例。

专业图纸尺寸较大,图形对象和文字内容较多,为使绘制的图形美观,又能满足国家制图标准,在绘图之前,应进行以下准备工作。

1. 钢筋符号的输入

若安装的 AutoCAD 2012 中不能输入ф,ф,ф,Ф,ф等钢筋符号,可采用如下方法:

①下载相应字体,如 Tssdeng、HZTXT 等字体;

②将字体文件复制到 CAD 的安装目录 Fonts 文件夹中;

③常见的钢筋符号可用单行文字输入如下字符生成:

%%130→ф　%%131→ф　%%132→ф　%%133 → Ф

%%130%%140R%%140→$ф^R$　%%130%%140S%%140→$ф^S$

2. 绘图环境的设置

绘图环境包括图形界限、文字样式、标注样式、单位、图层、打印样式等的设置,方法同建筑施工图相同。

①图形界限:根据图纸尺寸,图形界限设置为 A2 图幅的 100 倍(59 400 mm×42 000 mm);

②文字样式:文字样式设置如表3.2所示。

表3.2　文字样式的设置

样式名称	字　体	说　明
gbeitc	Gbeitc. shx	用于尺寸标注和图中说明的文字
宋体	宋体	用于图名和注释
钢筋	Tssdeng, shx	用于钢筋标注

③设置图层。不同构件的结构施工图,图层的设置不同。

④标注样式,按照国家标注设置标注样式。(国家制图标准对尺寸标注的要求详见本书项目1—任务6)。

任务2　基础平面配筋图绘制实例

【任务介绍】本任务介绍基础配筋图的绘制方法。

【任务目标】掌握基础配筋图的绘制方法。

本工程基础形式为独立基础,其平面配筋图包括3大部分:基础平面图、基础截面配筋图和基础配筋表。基础平面图主要表示基础的位置和尺寸,基础截面图主要注写基础内部主要钢筋的配筋信息,基础配筋表主要以表格形式将所有基础的所有配筋全部列出。

为方便绘图和管理,新建6个图层:

①轴线图层:绘制轴网;
②标注图层:进行尺寸标注;
③文字图层:输入文字;
④基础图层:绘制基础的轮廓线;
⑤基础截面图层:绘制基础截面图;
⑥基础钢筋表图层:绘制基础钢筋表。

1.基础平面图绘制

1)轴网的绘制

(1)轴线绘制

进入轴线图层绘制轴线,轴线是用来定位的,绘制一定要准确,为使轴网大小适中,根据轴网的尺寸,图形界限设置为 A2 图幅的 100 倍(59 400 mm×42 000 mm)。

利用直线命令绘制一条水平轴线(长度约为 48 000 mm)和一条垂直轴线(长度约为 18 000 mm),将线型改为点画线,由于尺寸较大,可调整线型的比例因子,使线型比较美观,调整的方法有两种:

①打开特性选项板,选中要修改的直线,将线型比例改为 100;
②打开线型管理器,将全局比例因子改为 100,如图 3.1 所示。

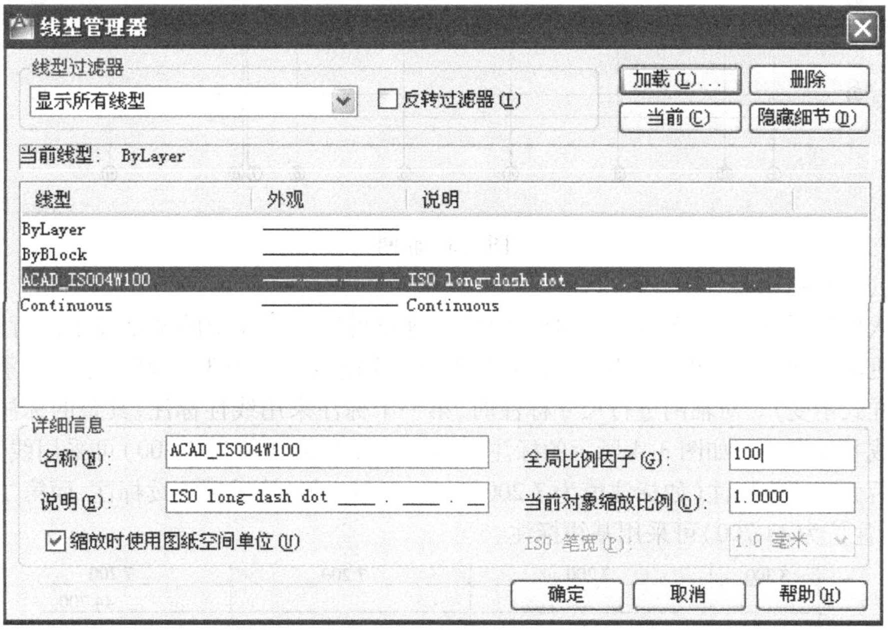

图 3.1　通过线型管理器修改线型比例因子

利用偏移命令完成所有的轴线,如图 3.2 所示。

(2)轴号的绘制

轴号采用块来完成,在本书项目 1 任务 7 有详细的介绍,方法如下:

①按国家制图标准绘制半径为 400 mm 的圆;
②定义属性块,将编号设为块的文字属性;

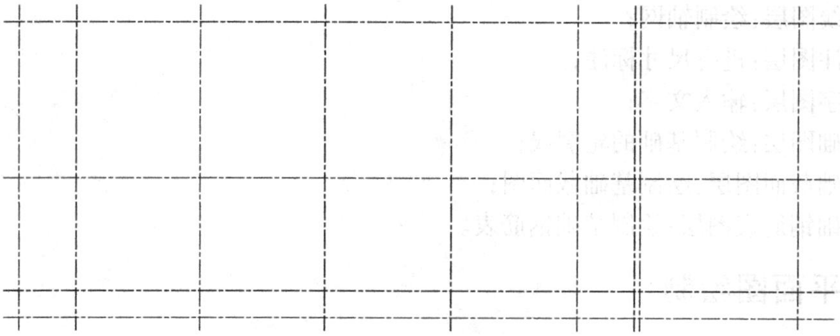

图3.2　轴线

③插入块。

轴号完成如图3.3所示。

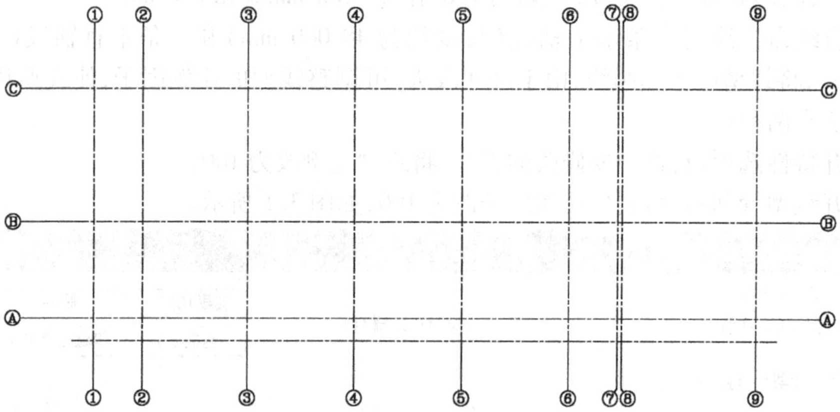

图3.3　轴网

(3)尺寸标注

进入标注图层，根据之前创建的标注样式，这里可以对标注中的文字高度进行调整，以使标注更清楚和美观。根据轴网的大小，标注的文字高度应该为3.5（其他标注要素保持与设置的样式不变）。对轴网进行尺寸标注时，第一个标注采用线性标注，其余的标注采用连续标注或基线标注。如图3.4所示的标注，第一个标注（标注值为3 300）可采用线性标注，第一行后面的所有标注（如标注值为7 200，7 200，7 200等）均采用连续标注，而第二行的标注（如标注值为44 700）可采用基线标注。

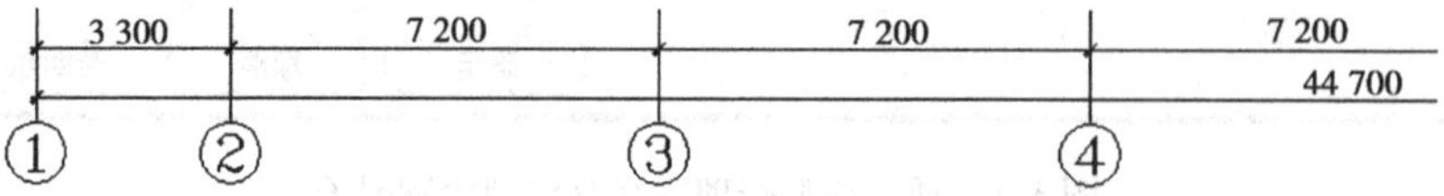

图3.4　轴网的尺寸标注

完成后的轴网如图3.5所示。

基础轴网绘制好后，考虑到后面的柱、梁、板等的绘制都需要用到该轴线，因此可以将基础轴网保存为样板文件，操作方法为：

单击菜单“文件”→“另存为”，打开“文件另存为”对话框，在文件类型选项，将文件类型改为“AutoCAD 样板文件（*.dwt）”，填好文件名后保存即可，如图3.6所示。

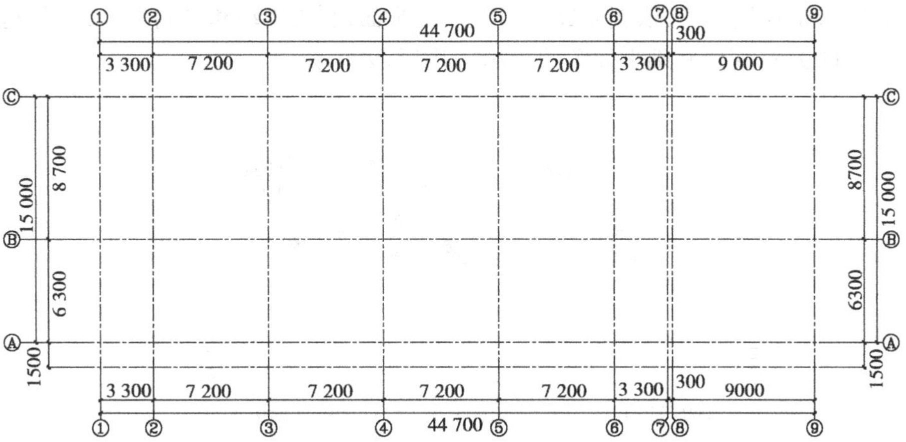

图 3.5　标注后的基础轴网

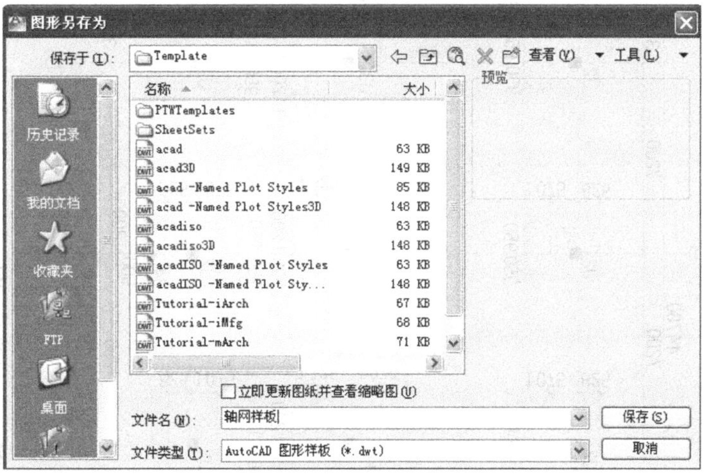

图 3.6　轴网样板

2)绘制基础平面

进入基础图层,绘制基础平面。

①利用矩形命令完成基础平面轮廓,这里以 J2 为例,绘制@1 900,1 900 的矩形,利于偏移命令完成柱平面,并用"Bhatch"命令填充,如图 3.7 所示。

②利用多行文字或单行文字输入基础名称"J2"。

③进行尺寸标注。在之前设置好的标注样式里选择合适的标注样式,对基础进行尺寸标注,如图 3.8 所示。

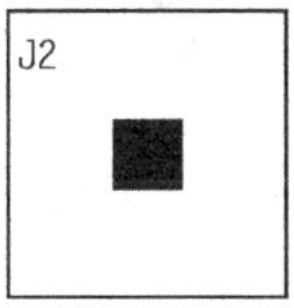

图 3.7　J2 基础轮廓

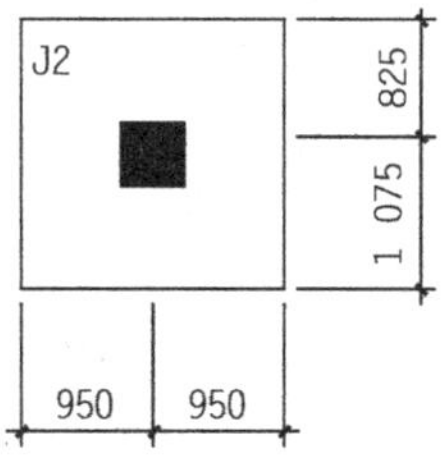

图 3.8　J2 基础平面

④按照 J2 的绘制方法，依次完成 J1、J3、J4 的平面，利用移动和复制操作，将各基础依次移动到相应的位置，完成基础平面图的绘制，如图 3.9 所示。

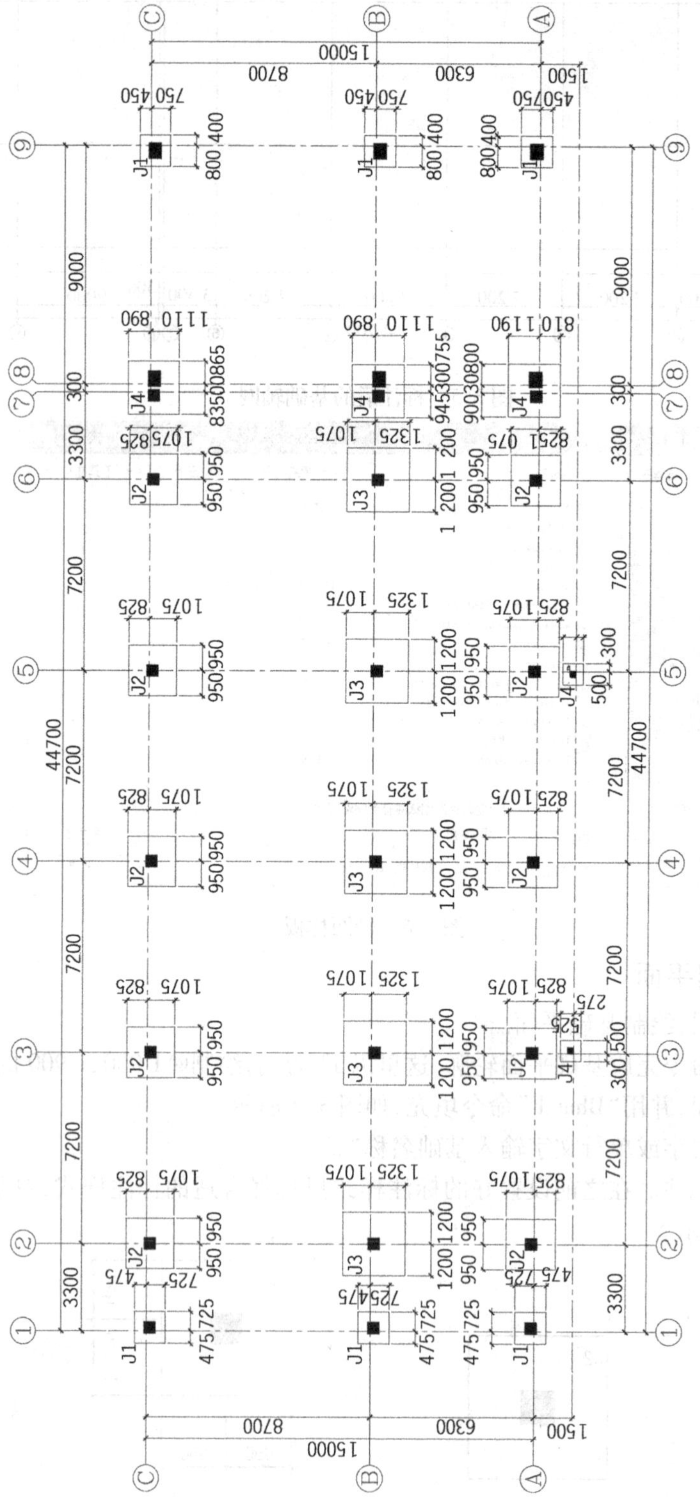

图3.9　基础平面图

2. 基础截面配筋图绘制

进入基础截面图层绘制基础截面图,水平截面图绘制方法如下:

①绘制基础水平截面图,以 J2 为例,矩形命令和偏移操作完成 J2 轮廓线,如图 3.7 所示。

②用样条曲线绘制剖切线(一条曲线)。

③用直线命令绘制钢筋,并加粗,用直线命令绘制引线。

④钢筋的编号利用之前绘制轴网时创建的轴号块,插入轴号块的方式绘制,并将统一比例改为 0.5,如图 3.10 所示。

⑤重新标注,并利用特性选项板将标注的尺寸文字改为如图 3.11 所示(B/2、L/2、A)。

⑥用直线命令和文字输入绘制剖切符号 1-1。

基础垂直截面图绘制方法如下:

①根据配筋表中的尺寸,利用直线命令绘制基础的垂直截面轮廓,并对基础垫层进行填充,填充图案选择"AR-conc",并调整合适的填充比例。

②进行尺寸标注,利用特性选项板修改标注文字,如图中标注"h1""h2""L/2"等文字。

③根据的序号①②仍然可以利用之前创建的轴号块来绘制。

④利用直线命令绘制水平方向的钢筋并加粗,钢筋的弯钩采用圆角命令完成;垂直方向的钢筋采用圆命令绘制并填充,然后利用复制或阵列操作完成所有垂直方向的钢筋。

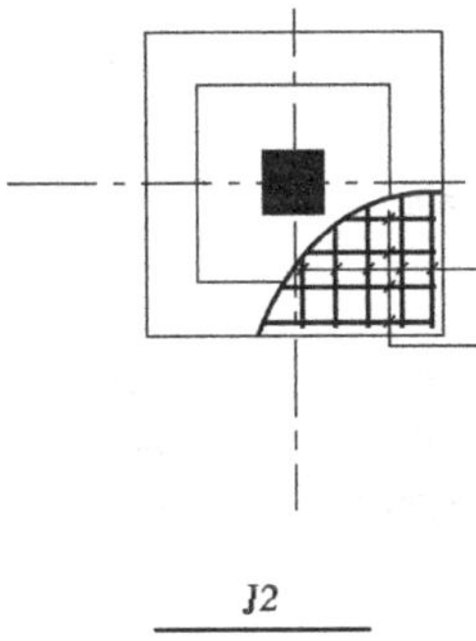

图 3.10　基础剖面的钢筋

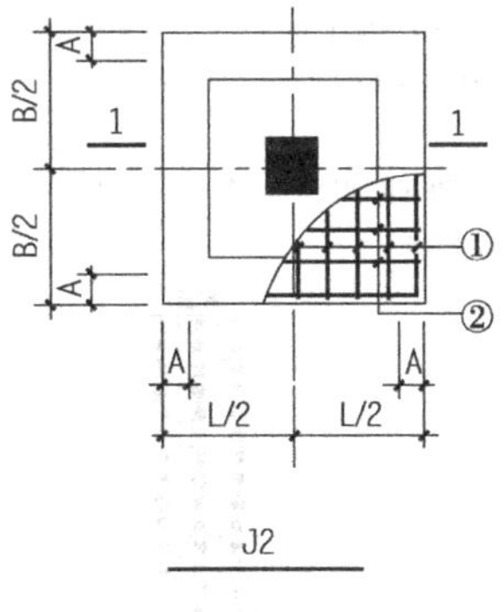

图 3.11　基础剖面图

完成后的基础垂直截面图如图 3.12 所示。

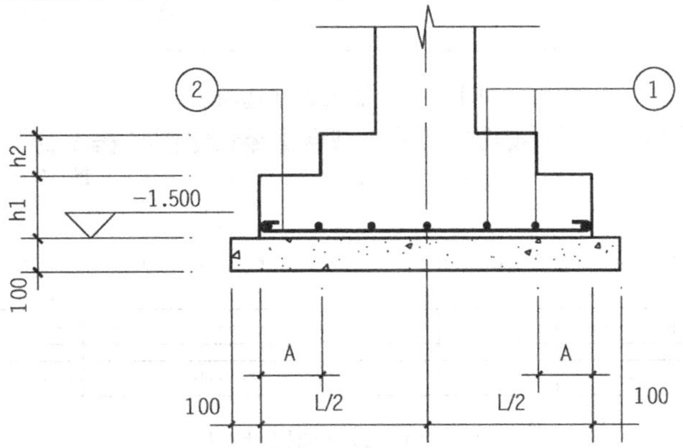

图 3.12　基础垂直截面图

按照上述方法，依次完成其它所有基础的截面图。

3. 配筋表的绘制

进入钢筋表图层绘制基础钢筋表，钢筋表的表框可采用表格命令完成，操作方法如下：

①直线表格命令：单击菜单“绘图”→“表格”，弹出插入表格选项板，如图 3.13 所示；

②列数选择 8，行数选择 5，单击确定出现表格编辑对话框，如图 3.14 所示；

③依次在对应的位置输入文字和符号，完成钢筋表的绘制，如图 3.15 所示。

注明：热轧二级钢筋符号Φ的输入方法为：单击菜单“绘图”→“文字”→“单行文字”。执行单行文字输入命令：

命令：_dtext

当前文字样式： Standard 当前文字高度： 2.5000

指定文字的起点或［对正(J)/样式(S)］： >>单击绘图区域适当位置

指定高度 <2.5000>:350 >>输入文字高度 350 回车

指定文字的旋转角度 <0>： >>回车，在绘图区域输入%%131

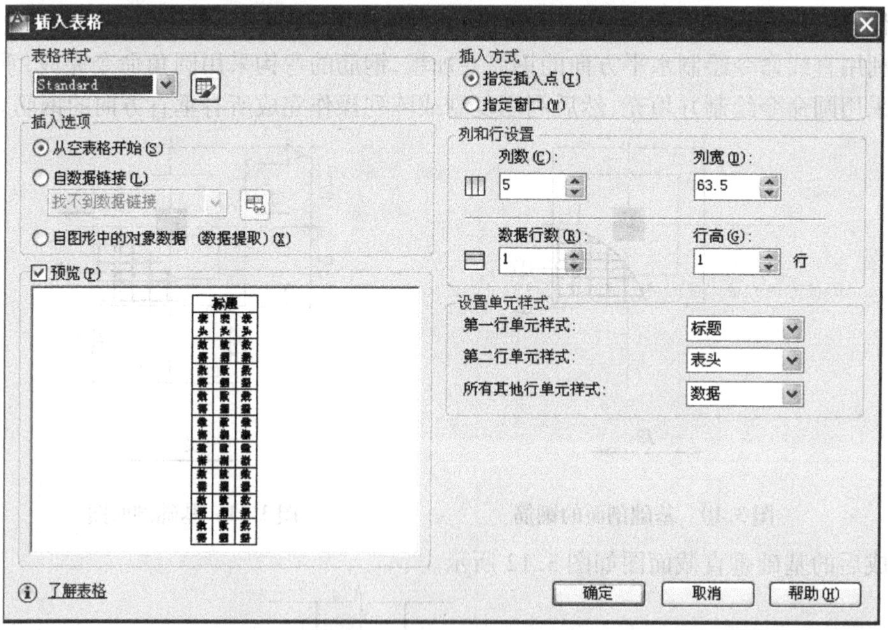

图 3.13 插入表格选项板

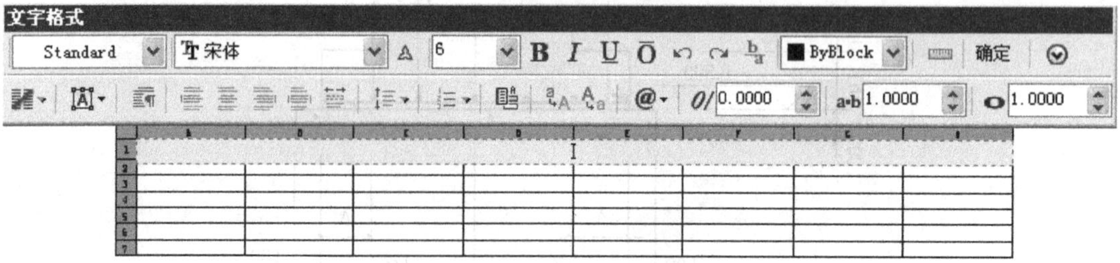

图 3.14 表格编辑对话框

构件号	L/mm	B/mm	A/mm	h1/mm	h2/mm	①	②
J1	1 200	1 200		350		⏀12@200	⏀12@200
J2	1 900	1 900	400	300	300	⏀12@200	⏀12@200
J3	2 400	2 400	450	350	350	⏀16@200	⏀16@200
J4	800	800		200		⏀10@200	⏀10@200

图3.15 钢筋表

4. 完成图名

进入文字图层输入文字,完成图名,如图3.16所示。

基础平面图 1:100

注:1.基础底标高均为 -1.500

2.设备基础待设备订货后根据设备厂家资料另行设计

图3.16 图名

完成后的基础平面图配筋图如图3.17所示。

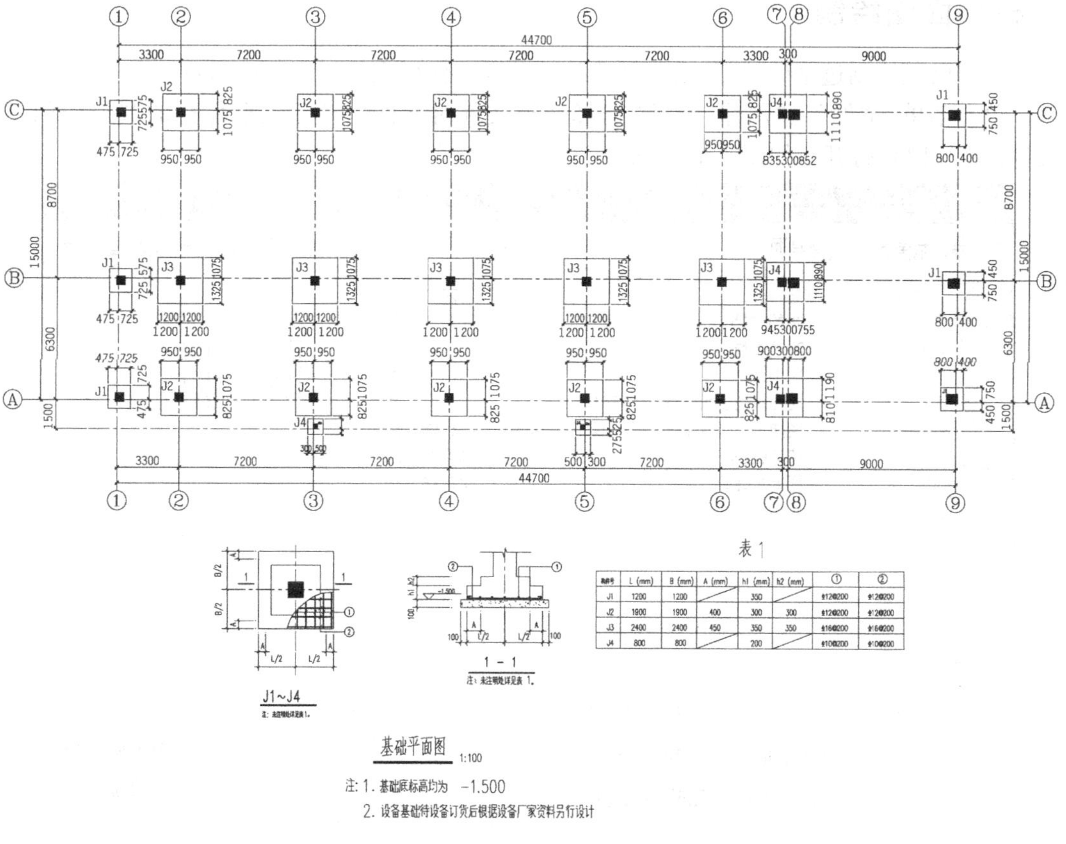

图3.17 基础平面配筋图

任务3 柱平面配筋图绘制实例

【任务介绍】本任务介绍柱配筋图的绘制方法。

【任务目标】掌握柱配筋图的绘制方法。

本工程框架柱平面配筋图采用列表注写法,即柱的名称和尺寸在柱平面图中表示,而柱的配筋则全部采用列表方式表示,即柱表。柱平面图配筋图主要包括3个内容:柱平面图、柱表和柱大样。

为方便绘图和管理,新建6个图层:

①轴线图层:绘制轴网;

②标注图层:进行尺寸标注;

③文字图层:输入文字;

④柱图层:绘制柱的轮廓线;

⑤柱大样图层:绘制柱大样图;

⑥柱表图层:绘制柱表。

1.柱平面图绘制

之前已经绘制过基础,打开之前创建的基础轴网样板文件,打开方法为:

单击菜单"文件"→"新建"打开"选择样板文件对话框",找到之前保持的"轴网样板"文件(图3.18),打开后如图3.19所示。

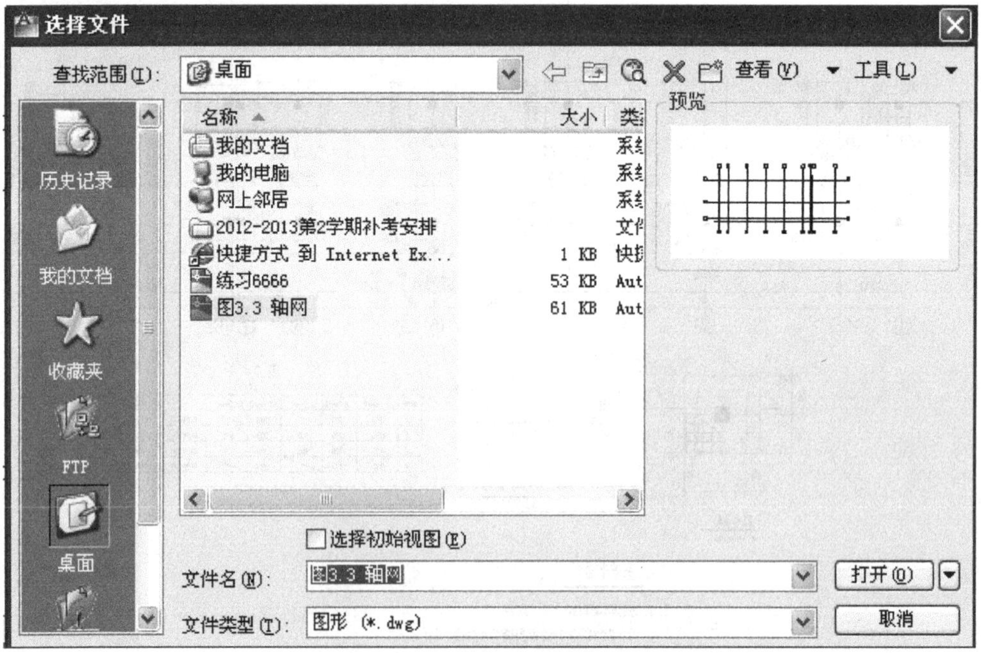

图3.18 打开轴网样板文件

柱的类型有KZ1,KZ1a,KZ2,KZ3,KZ4,KZ4a和KZ5,绘制方法都相同,这里以KZ1为例介绍柱施工图的绘制方法。

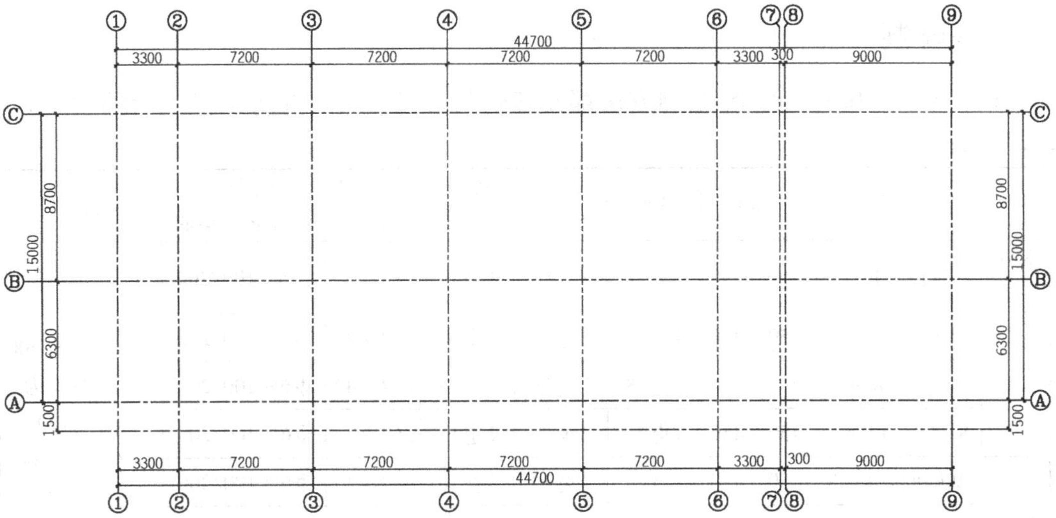

图 3.19　导入轴网样板文件

KZ1 的绘制包括柱平面、引线、名称、标注的绘制：

①柱的轮廓采用矩形命令绘制，然后填充；

②用直线命令绘制引线；

③用单行文字输入名称 KZ1；

④采用之前创建的标注样式进行尺寸标注。

KZ1 绘制如 3.20 所示。

⑤按照 KZ1 的绘制方法绘制 KZ1a，KZ2，KZ3，KZ4，KZ4a 和 KZ5，利用移动和复制操作，完成柱网。

⑥用多行文字输入图名和比例。

完成后的柱平面配筋图如图 3.21 所示。

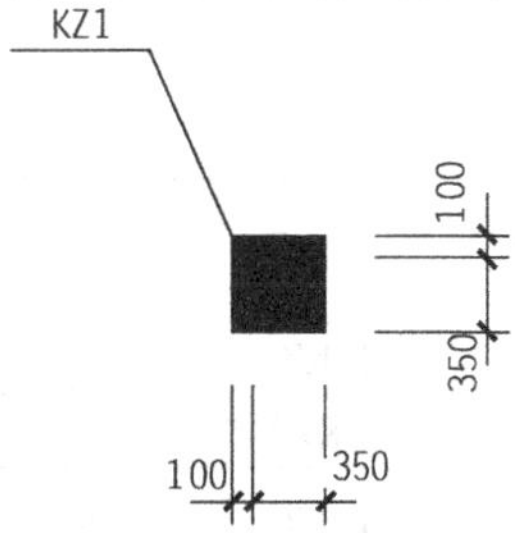

图 3.20　KZ1 平面图

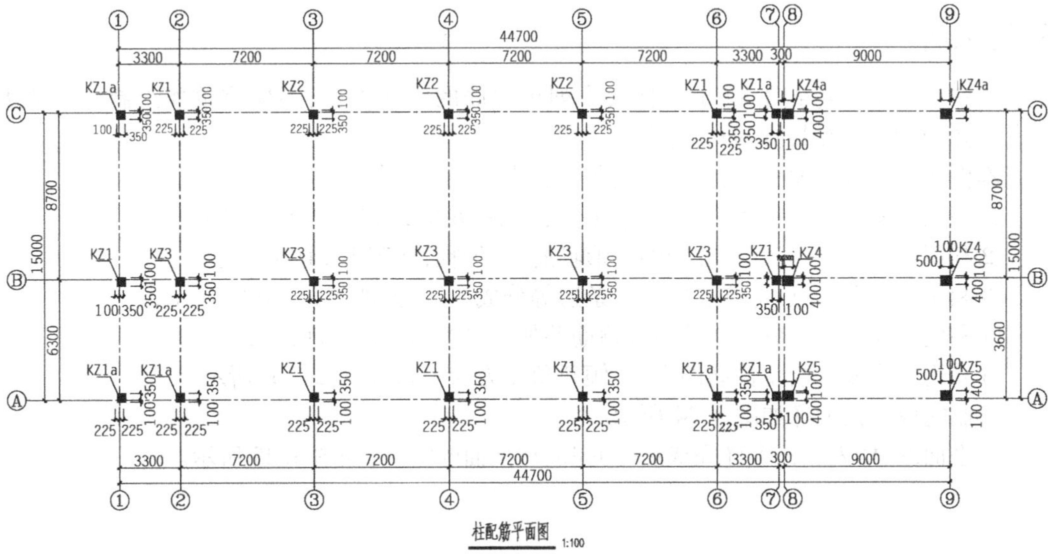

图 3.21　柱平面图

2. 柱表绘制

柱表有表 1 和表 2 两个,绘制方法都和基础配筋表的绘制方法相同,如图 3.22 和图 3.23所示。

柱号	标高	$b \times h$	角筋	b 边一侧中部筋	h 边一侧中部筋	箍筋类型号	加密区箍筋/非加密区箍筋	备注
KZ1 KZ1a	基础面~12.600	450×450	4⌀18	1⌀18	1⌀18	1(3×3)	ϕ6@100/200	基础面~1.500 柱子箍筋为ϕ8@100 KZ1a 柱子箍筋全高加密
KZ2	基础面~4.470	450×450	4⌀22	2⌀18	2⌀18	1(4×4)	ϕ8@100/200	
	4.470~8.970	450×450	4⌀18	1⌀18	1⌀18	1(4×4)	ϕ6@100/200	
	8.970~12.600	450×450	4⌀22	2⌀18	2⌀18	1(4×4)	ϕ6@100/200	
KZ3	基础面~4.470	450×450	4⌀25	4⌀20	4⌀20	1(4×4)	ϕ6@100/200	
	4.470~8.970	450×450	4⌀20	1⌀18	1⌀18	1(4×4)	ϕ6@100/200	
	8.970~12.600	450×450	4⌀22	2⌀18	2⌀18	1(4×4)	ϕ6@100/200	

图 3.22　柱表 1

柱号	标高	$b \times h$	角筋	b 边一侧中部筋	h 边一侧中部筋	箍筋类型号	加密区箍筋/非加密区箍筋
KZ4 KZ4a	基础面~5.400	600×500	4⌀25	1⌀20	4⌀20	1(3×6)	ϕ6@100/200
K25	基础面~5.400	600×500	4⌀25	1⌀20	2⌀22	1(3×4)	ϕ6@100

备注:1. 基础面~1.800 柱子箍筋为ϕ8@100

2. KZ4a 柱子箍筋全高加密

图 3.23　柱表 2

3. 柱大样

当柱箍筋比较复杂时,除了在柱表中列出箍筋的配筋方式,还应该单独绘制柱箍筋大样,因为配筋方式相同的箍筋也有不同的构造。

本框架柱的箍筋大样只有一个,绘制方法为:

①用矩形命令绘制@450×450 的矩形,绘制柱轮廓,如图 3.24(a)所示;

②利用偏移命令,完成最外围的矩形箍筋,并加粗,如图 3.24(b)所示;

③利用定数等分点,将箍筋的每一条边等分成三等份,如图 3.24(b)所示;

④利用直线命令完成中间的各肢箍筋并加粗,如图 3.24(c)所示;

⑤利用直线命令绘制箍筋的弯钩,倾斜角度为 45°,如图 3.24(d)所示。

绘制完成的柱大样如图 3.24 所示。

柱平面图、柱表和柱大样完成后,即完成柱平面配筋图,如图 3.25 所示。

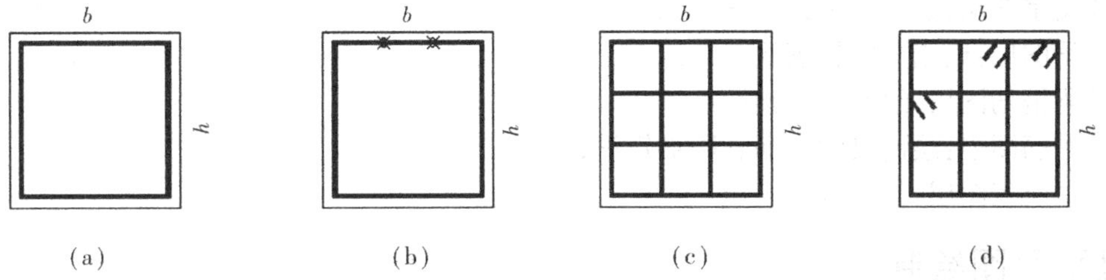

图 3.24　柱大样

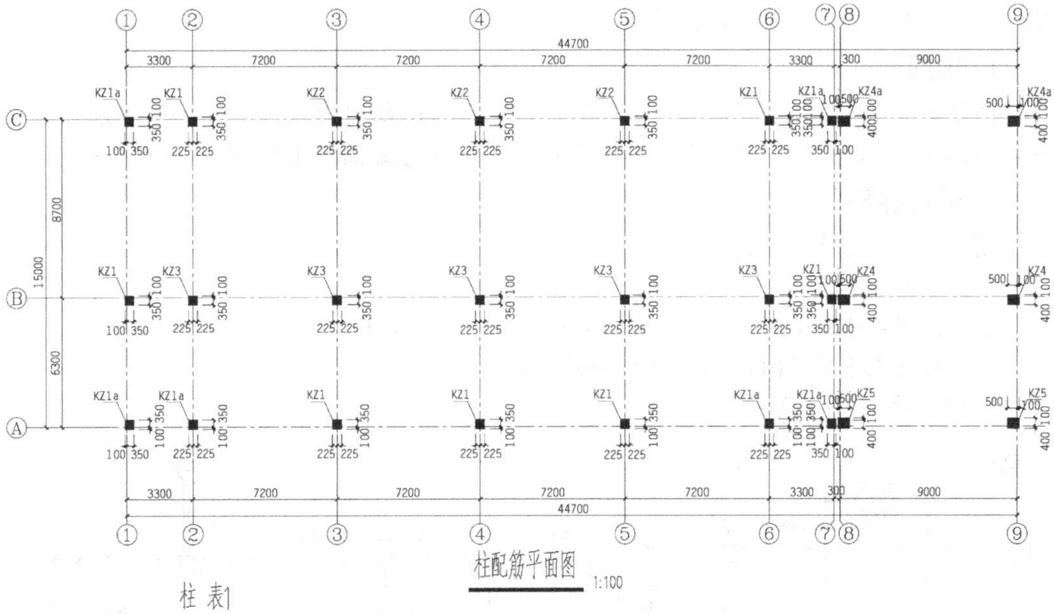

柱 表1

柱号	标　高	b x h	角筋	b边一侧中部筋	h边一侧中部筋	箍筋类型号	加密区箍筋/非加密区箍筋	备　注
KZ1 KZ1a	基础面~12.600	450x450	4Φ18	1Φ18	1Φ18	1(3x3)	Φ6@100/200	基础面~1.500柱子箍筋为Φ8@100 KZ1a柱子箍筋全高加密
KZ2	基础面~4.470	450x450	4Φ22	2Φ18	2Φ18	1(4x4)	Φ8@100/200	
	4.470~8.970	450x450	4Φ18	1Φ18	1Φ18	1(4x4)	Φ6@100/200	
	8.970~12.600	450x450	4Φ22	2Φ18	2Φ18	1(4x4)	Φ6@100/200	
KZ3	基础面~4.470	450x450	4Φ25	4Φ20	4Φ20	1(4x4)	Φ6@100/200	
	4.470~8.970	450x450	4Φ20	1Φ18	1Φ18	1(4x4)	Φ6@100/200	
	8.970~12.600	450x450	4Φ22	2Φ18	2Φ18	1(4x4)	Φ6@100/200	

柱 表2

柱号	标　高	b x h	角筋	b边一侧中部筋	h边一侧中部筋	箍筋类型号	加密区箍筋/非加密区箍筋
KZ4 KZ4a	基础面~5.400	600x500	4Φ25	1Φ20	4Φ20	1(3x6)	Φ6@100/200
KZ5	基础面~5.400	600x500	4Φ25	1Φ20	2Φ22	1(3x4)	Φ6@100

备注：1、基础面~1.800柱子箍筋为Φ8@100
2、KZ4a柱子箍筋全高加密

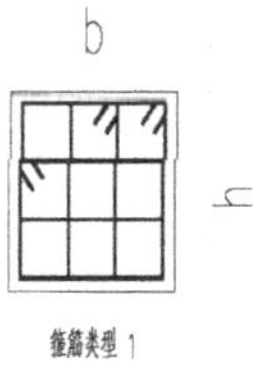

图 3.25　柱平面配筋图

任务 4　梁平面配筋图绘制实例

【任务介绍】本任务介绍梁配筋图的绘制方法。

【任务目标】掌握梁配筋图的绘制方法。

梁平面配筋图包括：梁平面图、梁配筋、楼层表和梁设计说明。为方便绘图和管理，新建 7 个图层：

①轴线图层：绘制轴网；

②标注图层：进行尺寸标注；

③文字图层:输入文字;
④梁图层:绘制梁的轮廓线;
⑤梁钢筋图层:绘制梁的钢筋;
⑥吊筋图层:绘制梁的吊筋和附加钢筋;
⑦楼层表图层:绘制楼层表。

1. 梁平面图绘制

梁平面图包括轴网(包括柱网在内)、梁轮廓线和图中文字。由于梁平面配筋图太大,这里选取⑧~⑨轴线间的梁平面配筋图。

1)轴网

柱是梁的支座,梁原位标注的钢筋将在柱附近标注,故可以将柱平面图复制过来,删除柱名和标注,保留轴网和柱网,并添加辅助轴线和标注完成梁的轴网,如图 3.26 所示。

2)梁的轮廓线

用多线命令完成梁的轮廓线。

①绘制四周的边梁,多线设置如下:

当前设置:对正 = 上,比例 = 250.00,样式 = STANDARD
指定起点或[对正(J)/比例(S)/样式(ST)]:

绘制边梁,如图 3.27 所示。

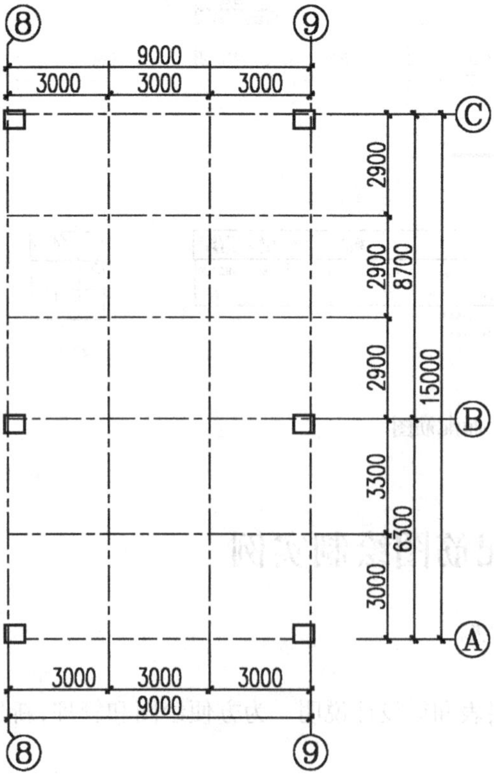

图 3.26　梁的轴网

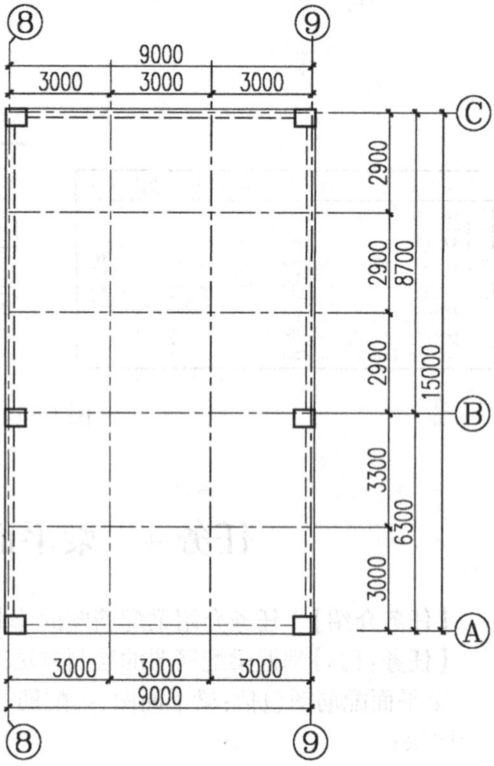

图 3.27　边梁的绘制

②绘制中间的梁,多线设置如下:

当前设置:对正=上,比例=250.00,样式=STANDARD

指定起点或[对正(J)/比例(S)/样式(ST)]:

绘制中梁,如图3.27所示。

③绘制B轴线上的梁,多线设置如下:

当前设置:对正=无,比例=300.00,样式=STANDARD

指定起点或[对正(J)/比例(S)/样式(ST)]:

将所有梁的轮廓线完成后,将交点处进行修剪,绘制结果如图3.29所示。

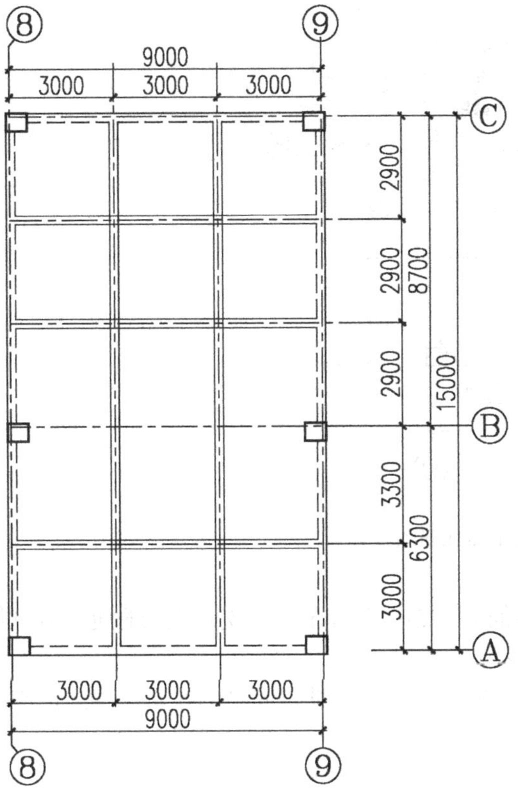

图3.28　中间的梁的绘制

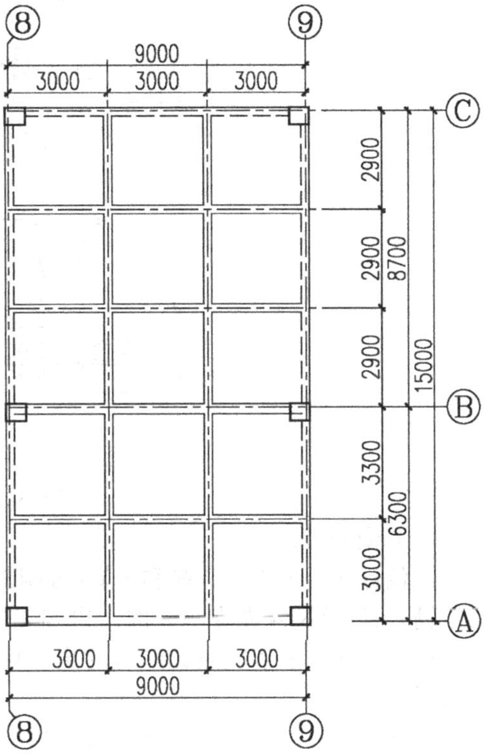

图3.29　完成后的梁平面

2.梁的配筋绘制

梁的配筋有集中标注和原位标注两种。

(1)集中标注

在梁的轮廓线中,绘制一条垂直的直线,用单行文字输入集中标注的文字,以WKL4为例,如图3.30所示。

WKL4(1)　250×750
Φ8@150(2)
2Φ20;4Φ22
N4Φ12

图3.30　WKL4的集中标注

5Φ20　3/2

图3.31　WKL4的原位标注

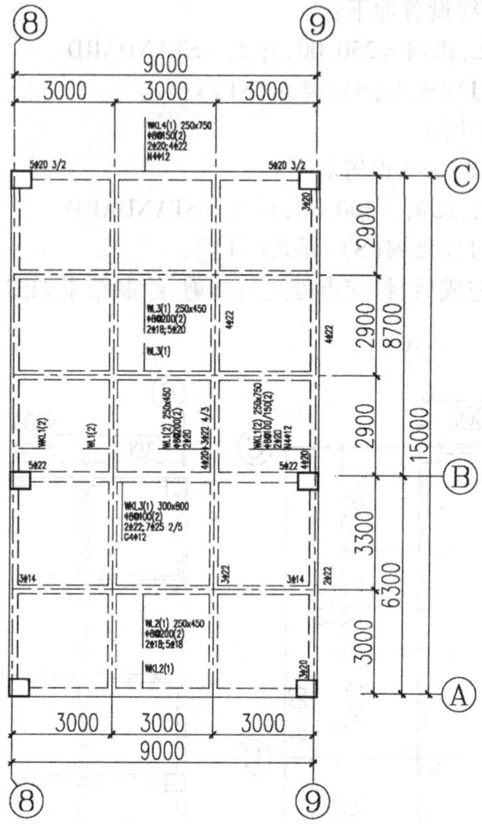

图 3.32　梁平面配筋图

(2)原位标注

原位标注分为支座负筋和吊筋(或附加箍筋)。支座负筋在梁的支座上方附近,用单行文字输入,以 WKL4 左支座为例,如图 3.31 所示。

按照上述方法依次完成所有的集中标注和原位标注后,即完成梁的平面配筋图,如图 3.32所示。

吊筋(或附加箍筋)包括钢筋大样和文字注写,如图 3.33 所示。

3. 楼层表绘制

用表格绘制和多行文字输入完成楼层表,如图 3.34 所示。

图 3.33　吊筋

屋面	12.600	
3	8.970	3.60
2	4.470	4.50
1	-0.030	4.50
层 号	标高/m	层高/m

结构层楼面标高
结 构 层 高

图 3.34　楼层表

4. 结构设计说明

用多行文字输入结构设计说明。

任务5　板平面配筋图绘制实例

【任务介绍】本任务介绍配筋图的绘制方法。

【任务目标】掌握板配筋图的绘制方法。

板平面配筋图包括轴网(包括梁平面在内)、板平面图、板的钢筋标注、板下的过梁大样、板下的构造柱大样、楼层表、板设计说明等。

板平面配筋图的图层设置、文字样式和标注样式可以沿用梁平面配筋图的,不再赘述。

本工程楼板范围较大,为显示清晰,截取①~⑤轴线间的板块进行绘制。

1. 板的轴网绘制

梁是板的支座,板的负筋将在梁附近绘制,故板的轴网应包含梁在内,可以将梁的平面图直接复制过来,删除梁的标注完成板的轴网,如图3.35所示。

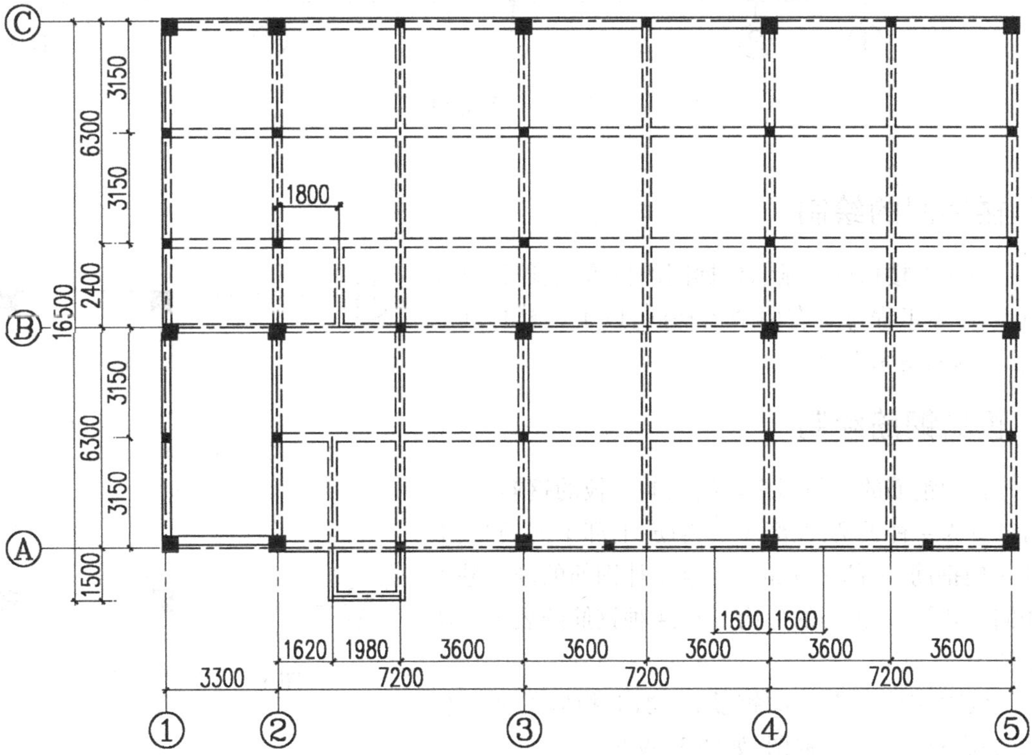

图3.35　板的轴网

2. 板的绘制

板无须绘制,只需用斜线和板的名称表明板的范围即可,如图3.36所示。

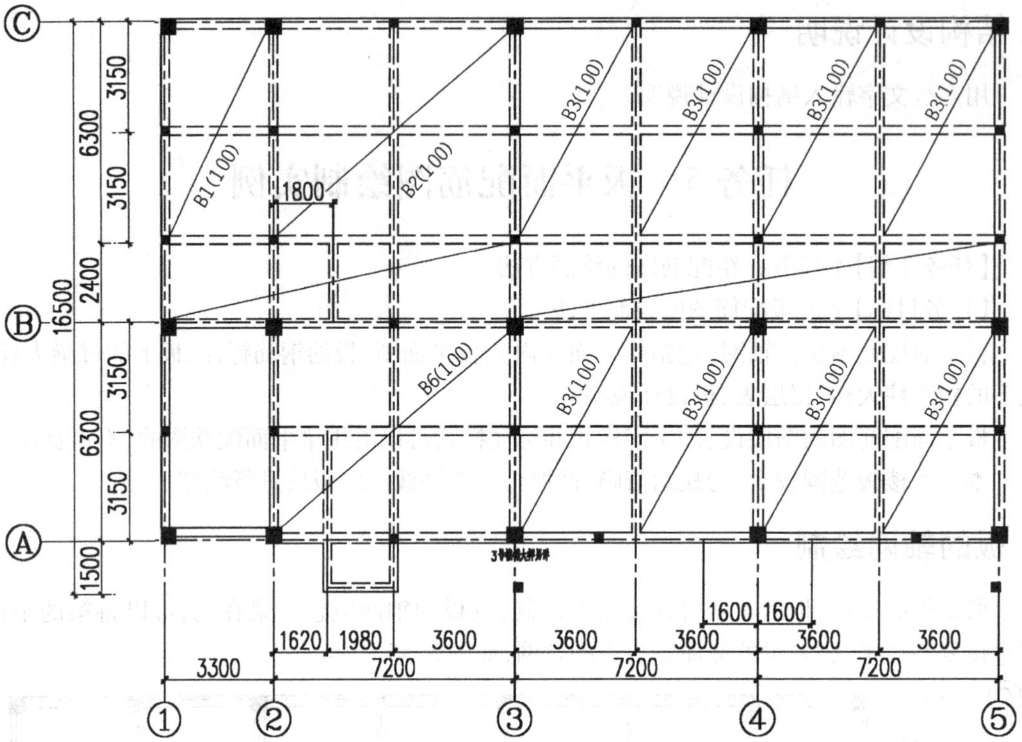

图 3.36　板的绘制

3. 楼梯间的绘制

板中的楼梯仅仅显示楼梯间的位置，表明该处没有楼板，本工程每层有两个楼梯间，以 1 号楼梯间为例，绘制如图 3.37 所示。

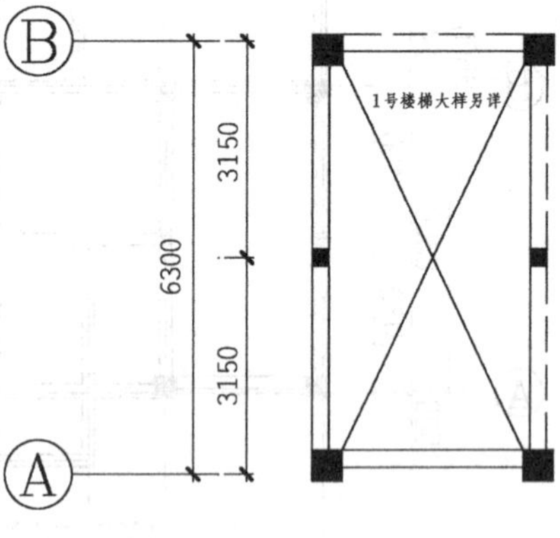

图 3.37　楼梯绘制

4. 板的钢筋绘制

板的钢筋的绘制用多段线绘制。板的钢筋很多，可以分为 4 种类型：上部 X 向钢筋、上部 Y 向钢筋、下部 X 向钢筋、下部 Y 向钢筋。这 4 种钢筋的画法基本相同，不同的是钢筋的弯钩不同，4 种钢筋的表示方法如图 3.38 所示。

依次完成所有板的钢筋，并加上相应的文字标注，完成板的平面配筋图，如图 3.39 所示。

5. 板下的过梁大样绘制

过梁大样的绘制方法为：

①用矩形命令绘制过梁轮廓线，如图 3.40(a)所示；

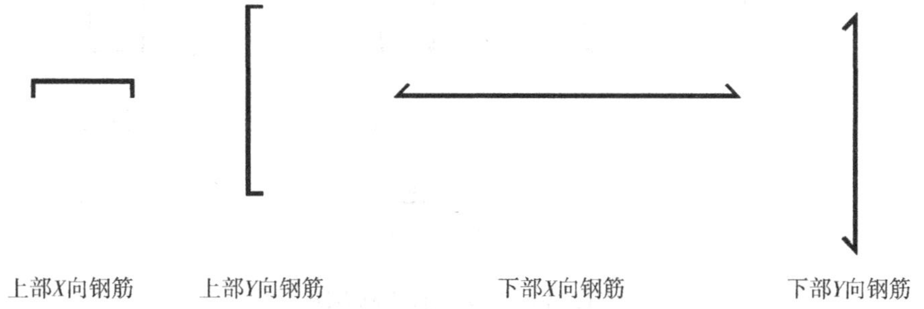

图 3.38　板钢筋的表示方法

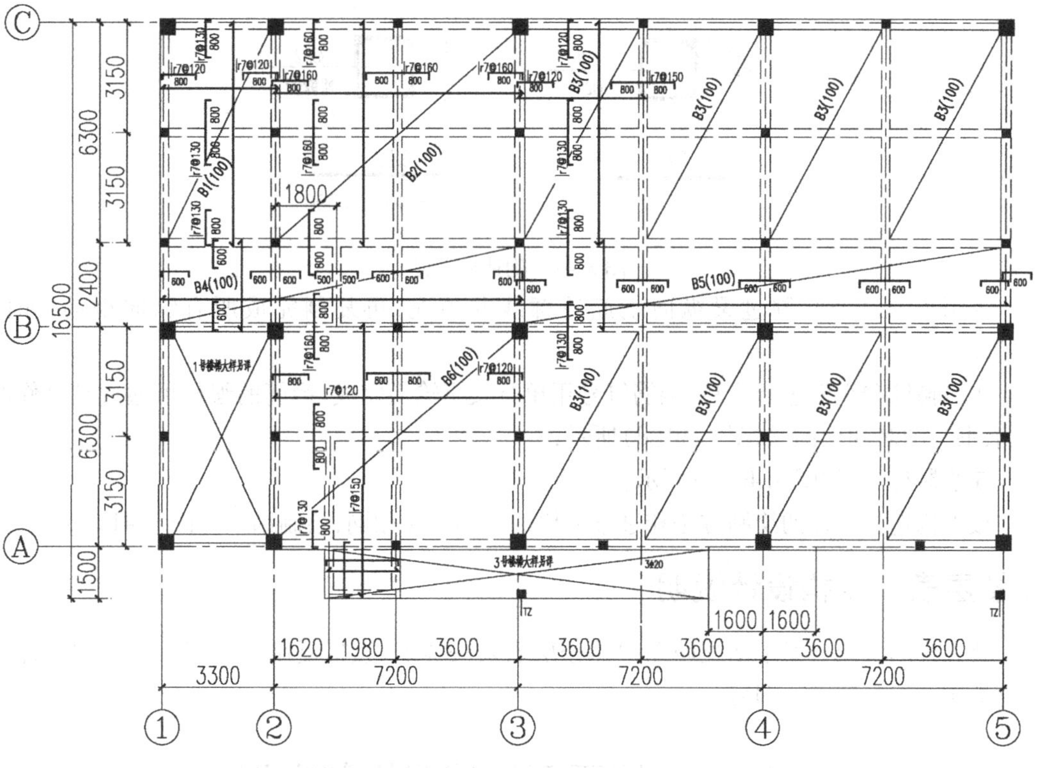

图 3.39　板的平面配筋图

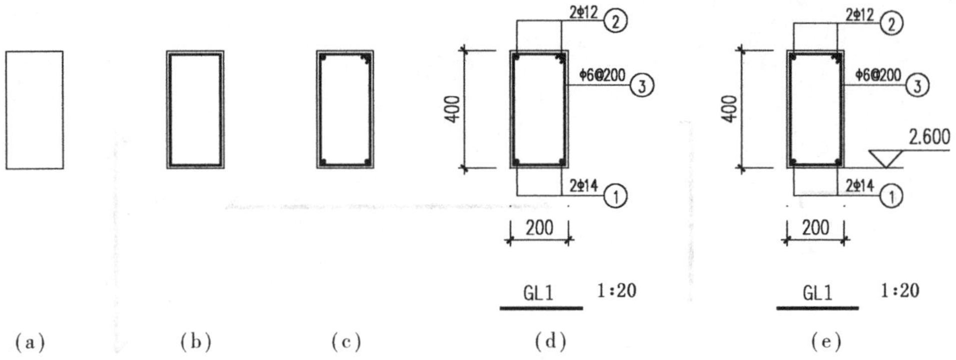

图 3.40　过梁大样绘制方法

②利用偏移操作完成过梁的箍筋并加粗，如图 3.40(b)所示；

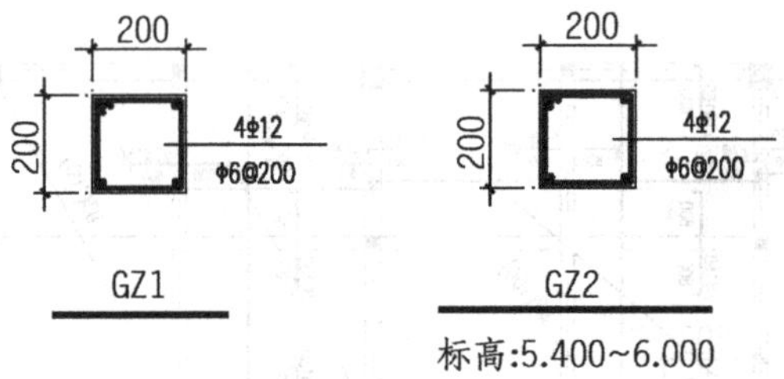

图 3.41　构造柱大样

③用圆的命令绘制过梁纵向钢筋轮廓线并填充，再复制完成所有纵向钢筋，如图 3.40(c)所示；

④对箍筋和纵筋进行注写，钢筋符号用单行文字输入完成，钢筋的编号可通过轴号修改得到，书写图名和比例，如图 3.40(d)所示；

⑤绘制标高，如图 3.40(e)所示。

板下构造柱大样的绘制方法和过梁大样的绘制方法相同，绘制结果如图 3.41 所示。

6. 楼层表和结构设计说明

楼层表的绘制与梁平面配筋图中的楼层表是一样的，直接复制过来即可。结构设计说明直接用多行文字输入即可。

任务 6　墙平面配筋图绘制实例

【任务介绍】本任务介绍结墙配筋图的绘制方法。

【任务目标】掌握墙配筋图的绘制方法。

剪力墙由墙身、墙柱和墙梁 3 类构件组成，在绘制其平面配筋图时应按这 3 部分绘制。本节选取的工程实例为湖北水利水电职业技术学院汤逊湖校区职工宿舍 A 单元，为剪力墙结构，共 6 层，结构施工图如图 3.42 所示。

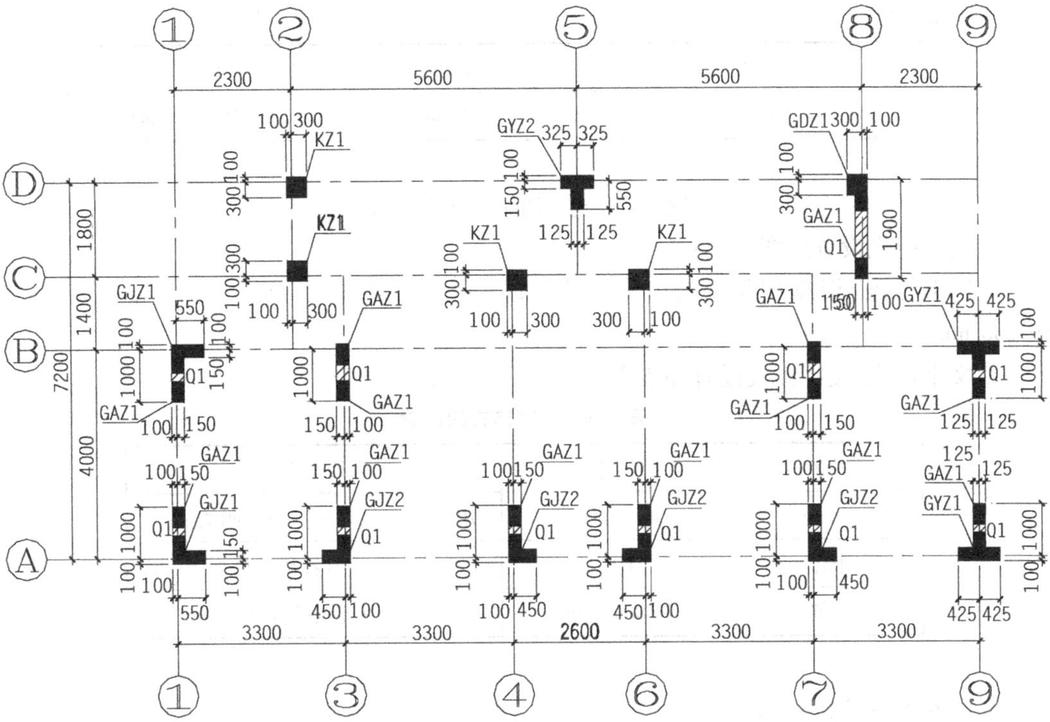

(a)

剪力墙边缘构件表

截面	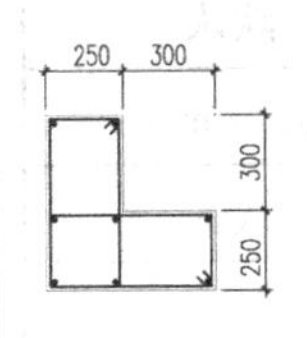	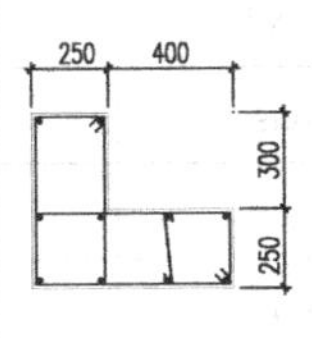	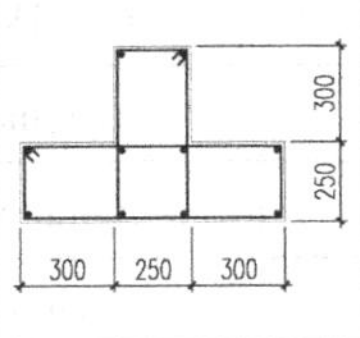	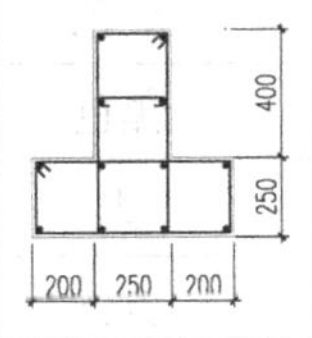	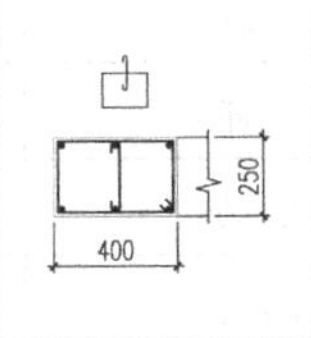	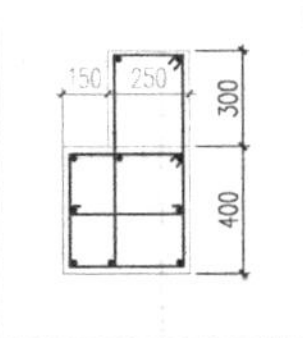
编号	GJZ2	GJZ1	GYZ1	GYZ2	GAZ1	GDZ1
标高	基础～－0.050	基础～－0.050	基础～－0.050	基础～－0.050	基础～－0.050	基础～－0.050
纵筋	8⌀14	10⌀14	10⌀14	12⌀14	6⌀14	10⌀14
箍筋	ϕ8@100	ϕ8@100	ϕ8@100	ϕ8@100	ϕ8@100	ϕ8@100

(b)

柱表

柱号	标高	$b\times h$	角筋	b边一侧中部筋	h边一侧中部筋	箍筋类型号	加密区箍筋/加密区箍筋	备注
KZ1	基础面～－0.050	400×400	4⌀18	2⌀18	2⌀18	1(4×4)	ϕ8@100/200	
	－0.050～屋面	400×400	4⌀18	1⌀18	1⌀18	1(3×3)	ϕ8@100/200	

(c)

剪力墙身表

编号	标高/m	墙厚	水平分布筋	竖向分布筋	拉筋
Q1(2 排)	基础面 ~ −0.050	250	Φ8@150	Φ8@150	Φ6@600

(d)

图 3.42 剪力墙配筋图工程实例

绘制前应先设置绘图环境:

①图形界限:根据图纸尺寸,图形界限设置为 A3 图幅的 100 倍,即 42 000 mm × 29 700 mm。

②文字样式:文字样式设置如表 3.3 所示。

表 3.3 文字样式的设置

样式名称	字 体	说 明
gbeitc	Gbeitc. shx	用于尺寸标注和图中说明的文字
宋体	宋体	用于图名和注释
钢筋	Tssdeng. shx	用于钢筋标注

③设置图层,如表 3.4 所示。

表 3.4 组织图层

图层名称	颜 色	线 型	线 宽
轴线	红色	CENTERX2	默认
墙体	黑色	Continuous	0.70 mm
柱网	青	Continuous	默认
门窗	黄色	Continuous	默认
标注	绿	Continuous	默认
文字	111	Continuous	默认

④标注样式。按照国家标注设置标注样式。

1. 墙身配筋图绘制

墙身平面配筋图有列表注写和截面注写两种方式,目前普遍采用的是列表注写方式,墙身配筋图由墙身平面图和墙身配筋表两部分构成。

剪力墙平面图绘制主要有以下步骤:

(1)绘制轴网

①绘制轴线:绘制一条水平轴线和一条垂直轴线,利用偏移操作完成所有的水平和垂直轴线,修改轴线的线型。若线型比例不合适则修改线型全局比例因子。

②绘制轴号:绘制半径为 400 mm 的圆,利用属性块,将编号设置块的属性(详见本书项目 1—任务 7),通过插入块的方式完成所有的轴号。

③轴线的标注：在“标注样式管理器”里新建一个标注样式，并置为当前，利用常用尺寸标注工具完成轴线的标注。

完成后结果如图3.43所示。

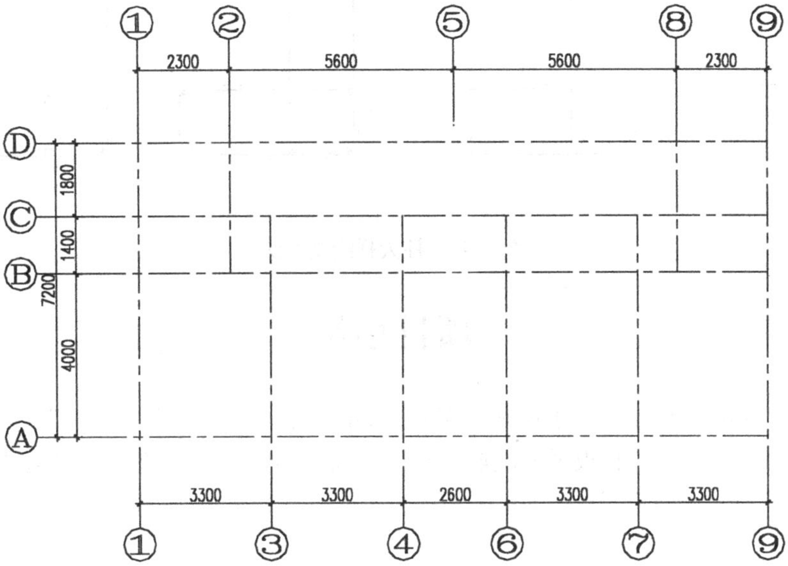

图3.43　剪力墙的轴网

(2)绘制墙体

墙体一般和墙柱绘制在一起。绘制方法为：

①用多段线绘制墙线和墙柱线，分别填充；

②用单行文字输入墙和墙柱的名称；

③标注尺寸。

本剪力墙结构只有一种墙体，但有6种墙柱，以其中一榀墙体为例，按照上述方法，绘制结果如图3.44所示。

按照上述墙体绘制方法，依次完成所有墙身和墙柱的绘制，绘制结果如图3.42(a)所示。

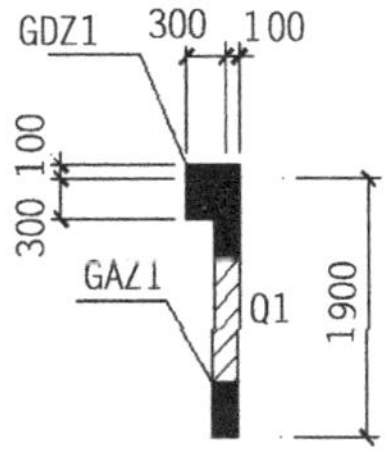

图3.44　墙体绘制

2. 柱大样绘制

本工程一共有6种墙柱，绘制方法都相同，以GJZ2为例，柱大样的绘制方法为：

①用多段线命令绘制柱轮廓线，如图3.45(a)所示；

②利用偏移命令完成箍筋，如图3.45(b)所示；

③绘制纵向钢筋，如图3.45(c)所示；

④进行尺寸标注完成GJZ2大样，如图3.45(d)所示。

按照上述方法，完成所有的柱大样，如图3.42(b)所示。

3. 绘制墙身钢筋表和柱钢筋表

用表格和文字输入完成墙身钢筋表和柱钢筋表，如图3.42(c)、(d)所示。

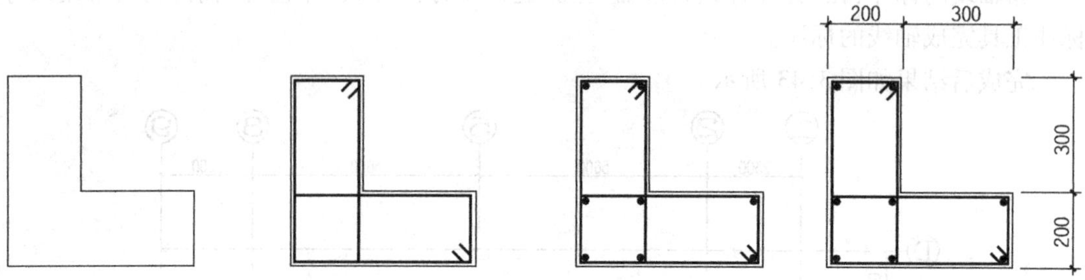

(a)　(b)　(c)　(d)

图 3.45　柱大样绘制方法

项目小结

结构施工图的绘制方法同建筑施工图相似，结构施工图一般包括：基础平面配筋图、柱平面配筋图、梁平面配筋图、板平面配筋图和墙平面配筋图等，绘制时应分别绘制。

技能实训

(1)绘制下列某工程的结构施工图。

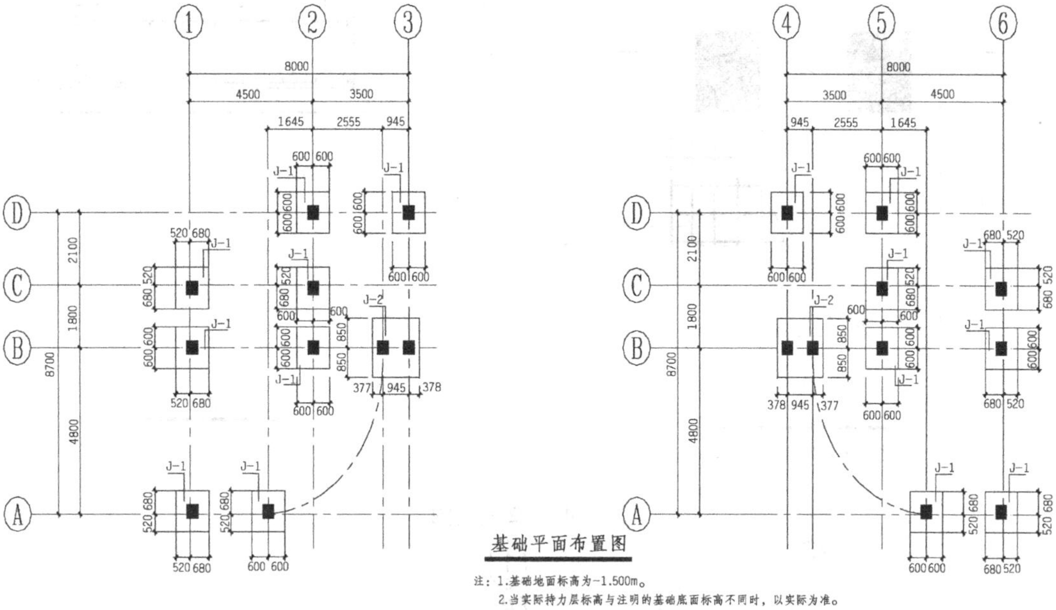

图 3.46　基础剖面布置图

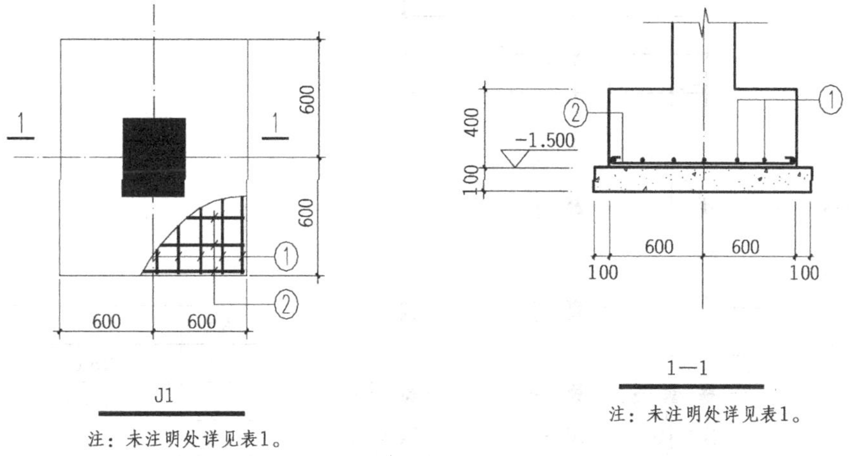

图 3.47　J2 配筋图

编号	A	B	a_1	b_1	h_1	h	配筋①	配筋②
J1	1 200	1 200	1 200	1 200	400	400	Φ12@180	Φ12@180
J2	1 700	1 700	1 700	1 700	400	400	Φ12@180	Φ12@180

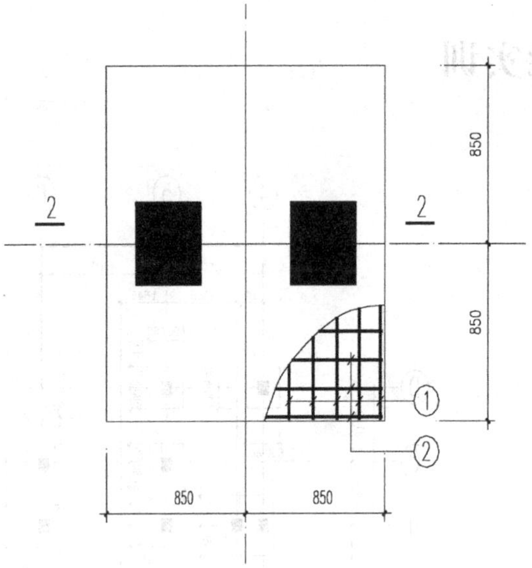

J2

注：未注明处详见表1。

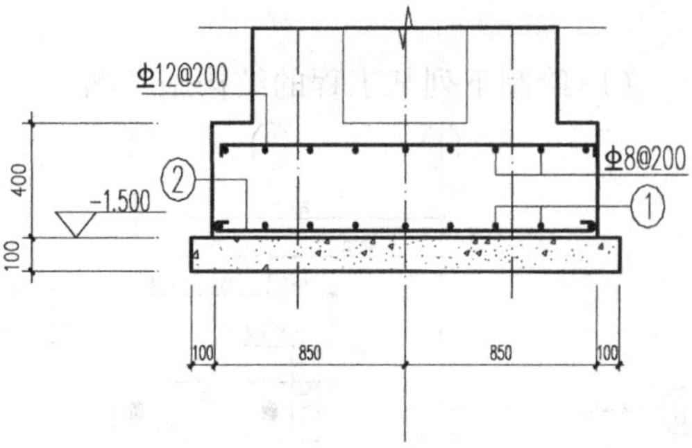

2—2

注：未注明处详见表1。

图3.48　J2配筋图

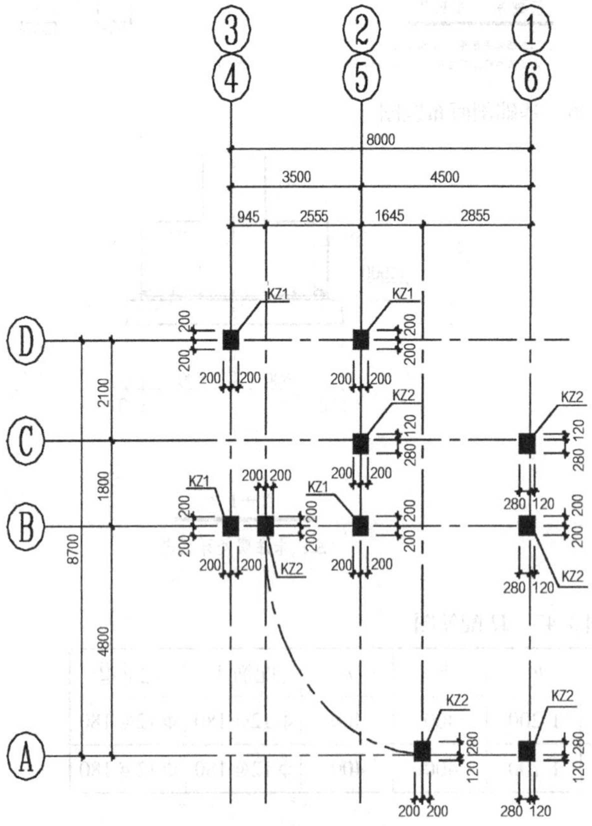

柱定位图

屋面	5.930	
2	3.570	2.330
1	−0.300	3.600
层号	标高/M	层高/M

结构层楼面标高及结构层高

图3.49　柱定位图

框架柱配筋表

（本表必须与图集03G101—1《混凝土结构施工图平面整体表示方法制图规则和构造详图》配合执行）

柱号	标高	$b\times h$（圆柱直径D）	角筋（全部纵筋）	b边一侧中部筋	h边一侧中部筋	箍筋类型号	箍筋	备注
KZ1	基础面~3.570	400×400	4Φ18	1Φ18	1Φ18	1(3×3)	Φ8@100	
	3.570~5.900	400×400	4Φ18	1Φ18	1Φ18	1(3×3)	Φ8@100/200	
KZ2	基础面~3.570	400×400	4Φ18	1Φ18	1Φ18	1(3×3)	Φ8@100	

图3.50　柱配筋表

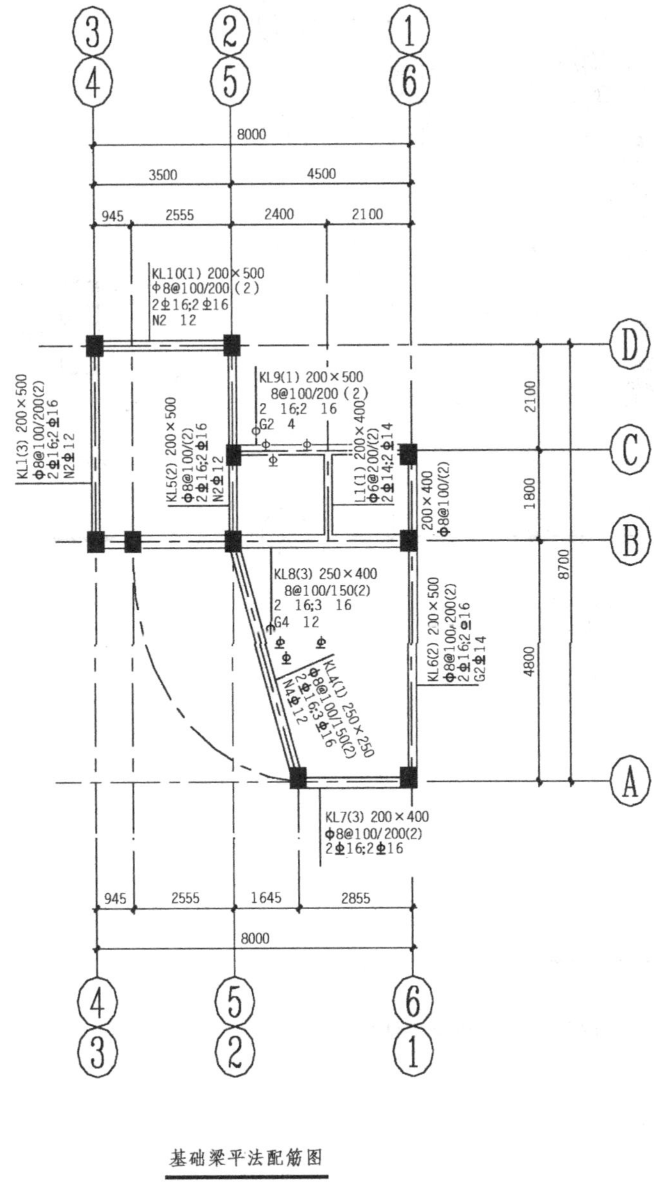

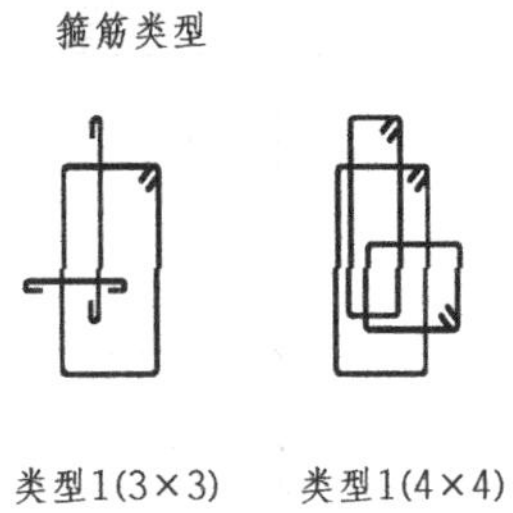

图3.51　基础梁平法配筋图

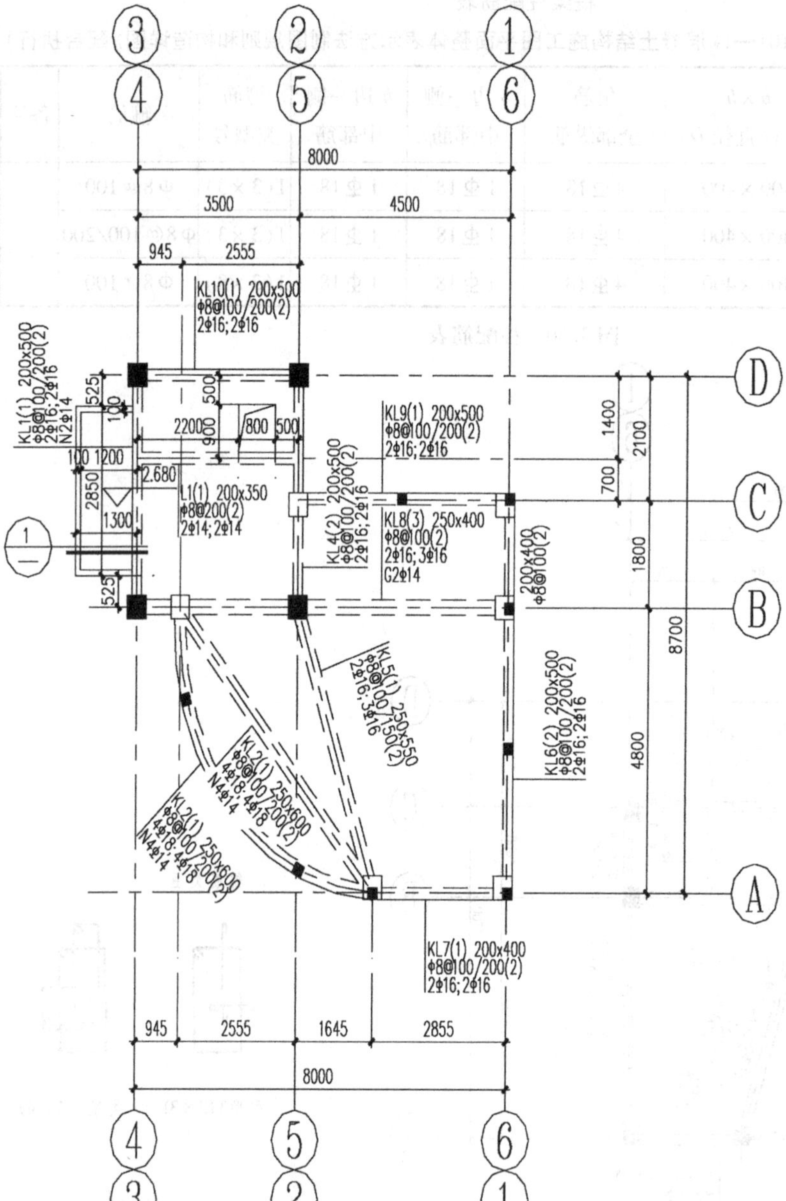

标高3.570处梁平法标注

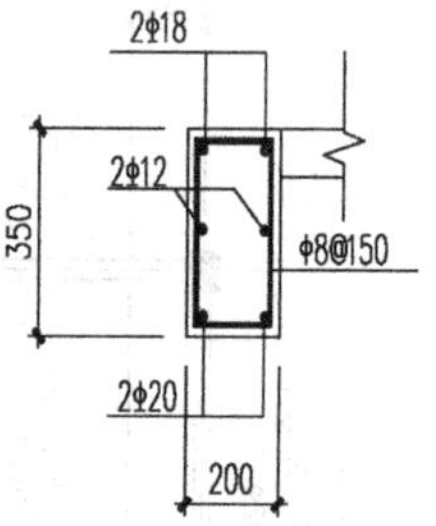

GL1

图 3.52　标高 3.570 m 处梁平法标注

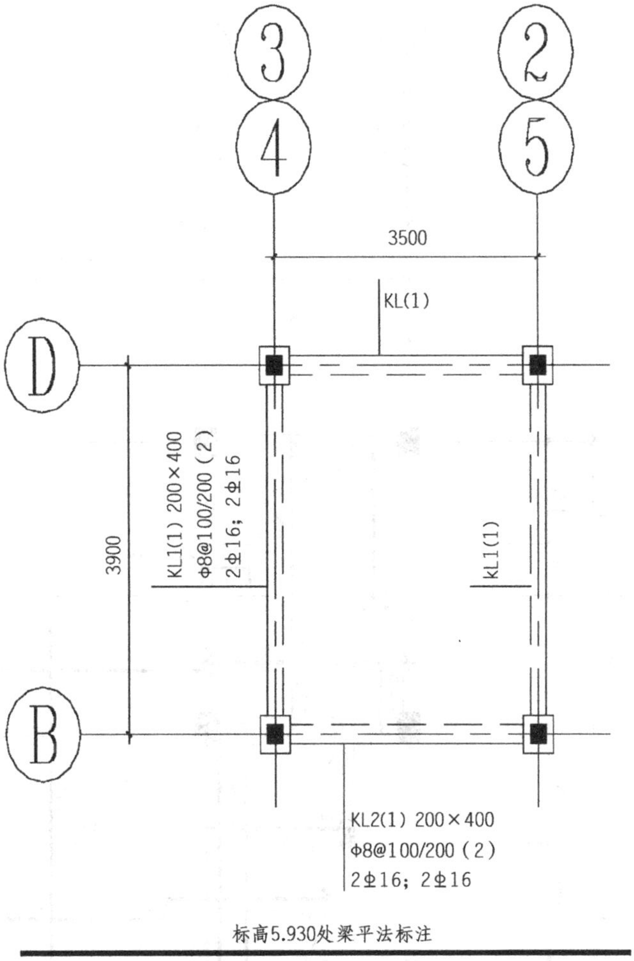

注：1.未注明的梁面标高同结构层楼面标高；

2.本层梁配筋平面必须与相应楼层的结构平面配合使用，梁定位详结构平面。

图3.53　标高5.930 m处梁平法标注

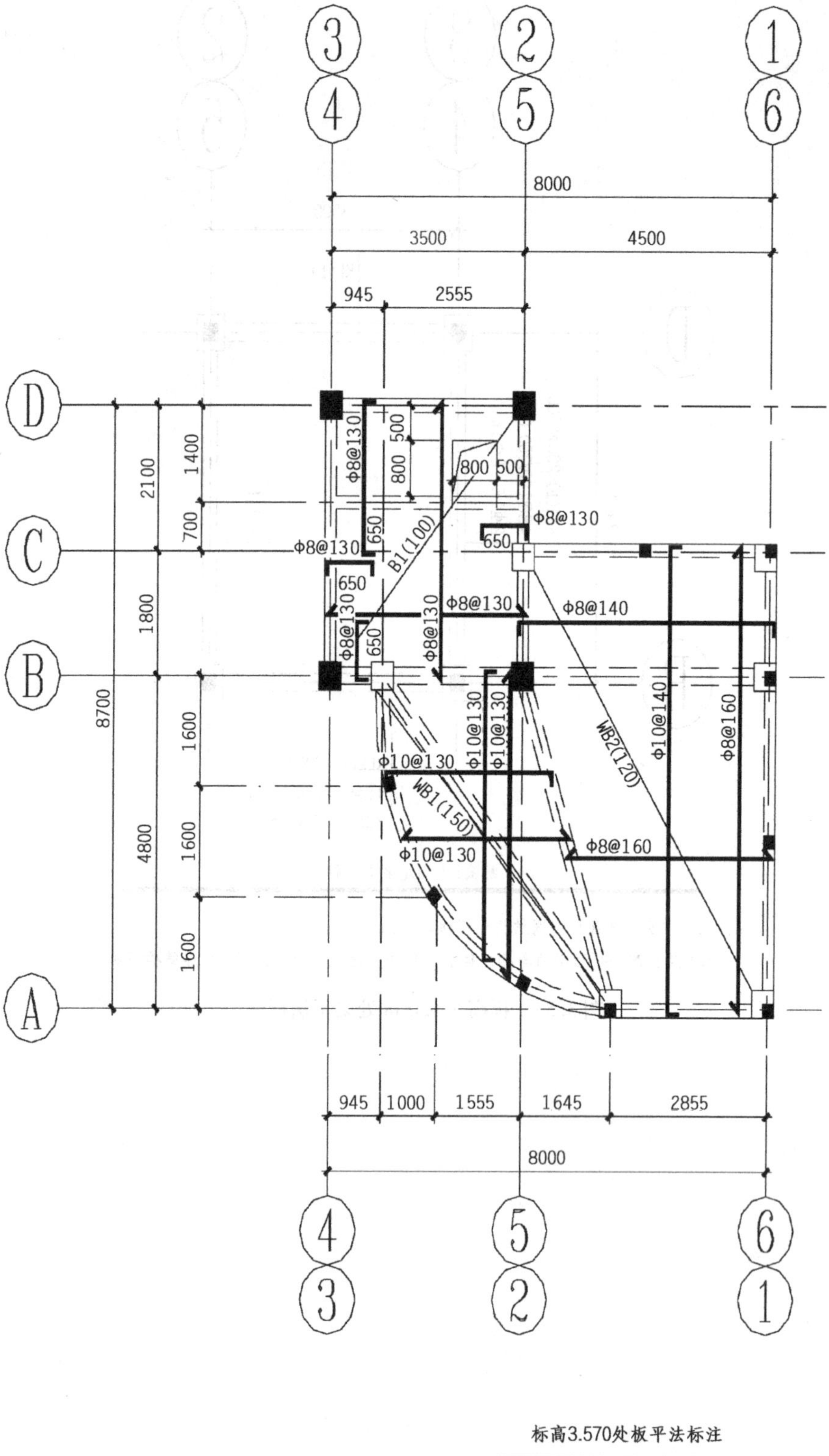

图3.54 标高3.570 m处板平法标注

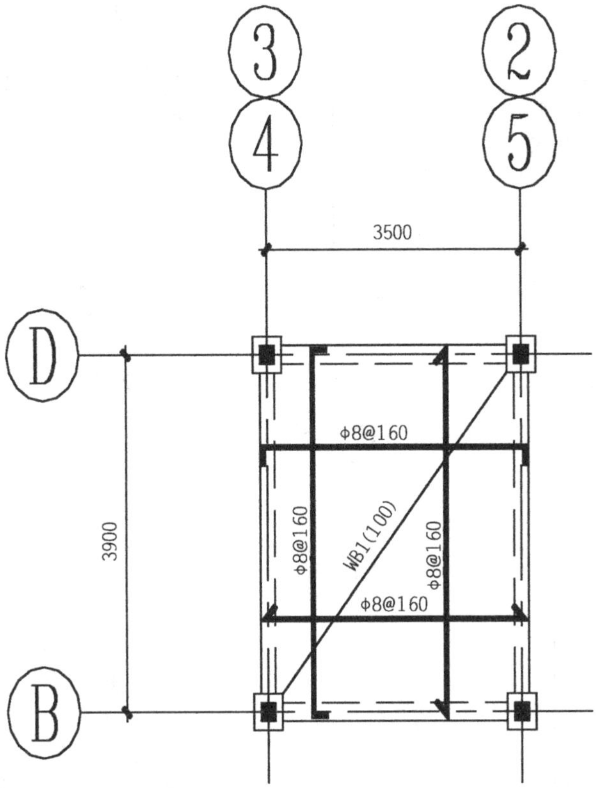

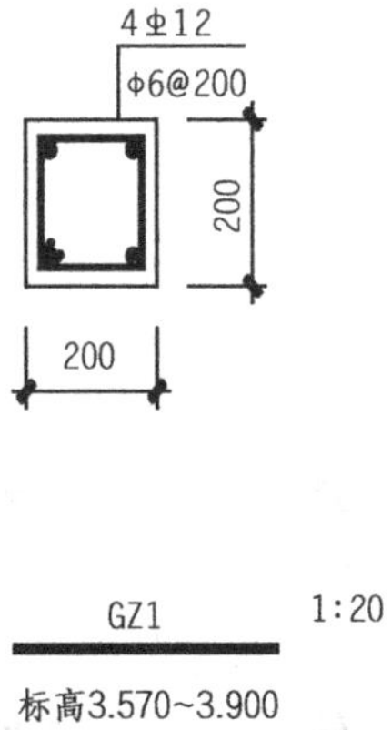

标高5.930处板平法标注

注:1.板厚均为100mm。

2.未注明梁定位者均轴线居中或平梁边。

3.未注明构造柱均为GZ1。

图3.55　标高5.930 m处板平法标注

(2)绘制某建筑楼梯大样图。

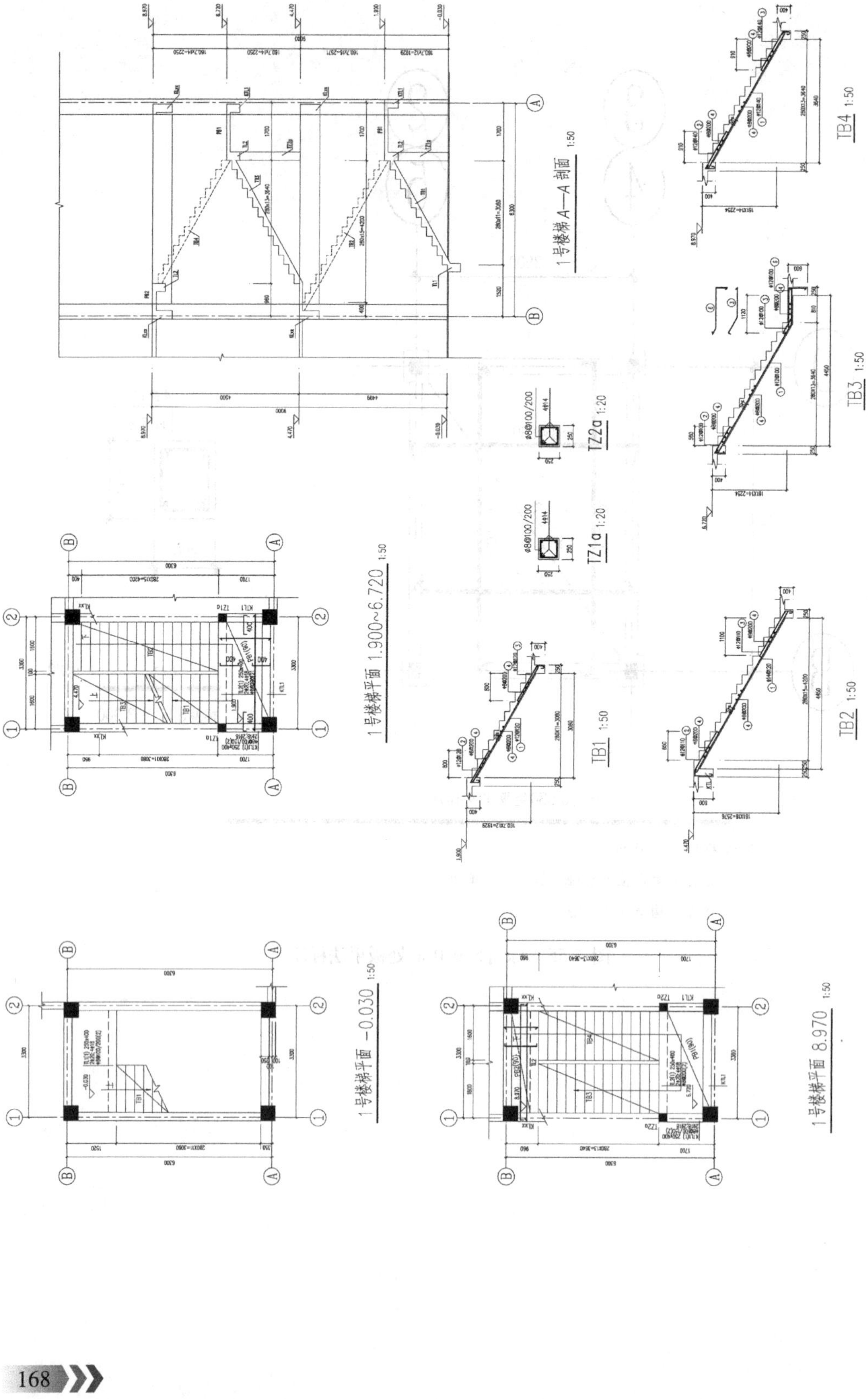

图3.56 1号楼梯大样图

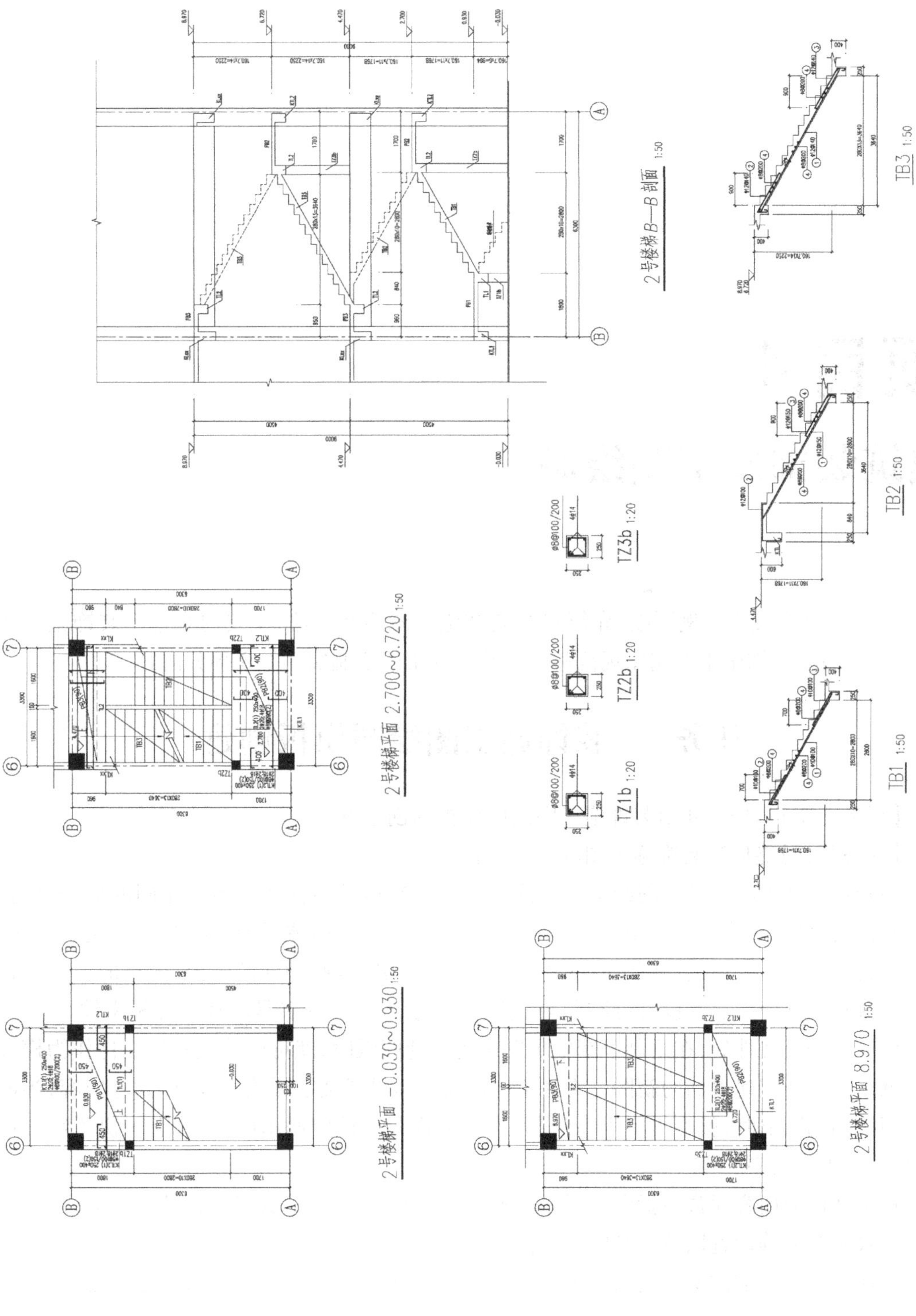

图3.57 2号楼梯大样图

项目 4

建筑装饰施工图绘制

本项目结合装饰实例图纸，介绍建筑装饰施工图绘制方法，主要内容包括装饰施工图绘图模板创建、装饰施工图制图规范和建筑装饰施工图绘制实例等 3 部分内容。

任务 1　装饰施工图绘图模板创建

【任务介绍】本任务介绍装饰施工图绘图模板的创建方法。

【任务目标】能创建装饰施工图的绘图模板。

一套室内装饰图的各张图纸虽然用途、画法各异，但其中往往有很多相同的部分，包括图形和样式设置，如平面布置图、顶棚平面图和电气图中的墙体图形、标注样式、文字样式、打印样式等。为了避免设计图纸时都要重复设置（绘制）这些相同的部分，简单的方法是预先将这些相同部分一次性设置（绘制）好，然后将其保存为扩展名是.dwt 的样板文件。

创建了样板文件后，在绘制该套施工图中的其他图纸时，就可以将该样板文件作为模板进行创建。这样创建得到的新图形文件不再需要重新设置文字样式、标注样式等内容，当需要使用相同的图形时，就不需要重新绘制，直接从样板文件中调用即可，从而加快了绘图速度，提高了工作效率。

样板文件的内容通常包括图形界限、图形单位、图层、线型、线宽、文字样式、标注样式、表格样式和布局等设置以及绘制图框和标题栏。

现在以一个标准的室内装饰施工图样板的创建为例，介绍绘图模板的创建方法。

1. 样板文件的创建和保存

1) 样板文件的创建

图形样板文件的扩展名为 .dwt，可以通过两种方式创建自己的样板文件。

(1)现有图形创建图形样板文件

打开一个扩展名为 .dwg 图形文件,将不需要存为图形样板文件中的图形内容删除,然后文件另存,另存的"文件类型"选择"图形样板"。

(2)创建一个包括原始默认值的新图形

打开一个新图形文件(使用公制默认设置),根据需要进行必要的设置及添加图形内容,然后保存文件,保存的"文件类型"选择"图形样板"。

2)样板文件的保存

绘图模板是以.dwt 为后缀的样板文件,要将普通图形文件保存为样板文件,只需以.dwt格式保存即可。

点击"文件"→"新建或文件"→"保存"→"文件类型",如图 4.1 所示。在下拉列表中选择"AutoCAD 图形样板(*.dwt)"文件类型,文件命名为"施工图",保存文件。

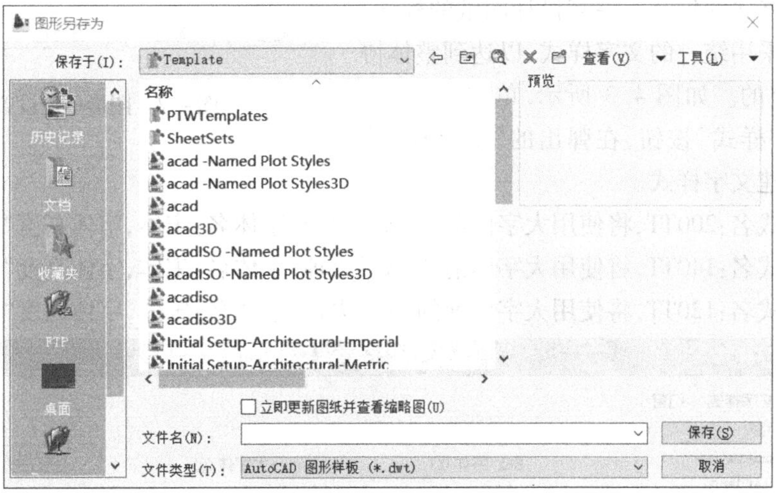

图 4.1　样板文件保存

2. 图形单位及界限设置

1)单位设置

如图 4.2 所示,选择"格式"→"单位"也可用命令输入 UNITS 或 DDUNITS 或 UN 启动图形单位设置,用于设置图形的大小、采用的单位及精度。建筑工程类图纸一般均是以毫米为单位,按照 1:1比例绘制。

2)图形界限设置

在命令行输入 Limits 或选择"格式"→"图形界限"启动图形界限命令,用于标明用户的工作区域和图纸边界,让用户在设置好的区域内绘图,以避免所绘制的图形超出该边界。

以 A3 图纸为例(A3 ×100),命令操作如下:

命令: _limits

重新设置模型空间界限:

指定左下角点或[开(ON)/关(OFF)] <0.0000,0.0000>: 0,0

指定右上角点 <420.0000,297.0000>：42000,29700

命令：zoom

指定窗口的角点，输入比例因子（nX 或 nXP），或者[全部(A)/中心(C)/动态(D)/范围(E)/上一个(P)/比例(S)/窗口(W)/对象(O)] <实时>：A

正在重生成模型

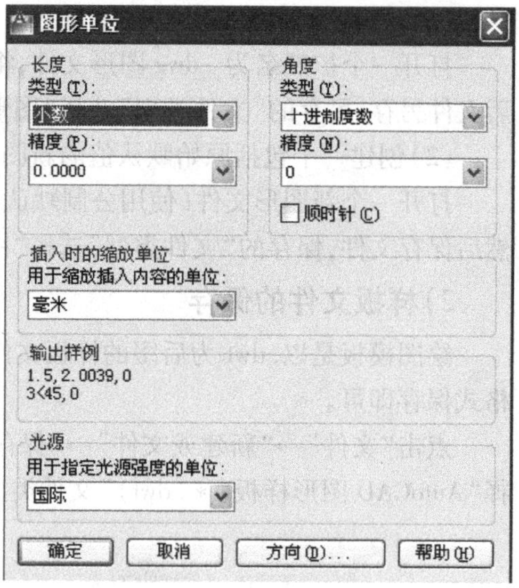

图 4.2　图形单位设置

3. 设置文字样式

文字样式是指文字的字体、大小和宽度比例等有关文字格式的集合。一套设计图纸的标注、说明文字应采用统一的文字样式，以达到整体协调、美观的目的。如图 4.3 所示，单击菜单“格式”→“文字样式”按钮，在弹出的“文字样式”对话框中新建文字样式。

新建样式名：200TT，将使用大字体前的“√”去掉，字体名：宋体，字体高度“200”；

新建样式名：140TT，将使用大字体前的“√”去掉，字体名：宋体，字体高度“140”；

新建样式名：120TT，将使用大字体前的“√”去掉，字体名：宋体，字体高度“120”。

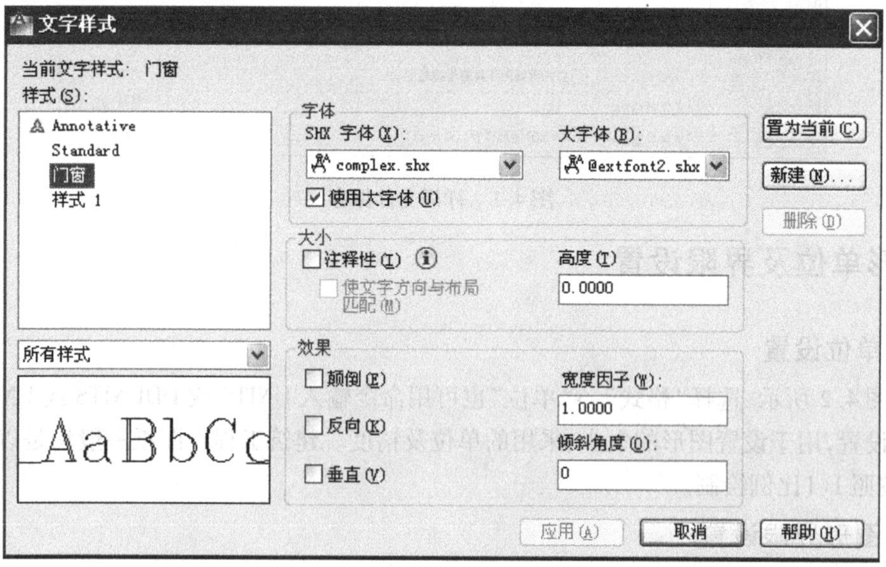

图 4.3　文字样式设置

AutoCAD 支持两种字体类型：一种是普通字体文件，即 Windows 系统应用软件所提供的字体文件，为 True Type 类型的字体；另一种是 AutoCAD 特有的字体文件 * .shx，其中包括一些专为亚洲国家设计的大字体。

4. 设置尺寸标注样式

室内施工图的标注应该符合建筑绘图的规范和要求，详见本书项目1任务6。例如：尺寸线和尺寸界线一般设置为细实线，尺寸起止符为中粗线。具体操作步骤如下：

1) 新建标注样式

如图4.4所示，点击“菜单栏”→“格式”→“标注样式”→“新建”→“新样式名”→“标注样式(50大)”(用于1:50图纸上的一些比较大的尺寸标注)。

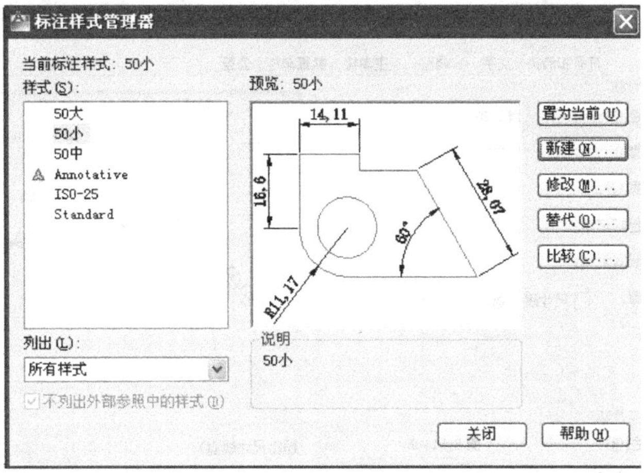

图4.4　标准样式新建

2) 符号和箭头设置

如图4.5所示，在标注样式修改中，“符号和箭头”选项设置如下：

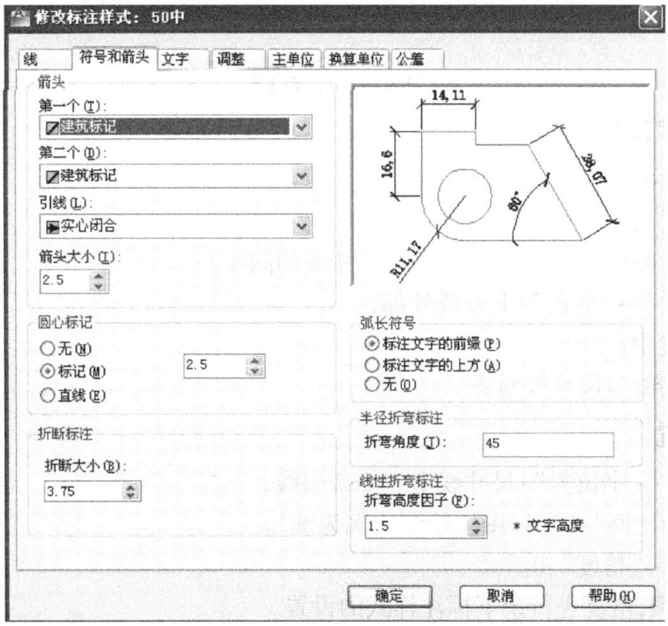

图4.5　符号和箭头设置

- "第一个":建筑标记或倾斜,"第二个"与"第一个"相同;
- "引线":点或直角(主要用于施工图里的一些说明,如包管);
- "箭头大小":2.5。

3)直线设置

如图 4.6 所示,选项"线"设置如下:

- "尺寸线"→"超出标记":2,"基线间距":2;
- "尺寸界线"→"超出尺寸线":2,"起点偏移量":3。

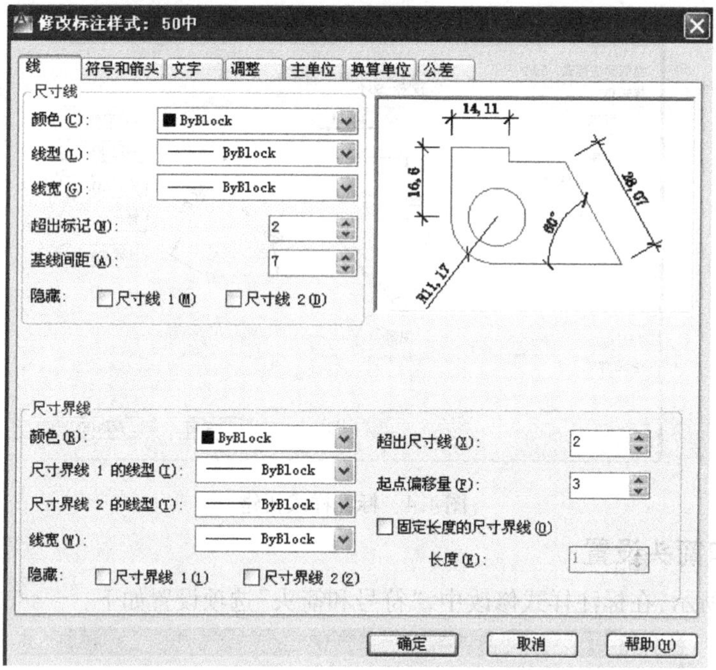

图 4.6　直线设置

4)标注文字设置

如图 4.7 所示,"文字"选项设置如下:

- "文字高度":2.5;
- "从尺寸线偏移":1(具体为文字与尺寸线的间距);
- "文字位置"→"垂直":上方或外部;
- "水平":置中;
- "文字"对齐:与尺寸线对齐。

5)其他设置

- "调整"→"文字位置":尺寸线上方不带引线;
- "使用全局比例":50(以图纸绘制比例为准);
- "主单位"→"精度":0。

依据以上步骤,重复进行余下标注样式的设置。

新建→新样式名→标注样式(中)(用于 1:50 图纸上的一些比较细节的尺寸标注,如拆墙和砌墙标注)→基础样式:标注样式(大)→符号和箭头→箭头大小:2.5;文字→文字高度:2.5。

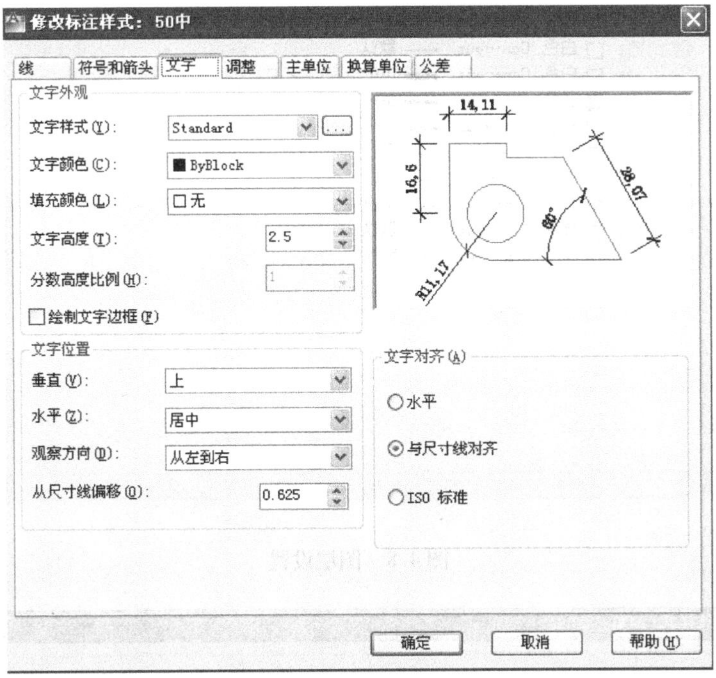

图4.7　文字设置

新建→新样式名→标注样式(小)(用于1∶30图纸上的一些更细节的尺寸标注,如立面图上的一些标注)→基础样式:标注样式(中);直线→尺寸线→超出标记:2;基线间距:2;尺寸界线→超出尺寸线:2;起点偏移量:3;符号和箭头→箭头大小:3;文字→文字高度:2.5,置为当前,关闭。

5. 设置图层

将图纸的不同部分存放在不同的图层,可使图形条理清晰、管理方便,并可大大节约计算机资源,提高运行效率。

一般地,装饰施工图需要设置的图层有墙体、门、窗、地面材料、顶棚平面、说明文字、文字标注、尺寸标注、标题等内容。下面以创建"墙体"为例,介绍图层的创建方法,如图4.8所示。点击"菜单栏"→"格式"→"图层"→右键单击"新建图层"→"名称:墙体"→"颜色:白色"→"线型加载"。

使用相同的方法,完成门、窗、地面材料、顶棚平面、说明文字、文字标注、尺寸标注、标题等图层的创建,并设置相应的图层颜色和线型。

6. 设置多线样式

建筑装饰施工图中的墙均为中空双线图样,常使用"多线段"命令绘制。在绘制之前,应先对多线样式进行设置,以满足墙体实际尺寸的绘制需要,具体操作如下:

如图4.9所示,点击"菜单栏"→"格式"→"多线样式",新建名称为240的样式,然后添加、设置多线样式240(该样式可表示墙厚为240 mm的墙体图形),在"图元"中设置偏移为"120",颜色为"白色"。

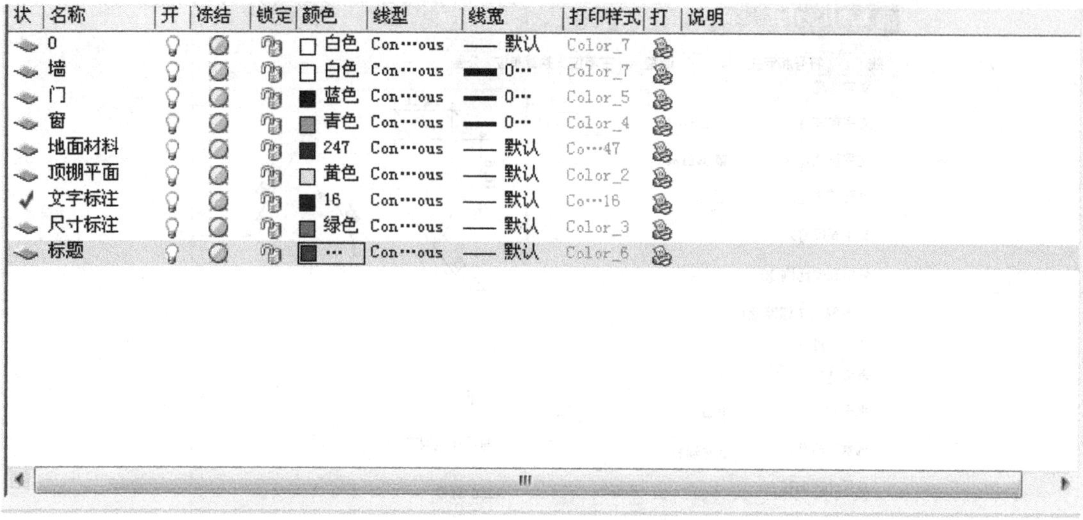

图 4.8　图层设置

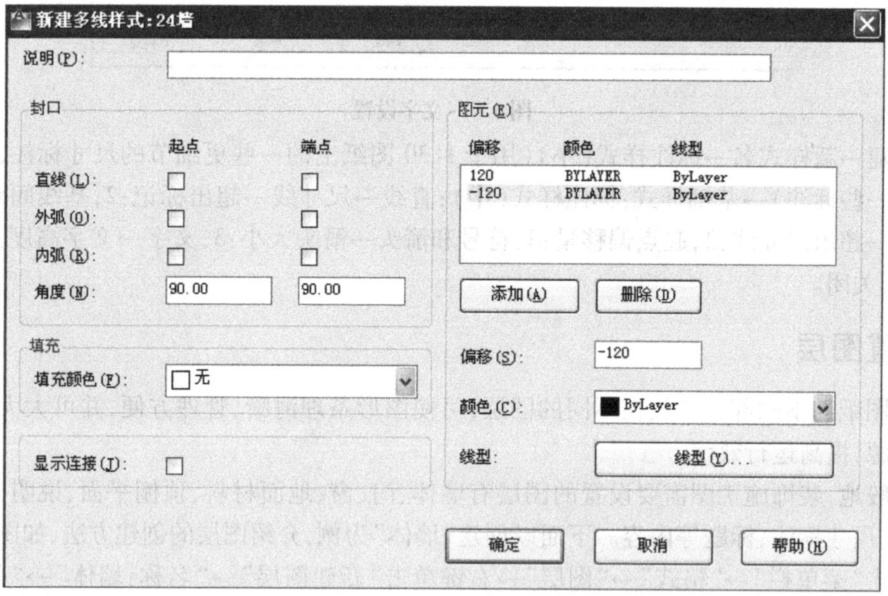

图 4.9　多线样式设置

7. 设置打印样式

打印样式用来控制图形打印输出的线型、线宽、颜色等，详见本书项目 6。如果打印时未使用打印样式或使用了不正确的打印样式，就有可能在打印输出时出现图形中某些线条打印不出来、打印线宽不对等问题。因此，最好在打印之前设置好打印样式，以便控制打印效果。

1) 创建打印样式

创建打印样式："文件"→"打印样式管理器"→"添加打印样式向导"→连续点击"下一步"→"完成"，双击打印样式，打开"打印样式表编辑器—室内装饰施工图打印样式"对话框，编辑打印样式。

2）编辑打印样式

编辑打印样式：在打印样式编辑器对话框中单击“格式视图”→“打印样式”→“特性”（修改颜色、线宽）。

3）设置关联

设置关联：“文件”→“页面设置管理器”→“修改”→“页面设置”，在右上角的“打印样式表”下拉列表中选择刚创建的“室内装饰施工图纸打印样式”选项。打印时，图形的线宽、线型、颜色等将按照打印样式中的设置进行打印。

任务2 装饰施工图制图规范

【任务介绍】本任务介绍装饰施工图制图规范的要求。

【任务目标】熟悉装饰施工图的制图规范。

1. 图纸幅面

一个工程设计中，每个专业所使用的图纸，一般不宜多于两种幅面（不含目录及表格所采用的A4幅面）。常用的图纸幅面规格及尺寸见表4.1。

表4.1 图纸幅面规格及图纸尺寸表 单位：mm

尺寸幅面	A0	A1	A2	A3	A4
长×宽	1 189×841	841×594	594×420	420×297	297×210
留边	10			5	
装订边	25				

2. 图纸编排

1）图纸编号

图号一般由“层数”“图类”“序号”3部分组成，如图4.10所示。

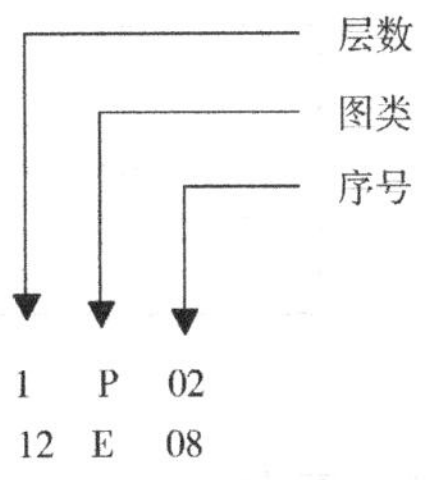

图4.10 图号示例

“层数”为平面楼层的层数，以数字计。如果楼层数超过10层，10以下数字在十位处加0，例如：01，02，03；如果楼层数不足10层，十位处不加0，例如：1，2，3；如果工程设计范围只有一层，可不加“层数”。

“图类”分为平面（Plane）、立面（Elevation）、详图（Detailed），分别用字母P，E，D表示。平面图类为P（含平面图、天花图、地面铺装图、家具布置图、墙体定位图等），立面图类为E，详图类为D。

“序号”以双位数字计，10以下数字在十位处加0，例如：01，02，03。若有图插入时，用加入小写字母方式加入编计，例如：P02a、1P02b。

2) 图纸排列

建筑装饰装修设计图纸一般应按楼层顺序排列,同层图纸按先平面,后立面,详图排在后面。

编号举例如下:一层平面图,1P01;一层天花图,1P02;一层大堂立面图,1E01;一层总台剖面图,1D02。

3) 图纸张号

张号也称页次,当图纸全部做完后,以阿拉伯数字从 001 开始按顺序编制。

3. 图纸字体

除特殊情况外,尽量不使用 TureType 等粗体字体,减小图形文件内存,以加快图形的显示。同一图形文件内字型数目不要超过 4 种。一般情况,总标题字高 6 mm,普通文字标注字高 3.5 mm,英文字母、阿拉伯数字和特殊标注的中文字体字高 3 mm。常用标注字体如表 4.2 所示。

表 4.2　以下字体文件为标准字体

字　型	用　途	字高/mm	宽高比例	说　明
simpelx. shx(西文单线体)	数字标注	5,3	0.8	CAD 软件自带
complex. shx(西文双线体)	英文标注	5,3	0.8	CAD 软件自带
hztxt. shx(汉字单线)	汉字标注	5,3	0.8	天正建筑 CAD 字体
宋体	图纸名称	8	0.8	计算机通用字体

CAD 内容文字设置:当图纸发送甲方或打图处时,为了避免其他计算机打开时没有文字字体,应将字体文件"HZTXT. SHX"同时发送,并复制到对方 CAD 软件安装目录\Fonts 目录里。

4. 图纸比例

常用图纸比例如表 4.3 所示。

表 4.3　常用图纸比例

图　名	常用比例
平面图、天花图	1:200,1:100,1:50
立面图	1:100,1:50,1:40,1:30,1:25
详图(包含局部放大的平面图、天花图、立面图)	1:50,1:40,1:30,1:25,1:20,1:10
节点图、大样图	1:10,1:5,1:2,1:1

5. 图线

图线的属性在建筑工程制图规范中有明确的要求,不同图样的内容,必须使用不同线型和粗细的图线才能分清主次和虚实。国标对图线的线宽、线型、画法均做了明确规定,其中包括了图线的种类、宽度等相关线型比例标准，具体内容见表4.4。

参照电脑绘图要求，在确定线宽时把粗线、中粗线和细线的宽度比定为4∶2∶1，粗线线宽定为0.6 mm，中粗线的宽度为0.4 mm，细线的宽度为0.2 mm。

确定了线型，更要了解该线型一般表示的内容，这才是制图的实质。例如：实线一般表示可见轮廓线，虚线一般表示不可见轮廓线，点画线常用来表示中心线、对称线、图形轴线等，折断线表示断开界面。

在采用CAD软件绘图时，尽量用色彩（COLOR）控制绘图笔的宽度，尽量少用多段线（PLINE）等有宽度的线，减小图形文件内存，以加快图形的显示。

常用线型比例如表4.4所示。

表4.4　常用线型比例

名称	线型	线宽	用　途
粗实线		0.6 0.5	平面图、天花图、立面图、详图中被剖切的主要构造（包括构配件）的轮廓线
中实线		0.35 0.3 0.25	1. 平面图、天花图、立面图、详图中被剖切的装饰的构造（包括构配件）的轮廓线 2. 立面图中的转折线 3. 立面图中的主要构件的轮廓线
细实线		0.2 或 默认	1. 平面图、天花图、立面图、详图中一般构件的图形线 2. 平面图、天花图、立面图、详图中索引符号及其引出线
超细实线		0.15 默认	1. 平面图、天花图、立面图、详图中细部润饰线 2. 平面图、天花图、立面图、详图中尺寸线、标高符号、材料标注引出线 3. 平面图、天花图、立面图、详图中配景图线
填充图案线		默认	
中虚线		0.4	平面图、天花图、立面图、详图中不可见的灯带
细虚线		0.2	平面图、天花图、立面图、详图中不可见的轮廓线
细单点长划线		0.2 或 默认	中心线、对称线、定位轴线
折断线		0.2	不需要画全的断开界线

任务3　建筑装饰施工图绘制实例

【任务介绍】本任务介绍装饰施工图的绘制方法。

【任务目标】能绘制标准的装饰施工图。

装饰施工图是以建筑施工图为基础,用投影视图的基本原理,表达装饰对象室内外各部位设置形式及其相互关系、装饰结构、装饰造型及饰面处理要求的一组视图,主要包括装饰平面图、装饰立面图、顶棚装饰平面图、装饰剖面图与构造节点图、装饰详图等。本节以某独体别墅装饰装修施工图纸为例,介绍装饰施工图的绘制方法和步骤。

1. 绘制原始结构平面图

原始结构平面图是指装修前毛坯房的平面图形,主要用来表示墙体、门洞、窗户的位置尺寸及各个房间的关系。原始结构平面图是绘制其他室内设计图纸的基础和依据,它在室内装饰设计图纸中是一种非常重要的图样,如图 4.10 所示。

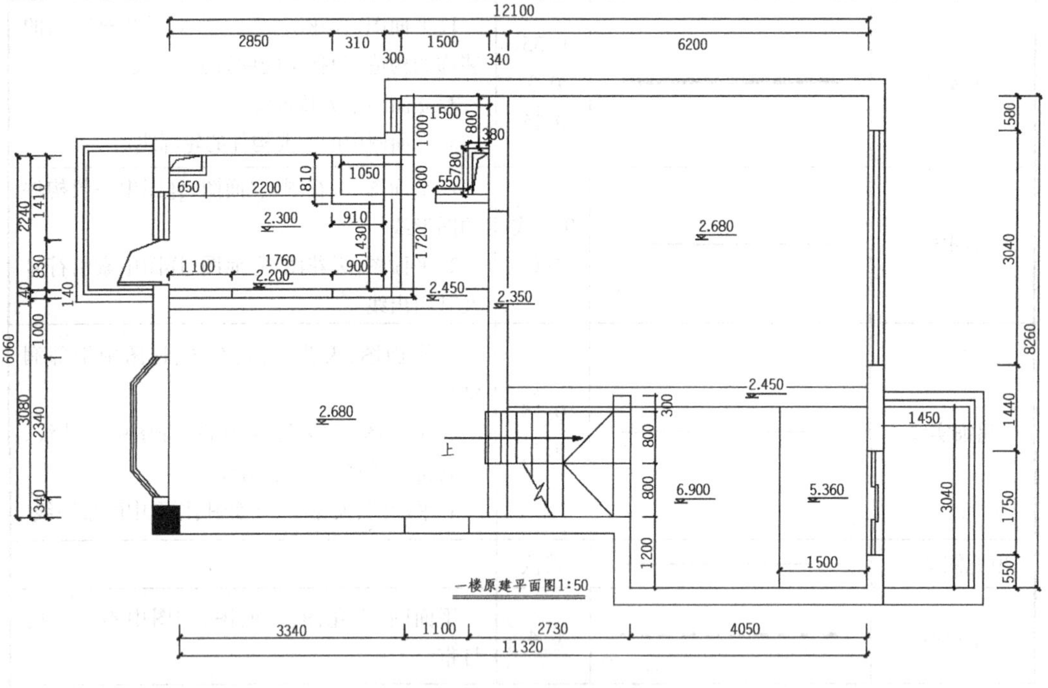

图4.10　一层原建平面图

原始结构平面图主要是由墙体,预留门洞、窗和尺寸标注组成,其绘制过程大致分 6 个步骤。

①调用样板新建图形。

②绘制墙体、剪力墙。剪力墙是由钢筋混凝土浇筑成的墙体,其作用是抵抗建筑受到的水平剪力,因高层建筑所要抵抗的水平剪力主要是地震引起,故剪力墙又称抗震墙。绘制结果如图 4.11 所示。

③绘制横梁、管道。设置线型为 DASHED2,颜色为紫色(区别于墙体),线型比例设为 20;

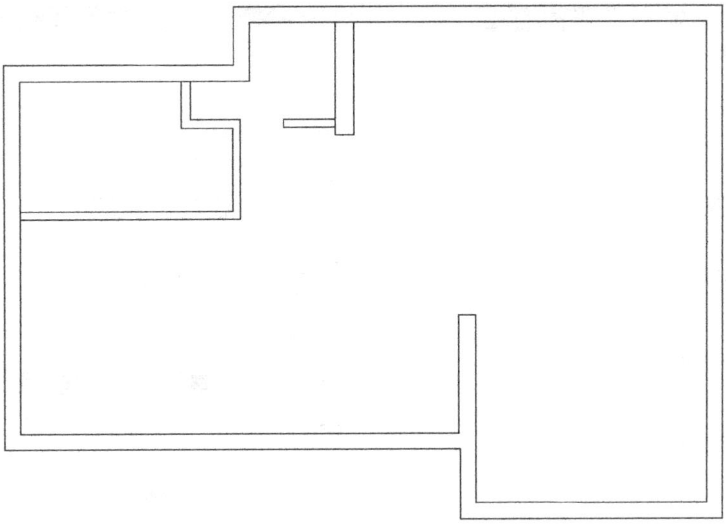

图4.11 墙体绘制

厨房中需要绘制下水管、地漏、空气管(目的是让排水更顺畅);

卫生间需要绘制排污管(连接座便器)、排水管(连接洗手盆)、空气管;

空调管道及空调主机的位置、厨房排烟管道(用到中空符号)、配电箱和对讲机的用户端口也需要在房间中表示出来。绘制结果如图4.12所示。

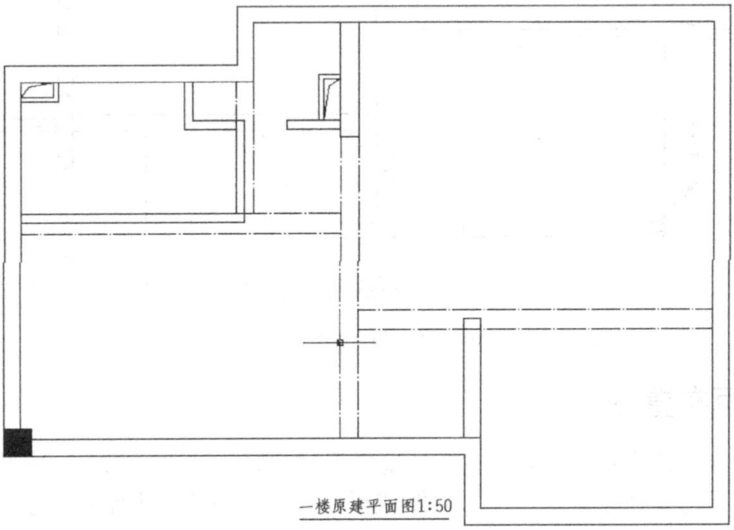

图4.12 横梁、管道绘制

④开窗洞,绘制窗和阳台。窗和阳台图样均可使用“多线”绘制,设置如图4.13所示。

⑤开门洞,绘制推拉门。毛坯房一般都预留了门洞,虽然在装修时可根据房屋的结构和设计的需要进行调整,但绘制原始结构平面图时,这些门洞的位置仍需准确地表示出来。除此之外,一些毛坯房靠近阳台的门洞位置还安装了推拉门,同样需要将其绘制出来,以便设计时参考和取舍,如图4.14所示。

⑥标注尺寸。进行室内设计时一般只考虑房间内空尺寸,因此标注的尺寸也最好是反映房间的内空大小。绘制结果如图4.15所示。

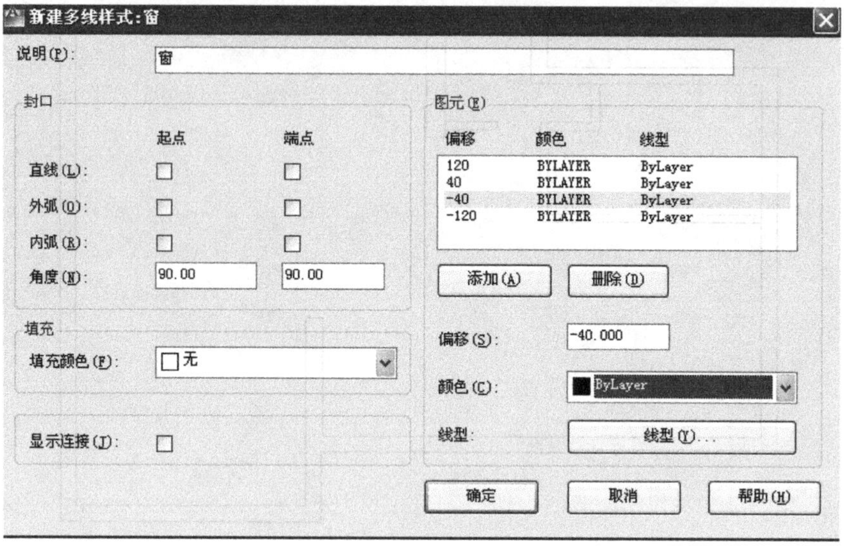

图 4.13　窗的多线样式设置

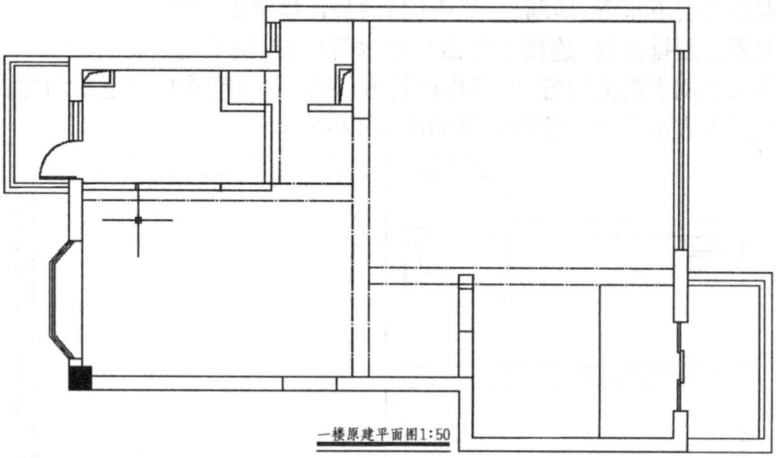

图 4.14　门、窗、阳台绘制

2. 绘制平面布置图

室内平面布置图主要用来表示室内环境要素(如家具、陈设等),是室内装饰施工图纸中的关键性图纸。它是在原建筑结构平面图或拆墙图的基础上,根据业主的要求和设计师的设计意图,对室内空间进行详细的功能划分和室内设施定位。

绘制平面布置图时,首先调用原始结构平面图,根据业主的要求和人体工程学在结构平面图上划分各功能空间,然后分别确定各功能空间内家用设施的摆放位置,从而绘制得到平面布置图,如图 4.16 所示。

绘图过程如下:

①设置绘图环境,调入样板文件。

②调入原始结构平面图。

③划分空间功能分区,合理布置家居、洁具、设备、陈设等相关图块,如图 4.17 所示。

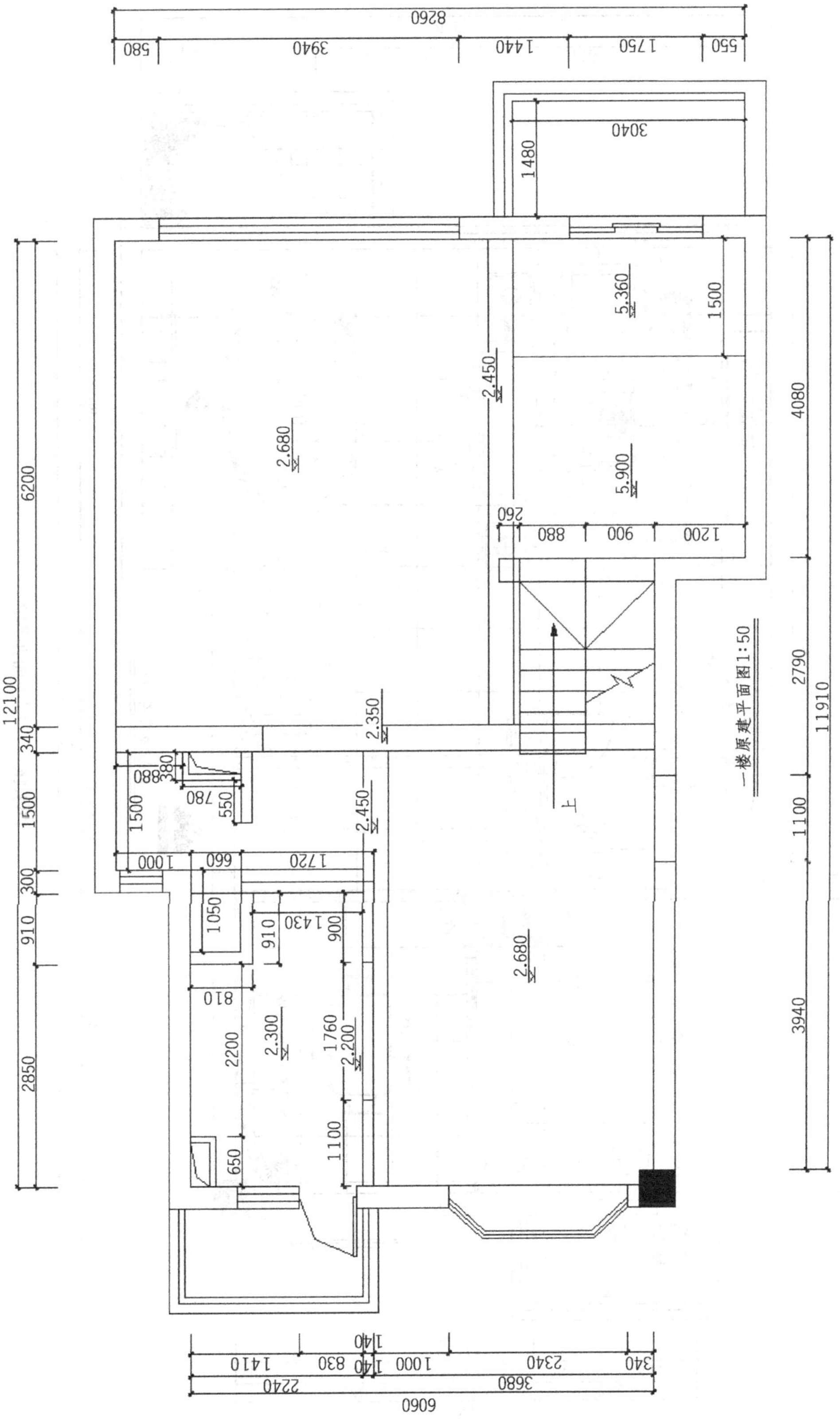

图4.15　尺寸、标高绘制

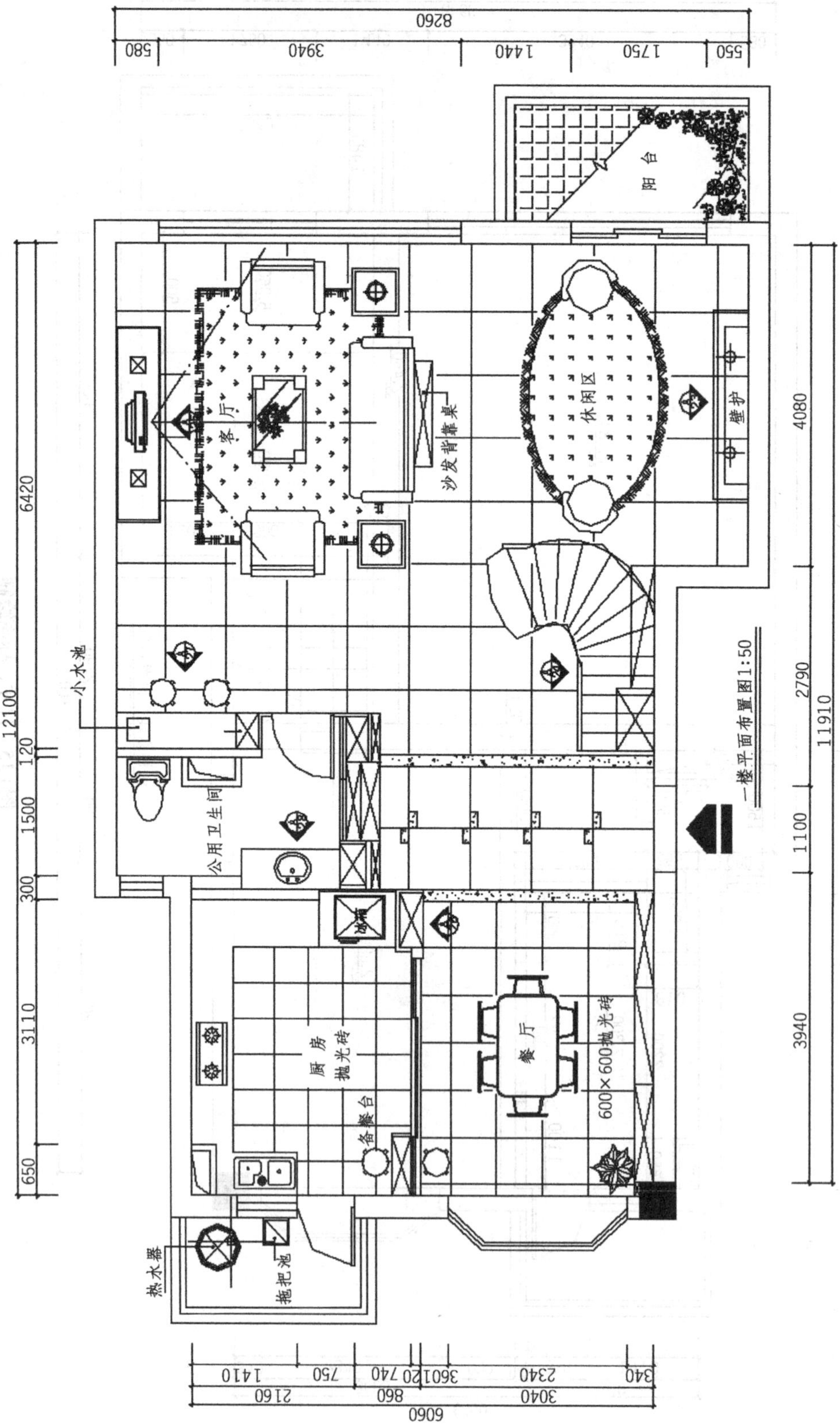

图4.16　一层平面布置图

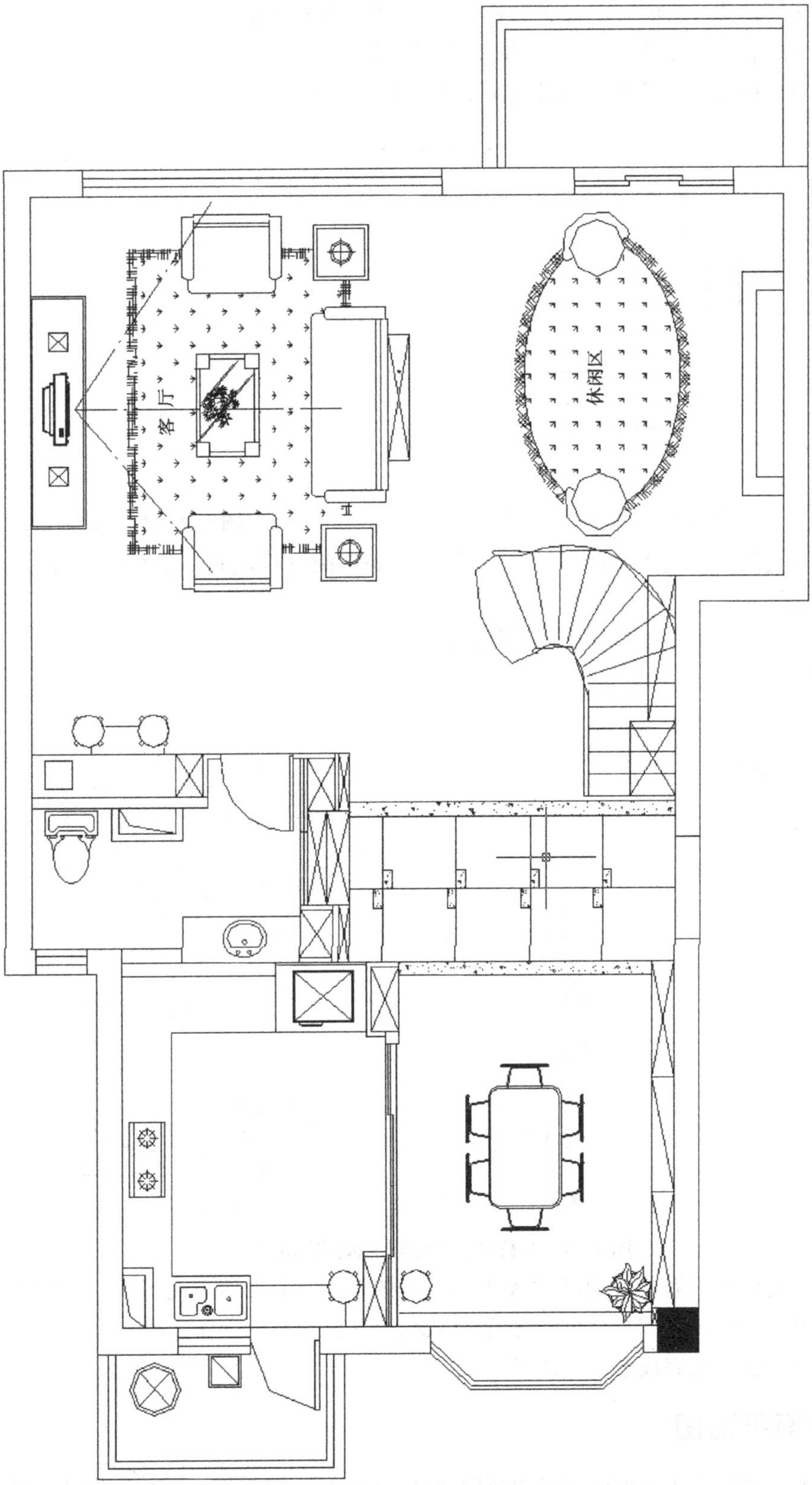

图4.17 空间划分及器具布置

④绘制文字说明,注明房间、设备名称、立面图编号等相关信息。

a. 使用“单行文字”命令标注房间功能,如图 4.18 所示。

b. 使用“快速引线”命令标注文字注释,如图 4.19 所示。

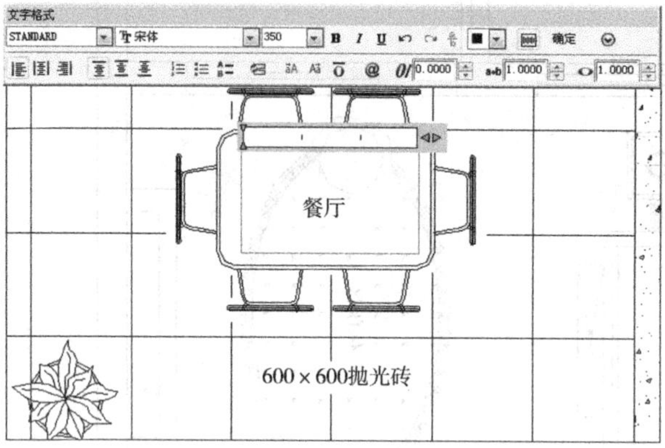

图 4.18　单行文字设置

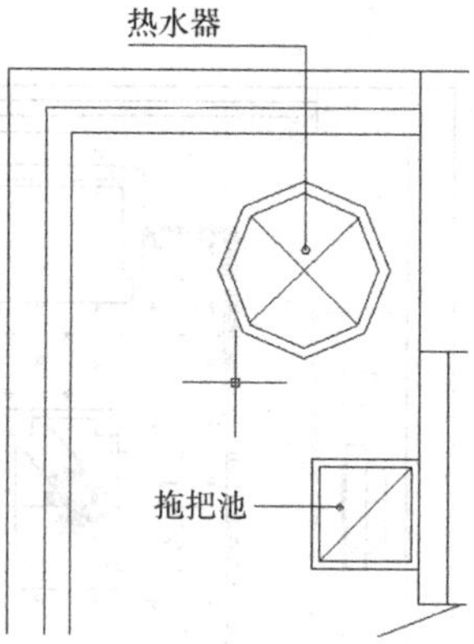

图 4.19　加入文字注释

⑤设置填充图案及比例,对厨房、卫生间、阳台等房间进行填充。参数设置及填充效果如图 4.20 所示。

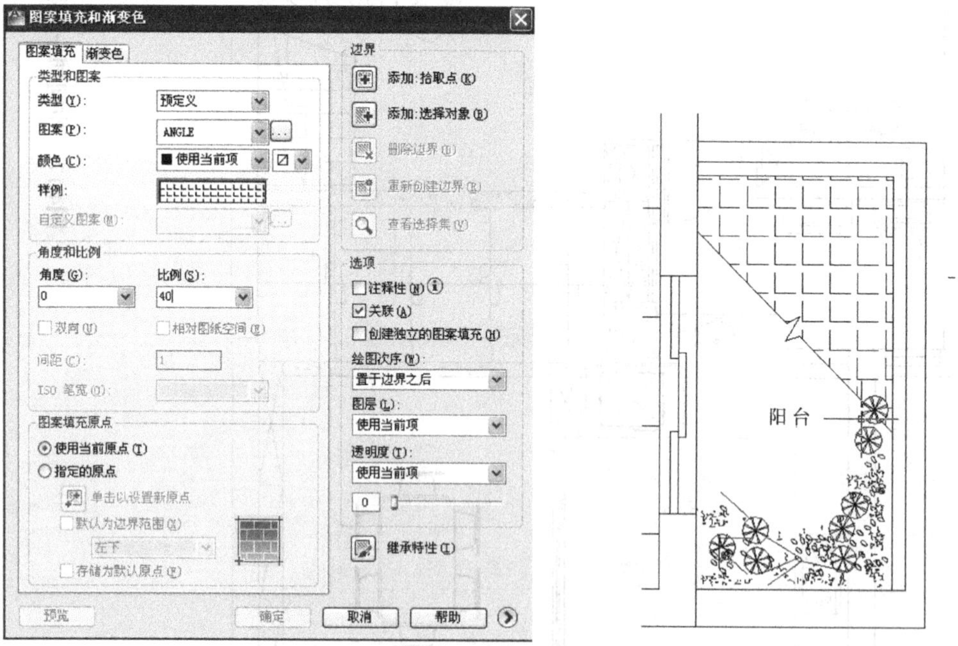

图 4.20　参数设置及房间地板图案填充

平面图中的内容太繁杂,在填充图案时有一定的难度。为方便填充图案,可以先绘制出填充边界,然后冻结无关的对象,再为其填充图案,是一种重要的操作技巧。

⑥标注尺寸、标高,完成平面布置图。

3. 绘制地面平面图

地面平面图是用来表示地面组成的图样,包括地面使用的材料和形式(如分格、图案等)。

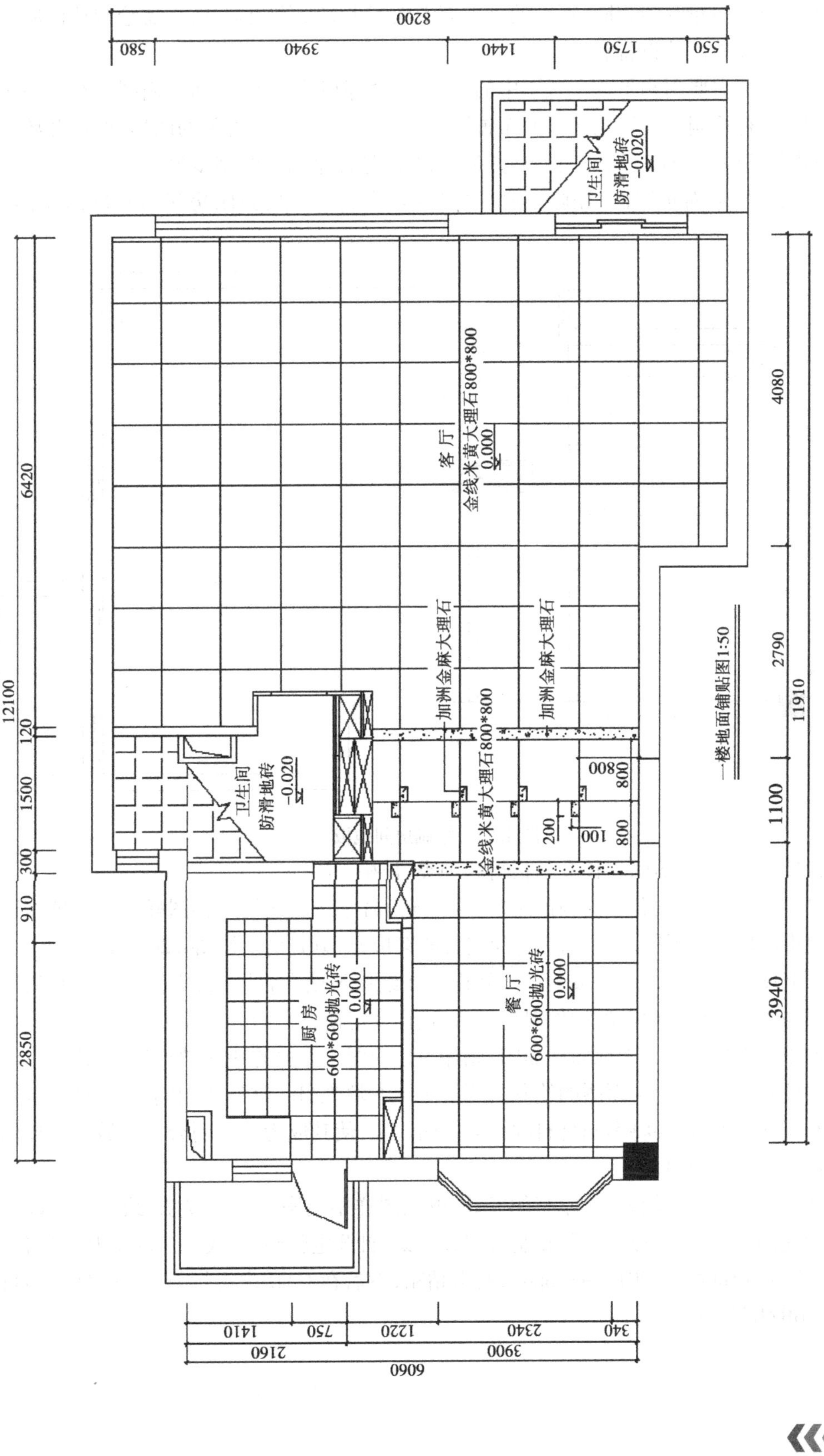

图4.21 一层地面铺贴图

其绘制方式与平面布置图相同,不同的是地面平面图不需要绘制家具,只需绘制地面所使用的材料和固定在地面的设备和设施图形。

地面平面图需要用到平面布置图中的墙体、门窗等相关图形,地面平面图可在平面布置图的基础上进行绘制。通过调用平面布置图,删除与地面平面图无关的图形,即可开始绘制地面平面图。以图4.21一层地面铺贴图为例,介绍地面平面图绘制步骤。

①导入一层平面布置图,删除不必要的图线、家具、配景,封闭房间门洞口,如图4.22所示。

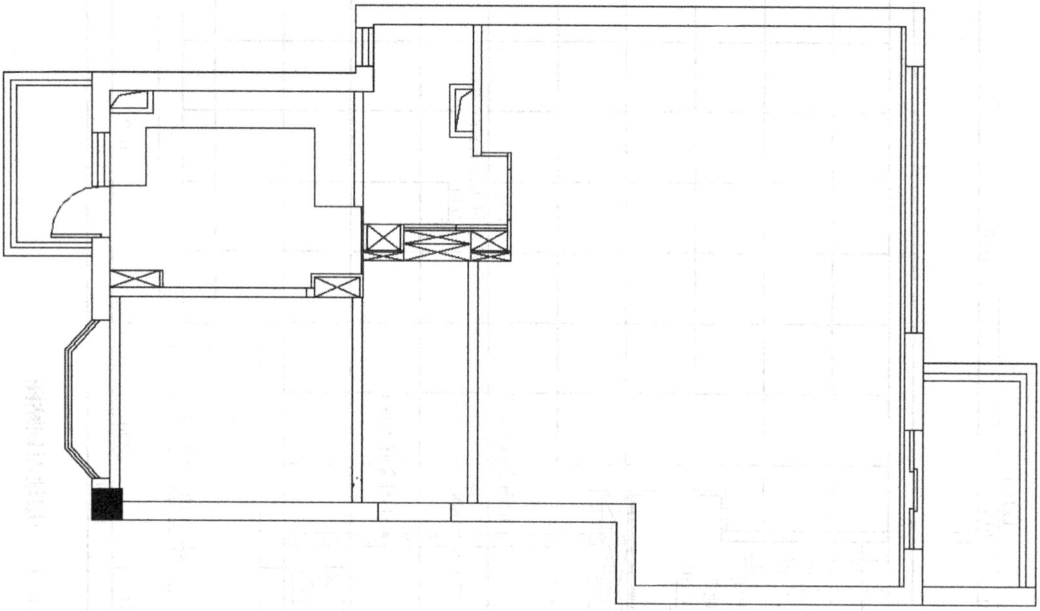

图4.22 绘制房间地板

②绘制文字,注明房间名称及地板材料种类、规格。

③结合设计方案,在各房间内部用"图案填充"命令绘制地板材料图样。设置填充图案及比例(图4.23),对厨房、卫生间等房间进行图案填充,填充结果如图4.24所示。

④绘制图号,标注尺寸,完成地面布置图。在绘制地面布置图时,应注意所绘制的图形比例尽量与整个地面平面图的比例保持一致,这样才能使整个图形比较协调、真实。

复制平面布置图改名为地面平面图,删除与地面图形无关的图形,如家具、陈设等。

需要注意的是:地面平面图的绘制主要使用图案填充(B)命令,但由于默认只能对封闭区域进行操作,所以需要将不同材料的地面封闭起来,使其成为一个闭合的区域。简单的做法是在门口处加上门口线。

由于装饰材料种类较繁多,原有的CAD填充图样不能满足使用要求,绘图者可以添加自定义填充图案。具体方式如下:复制自定义图案,打开电脑硬盘,找到AutoCAD安装目录,Program Files→AutoCAD 2012→Support,右击粘贴,然后在CAD中运行H,填充,样例→自定义→ZXZBRZK(图案)。

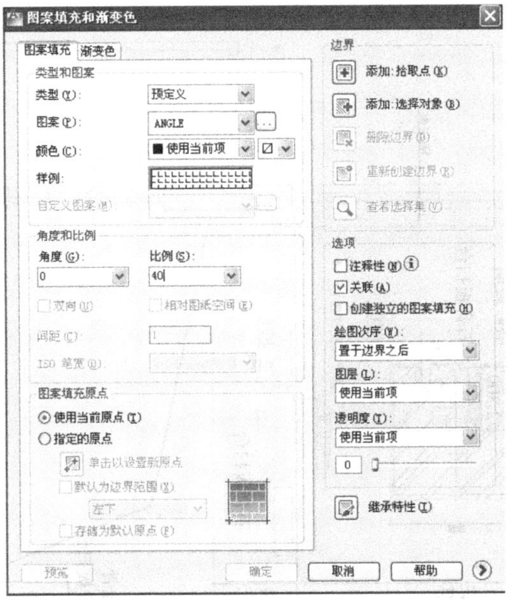

图 4.23 设置填充参数

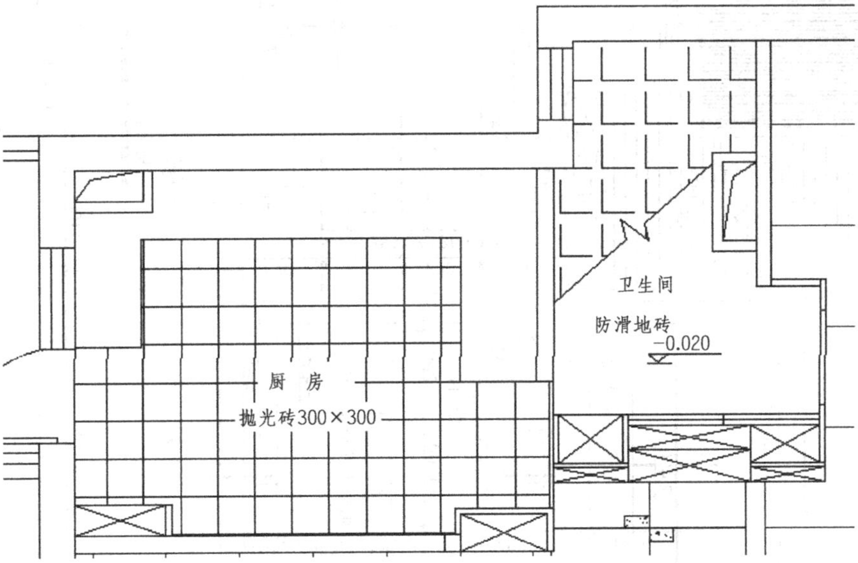

图 4.24 图案填充结果

4. 绘制顶棚平面图

顶棚平面图是用假想水平剖切面从窗台上方把房屋剖开,移去下面的部分后,由下向上正投影所生成的图形。顶棚平面图主要用来表示室内装潢顶棚的造型和灯具的布置,同时也反映了室内组合的标高室内空间组合的标高关系和尺寸等。其内容主要包括各种装饰图形、灯具、说明文字、尺寸和标高等。

如图 4.25 所示,某居室天花布置图的绘制步骤如下。

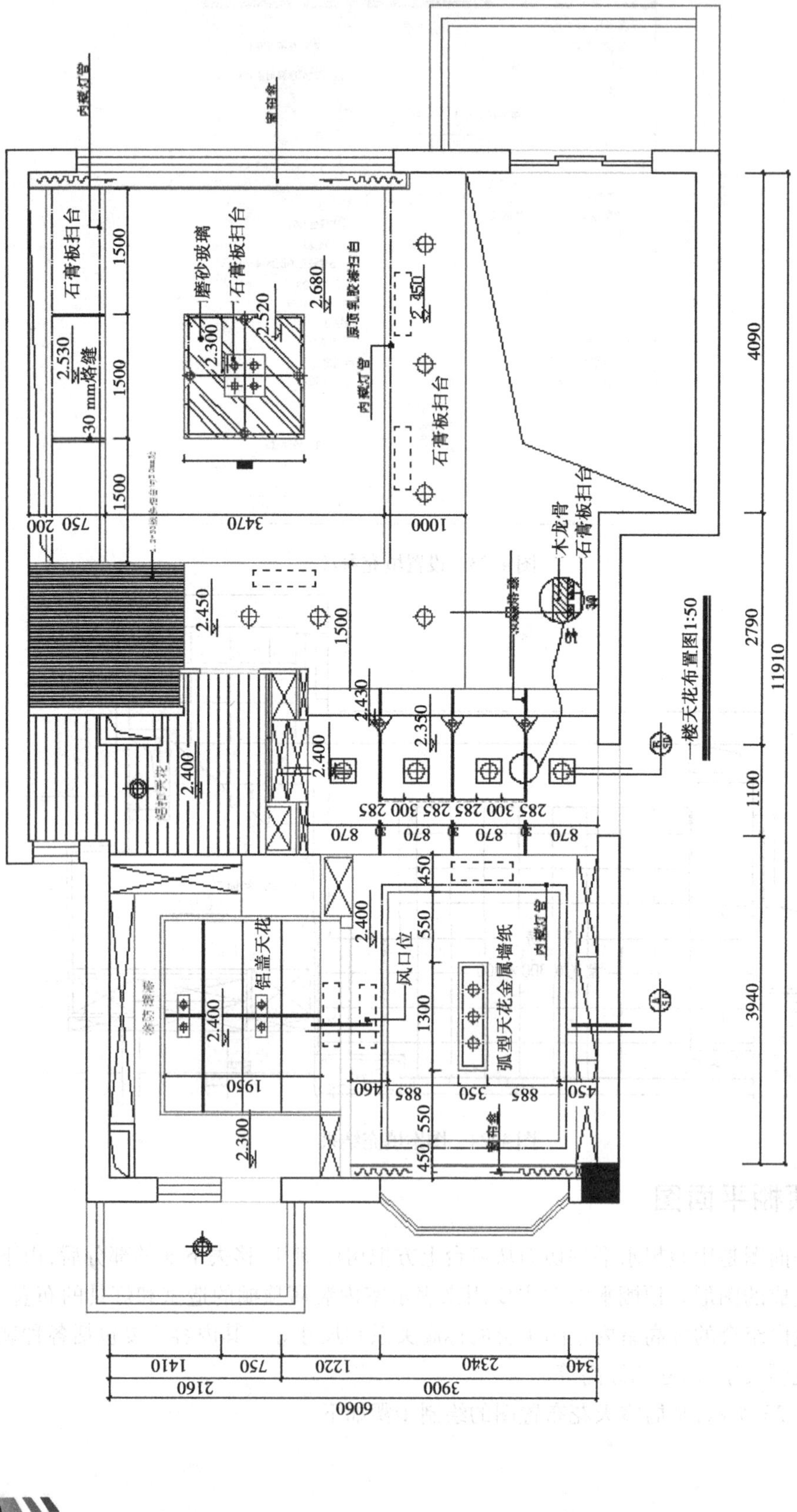

图4.25　一层天花布置图

①调入原始结构平面图或地面布置图,创建名为“天花层”的图层,同时冻结“尺寸层”和“文本层”。

②删除不需要的构件,然后使用画线命令绘制门洞、柜子轮廓图,如图4.26所示。

③绘制窗帘及窗帘盒构件:

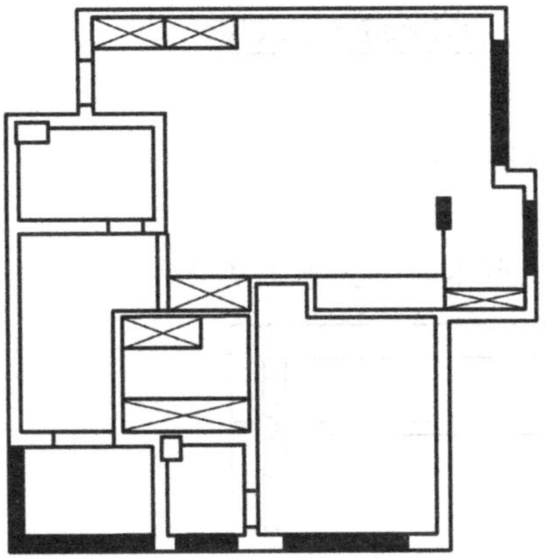

图4.26 绘制门洞、柜子轮廓

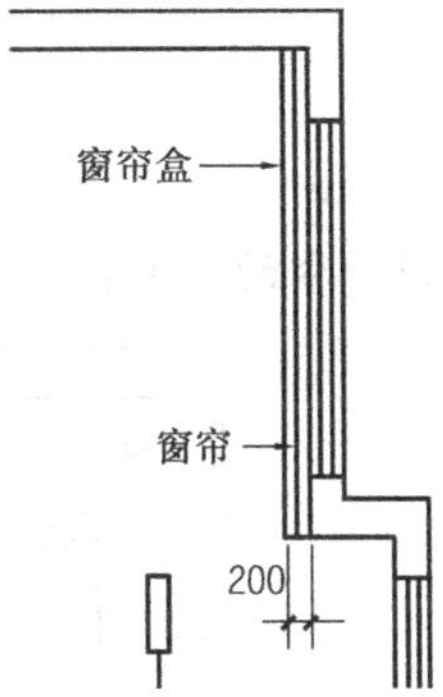

图4.27 绘制窗帘及窗帘盒轮廓线

a.使用“多段线”命令绘制窗帘及窗帘盒轮廓线,如图4.27所示;

b.在绘制的轮廓线内,利用“样条曲线”命令绘制窗帘,使用适宜图例,如图4.28所示。

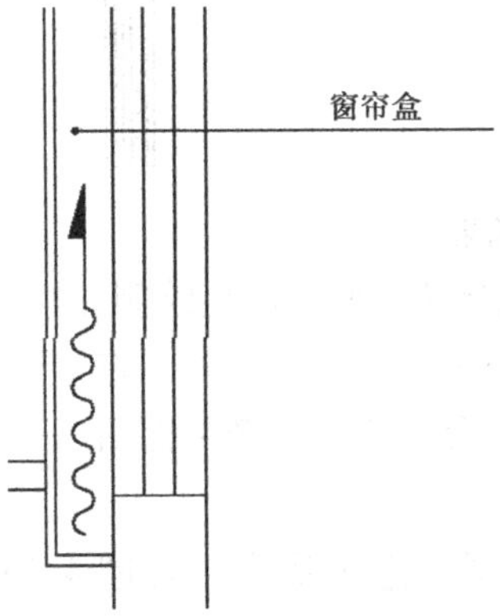

图4.28 样条曲线绘制

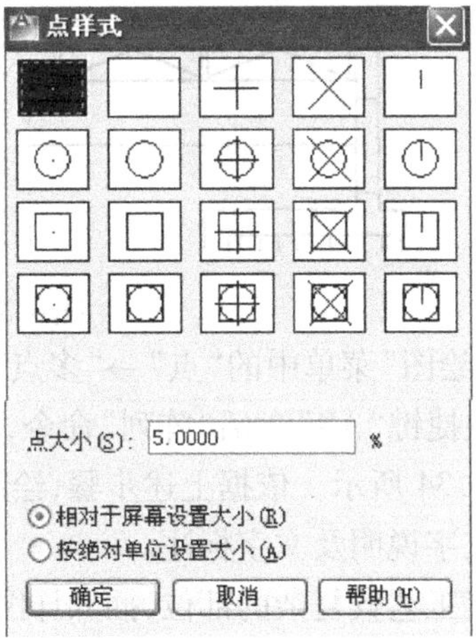

图4.29 点样式设置

④使用“矩形”“偏移”等命令绘制房间灯池与灯带轮廓线。

⑤各房间灯具定位与绘制;

a.使用直线命令绘制垂直图线作为灯具定位辅助线;

b.设置当前点样式及点尺寸,如图4.29所示;

c.使用“定距等分”命令布置客厅辅助灯具。命令行操作如下:

命令:_measure

选择要定距等分的对象: >>在如图4.30所示的位置单击辅助线

指定等分位置

指定线段长度或[块(B)]://1200 >>按Enter键

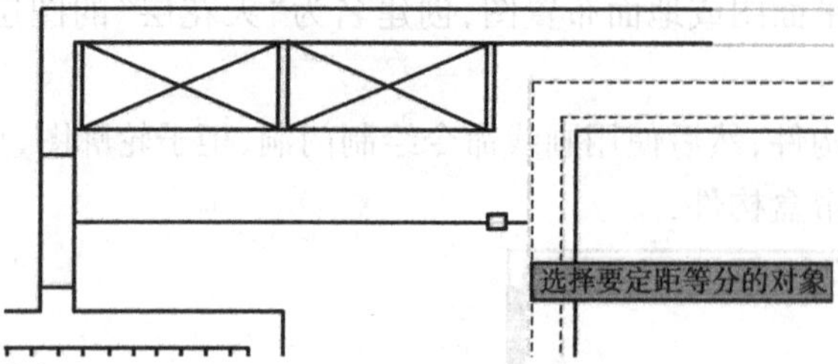

图 4.30　等分对象设置

命令：_measure

选择要定距等分的对象：　　>>在如图 4.31 所示的位置单击辅助线

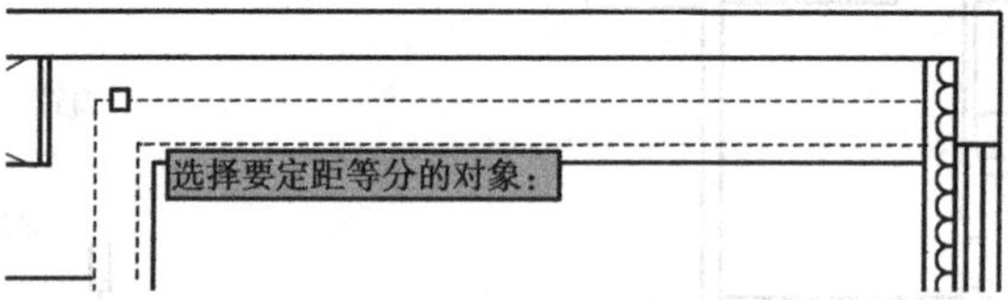

图 4.31　指定等分位置

指定线段长度或［块(B)］: 1200　　>>按<Enter>键。

等分结果如图 4.32 所示。

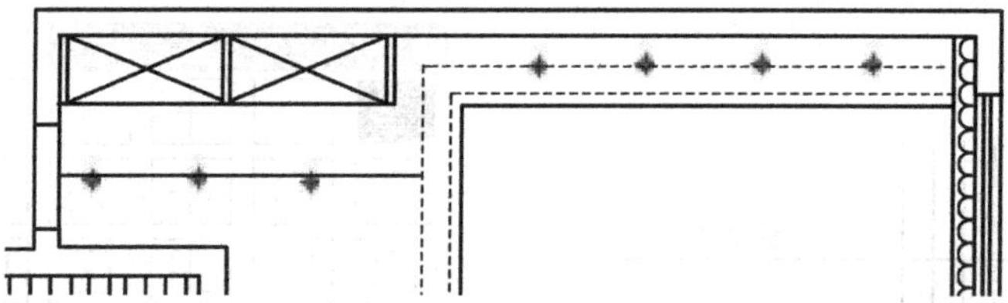

图 4.32　等分结果

d. 单击"绘图"菜单中的"点"→"多点"命令,配合端点捕捉功能绘制点标记,作为灯具。

e. 使用快捷键"AR"激活"阵列"命令,如图 4.33 所示,选择下侧的点标记进行阵列,阵列结果如图 4.34 所示。依据上述步骤,绘制走道、阳台等位置顶棚平面图。

⑥添加文字说明及文字标注。

⑦在施工工艺较复杂的部位,插入详图符号,绘制天花剖视详图,如图 4.35 所示。

5. 绘制立面图

立面图主要是用来表现墙体的结构,或者是一些门或柜子的造型。立面图包括平面图和立面图两部分,平面图是从上往下看,立面图是从前面往后面看。当物体造型比较复杂,从平面和立面都不能表现它的结构时,需要画侧视图,就是从左边向右边看(或者从右边向左边看),剖视图也是一个道理。

常见的装饰立面图主要有墙体立面图、门窗立面图、储藏柜台立面图、卫浴设备立面图、家具电器立面图等。

以图 4.36 所示厨房门立面图为例,介绍立面图绘制方法和步骤。

①绘制轮廓线。将平面布置图上厨房门复制粘贴到空白处,删除一些多余的图形,画两

图 4.33 设置阵列参数

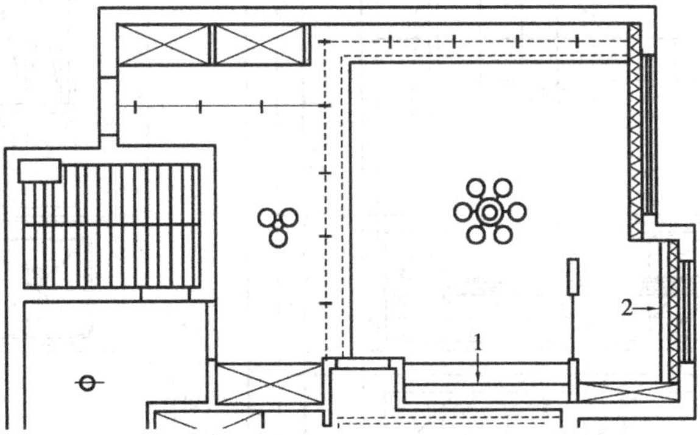

图 4.34 阵列结果

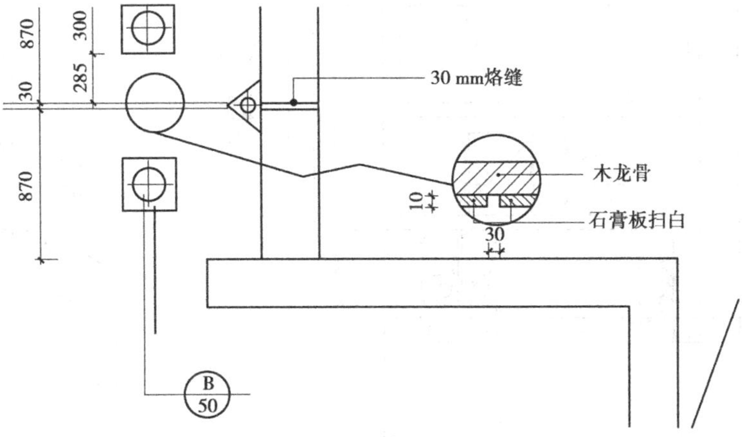

图 4.35 木龙骨吊顶剖视详图

条折断符号，表示省略了后半部分。

在修改好的平面图上方，画一条直线，结合图中尺寸，进行偏移，绘制出厨房门段墙体处门、设备、家具的轮廓边界，如图 4.37 所示。

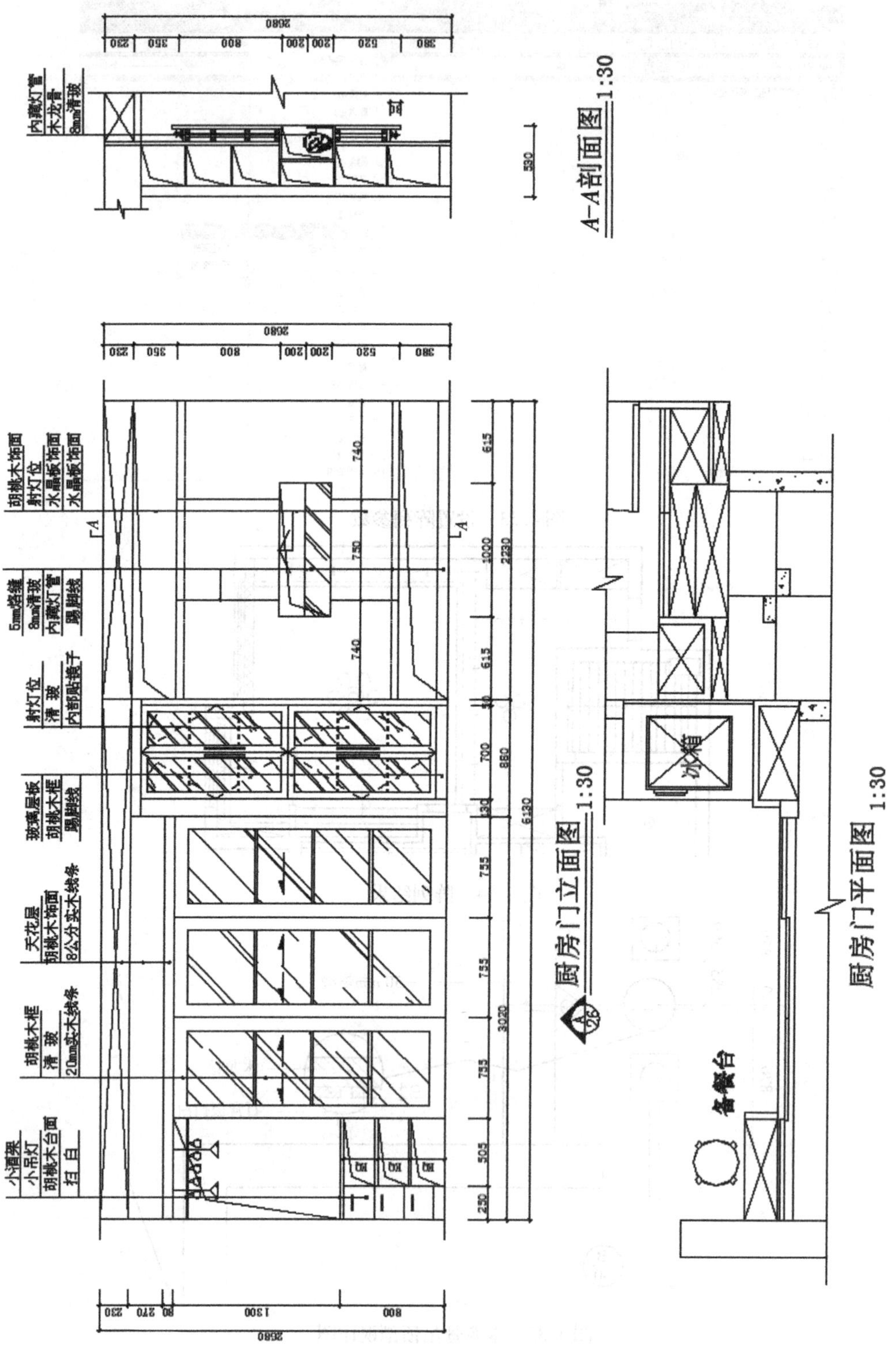

图4.36 厨房门立面图例

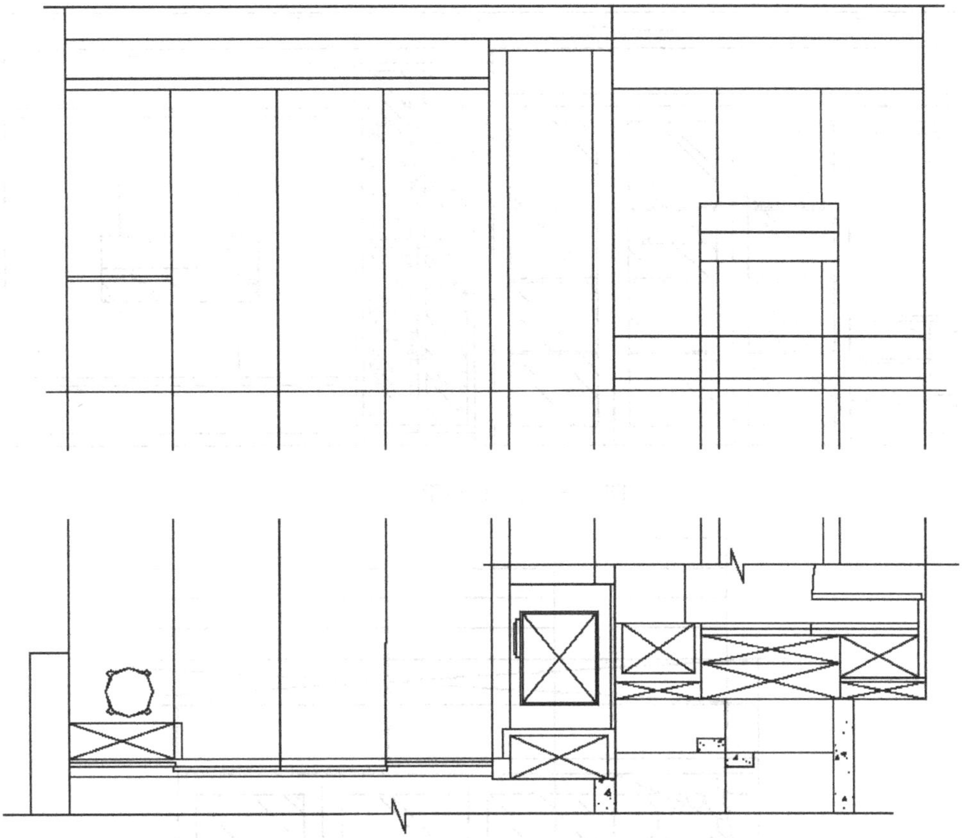

图 4.37 绘制轮廓线

②绘制厨房门、储物柜门细部图案,如图 4.38 所示。

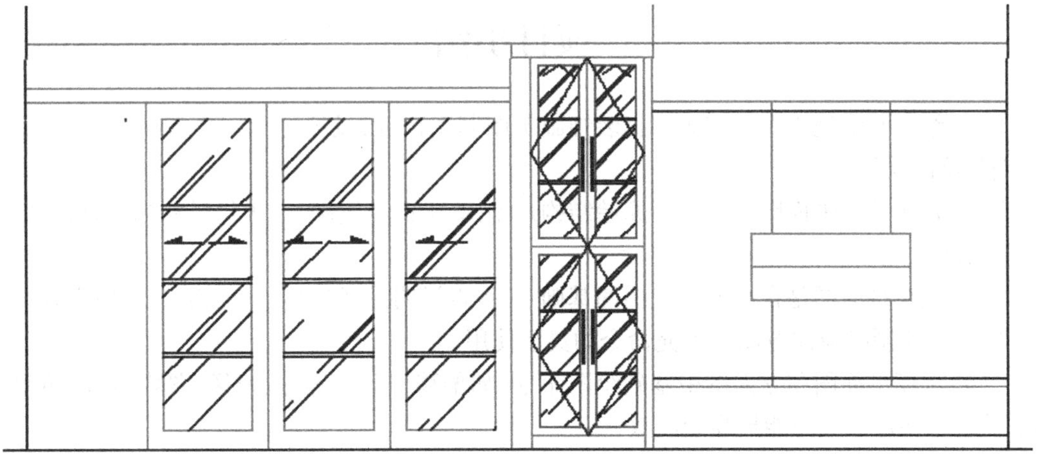

图 4.38 门细部图案绘制

③绘制厨房墙面其他设备细部图案,如图 4.39 所示。

④单击“绘图”菜单中的“多段线”命令,绘制如图 4.40 所示的直线,作为文字指示线。

⑤标注尺寸、注写文字说明,完成厨房门立面图绘制。

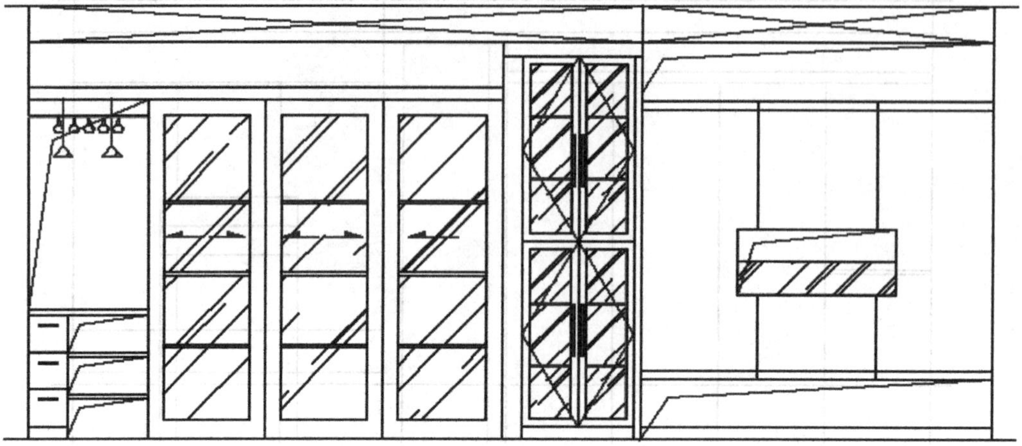

图 4.39　立面细部图案完成

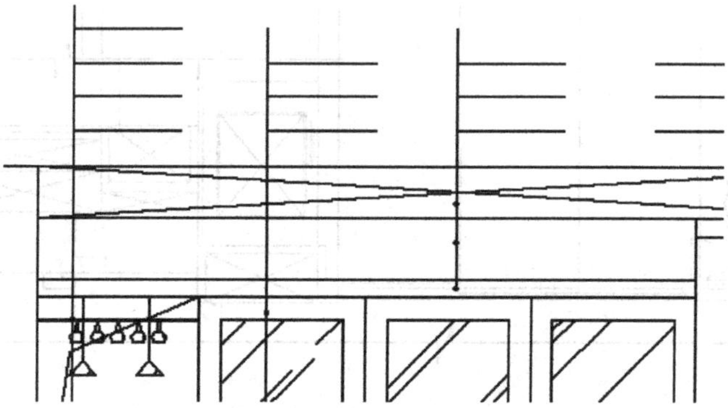

图 4.40　绘制文字指示线

项目小结

(1)绘制装饰施工图前应先根据装饰施工图制图标准,设置好绘图样板文件,用以简化后期的绘图操作。

(2)建筑装饰平面图主要包括原始结构户型图、平面布置图,在进行尺寸标注时,均以内墙面为准。

(3)地板平面图是在平面布置图的基础上,重点说明地面材料、施工构造、地面安装设备的图纸,在绘制时应注意图案填充命令的灵活使用。

(4)顶棚平面图和立面图中基础绘图命令(如偏移、阵列、等分、镜像、图块)使用频率较高,熟练掌握这些命令能提高绘图效率。

技能实训

根据建筑工程制图标准,完成以下建筑装饰施工图的绘制。图纸 A3 幅面,1∶50 打印比例,自行编制图纸目录,要求图号编排正确,字高、线型及比例、绘图符合制图标准要求。

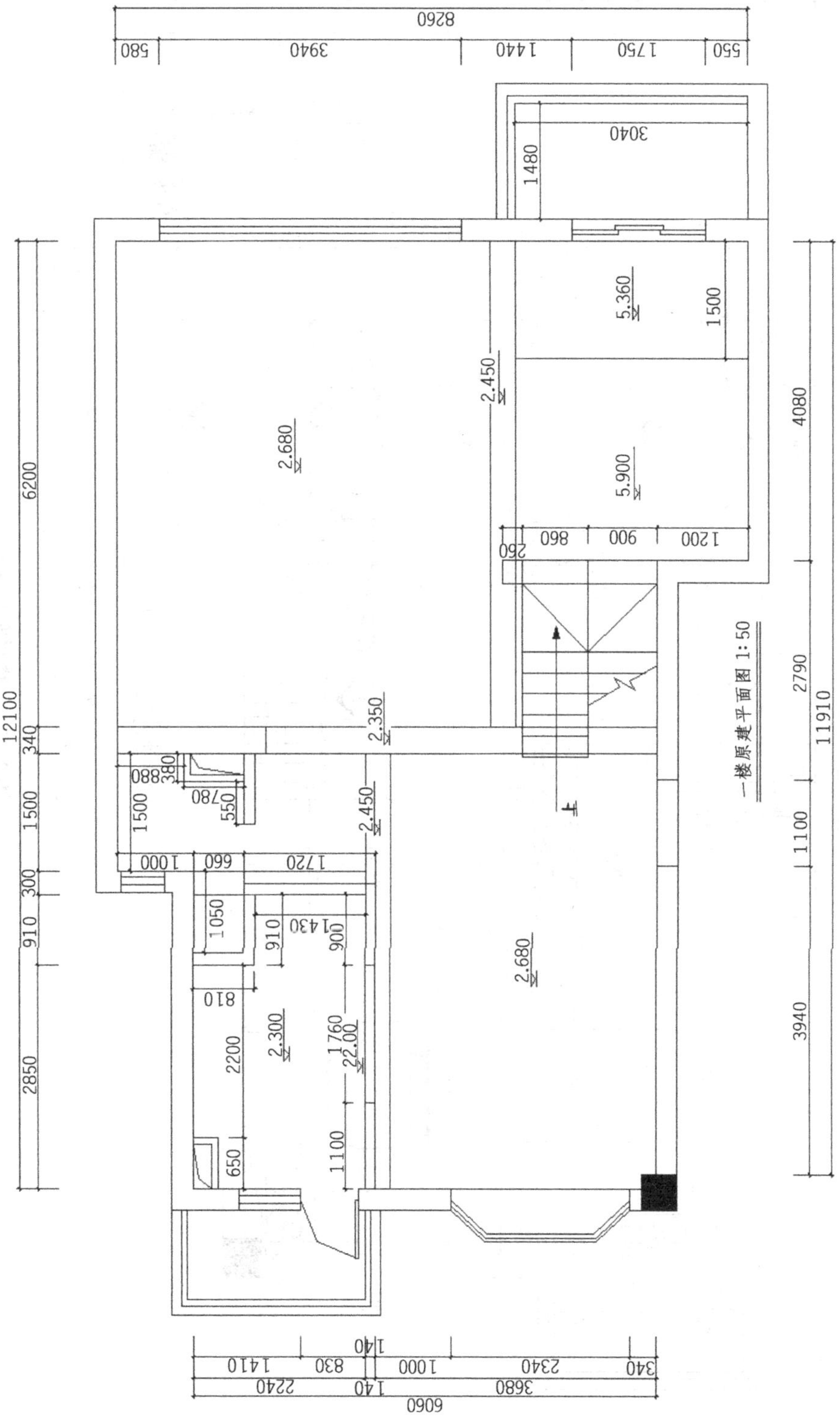

图 4.41　一楼原建剖面图

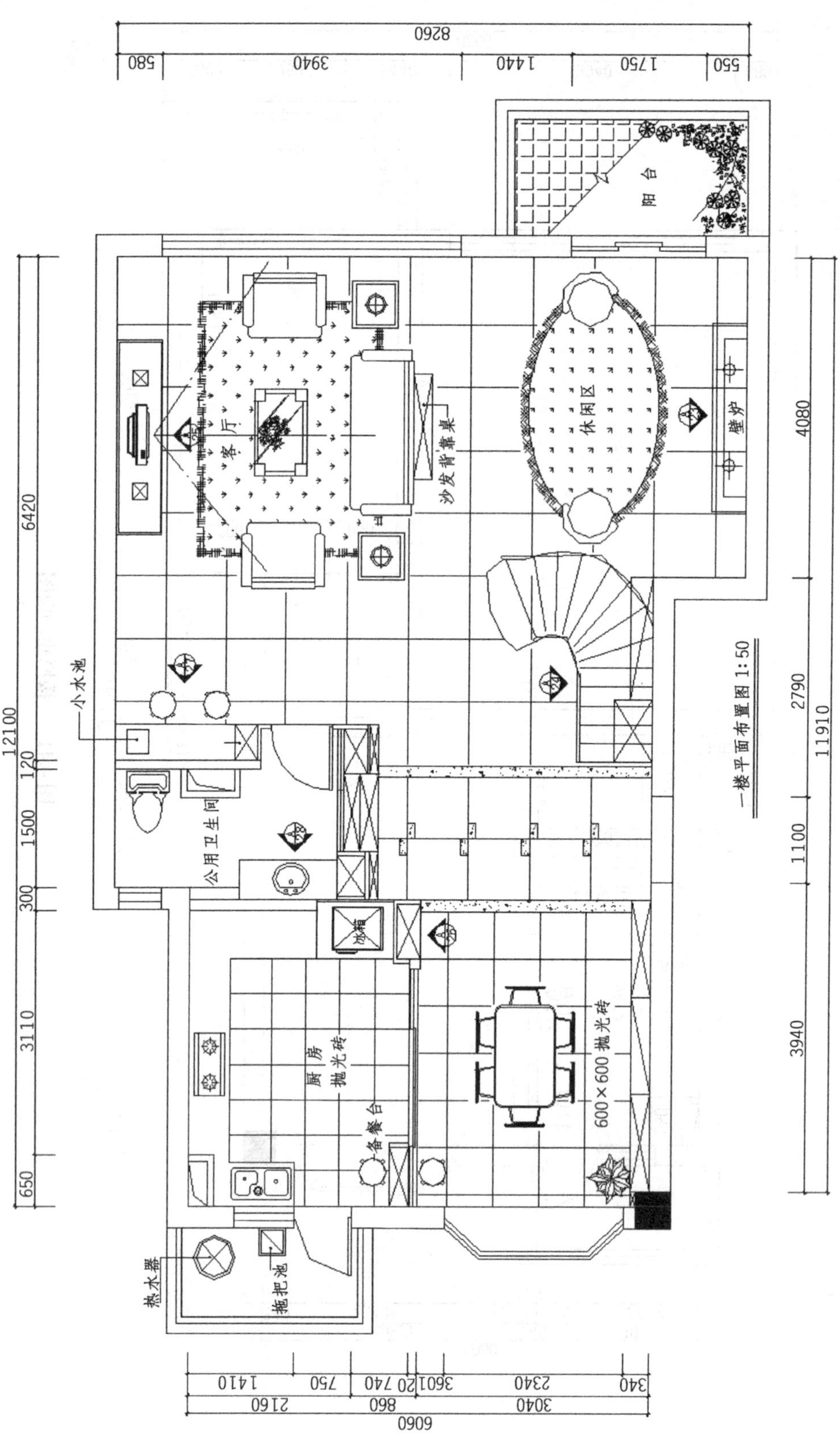

图 4.42　一楼平面布置图

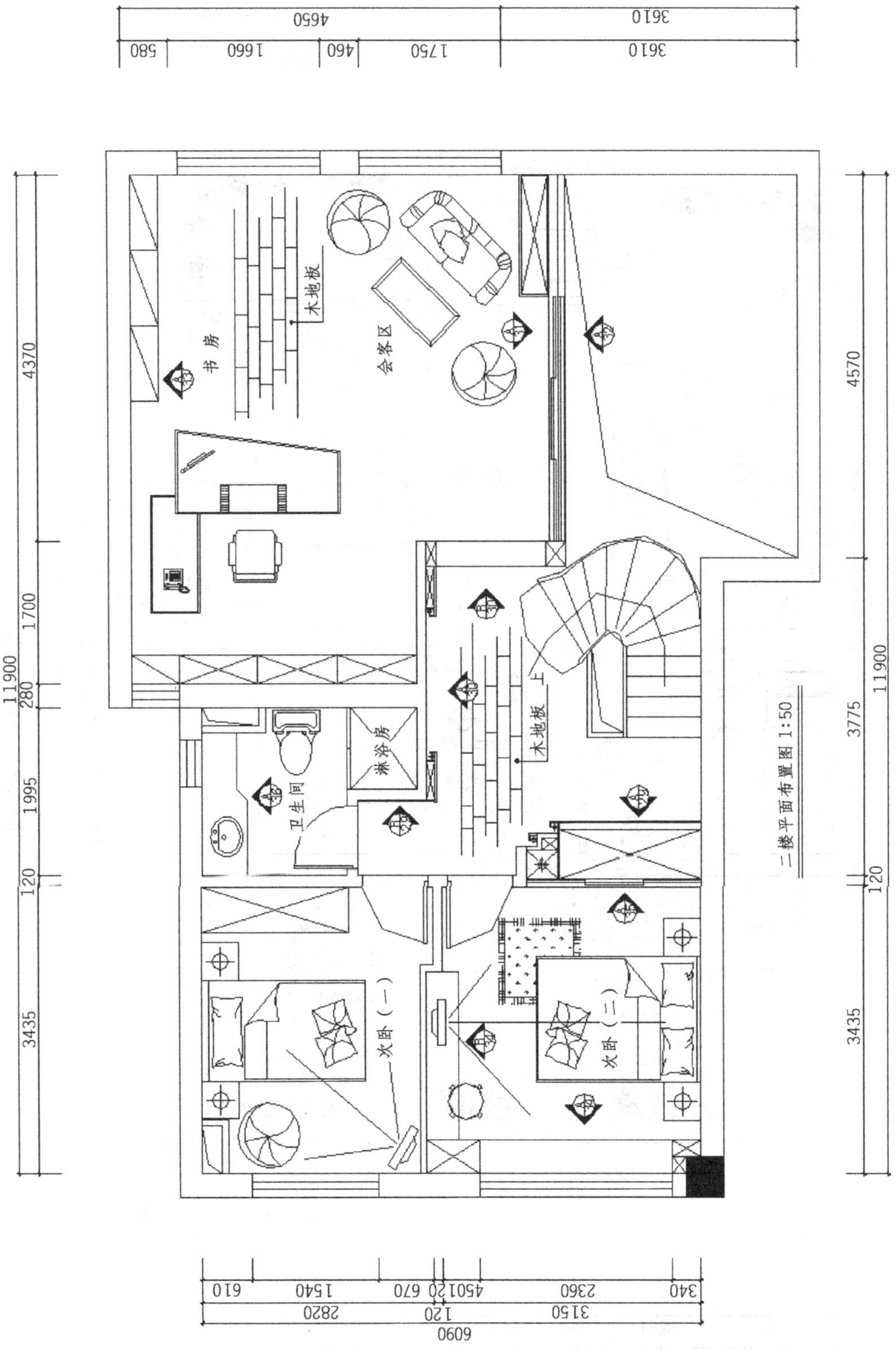

图 4.43 二楼平面布置图

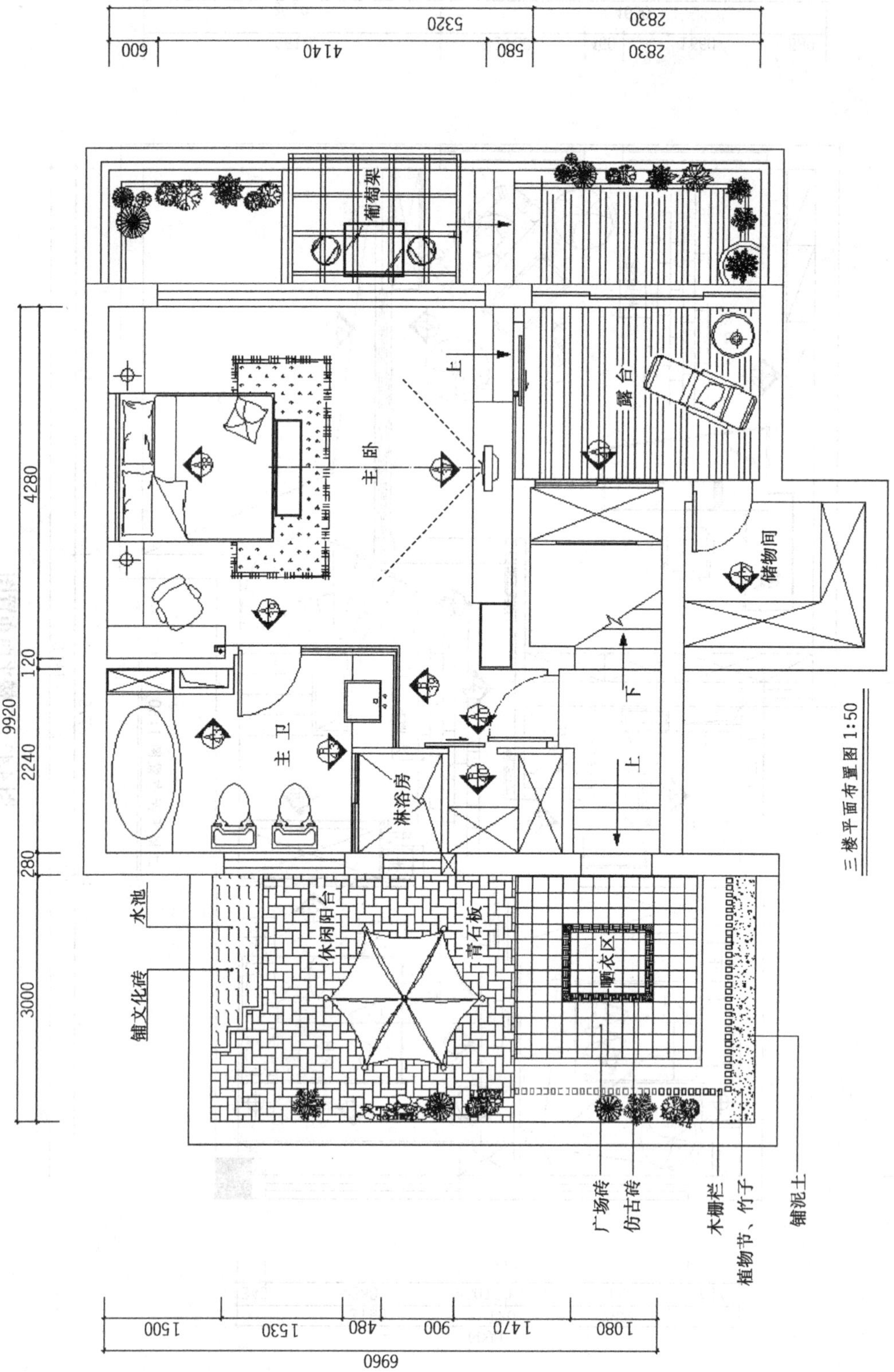

图 4.44　三楼平面布置图

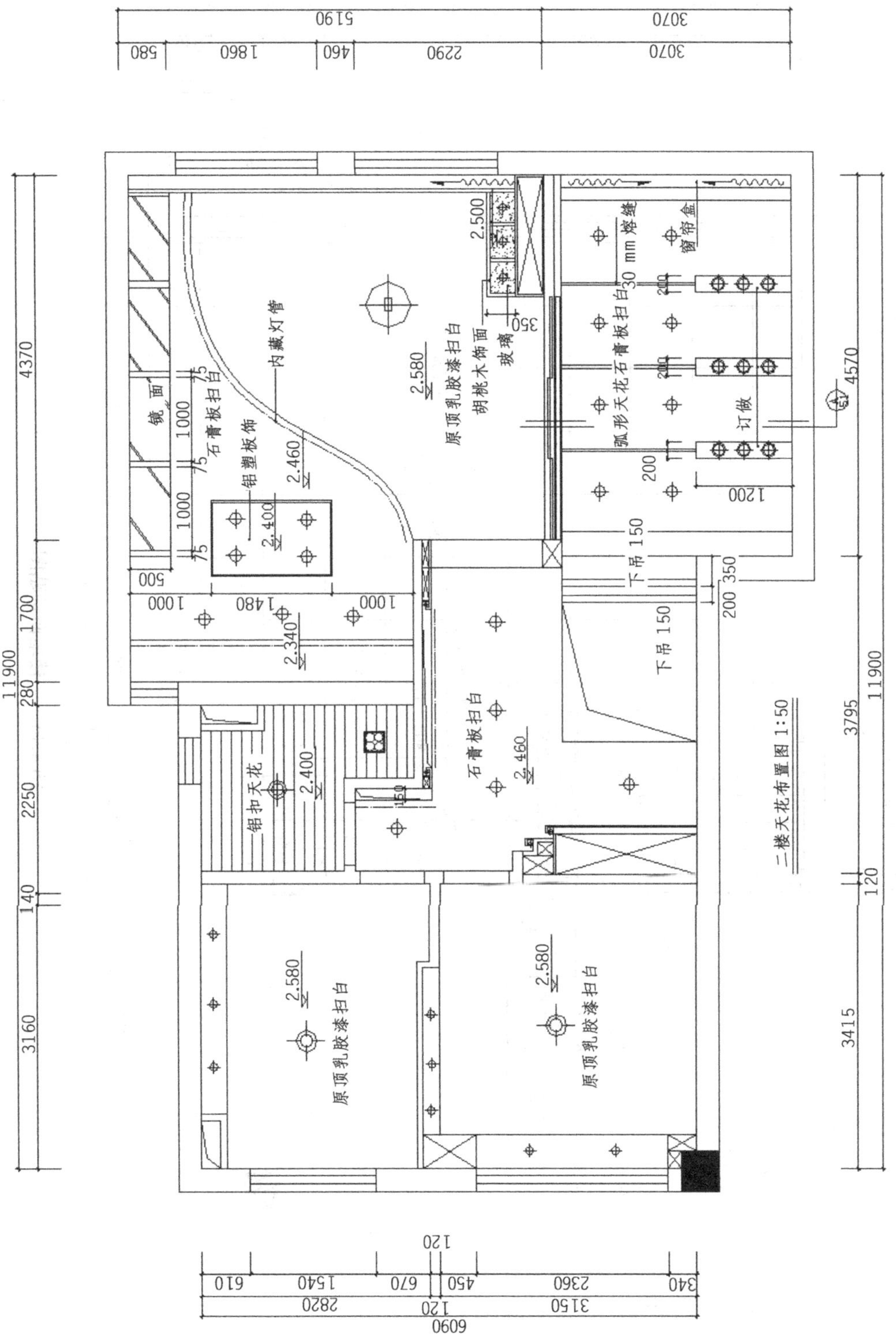

图 4.45　二楼天花板布置图

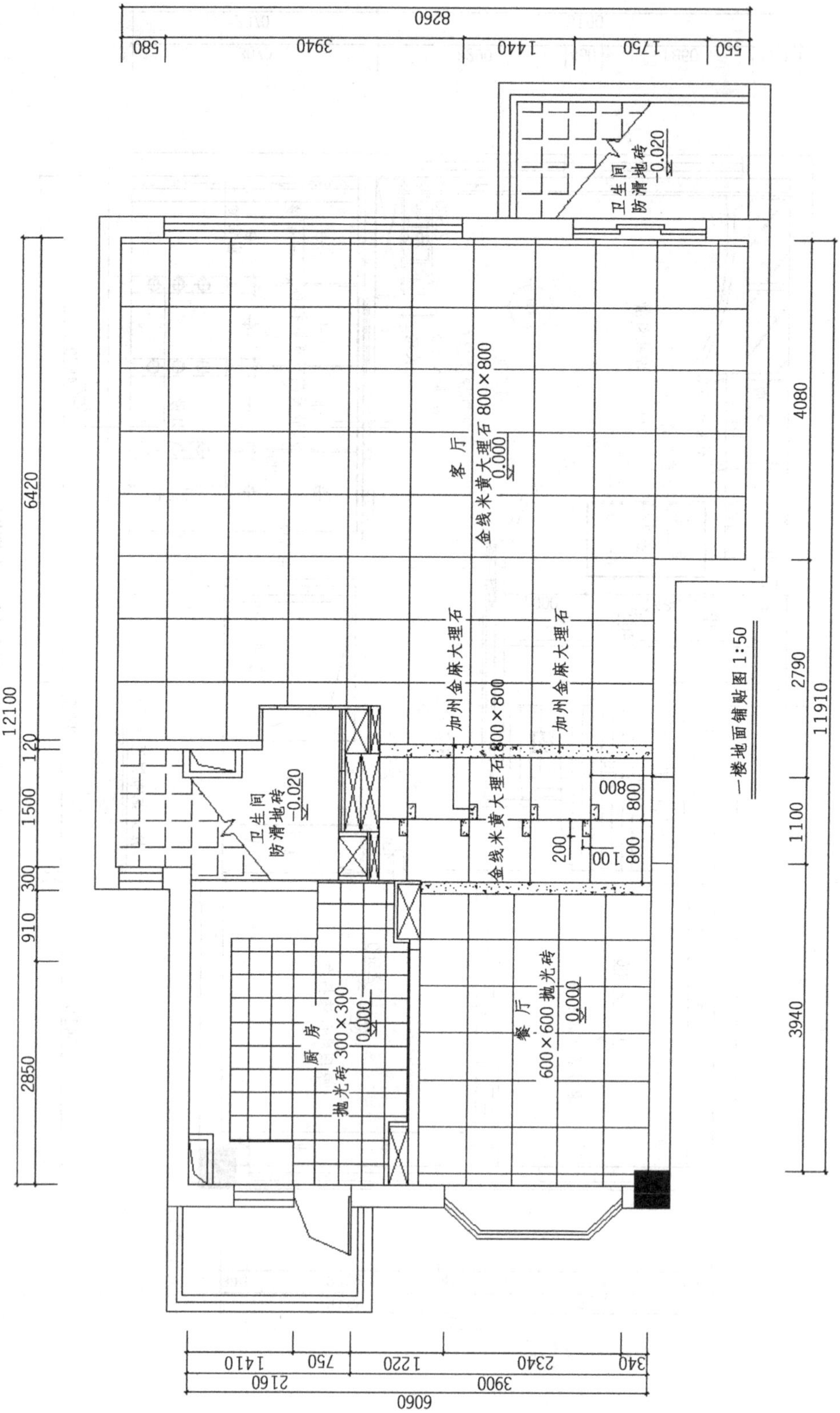

图 4.46　一楼地面铺贴图

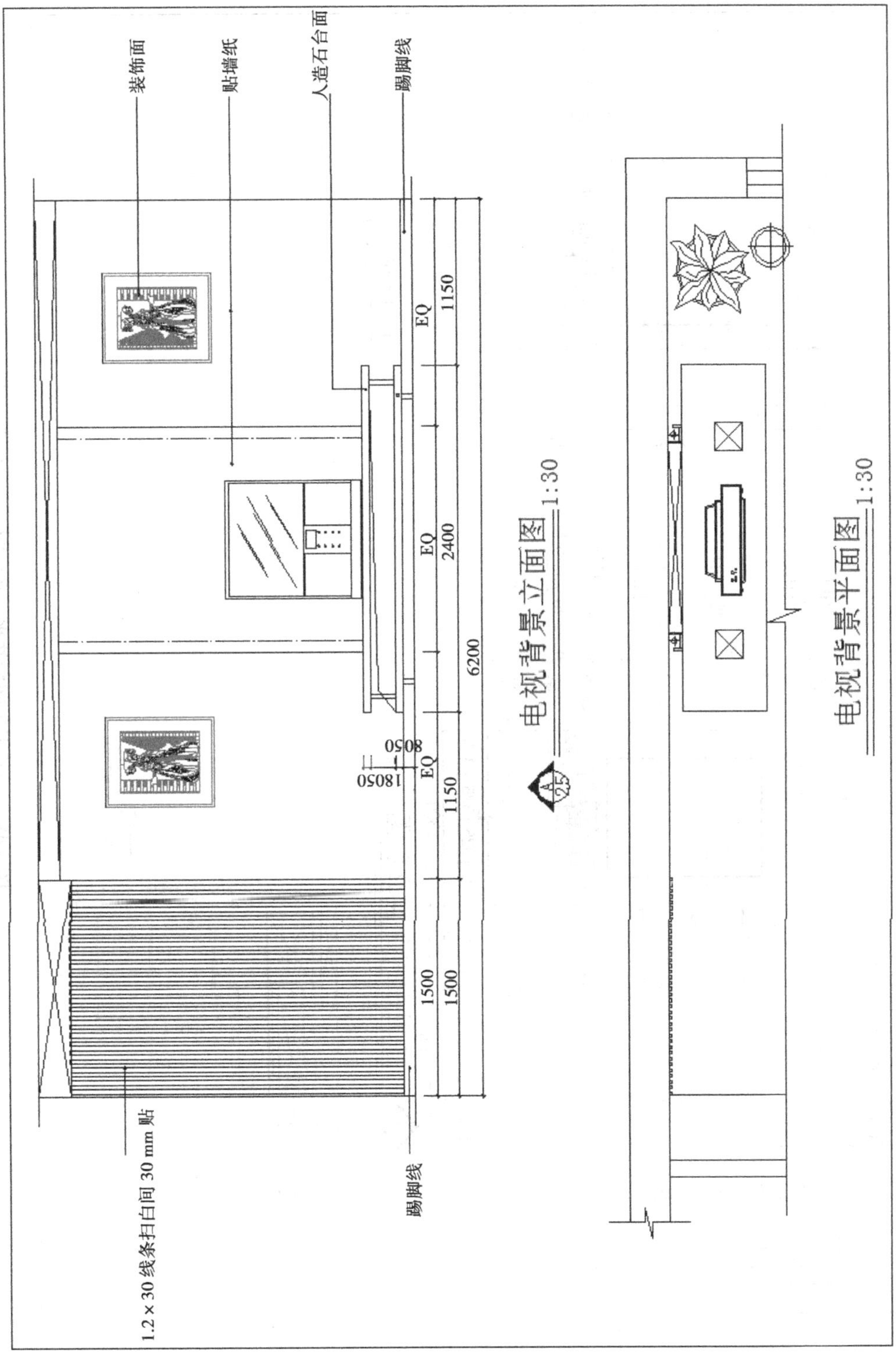
装饰面
贴墙纸
人造石台面
踢脚线
1.2×30线条扫白间30 mm贴
踢脚线
EQ
1150
EQ
2400
6200
EQ
1150
1500
1500
18050
8050
电视背景立面图 1:30
电视背景平面图 1:30

图4.47 背景剖面图

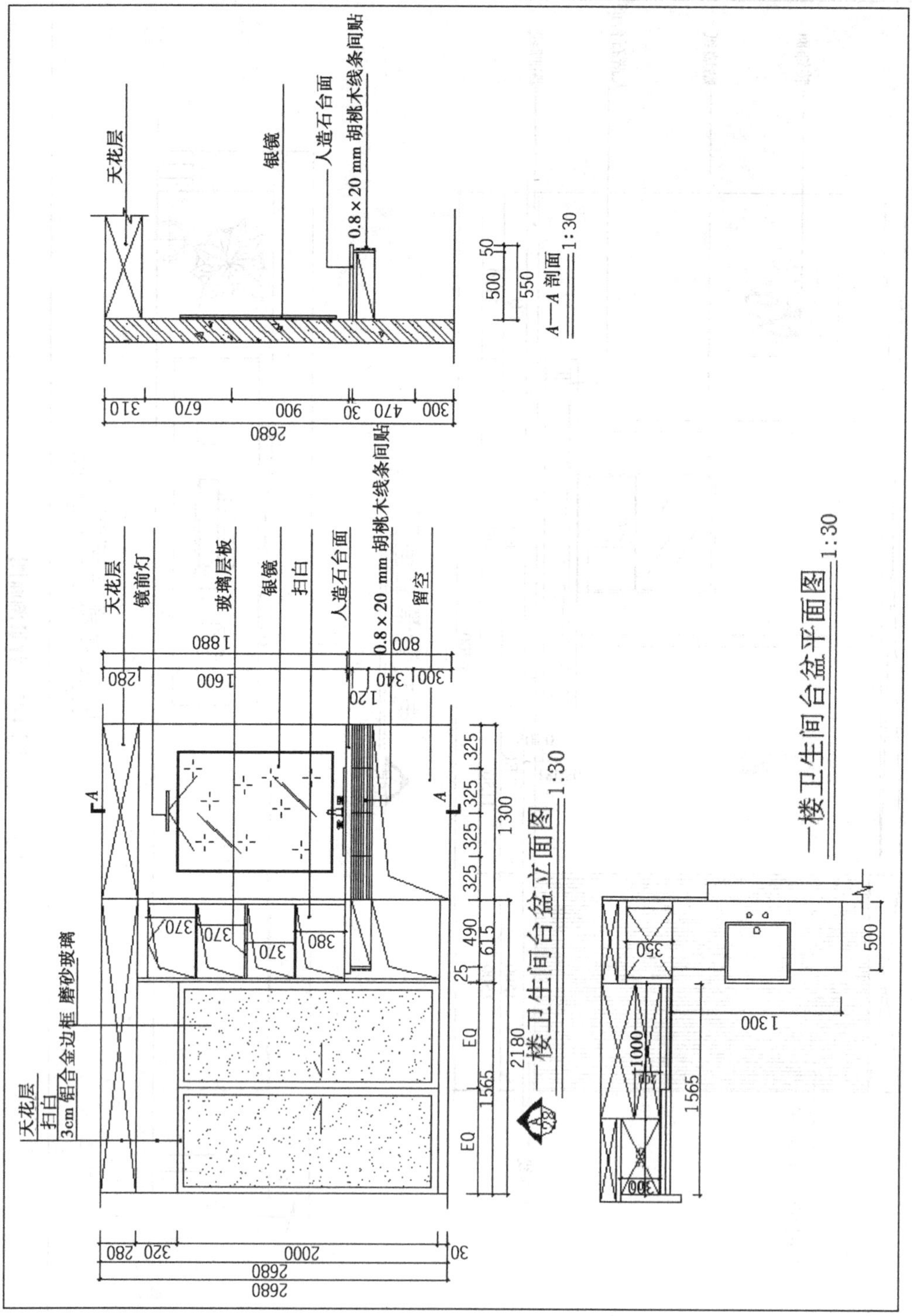

图 4.48　一楼卫生间台盆平、立面图、A—A 剖面图

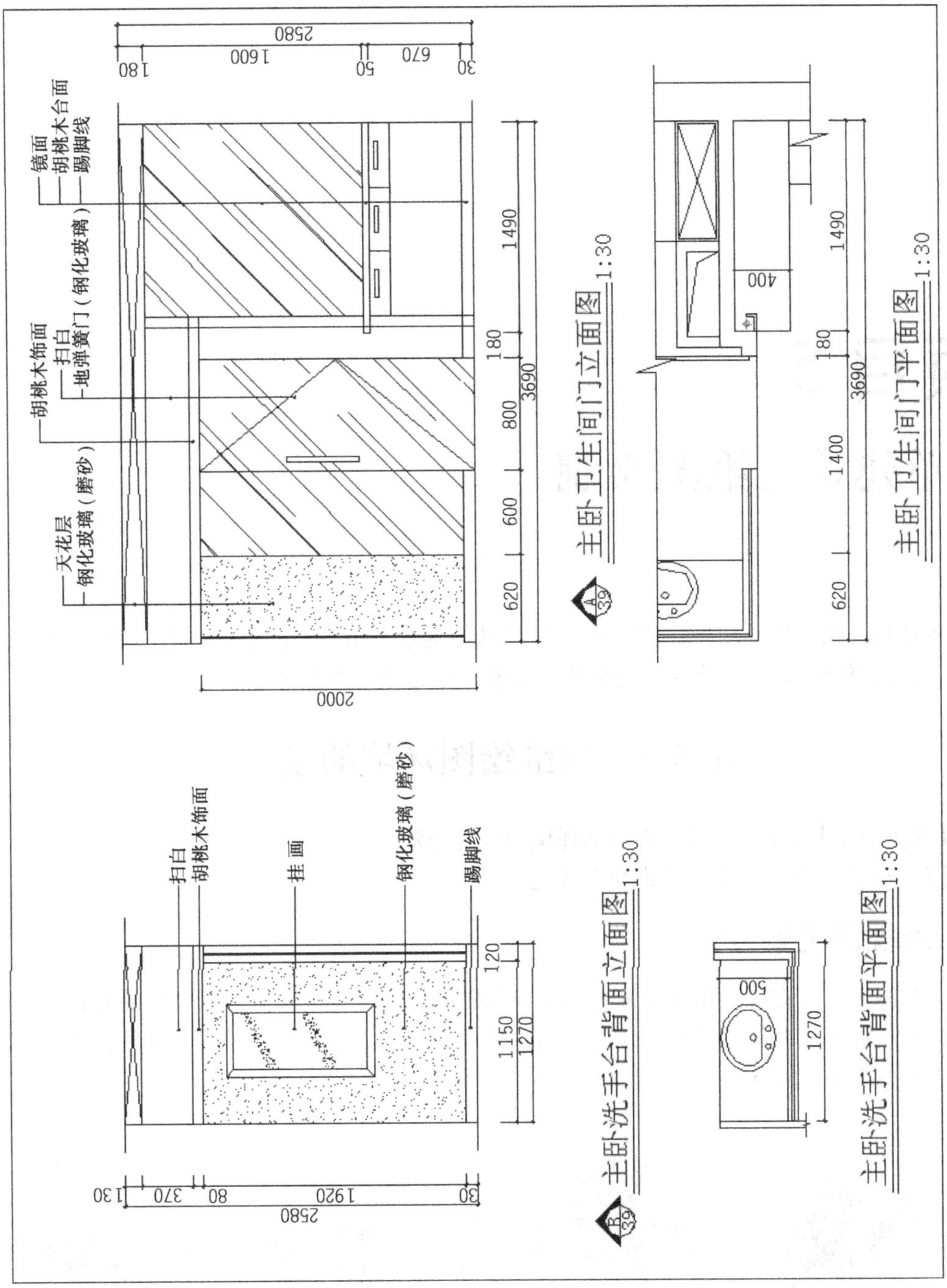

主卧卫生间门立面图 1:30
主卧卫生间门平面图 1:30
主卧洗手台背面立面图 1:30
主卧洗手台背面平面图 1:30
天花层
钢化玻璃（磨砂）
胡桃木饰面
扫白
地弹簧门（钢化玻璃）
镜面
胡桃木台面
踢脚线
挂画
2580
1600
670
3690
1490
180
800
600
620
1400
2000
400
1920
370
1150
1270
120
500

图 4.49 细部布置图

项目 5

简单建筑三维图绘制

本项目介绍三维绘图操作和简单建筑三维图的绘制方法，主要内容有三维绘图环境的设置、常用实体绘制命令、常用实体编辑命令和简单建筑三维实体绘制实例四部分。

任务 1　三维绘图环境的设置

【任务介绍】本任务介绍三维绘图环境的设置方法。

【任务目标】能正确设置三维绘图环境。

1. 三维视图观察方式

三维图形必须在三维视图中才能显示，三维视图观察方式有 10 种，常用的有西南等轴测、东南等轴测、东北等轴测和西北等轴测 4 种观察方式。同一个三维实体常用的 4 种三维观察方式的效果如图 5.1(a) ~ (d)所示。

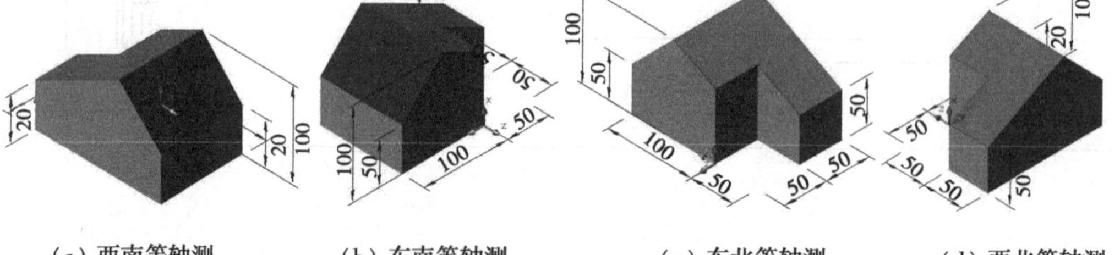

(a) 西南等轴测　　(b) 东南等轴测　　(c) 东北等轴测　　(d) 西北等轴测

图 5.1　同一实体的 4 种视图观察效果

打开三维视图的命令有 3 种方式：

①单击菜单“视图”→“三维视图”，如图 5.2 所示；

②打开“视图工具栏”单击其中一种三维视图方式按钮；

③在命令窗口输入:View(V)。

2.视觉样式

与三维视图不同的是,三维视图只是从不同的角度观察看到的效果,而视觉样式是指调整物体显示的模式。视觉样式有二维线框、三维线框、消隐、平面着色、体着色、带边框平面着色、带边框体着色7种。

执行视觉样式操作的途径有3种:

①单击菜单“视图”→“着色”;

②打开“着色工具栏”,选择相应的视觉样式;

③在命令窗口输入:Shademode(Sha)。

操作方法如下:

命令:SHA SHADEMODE VSCURRENT

输入选项[二维线框(2)/线框(W)/隐藏(H)/真实(R)/概念(C)/着色(S)/带边缘着色(E)/灰度(G)/勾画(SK)/X射线(X)/其他(O)]<真实>:

>>选择视觉样式后回车结束命令

不同的视觉样式效果如图5.3所示。

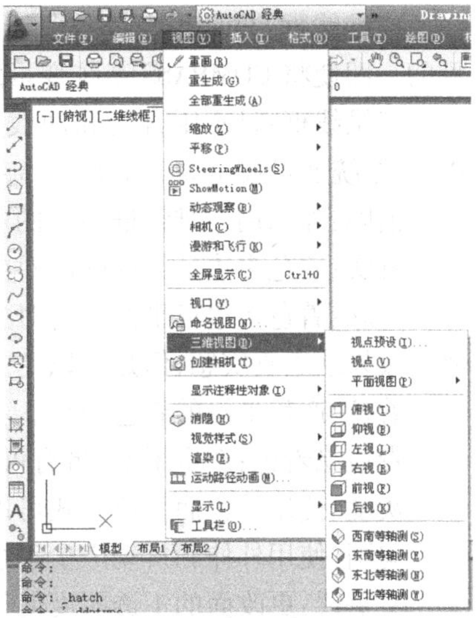

图5.2　三维视图菜单

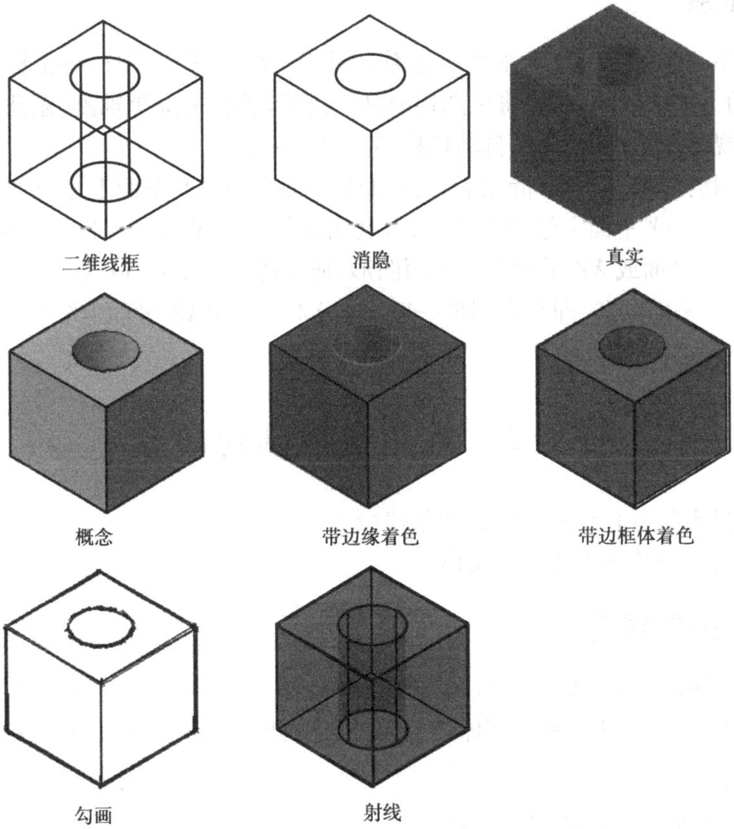

图5.3　不同的视觉样式

不同视觉样式说明如下:

二维线框:显示用直线和曲线表示边界的对象。光栅和 OLE 对象、线型和线宽都是可见的。即使将 COMPASS 系统变量的值设定为 1,它也不会出现在二维线框视图中。

三维线框:显示用直线和曲线表示边界的对象。显示着色三维 UCS 图标,可将 COMPASS 系统变量设定为 1 来查看指南针。

消隐:显示用三维线框表示的对象并隐藏表示后向面的直线。

真实:着色多边形平面间的对象,并使对象的边平滑化。将显示已附着到对象的材质。

概念:着色多边形平面间的对象,并使对象的边平滑化。着色使用冷色和暖色之间的过渡。效果缺乏真实感,但是可以更方便地查看模型的细节。

着色:产生平滑的着色模型。

带边缘着色:产生平滑、带有可见边的着色模型。

灰度:使用单色面颜色模式可以产生灰色效果。

勾画:使用外伸和抖动产生手绘效果。

X 射线:更改面的不透明度使整个场景变成部分透明。

其他:将显示以下提示:

输入视觉样式名称 [?]: 输入当前图形中的视觉样式的名称或输入 ? 以显示名称列表并重复该提示。

3. 三维坐标系

默认情况下,坐标系为 *XOY* 平面坐标系。对于三维绘图,首先得将坐标系切换到三维坐标系,切换的方式很简单,只要将视图切换到西南等轴测、东南等轴测、东北等轴测和西北等轴测等三维视图任一种,坐标系自动切换到三维坐标系。

在三维制图的过程中,很多情况下,实体的建立都是在 *XY* 平面上进行的。如绘制棱柱体的过程是首先在 *XY* 平面上绘制多边形,再利用实体命令里的拉伸操作即可完成棱柱体;再如绘制位于 *YZ* 平面或 *XZ* 平面上的平面图形,通常的做法是将 *XY* 平面旋转到 *YZ* 平面或 *XZ* 平面来绘制该平面图形,即平面图形一般不在 *YZ* 平面和 *XZ* 平面上绘制。因此,确定 *XY* 平面很重要。

任务 2　常用实体创建命令

【任务介绍】本任务介绍三维实体的创建命令。

【任务目标】能创建简单的三维实体。

1. 简单实体创建命令

简单实体包括长方体、球体、圆柱体、圆锥体、楔体、圆环体。这些实体都可以通过建模方式创建。以长方体、圆柱体和圆环体为例,介绍建模法创建简单实体的方法。

1) 长方体

执行长方体绘制操作的途径有 3 种:

①单击菜单“绘图”→“建模”→“长方体”;

②单击“实体工具栏”上“长方体”按钮；

③在命令窗口输入命令：Box。

如创建一个长 100 mm，宽 80 mm，高 50 mm 的长方体，操作方法如下：

命令：_box

指定长方体的角点或［中心(CE)］<0,0,0>：　　>>任意单击一点

指定角点或［立方体(C)/长度(L)］：l　　>>输入 L，回车，表示通过指定长度的辅方式绘制长方体

指定长度：100　　>>输入 100，回车

指定宽度：80　　>>输入 80，回车

指定高度：50　　>>输入 50，回车

完成后如图 5.4 所示。

2）圆柱体

执行圆柱体绘制操作的途径有 3 种：

①单击菜单”绘图”→“建模”→“圆柱体”；

②单击“实体工具栏”上的“圆柱体”按钮；

③在命令窗口输入命令：Cylinder。

如创建一个底面半径为 50 mm，高为 100 mm 的圆柱体，操作方法如下：

命令：Cylinder　　>>执行 Cylinder 命令

指定底面的中心点或［三点(3P)/两点(2P)/切点、切点、半径(T)/椭圆(E)］：>>点取一点作为底面圆心

指定圆柱体半径或［直径(D)］：50　　>>输入 50，回车

指定高度或［两点(2P)/轴端点(A)］　100　　>>输入 100，回车，结束命令

完成后如图 5.5 所示。

3）圆环体

执行圆环体绘制操作的途径有 3 种：

①单击菜单”绘图”→“建模”→“圆环体”；

②单击“实体工具栏”上“圆环体”按钮；

③在命令窗口输入命令：Torus。

如创建一个圆环体半径为 100 mm，圆管半径为 10 mm 的圆环体，操作方法如下：

命令：Torus　　>>执行 Torus 命令

图 5.4　长方体

图 5.5　圆柱体

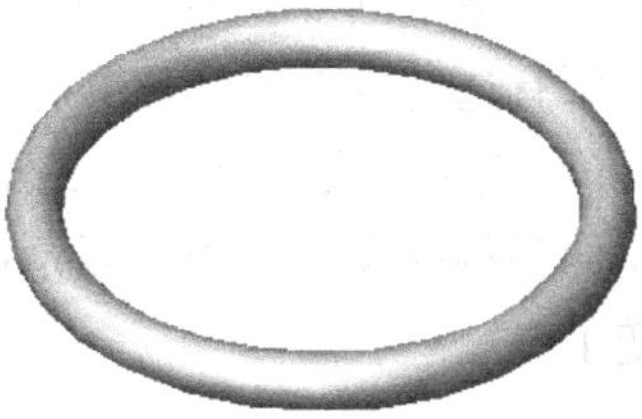

图 5.6　圆环体

指定中心点或［三点(3P)/两点(2P)/切点、切点、半径(T)］：　　>>指定圆环中心

指定圆环体的半径或［直径(D)］：100　　>>指定圆环半径

指定圆管半径或［两点(2P)/直径(D)］：10　　>>指定管状物半径，回车，结束命令

完成后如图5.6所示。

2. 拉伸

执行拉伸操作的途径有3种：

①单击菜单"绘图"→"建模"→"拉伸"；

②单击"实体工具栏"上的"拉伸"按钮；

③在命令窗口输入命令：Extrude。

如创建一个底面边长为100 mm，高度为100 mm的正六棱柱体，操作方法如下：

命令：_polygon 输入侧面数 <4>：6　　>>在 *XY* 平面上绘制边长为100的正六边形

指定正多边形的中心点或［边(E)］：E

指定边的第一个端点：

指定边的第二个端点：100

命令：　　>>回车，结束绘制正六边形命令

命令：_extrude　　>>输入拉伸命令

当前线框密度：ISOLINES＝4

选择对象：找到1个　　>>选中正六边形

选择对象：　　>>回车结束选择

指定拉伸的高度或［方向(D)/路径(P)/倾斜角(T)/表达式(E)］：100　　>>输入高度100，回车

完成后如图5.7所示。

图5.7　正六棱柱体

各选项说明：

• 指定拉伸高度：如果输入正值，将沿对象所在坐标系的 *Z* 轴正方向拉伸对象。如果输入负值，将沿 *Z* 轴负方向拉伸对象。对象不必平行于同一平面。如果所有对象均处于同一平面上，将沿该平面的法线方向拉伸对象。默认情况下，将沿对象的法线方向拉伸平面对象。

• 方向(D)：用两个指定点指定拉伸的长度和方向。（方向不能与拉伸创建的扫掠曲线所在的平面平行。）

• 路径(P)：指定基于选定对象的拉伸路径。路径将移动到轮廓的质心。然后沿选定路径拉伸选定对象的轮廓以创建实体或曲面。

• 倾斜角：指定拉伸的倾斜角。正角度表示从基准对象逐渐变细地拉伸，而负角度则表示从基准对象逐渐变粗地拉伸。默认角度0表示在与二维对象所在平面垂直的方向上进行拉伸。所有选定的对象和环都将倾斜到相同的角度。指定一个较大的倾斜角或较长的拉伸高度，将导致对象或对象的一部分在到达拉伸高度之前就已经汇聚到一点。面域的各个环始终拉伸到相同高度。当圆弧是锥状拉伸的一部分时，圆弧的张角保持不变而圆弧的半径则改变了。

3. 旋转

执行旋转操作的途径有3种：

①单击菜单"绘图"→"建模"→"旋转"；

②单击实体工具栏上的"旋转"按钮；

③在命令窗口输入命令：Revolve。

若以如图 5.8 所示的弓形为基准绘制一个椭球体，操作方法如下：

命令：_revolve

当前线框密度：ISOLINES =4，闭合轮廓创建模式 = 实体

选择要旋转的对象或［模式(MO)］：_MO 闭合轮廓创建模式［实体(SO)/曲面(SU)］< 实体 >：_SO　　>>单击弓形

选择要旋转的对象或［模式(MO)］：指定对角点：找到 2 个　　>>回车结束选择

选择要旋转的对象或［模式(MO)］：

指定轴起点或根据以下选项之一定义轴［对象(O)/X/Y/Z］<对象>：　　>>单击弓形第二个端点

指定轴端点：　　>>单击弓形第二个端点

指定旋转角度或［起点角度(ST)/反转(R)/表达式(EX)］<360>：　　>>回车

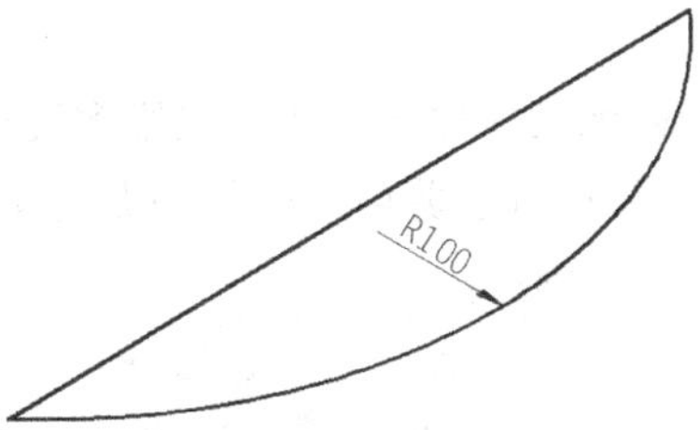

图 5.8　弓形

图 5.9　椭球体

完成后如图 5.9 所示。

以上各选项说明如下：

- 旋转轴的起始点：通过指定旋转轴上的两个点来确定旋转轴，轴的正方向为第一点指向第二点；
- 对象(O)：以选定的直线或多段线中的单条线段为旋转轴，接着围绕此旋转轴旋转一定角度，形成实体；
- *X* 轴(*X*)：以当前用户坐标系统 UCS 的 *X* 轴为旋转轴，旋转轴的正方向与 *X* 轴正方向一致；
- *Y* 轴(*Y*)：以当前用户坐标系统 UCS 的 *Y* 轴为旋转轴，旋转轴的正方向与 *Y* 轴正方向一致；
- 旋转角度：指定旋转角度值。

4. 剖切

执行剖切操作的途径有 3 种：

①单击菜单"绘图"→"建模"→"剖切"；

②单击实体工具栏上的"剖切"按钮；

③在命令窗口输入命令：Slice。

如创建一个半径为 100 mm 的半球体，操作方法如下：

命令：_sphere　　>>用球体命令绘制一个半径为 100 mm 的球体

当前线框密度：ISOLINES = 4

指定球体球心 <0,0,0>：

指定球体半径或［直径(D)］：100

命令：_slice　　>>输入剖切命令

选择要剖切的对象：指定对角点：找到 1 个单击球体

选择要剖切的对象：　　>>回车，结束选择

指定切面的起点或［平面对象(O)/曲面(S)/Z 轴(Z)/视图(V)/XY(XY)/YZ(YZ)/ZX(ZX)/三点(3)］<三点>：yz　　>>输入 yz 表示以 *yz* 平面为剖切面

YZ 平面上的点 <0,0,0>：　　>>单击球心

在所需的侧面上指定点或［保留两个侧面(B)］<保留两个侧面>：　　>>在要保留的一侧任意位置单击一点

完成后如图 5.10 所示。

以上各选项说明如下：

- 对象(O)：定义剪切面与选取的圆、椭圆、弧、2D 样条曲线或二维多段线对象对齐；
- 轴(Z)：通过指定剪切平面上的一个点，及垂直于剪切平面的一点定义剪切平面。

图 5.10　半球体

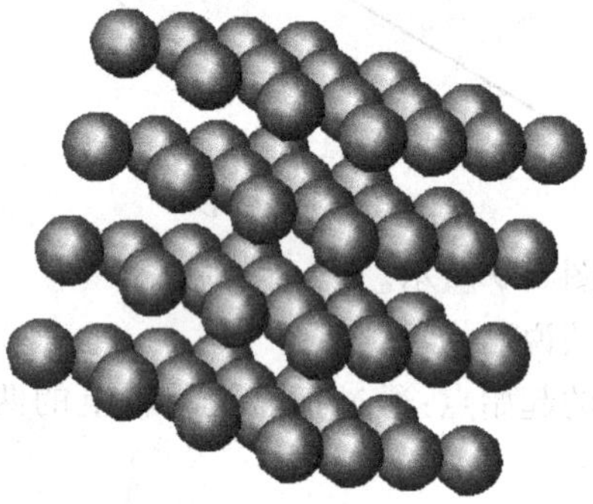

图 5.11　三维阵列效果

5. 三维阵列

三维阵列操作与二维阵列操作相似，仅竖向多一个层数。执行三维阵列操作的途径有两种：

①单击工具栏"修改"→"三维操作"→"三维阵列"；

②在命令窗口输入 3darray。

如绘制一个 5×5×10 的球阵，操作方法如下：

命令：_3darray

选择对象：指定对角点：找到 1 个

选择对象：

输入阵列类型［矩形(R)/环形(P)］<矩形>：r

输入行数（---）<1>：5

输入列数（|||）<1>：5

输入层数（...）<1>：10

指定行间距（---）：300

指定列间距（|||）：300

指定层间距（...）：300

完成后如图5.11所示。

6. 三维镜像

三维镜像操作与二维镜像操作相似。执行三维镜像操作的途径有两种：

①单击工具栏"修改"→"三维操作"→"三维镜像"；

②在命令窗口输入Mirror3d。

三维镜像操作方法如下：

命令：_mirror3d

选择对象：指定对角点：找到1个

选择对象：

指定镜像平面（三点）的第一个点或

[对象(O)/最近的(L)/Z轴(Z)/视图(V)/XY平面(XY)/YZ平面(YZ)/ZX平面(ZX)/三点(3)] <三点>：

在镜像平面上指定第二点：在镜像平面上指定第三点：

是否删除源对象？[是(Y)/否(N)] <否>：

三维镜像修改如图5.12(b)所示。

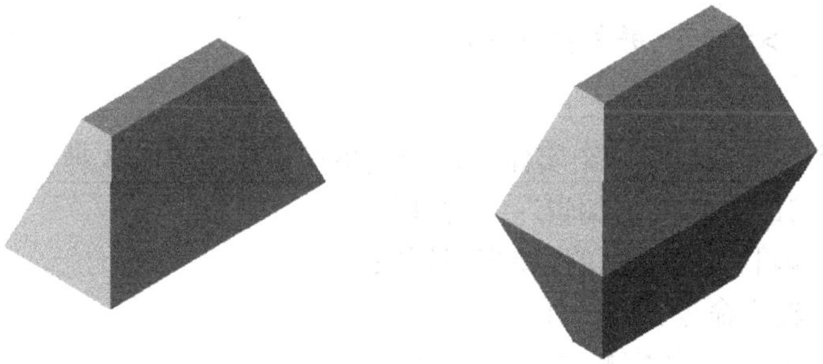

(a) 镜像前　　(b) 镜像后

图5.12　三维镜像效果

7. 三维旋转

三维旋转操作与二维旋转操作相似。执行三维旋转操作的途径有两种：

①单击工具栏"修改"→"三维操作"→"三维旋转"；

②在命令窗口输入：Rotate3d。

三维旋转操作方法如下：

命令：_rotate 3d

UCS当前的正角方向：　ANGDIR＝逆时针　ANGBASE＝0

选择对象：指定对角点：找到1个

选择对象：

指定基点：

拾取旋转轴：

指定角的起点或键入角度：45°

任务 3　常用实体编辑命令

【任务介绍】本任务介绍三维实体的编辑命令。

【任务目标】能编辑简单的三维实体。

1. 布尔运算

1) 并集

并集是将多个实体合并为一个整体。执行并集操作的途径有 3 种：

①单击菜单"修改"→"实体编辑"→"并集"；

②单击"实体编辑工具栏"上的"并集"按钮；

③在命令窗口输入命令：Union。

并集的操作方法如下：

命令：_union

选择对象：找到 1 个　　>> 选择要并集的第一个对象

选择对象：找到 1 个，总计 2 个　　>> 选择要并集的第二个对象，若有多个就全部选择

选择对象：　　>> 回车，并集操作完成

2) 差集

差集是将一个实体减掉另一个实体。执行差集操作的途径有 3 种：

①单击菜单"修改"→"实体编辑"→"差集"；

②单击"实体编辑工具栏"上的"差集"按钮；

③在命令窗口输入命令：Subtract。

如创建如图 5.13 所示的螺帽，操作方法如下：

命令：_polygon 输入边的数目 <6>：　　>> 在 *XY* 平面上绘制边长为 100 的正六边形

指定正多边形的中心点或［边(E)］：E

指定边的第一个端点：

指定边的第二个端点：100

命令：_circle 指定圆的圆心或［三点(3P)/两点(2P)/相切、相切、半径(T)］：>> 在 *XY* 平面上绘制半径为 50 的圆

指定圆的半径或［直径(D)］<30.0000>：50

命令：_extrude

当前线框密度：ISOLINES = 4，闭合轮廓创建模式 = 实体

选择要拉伸的对象或［模式(MO)］：_MO 闭合轮廓创建模式［实体(SO)/曲面(SU)］<实体>：_SO

选择要拉伸的对象或［模式(MO)］：指定对角点：找到 2 个

选择要拉伸的对象或［模式(MO)］：

指定拉伸的高度或［方向(D)/路径(P)/倾斜角(T)/表达式(E)］<4.2513>：

命令：_extrude　　>>输入拉伸命令

当前线框密度:ISOLINES=4,闭合轮廓创建模式 = 实体

选择要拉伸的对象或［模式(MO)］：_MO 闭合轮廓创建模式［实体(SO)/曲面(SU)］<实体>：_SO

选择要拉伸的对象或［模式(MO)］：指定对角点：找到 2 个　　>>选择正六边形和圆

选择要拉伸的对象或［模式(MO)］：　　>>回车,结束选择

指定拉伸的高度或［方向(D)/路径(P)/倾斜角(T)/表达式(E)］<4.2513>:50　>>输入 50,回车

命令：　　>>回车结束拉伸操作

命令：_subtract 选择要减去的实体、曲面和面域...　　>>输入差集命令

选择对象：找到 1 个　　>>单击外面的正六棱柱体

选择对象： 选择要减去的实体、曲面和面域...　　>>单击里面的圆柱体

选择对象：找到 1 个

选择对象：　　>>回车,完成差集操作

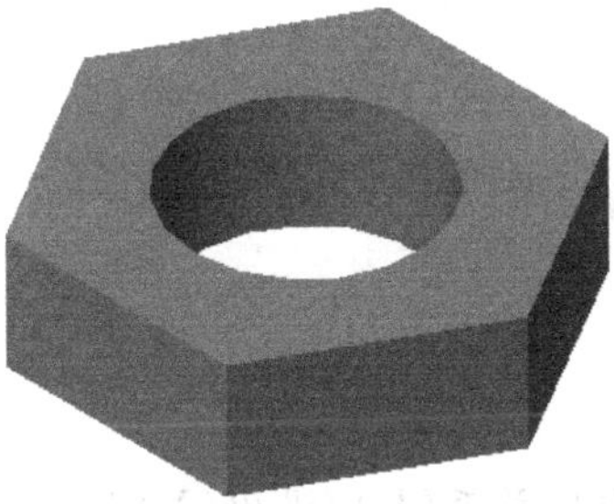

图 5.13　利用差集绘制螺帽

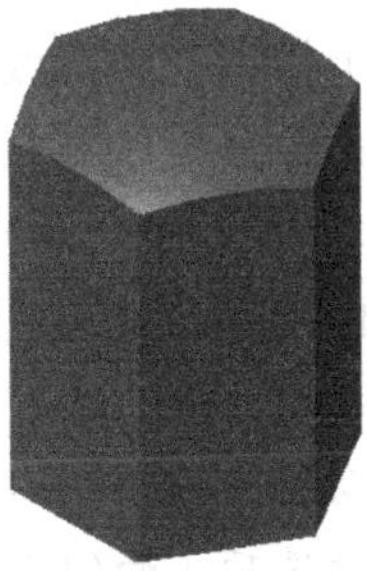

图 5.14　交集

3）交集

交集是选取多个实体的公共部分,创建复合实体,并删除交集以外的部分。执行交集操作的途径有 3 种：

①单击菜单“修改”→“实体编辑”→“交集”；

②单击实体编辑工具栏上的“交集”按钮；

③在命令窗口输入命令:Intersect。

如以底面边长为 100 mm、高为 300 mm 的正六棱柱体和一个半径为 100 mm 的球体,利用交集操作创建如图 5.14 所示的实体。

交集操作方法如下：

①绘制半径为 100 mm 的球体；

②绘制底面边长为 100 mm、高为 300 mm 的正六棱柱体；

③利用交集操作完成。

命令：_intersect　　>>执行交集操作

选择对象：找到 1 个　　>>单击正六棱柱体
选择对象：找到 1 个，总计 2 个　　>>单击圆柱体
选择对象：　　>>回车结束

2. 拉伸面

拉伸面是将选取的三维实体的一个面拉伸指定的高度或按指定的路径拉伸，被拉伸的面与实体的其他面仍然保持为一个完整的实体。与实体操作里的拉伸操作不同，拉伸面的操作对象是三维实体。而实体操作的拉伸的操作对象是二维图对象。

如将 5.15(a)所示实体利用拉伸面操作创建如图 5.15(b)所示的实体。

(a)　　(b)

图 5.15　拉伸面效果

操作方法：
①在水平面上绘制三条直线；
②利用圆角命令连接相邻直线；
③利用编辑多段线命令，将全部对象编辑为多段线；
④执行拉伸面操作，方法如下：
命令：_solidedit
实体编辑自动检查：　SOLIDCHECK = 1
输入实体编辑选项 [面(F)/边(E)/体(B)/放弃(U)/退出(X)] <退出>：_face
输入面编辑选项
[拉伸(E)/移动(M)/旋转(R)/偏移(O)/倾斜(T)/删除(D)/复制(C)/颜色(L)/材质(A)/放弃(U)/退出(X)] <退出>：_extrude
选择面或 [放弃(U)/删除(R)]：找到一个面　　>>单击圆柱体的远端底面
选择面或 [放弃(U)/删除(R)/全部(ALL)]：　　>>回车
指定拉伸高度或 [路径(P)]：p 选择拉伸路径：　　>>输入 P，回车，单击水管轴线
已开始实体校验
已完成实体校验
输入面编辑选项

3. 移动面

以指定距离移动选定的三维实体对象的面。移动面的操作方法如下：
命令：_solidedit
实体编辑自动检查：　SOLIDCHECK = 1

输入实体编辑选项[面(F)/边(E)/体(B)/放弃(U)/退出(X)] <退出>:_face

输入面编辑选项

[拉伸(E)/移动(M)/旋转(R)/偏移(O)/倾斜(T)/删除(D)/复制(C)/颜色(L)/材质(A)/放弃(U)/退出(X)] <退出>:_move

选择面或[放弃(U)/删除(R)]:找到一个面

选择面或[放弃(U)/删除(R)/全部(ALL)]:

指定基点或位移:

指定位移的第二点:

已开始实体校验

已完成实体校验

输入面编辑选项

移动面的操作效果如图5.16(b)所示。

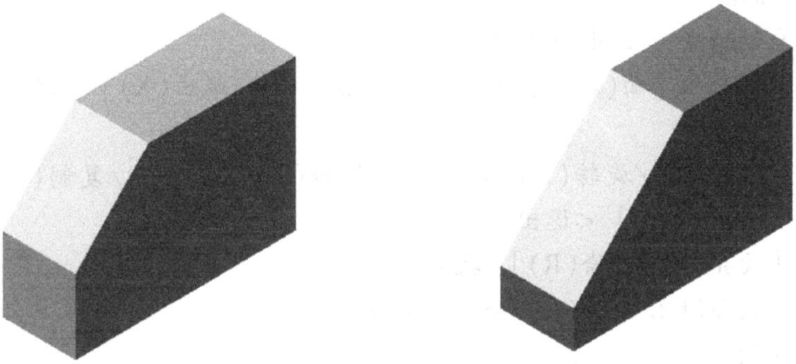

(a)移动前 (b)移动后

图5.16 移动面效果

4.偏移面

偏移面将选取的面以指定的距离放大或缩小。偏移面操作方法如下:

命令:_solidedit

实体编辑自动检查: SOLIDCHECK=1

输入实体编辑选项[面(F)/边(E)/体(B)/放弃(U)/退出(X)] <退出>:_face

输入面编辑选项

[拉伸(E)/移动(M)/旋转(R)/偏移(O)/倾斜(T)/删除(D)/复制(C)/颜色(L)/材质(A)/放弃(U)/退出(X)] <退出>:_offset

选择面或[放弃(U)/删除(R)]:找到一个面

选择面或[放弃(U)/删除(R)/全部(ALL)]:

指定偏移距离: 指定第二点:

已开始实体校验

已完成实体校验

输入面编辑选项

偏移面效果如图5.17所示。

(a) 偏移前　　(b) 矩形面拉伸　　(c) 圆形面拉伸

图 5.17　偏移面效果

5. 删除面

删除面是删除实体上的面。操作方法如下:

命令:_solidedit

实体编辑自动检查: SOLIDCHECK=1

输入实体编辑选项[面(F)/边(E)/体(B)/放弃(U)/退出(X)]<退出>:_face

输入面编辑选项

[拉伸(E)/移动(M)/旋转(R)/偏移(O)/倾斜(T)/删除(D)/复制(C)/颜色(L)/材质(A)/放弃(U)/退出(X)]<退出>:_delete

选择面或[放弃(U)/删除(R)]:找到一个面

选择面或[放弃(U)/删除(R)/全部(ALL)]:

已开始实体校验

已完成实体校验

输入面编辑选项

删除面效果如图 5.18 所示。

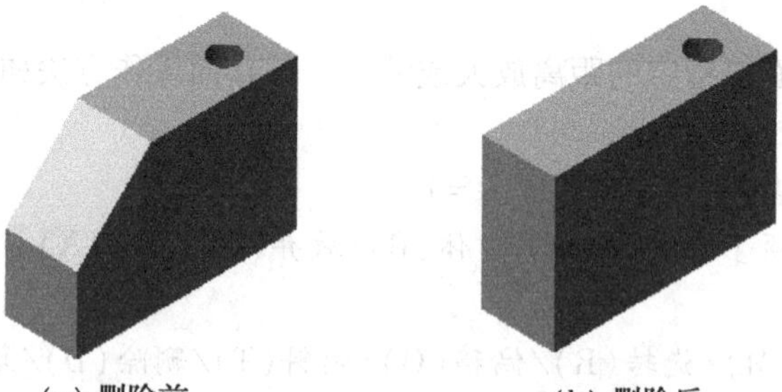

(a) 删除前　　(b) 删除后

图 5.18　删除面效果

6. 旋转面

旋转面将选取的面围绕指定的轴旋转一定角度。操作方法如下:

命令:_solidedit

实体编辑自动检查: SOLIDCHECK=1

输入实体编辑选项[面(F)/边(E)/体(B)/放弃(U)/退出(X)]<退出>:_face

输入面编辑选项

[拉伸(E)/移动(M)/旋转(R)/偏移(O)/倾斜(T)/删除(D)/复制(C)/颜色(L)/材质(A)/放弃(U)/退出(X)] <退出>: _rotate

选择面或[放弃(U)/删除(R)]: 找到两个面

选择面或[放弃(U)/删除(R)/全部(ALL)]:

指定轴点或[经过对象的轴(A)/视图(V)/X 轴(X)/Y 轴(Y)/Z 轴(Z)] <两点>:

在旋转轴上指定第二个点:

指定旋转角度或[参照(R)]:

已开始实体校验

已完成实体校验

输入面编辑选项

旋转面效果如图 5.19 所示。

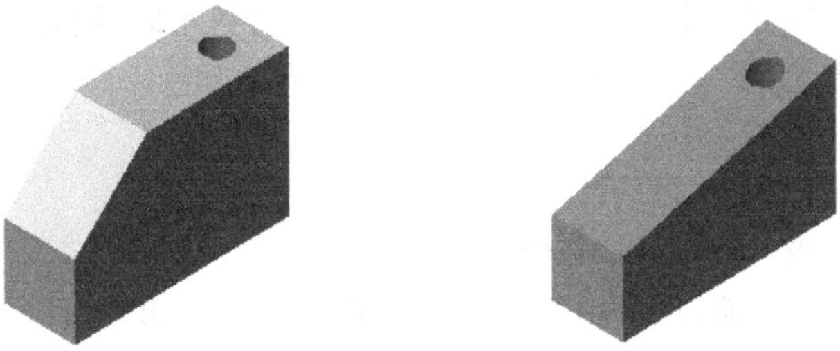

(a) 旋转前　　(b) 旋转后

图 5.19　旋转面效果

7. 倾斜面

倾斜面是以一条轴为基准,将选取的面倾斜一定的角度。操作方法如下:

命令: _solidedit

实体编辑自动检查:　SOLIDCHECK = 1

输入实体编辑选项[面(F)/边(E)/体(B)/放弃(U)/退出(X)] <退出>: _face

输入面编辑选项

[拉伸(E)/移动(M)/旋转(R)/偏移(O)/倾斜(T)/删除(D)/复制(C)/颜色(L)/材质(A)/放弃(U)/退出(X)] <退出>: _taper

选择面或[放弃(U)/删除(R)]: 找到两个面

选择面或[放弃(U)/删除(R)/全部(ALL)]:

指定基点:

指定沿倾斜轴的另一个点:

指定倾斜角度: 20

已开始实体校验

已完成实体校验

输入面编辑选项

圆面的倾斜面效果如图 5.20 所示。

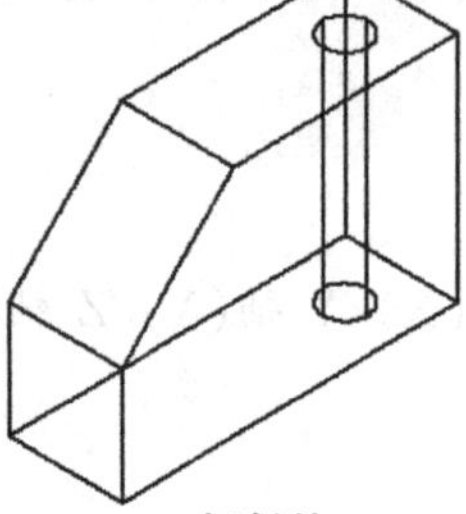
(a) 倾斜前

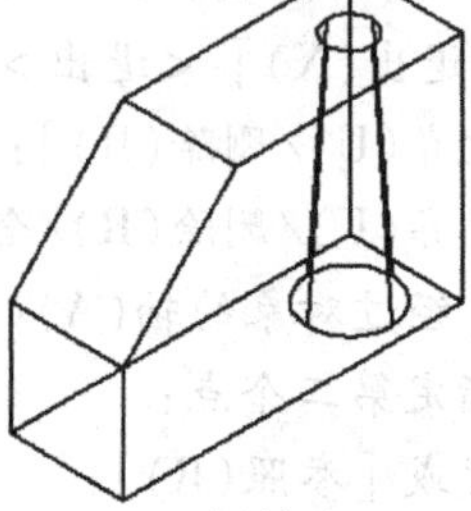
(b) 倾斜后

图 5.20　圆面的倾斜效果

8. 着色面

着色面是为选取的面指定颜色。与视觉样式里的着色不同,面着色可以只将实体的某一个或多个面进行着色,一个实体不同的面可以有不同的颜色。

着色面操作方法如下:

命令: _solidedit

实体编辑自动检查: SOLIDCHECK = 1

输入实体编辑选项 [面(F)/边(E)/体(B)/放弃(U)/退出(X)] <退出>: _face

输入面编辑选项

[拉伸(E)/移动(M)/旋转(R)/偏移(O)/倾斜(T)/删除(D)/复制(C)/颜色(L)/材质(A)/放弃(U)/退出(X)] <退出>: _color

选择面或 [放弃(U)/删除(R)]: 找到一个面

选择面或 [放弃(U)/删除(R)/全部(ALL)]:

输入面编辑选项

9. 抽壳

抽壳是以指定的厚度创建一个空的薄层。抽壳时输入的偏移距离为正,则从外开始抽壳;若为负,则从内开始抽壳。

抽壳操作方法如下:

命令: _solidedit

实体编辑自动检查: SOLIDCHECK = 1

输入实体编辑选项 [面(F)/边(E)/体(B)/放弃(U)/退出(X)] <退出>: _body

输入体编辑选项

[压印(I)/分割实体(P)/抽壳(S)/清除(L)/检查(C)/放弃(U)/退出(X)] <退出>: _shell

选择三维实体:

删除面或 [放弃(U)/添加(A)/全部(ALL)]:

输入抽壳偏移距离:

已开始实体校验

已完成实体校验

输入体编辑选项

抽壳效果如图 5.21 所示。

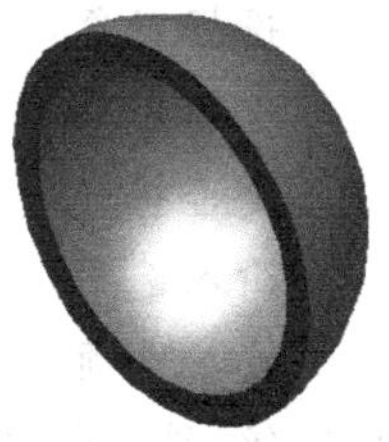

图 5.21 抽壳效果

【例 5.1】绘制如图 5.22(a)所示的三维实体。(图中尺寸以 mm 计)

①将视图设置成东北等轴测，利用矩形命令完成如图 5.22(b)所示的两个矩形。

②利用“拉伸”命令，将两个矩形拉伸成两个长方体，如图 5.22(c)所示。拉伸操作的对象必须是二维面，如圆、椭圆、正多边形、闭合的多段线等，用直线命令绘制的多边形不属于二维面，不能拉伸。若对象不是二维面，可以用编辑多段线命令或面域命令将其转换为二维面。

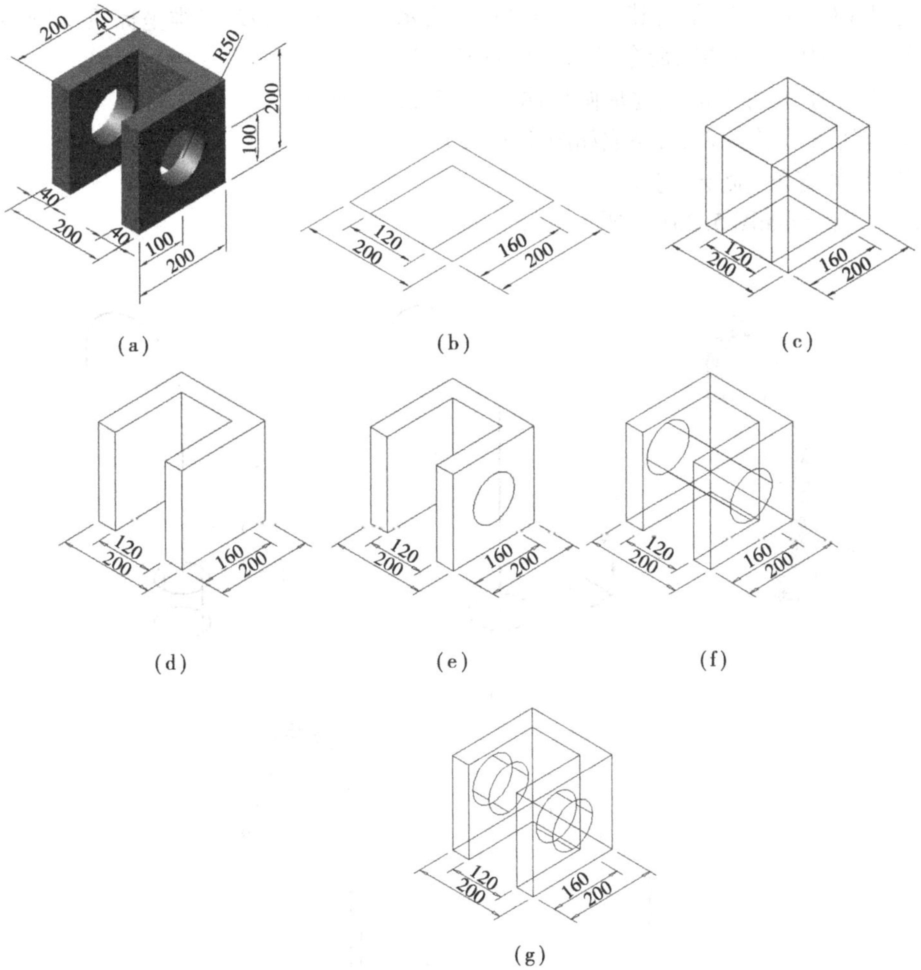

图 5.22 三维实体

如用直线命令任意绘制一个三角形，可用编辑多段线命令将这三条直线编辑为一条多段线。操作方法如下：

单击菜单“修改”→“对象”→“多段线”，启动编辑多段线命令：

命令：_pedit 选择多段线或［多条(M)］：m　　>> 输入 m 表示选择多个对象

选择对象：指定对角点：找到 3 个　　>>选中全部三条直线

选择对象：　　>>回车，结束选择

是否将直线和圆弧转换为多段线？[是(Y)/否(N)]？<Y> Y　　>>输入 Y，回车

输入选项

输入选项[闭合(C)/打开(O)/合并(J)/宽度(W)/拟合(F)/样条曲线(S)/非曲线化(D)/线型生成(L)/反转(R)/放弃(U)]：J　　>>输入 J，回车，表示合并为一条多段线

合并类型 = 延伸

输入模糊距离或[合并类型(J)] <0.0000>：>>回车

多段线已增加两条线段

③利用"差集"命令，完成如图 5.22(d)所示图形。

④打开 UCS 工具栏，单击其上的三点按钮，表示手动设置 *XYZ* 三维坐标系，将坐标系设成三维坐标。利用绘制的圆命令，绘制圆，如图 5.22(e)所示。

⑤继续利用"拉伸"命令，完成圆柱体，如图 5.22(f)所示。

⑥继续利用"差集"命令，完成如图 5.22(g)所示。

⑦利用"体着色"命令，完成。

【例 5.2】绘制如图 5.23(a)所示水管三维。

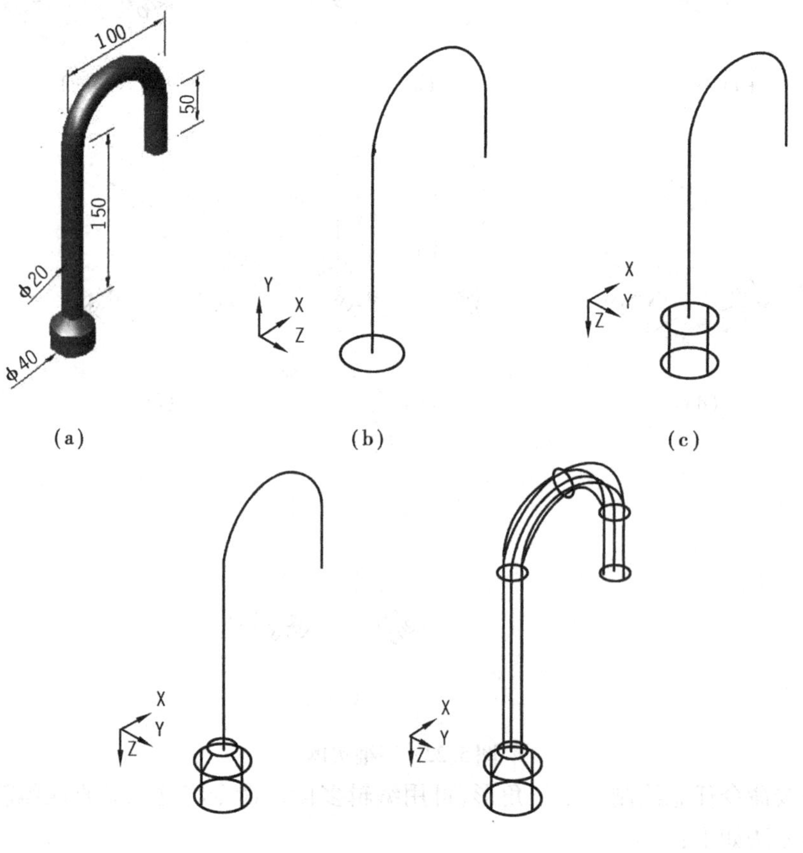

(a)　(b)　(c)　(d)　(e)

图 5.23　水管三维

①将 *XY* 平面设置成水平面，画出直径为 40 mm 的圆，再将 *XY* 平面设置成立面，然后用多段线命令完成水管的轴线，如图 5.23(b)所示。

调整 *XY* 平面的方法：打开 UCS 工具栏，利用坐标系旋转工具将 *XY* 平面调整到需要的方位。

②利用“拉伸”命令，向下拉伸成圆柱体，如图 5.23(c)所示。

③利用二维绘图“修改工具栏”上的“倒角”命令，完成圆柱体的变截面。操作方法如下：

命令：_chamfer　　>> 输入 D，回车

(“修剪”模式) 当前倒角距离 1 = 20.0000，距离 2 = 20.0000

选择第一条直线或［放弃(U)/多段线(P)/距离(D)/角度(A)/修剪(T)/方式(E)/多个(M)］:D　　>> 输入 D，回车

指定第一个倒角距离 <20.0000>：10 指定第二个倒角距离 <10.0000>：10　　>> 输入倒角距离

选择第一条直线或［放弃(U)/多段线(P)/距离(D)/角度(A)/修剪(T)/方式(E)/多个(M)］：　>> 单击上面的圆周

基面选择...

指定基面的倒角距离或［表达式(E)］<10.0000>：　　>> 直接回车

指定其他曲面的倒角距离或［表达式(E)］<10.0000>：　　>> 直接回车

选择边或［环(L)］：选择边或［环(L)］：　　>> 单击上面的圆周完成

完成后如图 5.23(d)所示。

④利用“实体编辑”工具栏上的“拉伸面”命令，将上面的圆沿路径“多段线”拉伸，如图 5.23(e)所示。

⑤利用“着色”，完成。

任务 4　简单建筑三维实体绘制实例

【任务介绍】本任务介绍简单建筑三维实体的绘制方法。

【任务目标】能绘制简单的建筑三维实体。

1. 绘制简单建筑实体

完成简单建筑三维实体绘制，如图 5.24 所示。(图中尺寸以 mm 计)

1) 墙体绘制

(1)绘制墙体平面

在水平面上绘制 12 000 mm × 6 000 mm 的矩形，作为墙外边线，利用“偏移”命令，将外边线偏移 240 mm 得到墙内边线，完成墙体平面，如图 5.25 所示。

(2)利用“拉伸“和“差集”完成墙体模型

①“拉伸”操作过程如下：

命令：_extrude

当前线框密度：ISOLINES = 4，闭合轮廓创建模式 = 实体

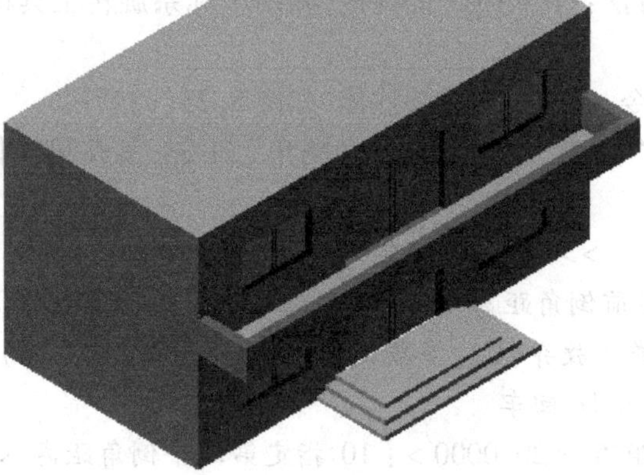

图 5.24　简单建筑三维实体

选择要拉伸的对象或［模式(MO)］：_MO 闭合轮廓创建模式［实体(SO)/曲面(SU)］<实体>：_SO

选择要拉伸的对象或［模式(MO)］：找到 2 个

选择要拉伸的对象或［模式(MO)］：

指定拉伸的高度或［方向(D)/路径(P)/倾斜角(T)/表达式(E)］<40.0000>:300

②"差集"操作方法如下：

命令：_subtract 选择要从中减去的实体或面域...

选择对象：找到 1 个

选择对象： 选择要减去的实体或面域 ..

选择对象：找到 1 个

选择对象：

完成如图 5.26 所示。

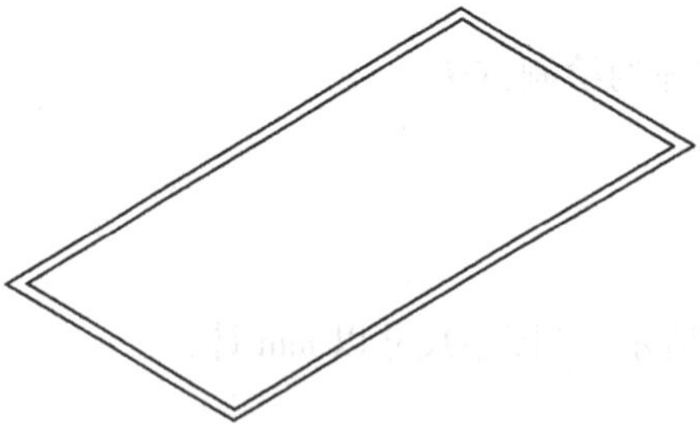

图 5.25　墙体平面

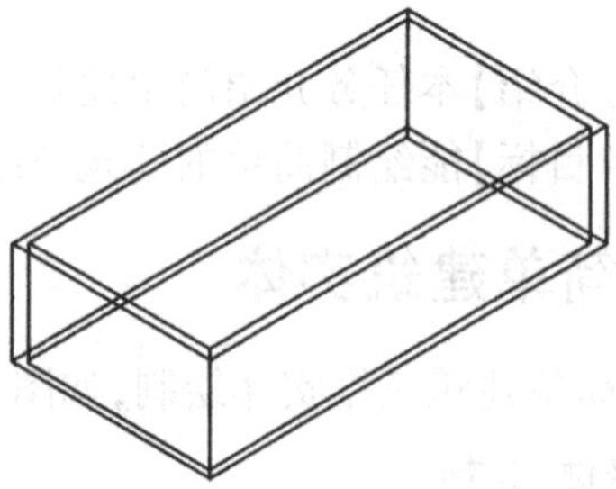

图 5.26　墙体模型

③利用"着色"命令，查看墙体模型，如图 5.27 所示。

2）绘制门窗

①在水平面上绘制 3 000 mm×240 mm 的矩形（门洞的水平投影），利用"拉伸"命令完成门洞，如图 5.28 所示。

②在水平面上绘制 900 mm×240 mm 的矩形（窗洞的水平投影），利用"拉伸"命令完成窗洞，利用相同方法绘制玻璃，如图 5.29 所示。

③将门、窗和玻璃移动到墙上，利用“差集”命令，完成门窗绘制，如图 5.30 所示。

图 5.27　着色后的墙体

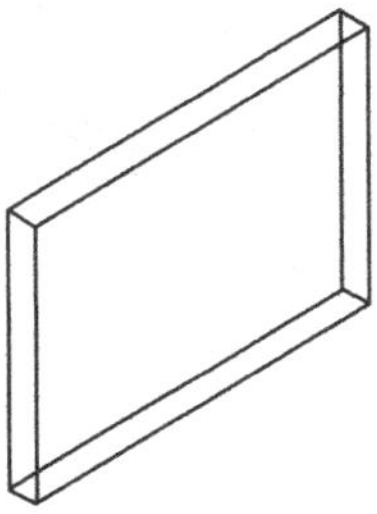

图 5.28　门洞

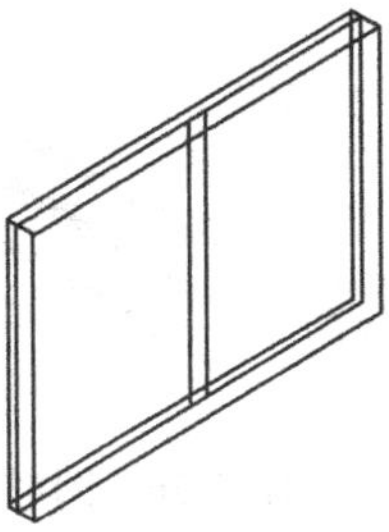

图 5.29　窗和玻璃模型

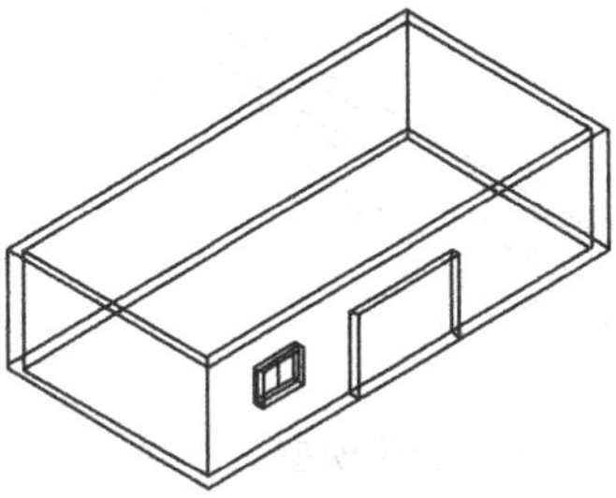

图 5.30　带门和窗的墙

④利用“三维镜像”完成所有的窗户，“着色”查看效果，如图 5.31 所示。

⑤利用“复制”，完成二层的构件，如图 5.32 所示。

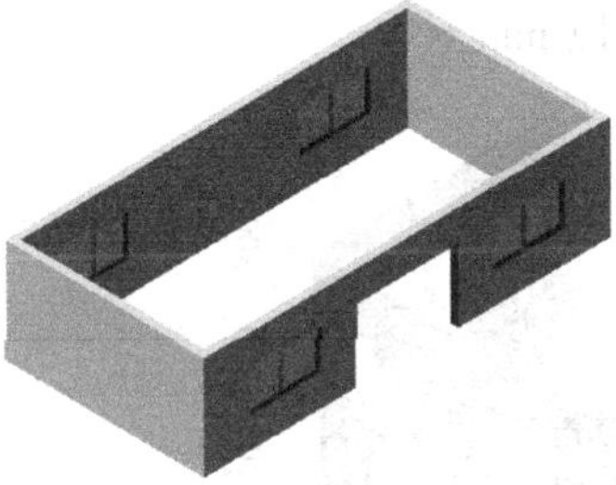

图 5.31　带门窗的墙着色效果

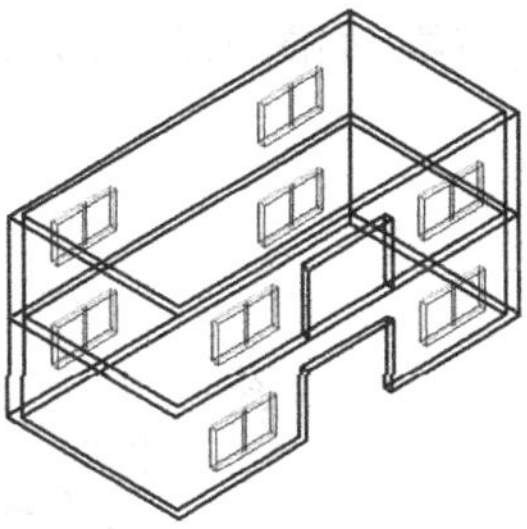

图 5.32　复制完成二层

3）绘制阳台

①在水平面上绘制两个矩形（尺寸分别为 12 000 mm × 1 500 mm，11 520 mm × 1 260 mm），如图 5.33 所示。

②利用“拉伸”和“差集”完成阳台模型。

③继续利用“拉伸”和“差集”完成阳台楼板，如图 5.34 所示。

4）绘制台阶

①在水平面上绘制三个矩形（尺寸分别为 3 600 mm × 1 500 mm，4 200 mm × 1 800 mm，4 800 mm × 2 100 mm），利用“拉伸”命令将三个矩形均拉伸 240 mm 得到三个长方体。

②移动使得三个长方体对齐，如图 5.35 所示。

③利用“着色”得到台阶模型，如图 5.36 所示。

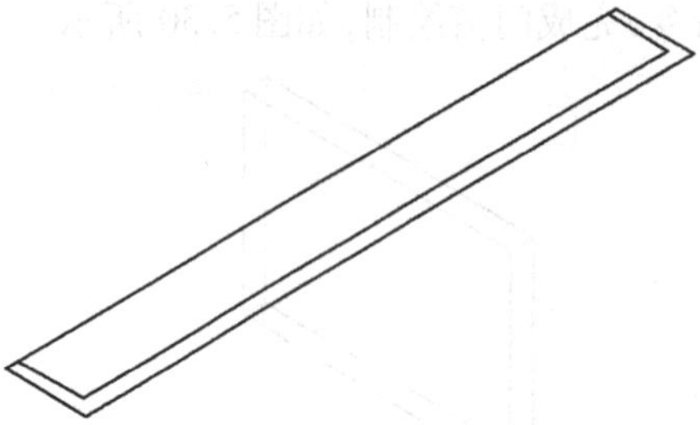

图 5.33 阳台水平投影

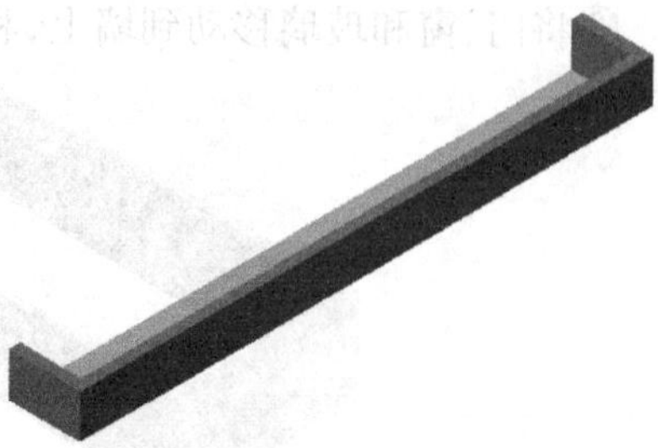

图 5.34 阳台模型

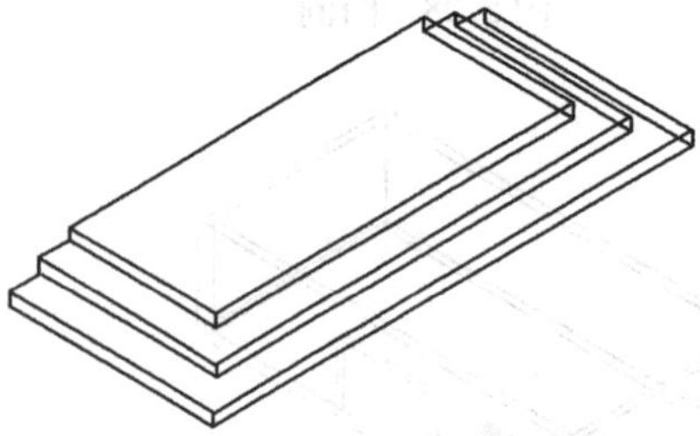

图 5.35 台阶模型

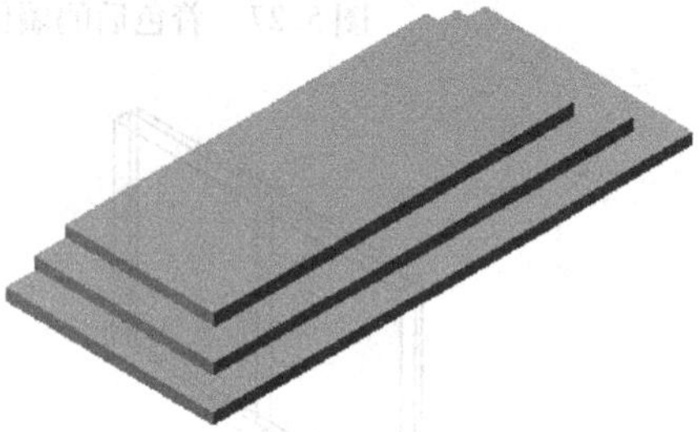

图 5.36 图形三维

④将阳台和台阶移动到墙体上，绘制顶层楼板，利用“并集”将所有构件合并成一个实体，得到如图 5.24 所示的简单建筑三维实体。

2. 绘制阳台三维

绘制阳台三维，如图 5.37 所示。（图中尺寸以 mm 计）

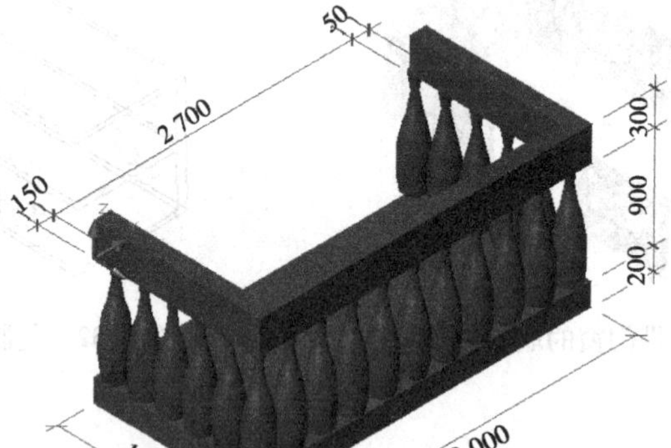

图 5.37 阳台三维

1）绘制阳台板

①在水平面上绘制 3 000 mm × 1 500 mm 的矩形。

②利用实体工具栏上的“拉伸”命令，完成阳台板的绘制，操作方法如下：

命令：_extrude

当前线框密度：ISOLINES =4

选择对象：找到 1 个

选择对象：　　>>单击矩形；

指定拉伸高度或［路径(P)］：200　　>>输入150，回车

指定拉伸的倾斜角度 <0>：　　>>直接回车

完成结果如图5.38所示。

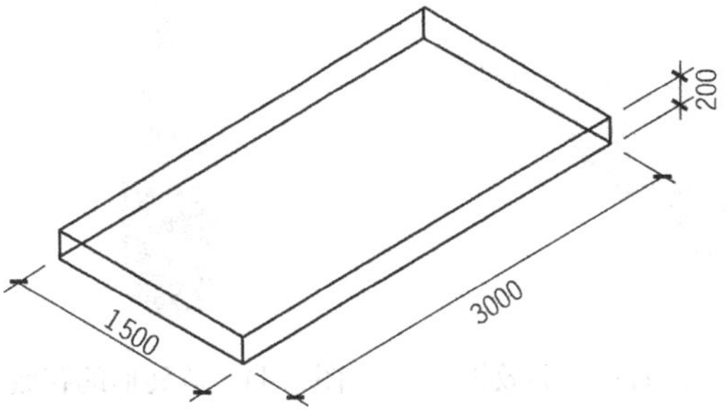

图5.38　绘制好的阳台板

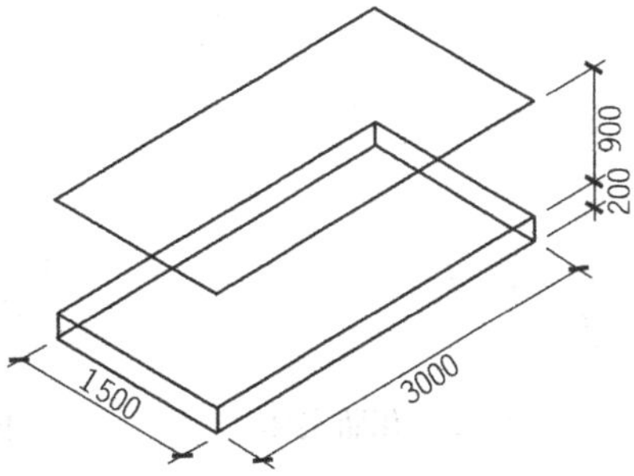

图5.39　复制阳台板并将其分解为二维图形

2)绘制扶手

①为保证扶手和阳台板在竖向是对齐的，将图5.38所示的阳台板竖直向上复制900 mm，并用"分解"命令将该实体分解为二维图形，保留底面的矩形，如图5.39所示。

②再绘制一个2 700 mm×1 350 mm的矩形，利用实体工具栏里的"拉伸"命令将其竖向厚度改为300 mm，然后利用"差集"命令完成阳台扶手的绘制，如图5.40所示。

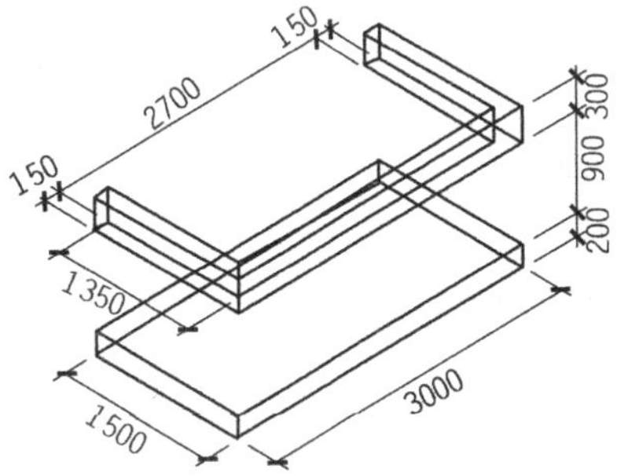

图5.40　阳台扶手的绘制

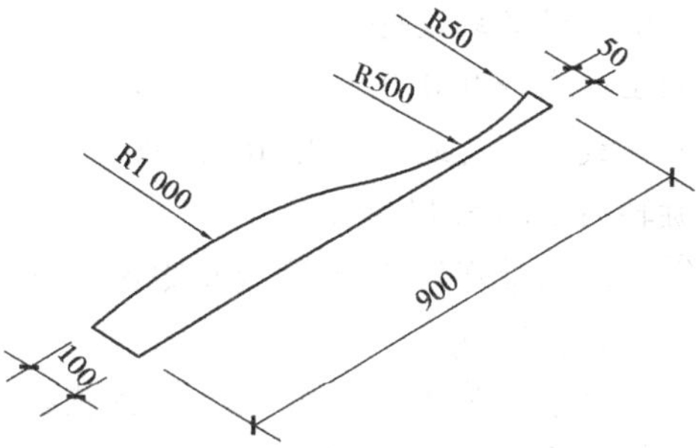

图5.41　花瓶平面图

3)绘制花瓶

①在水平面上绘制花瓶的平面图，如图5.41所示。

②将花瓶平面的各边线合并成一条多段线，操作方法如下：

命令：_pedit 选择多段线或［多条(M)］：M　　>>输入M，回车

选择对象：找到6个，总计6个　　>>全部选择所有的边线

选择对象：　　>>回车

是否将直线和圆弧转换为多段线？［是(Y)/否(N)］？<Y> Y　　>>输入Y，回车

输入选项

［闭合(C)/打开(O)/合并(J)/宽度(W)/拟合(F)/样条曲线(S)/非曲线化(D)/线型生成(L)/放弃(U)］：J　　>>输入J，回车

合并类型 = 延伸

输入模糊距离或［合并类型(J)］<0.0000>：　　>>直接回车

多段线已增加 5 条线段

③利用实体工具栏上的“旋转”命令,以花瓶轴线为轴旋转得到花瓶实体,如图 5.42 所示。体着色后的效果如图 5.43 所示。

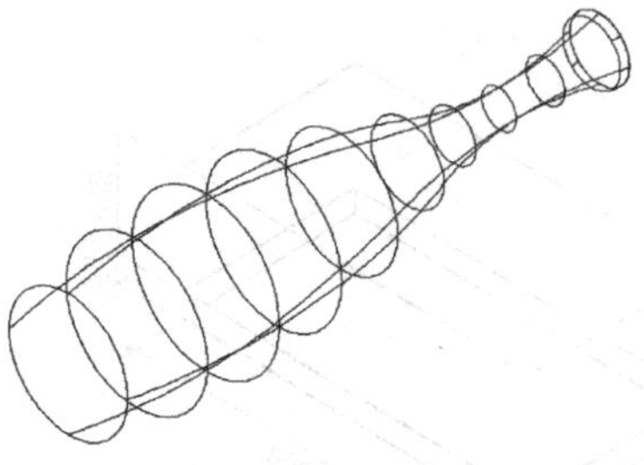

图 5.42　花瓶实体

图 5.43　体着色后的效果

图 5.44　旋转后的花瓶

④利用三维旋转命令,将花瓶竖向放置,操作方法如下:

命令: _rotate3d

当前正向角度:ANGDIR = 逆时针 ANGBASE = 0

选择对象: 指定对角点: 找到 1 个　　>> 选择花瓶

选择对象:

指定轴上的第一个点或定义轴依据

[对象(O)/最近的(L)/视图(V)/X 轴(X)/Y 轴(Y)/Z 轴(Z)/两点(2)]: Z >> 输入 Z,沿 Z 轴旋转

轴上的点 < 0,0,0 >:　　>> 单击花瓶底面圆心

指定旋转角度或 [参照(R)]: 90　　>> 输入 90,回车

旋转后如图 5.44 所示。

⑤利用三维阵列命令,完成左侧 6 个花瓶的绘制,方法如下:

命令: _3darray

选择对象: 找到 1 个　　>> 单击花瓶

选择对象:　　>> 回车

输入阵列类型 [矩形(R)/环形(P)] < 矩形 >:　　>> 回车

输入行数 (- - -) < 1 >:　　>> 输入 1,回车

输入列数 (|||) < 1 >: 6　　>> 输入 6,回车

输入层数 (...) < 1 >:　　>> 输入 1,回车

指定列间距 (|||): 260　　>> 输入 260,回车

完成后如图 5.45 所示。

⑥继续利用三维阵列命令完成前侧的 11 个花瓶,操作方法如下:

命令: _3darray

选择对象: 找到 1 个　　>> 单击花瓶

选择对象:　>> 回车

输入阵列类型 [矩形(R)/环形(P)] < 矩形 >:　　>> 回车

输入行数 (- - -) < 1 >:　　>> 输入 1,回车

输入列数 (|||) < 1 >: 11　　>> 输入 11,回车

输入层数（...）<1>：　　　>>输入1，回车
指定列间距（|||）：280　　　>>输入280，回车
完成后如图5.46所示。

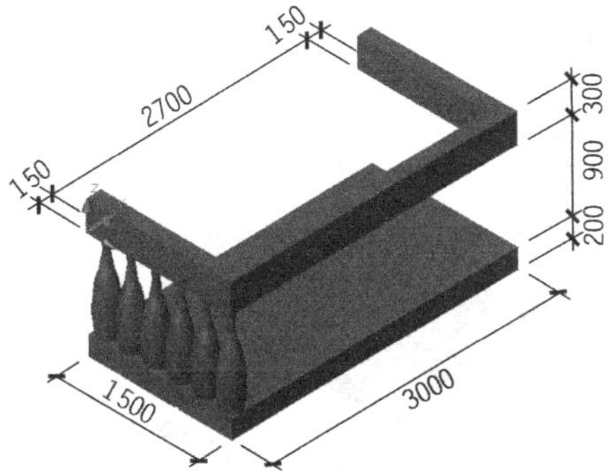

图5.45　完成左侧的6个花瓶

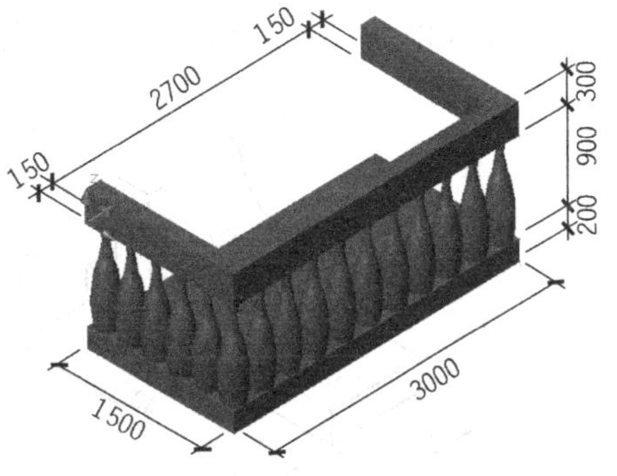

图5.46　完成前侧的11个花瓶

⑦继续绘制完右侧的6个花瓶，完成整个阳台的绘制，如图5.47所示。

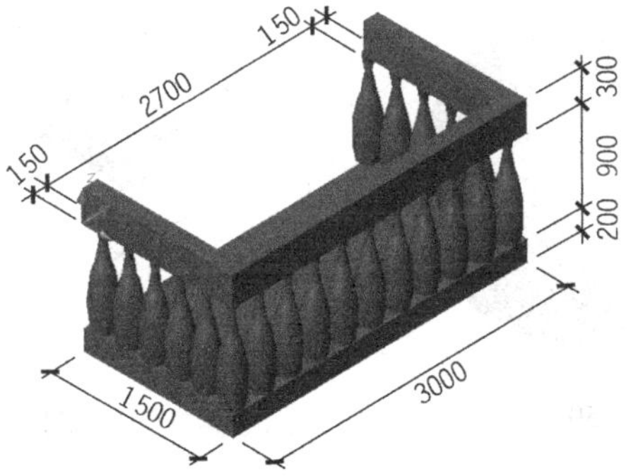

图5.47　完成后的阳台

项目小结

（1）绘制三维实体时应先设置三维视图和三维坐标系，为查看三维效果可以通过着色工具栏来查看。

（2）长方体、球体、圆柱体、圆锥体、楔体、圆环体等简单三维实体可直接通过建模方式绘制创建。

（3）常用的三维实体绘图命令有拉伸、旋转、剖切等，这些命令可以将二维图形编辑成三维实体。

（4）布尔运算包括并集、差集和交集，可用于三维实体的编辑。

（5）常用的三维编辑命令有拉伸面、移动面、偏移面、删除面、旋转面、倾斜面、抽壳、着色面等。

（6）常用的三维修改命令有三维阵列、三维旋转、三维镜像等。

技能实训

(1)完成以下三维实体的创建,未标注尺寸可自定。

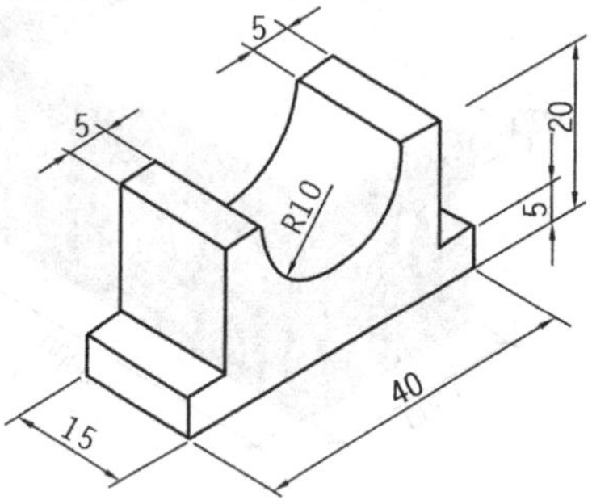

图5.48

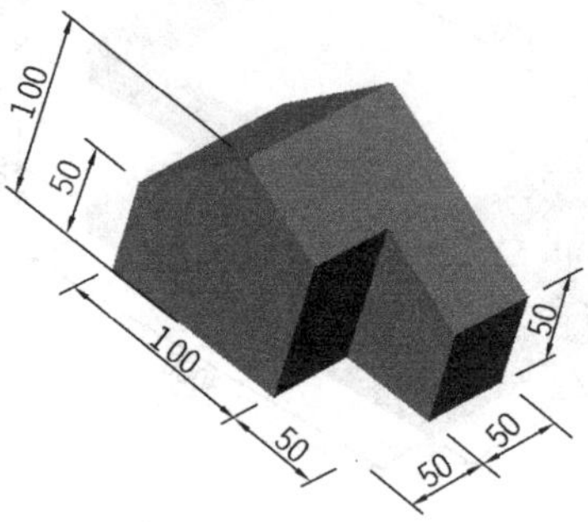

图5.49

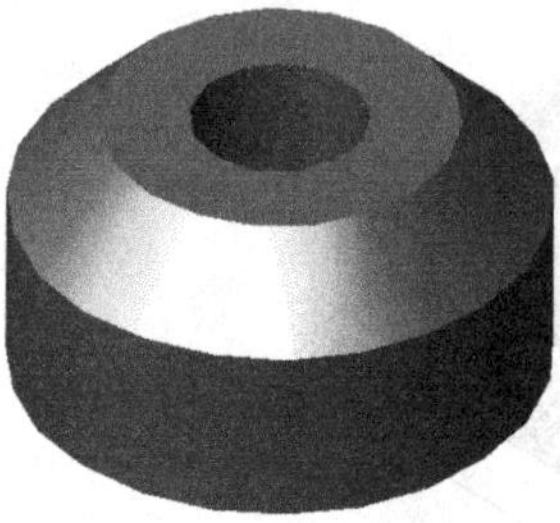

图5.50

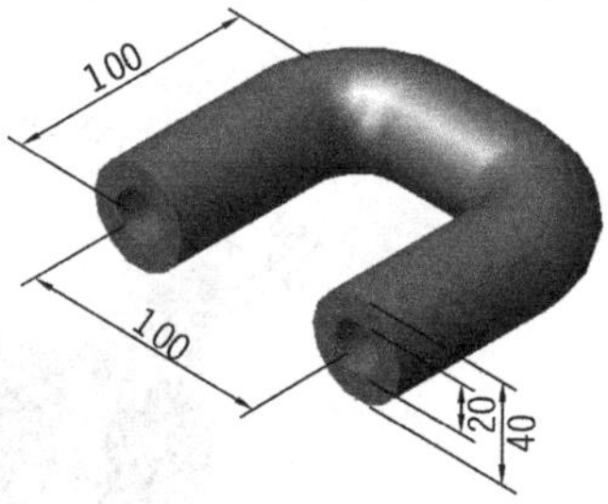

图5.51

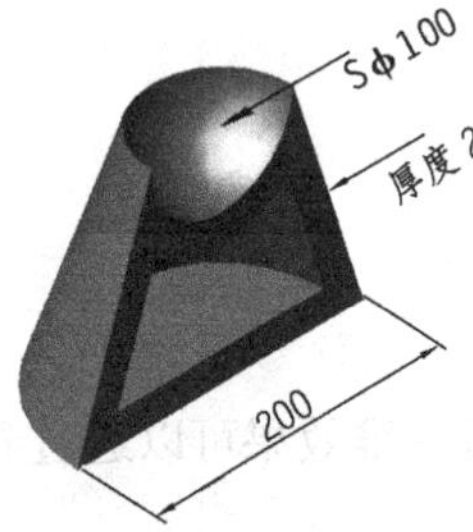

图5.52

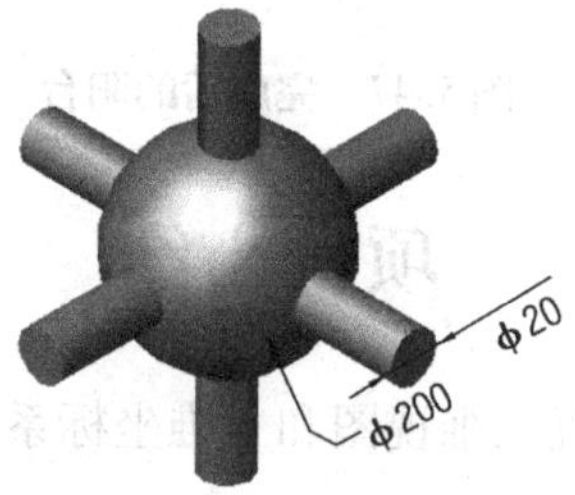

图5.53

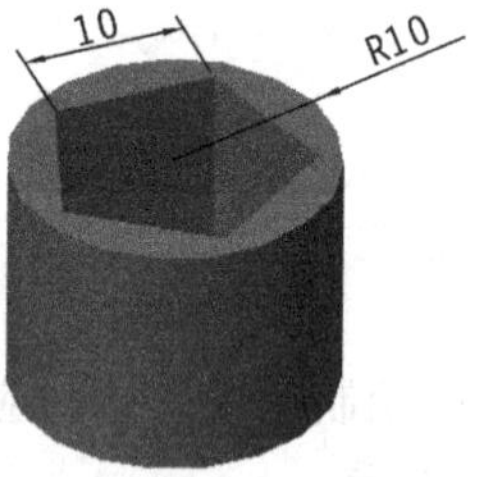

图5.54

(2)绘制阳台三维实体,尺寸自定。

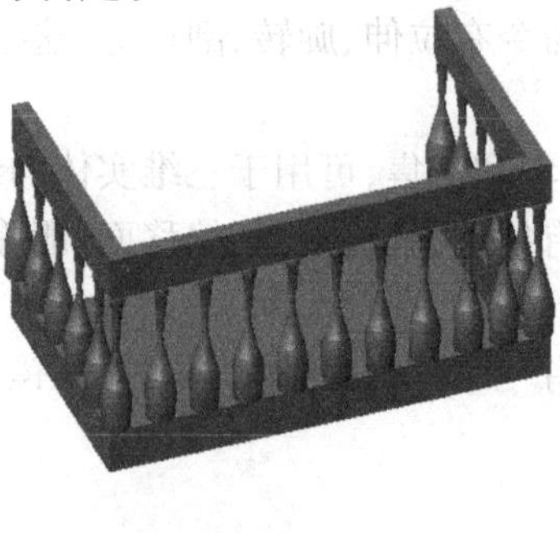

图5.55

项目 6

专业图纸的布局和打印

本项目介绍图形在图纸空间中的设置和打印，主要内容有图纸空间的使用和图纸的打印两部分。

任务 1　图纸空间的使用

【任务介绍】本任务介绍 AutoCAD 的模型空间和图纸空间。

【任务目标】掌握图纸空间的使用方法。

AutoCAD 提供模型空间和图纸空间两种工作环境。模型空间是一个可以无限放大和无限缩小的三维空间，所有图形（模型）的绘制和编辑都在模型空间内完成。而图纸空间与真实的图纸对应，真实的图纸（如 A2、A3 等图纸）都有固定的尺寸，在出图的时候要保证我们绘制的所有图形都必须控制在图纸范围内，因此很多时候需要调整图形的位置以及显示的大小，这些工作可以在图纸空间内完成。图纸空间是一个二维空间，在这里一般不对图形对象进行编辑。

我们可以单击“模型”“布局”在模型空间和图纸空间之间切换。启动 AutoCAD 2012 时，默认情况下，“模型”是激活的，即目前处于模型空间，如图 6.1 所示。单击状态栏上方的“布局 1”，切换到图纸空间，如图 6.2 所示。布局中有一个虚线方框，这是打印区域，超出方框的部分不能被打印出来。因此，在布局内调整图形时，所有图形对象都必须控制在虚线方框内。

1. 图纸空间

单击“布局”可以进入图纸空间，图纸空间内可以有多个布局，一个布局相当于一张图纸。鼠标右键单击“布局”，单击“新建布局（N）”可以新建布局，单击“删除布局（D）”可以删除已有的布局，单击“重命名（R）”可以重新命名布局。图纸空间内，既可以对模型空间创建的图形对象进行布局，也可以对图形对象进行编辑、标注等操作。

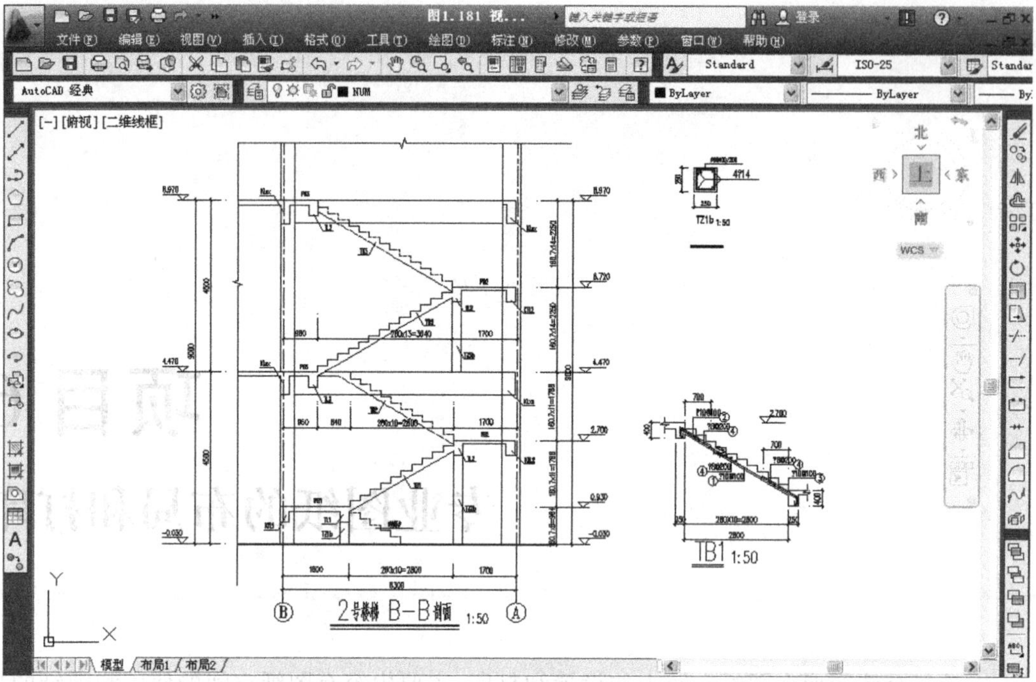

图 6.1　模型空间

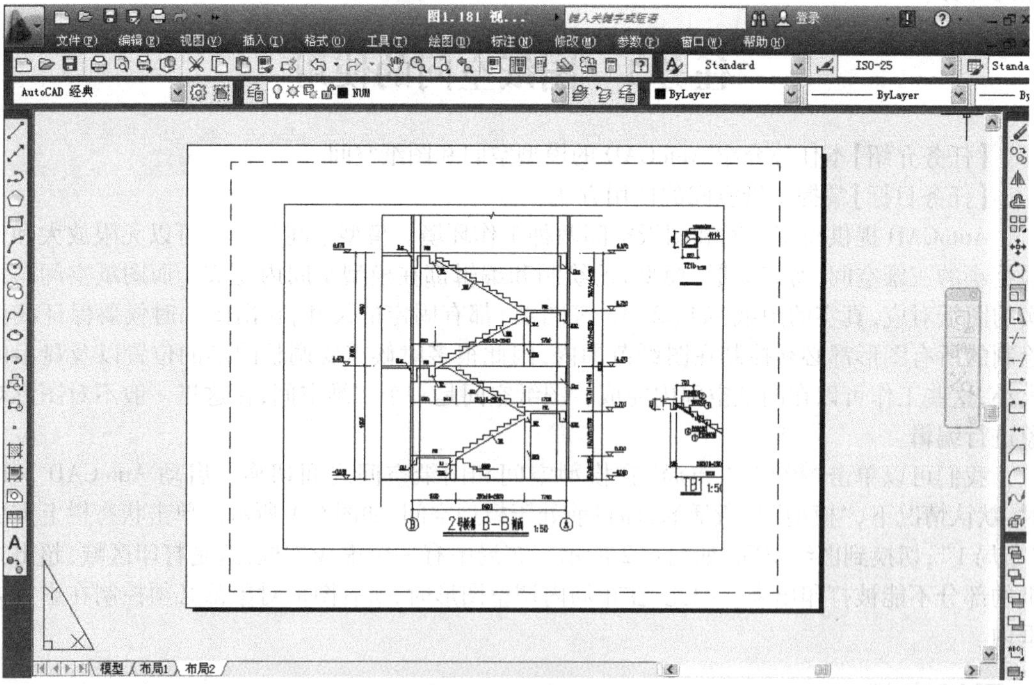

图 6.2　图纸空间

2. 视口

视口是布局内的一个多边形(默认情况下为一个矩形),图形在图纸空间内调整其实就是在图纸空间中的某个布局中的某个视口内进行的。一个布局内可以创建多个视口,每一个视口可以根据需要按不同的比例、不同区域或不同空间显示同一个在模型空间内创建的图形,如同一个图形可以在不同的视口内用不同的比例分别显示,也可以在不同的视口内显示不同的部位,或者可以在不同的视口内分别按平面和三维显示图形。不同的视口相当于从不同的视角来观察同一个图形对象,所看到的图形是不同的。

从图 6.2 可以看出,切换到图纸空间后,有时会有部分图形超出图纸范围不能显示,打印的时候这部分可能不会被打印出来,这时候就需要通过“视口”来调整图形在图纸空间内的位置和显示的大小,以保证所有图形都能打印出来。单击选中视口多边形边框,激活视口(图 6.3),可以对视口多边形边框进行编辑。编辑时,如果使用夹点编辑改变视口的大小,视口里面的图形对象不发生变化。

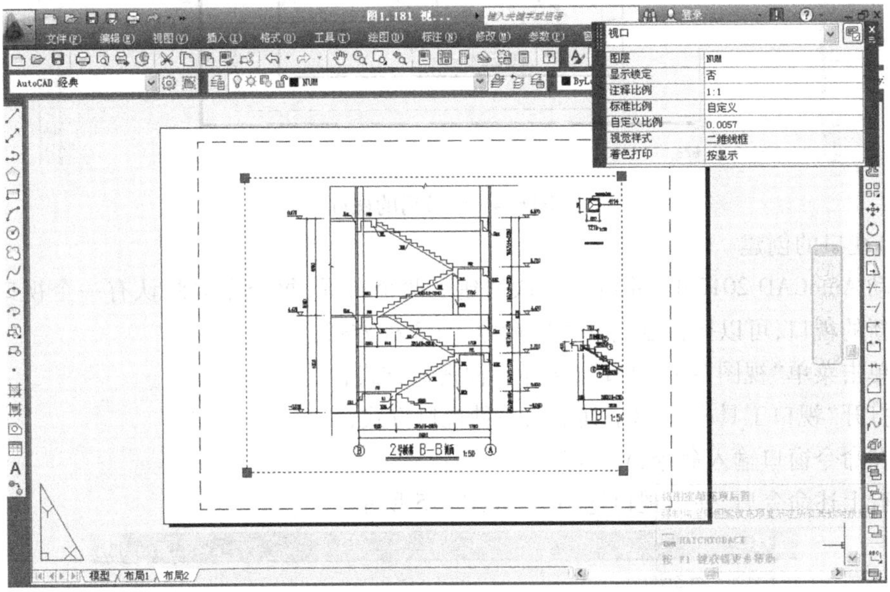

图 6.3 视口

为便于理解模型空间、图纸空间、布局和视口的关系,举例加以说明。如果将图纸(包括绘制的图形)比作工厂生产的产品,那么模型空间就是工厂的生产车间,产品在这里加工。而图纸空间就是存放产品的仓库,产品将从这里输出;布局就是仓库里的一个个储物货架,将产品分类设置存放;视口则是货架的一个个分格,将产品摆放整齐。

(1)视口内图形的调整

在视口多边形内任意位置双击鼠标左键,视口多边形变粗,激活视口,如图 6.4 所示。此时,视口多边形边框处于锁定状态,但可以在视口内调整图形,调整的方式通过“视图缩放”来完成,在这里不要编辑图形对象。对布局中的图形对象进行调整,也可以通过输入缩放命令完成。

命令: z

ZOOM

指定窗口的角点,输入比例因子 (nX 或 nXP),或者

[全部(A)/中心(C)/动态(D)/范围(E)/上一个(P)/比例(S)/窗口(W)/对象(O)]
<实时>: E

对图 6.3 中的图形对象调整后,将全部图形对象显示在视口范围内,如图 6.4 所示。

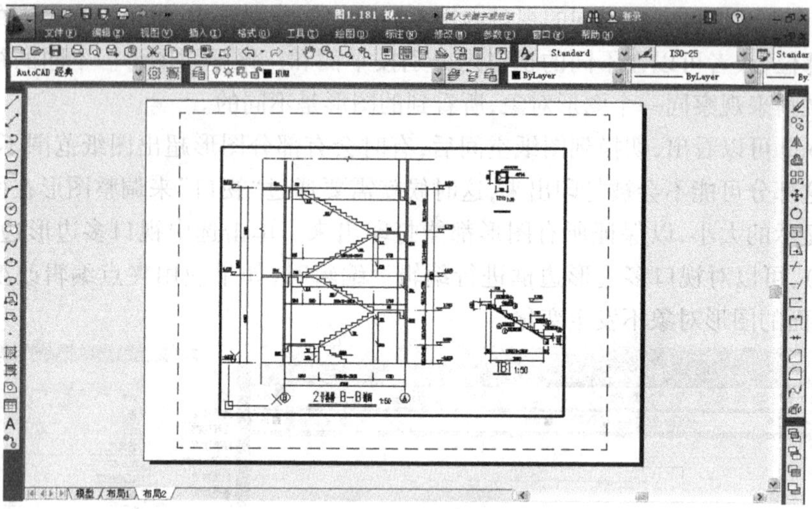

图 6.4　缩放后的视口

(2)视口的创建

启动 AutoCAD 2012 时,系统会默认创建了两个布局,每个布局默认有一个视口。若需要创建新的视口,可以执行创建视口的命令,有 3 种方式:

①单击菜单“视图”→“视口”,选择一种视口方式;

②打开“视口工具栏”,单击其上的一种视口方式;

③在命令窗口输入命令:Vports。

执行上述命令后,弹出视口选项板,如图 6.5 所示。

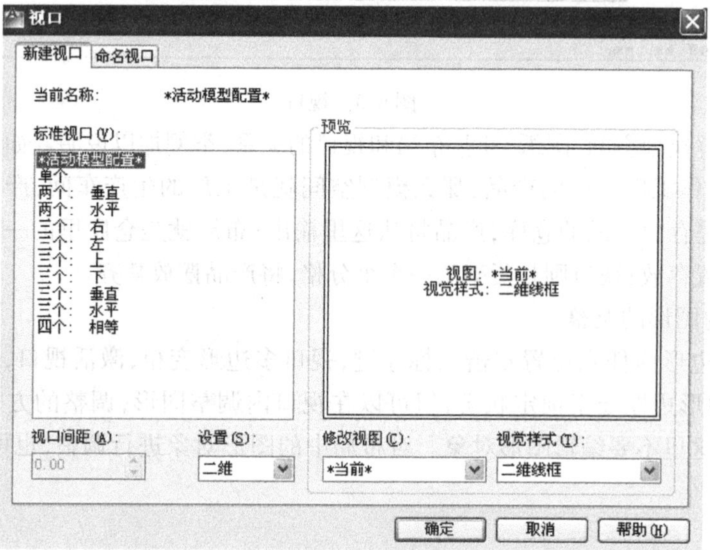

图 6.5　视口选项板

我们以创建三个视口为例,操作方法如下:

命令: vports　　>>视口选项板选择“三个视口 左”,单击“确定”

指定第一个角点或［布满(F)］<布满>：　　>>单击视口矩形坐下角点
指定对角点：正在重生成布局　　>>拖到窗口单击视口矩形右上角点
正在重生成模型

在布局上出现了三个视口：视口1、视口2、视口3，如图6.6所示。

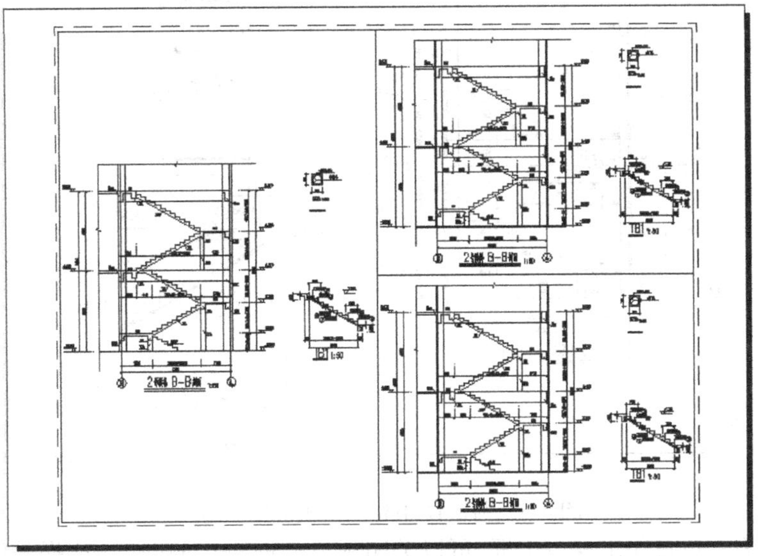

图6.6　三个视口

但是我们发现，三个视口内的图形对象是一样的，都有全部的三个图。可以通过调整，使得一个视口内只显示出一个图，调整方法如下。

在视口1内任意位置双击，激活视口1，其他视口处于锁定状态，利用视图缩放功能，调整视口1中三个图的位置和显示大小，保证在视口1只显示平面图“*B*—*B*剖面图”（注意：其他两个图仍然存在于视口1中，只是在视口边框以外不显示），调整效果如图6.7所示。

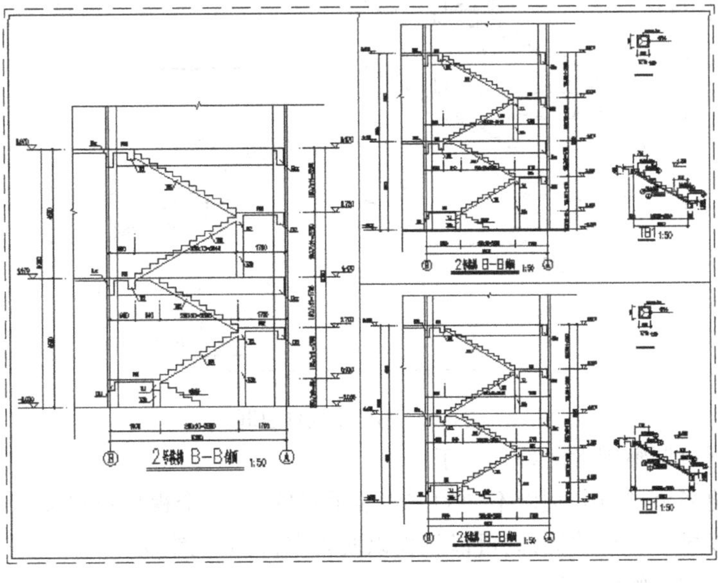

图6.7　调整视口1

按照上述方法,继续调整视口 2 和视口 3,使得一个视口只显示一个图形,如图 6.8 所示。

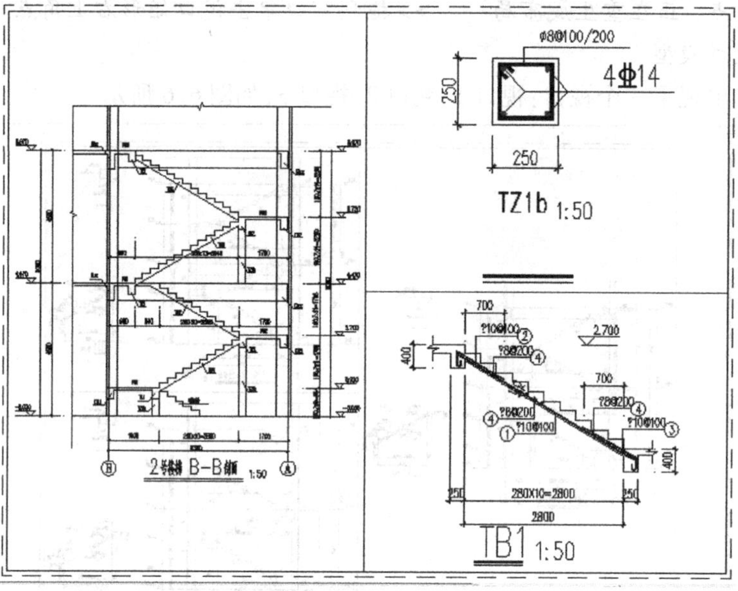

图 6.8　调整后的视口 1、视口 2 和视口 3

打印时,为避免打印出视口边框,可以关闭视口边框所在的图层(前提是将视口边框单独置于某一图层)或单击视口边框删除边框,如图 6.9 所示。

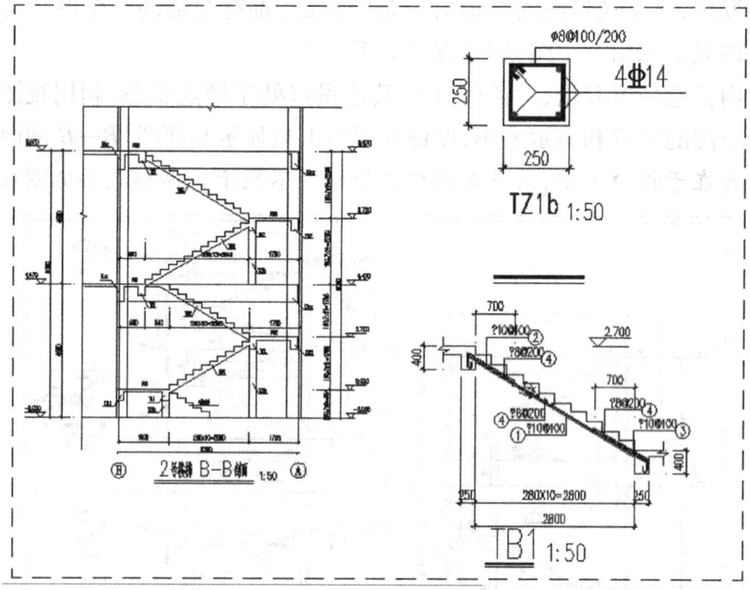

图 6.9　不显示视口边框

上述通过视口调整图形的好处在于:

①可以创建多个视口分别以不同的方式显示对象,如一个视口可以显示对象的整体,另外一个视口可以显示对象的局部,可以放大以便观察;再如三维实体可以用三个视口来分别显示立面图、平面图、侧面图等。

以图 6.10 为例，可以创建四个视口，分别显示水管的立体图、平面图、正立面图和侧立面图。而在模型空间只能选择一种视图方式，达不到这种效果。

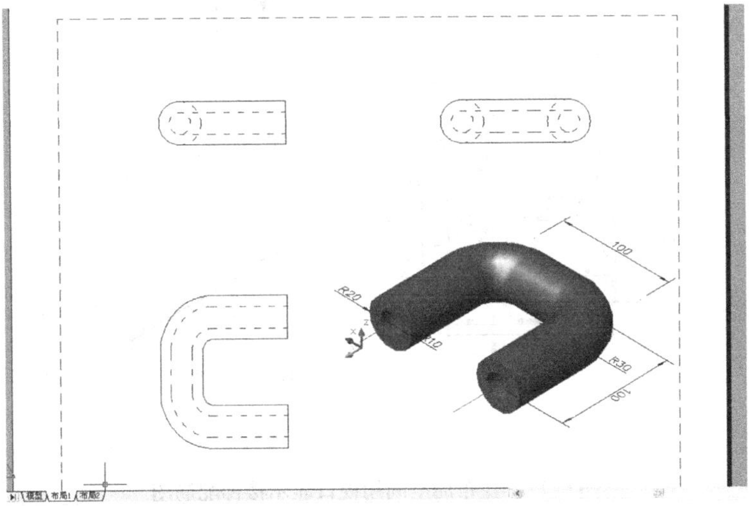

图 6.10　四个视口显示三维图形

②同一张图纸上若有不同大小的几个图，可以按实际尺寸绘制图形，同时按同等大小显示各个比例不同的图形，即在模型空间以 1:1的比例画图，然后在布局空间中的不同视口以不同的比例来显示，在布局空间进行标注，这样标注就自动和实际数值一致。

图 6.11 为某楼梯配筋图，该图纸上有三个配筋图，比例都是 1:50。由于实际大小不同，在模型空间显示的大小相差很大，在布局空间可以方便地解决这个问题。进入布局空间新建三个视口，关闭原视口所在的图层或删除原有的视口边框，分别在新创建的三个视口内缩放和平移图形，使得每个视口只显示其中一个图形，并调整使三个图形显示的大小相近，如图 6.12 所示。

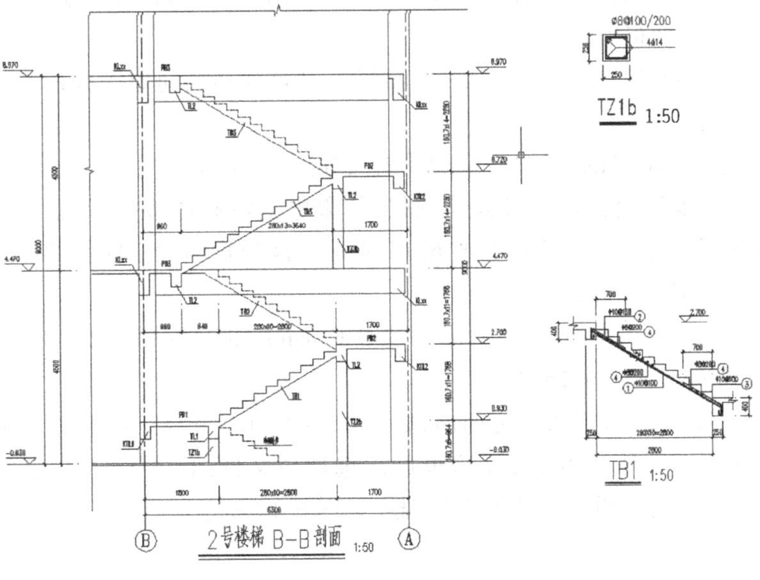

图 6.11　在模型空间显示楼梯配筋图

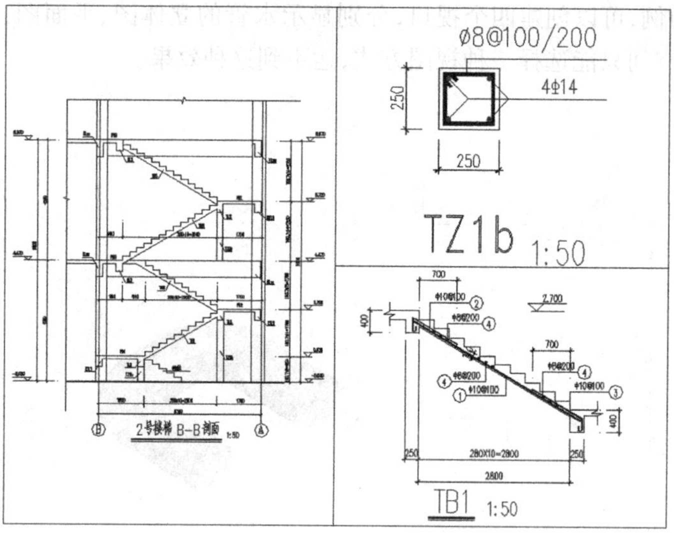

图6.12 在布局空间用视口显示楼梯配筋图

任务2 图形的打印

【任务介绍】本任务介绍专业图纸的打印方法。

【任务目标】能打印各类专业图纸。

图纸的打印既可以在布局空间进行,也可以在模型空间进行,这里推荐在布局空间内打印。

1.在布局空间的打印

要将图6.12所示的楼梯配筋图在A3图纸上打印,可以按如下方法进行。

(1)创建A3图纸布局向导

①进入布局空间,单击菜单“插入”→“布局”→“创建布局向导”,弹出“创建布局”对话框,如图6.13所示。

②输入新建布局向导的名称“楼梯配筋图”,如图6.14所示。

③单击“下一步”,设置打印机或绘图仪,如果电脑没有连接打印机,可以选择绘图仪“DWF6 eplot.pc3”(电子打印机),如图6.15所示。这样打印输出时是将图形输出到一个DWF文件上,而不是打印在纸质图纸上。

④单击“下一步”,选择图纸尺寸,选择“ISO Expand A3(420.00×297.00 mm)”图纸,并将图形单位设为mm,如图6.16所示。

⑤单击下一步,选择图纸方向为横向,如图6.17所示。单击“下一步”,选择标题栏,若之前创建了A3图纸文件“.dwg”,在这里可以选择该文件;若之前没有创建,则可以选择“无”,在布局创建好之后再另行插入A3图框,如图6.18所示。

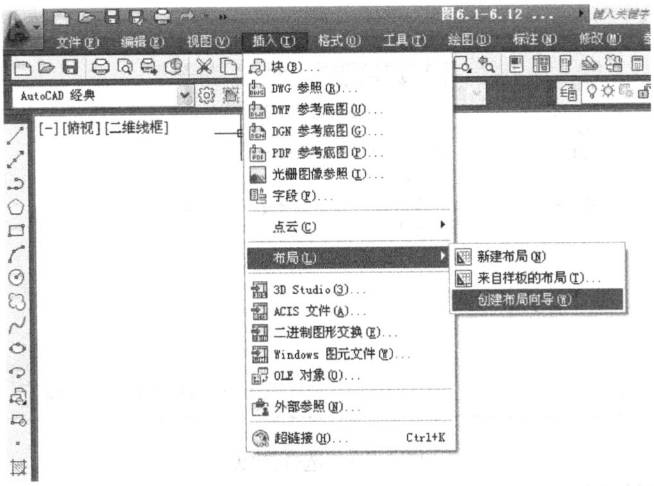

图6.13 进入创建布局向导图

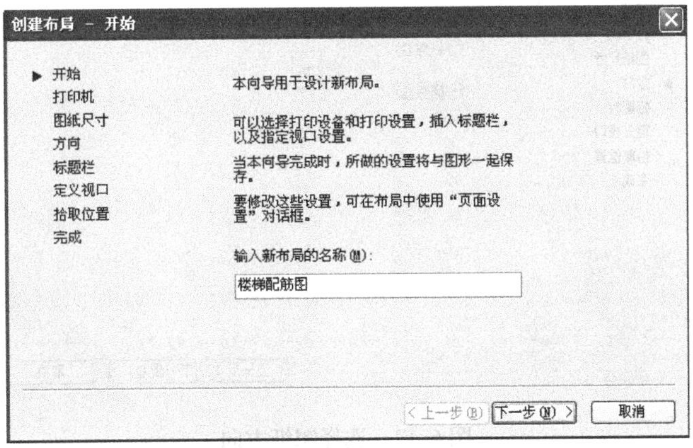

图6.14 命名布局

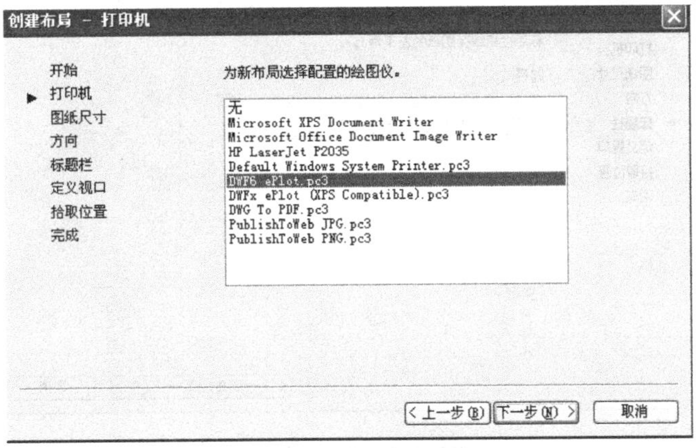

图6.15 选择绘图仪

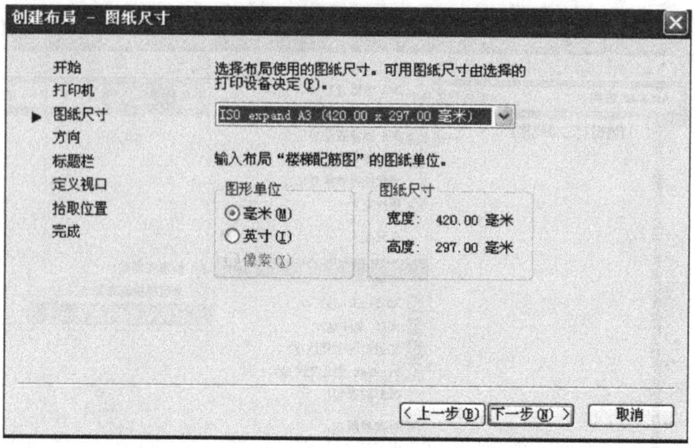

图6.16　选择图纸

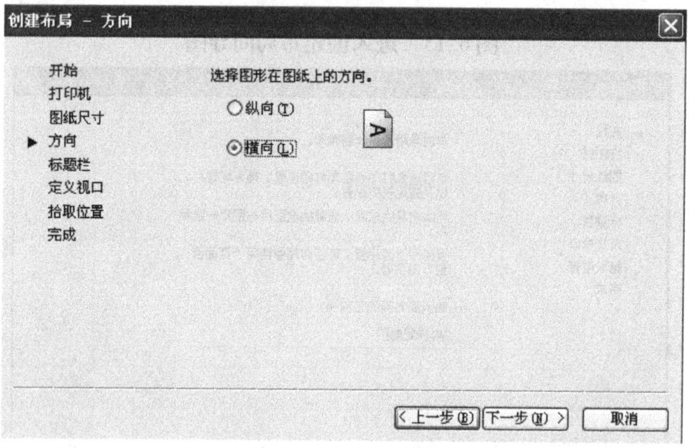

图6.17　选择图纸方向

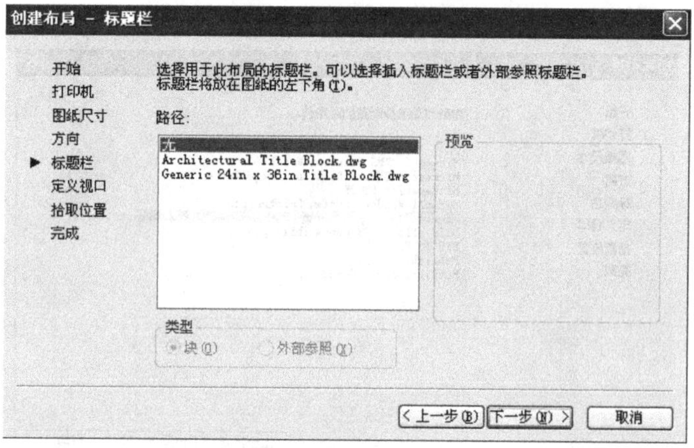

图6.18　选择标题栏

⑥单击下一步,定义视口,选择“单个”,根据图纸比例选择视口比例(如1:100)如图6.19所示。

⑦单击下一步,选择视口的位置,鼠标移出单击两个点指定视口位置,单击“下一步”,完成布局向导创建。

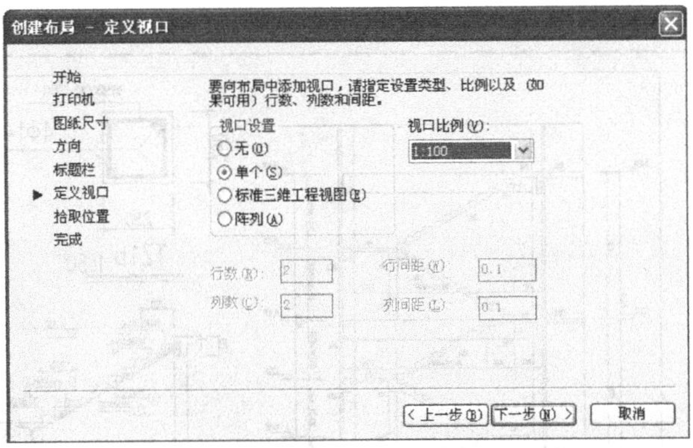

图6.19 定义视口

(2)创建视口

①删除系统自动生成的视口,若之前没有插入A3图纸文件,可直接在布局中插入A3图框,如果没有现成图框,可以在布局空间自行绘制一个。

②重新建立视口,单击菜单"视图"→"视口"→"多边形视口",如图6.20所示。

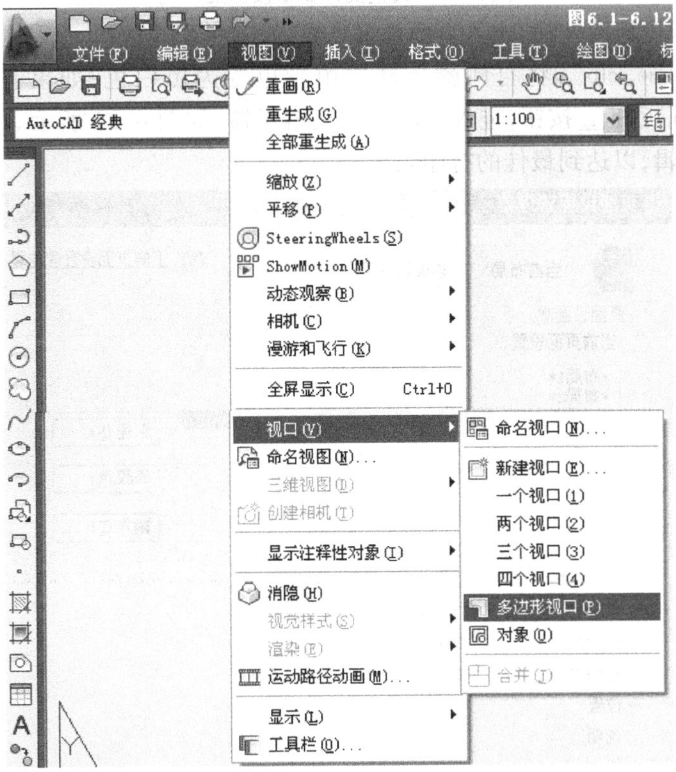

图6.20 创建视口

③新建三个视口,通过视口设置视口比例调整视口内的图形,并将视口多边形边框所在的图层关闭不显示视口多边形边框,如图6.21所示。

(3)打印

①进行打印页面设置,单击菜单"文件"→"页面设置管理器",进入页面设置管理器,如

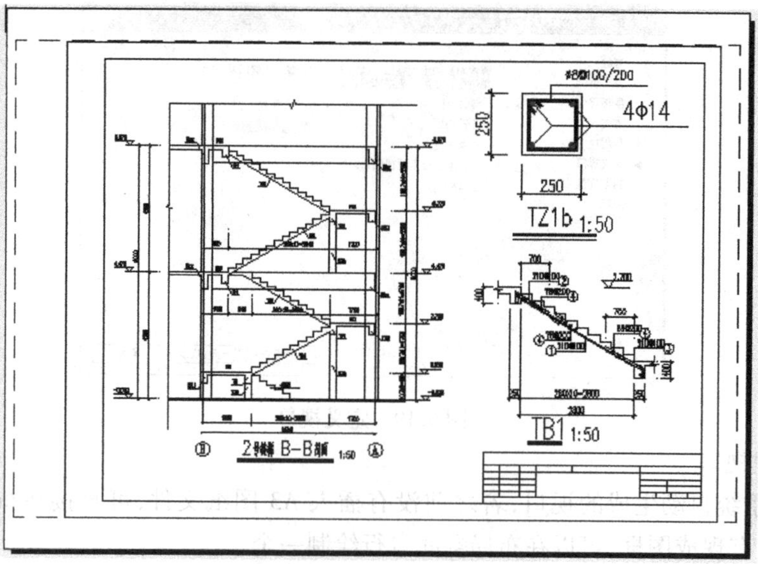

图 6.21　调整视口显示楼梯配筋图

图 6.22 所示。单击修改按钮，进入页面设置界面，如图 6.23 所示。在右上角的打印样式表中选择“monochrome. ctb”，将打印颜色样式由彩色变为黑白色，如果有需要，可以单击“monochrome. ctb”后的按钮，进入打印样式表编辑器，如图 6.24 所示。在这里可以对图形的特性进行编辑，以达到最佳的打印效果。

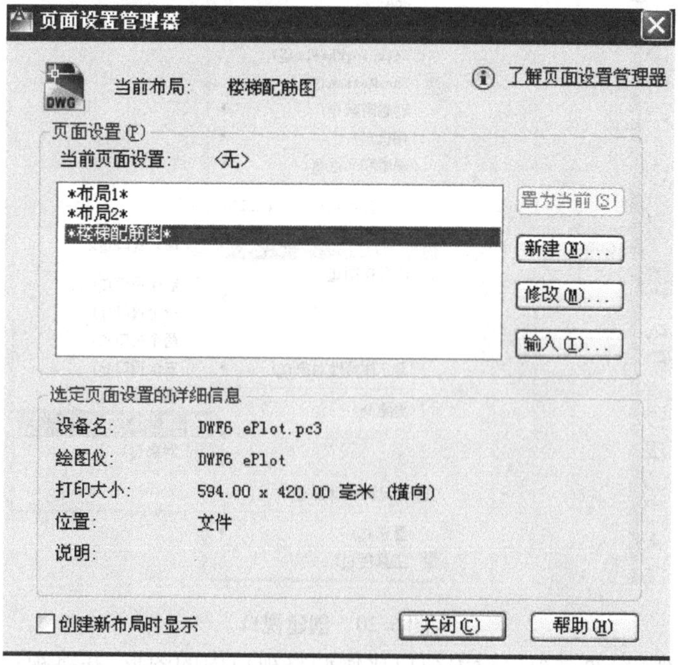

图 6.22　页面设置管理器

打印页面设置好后，单击“确定”返回页面设置管理器，单击“关闭”。

②执行打印操作后，打开名称为“楼梯配筋图”打印对话框，如图 6.25 所示。单击“确定”，选择打印文件保存路径，单击“保存”完成打印，如图 6.26 所示。

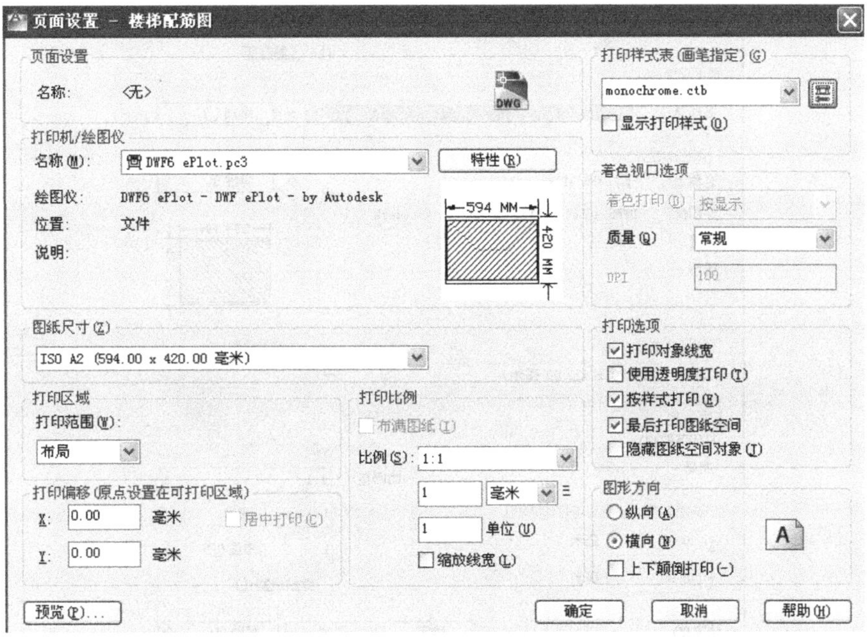

图6.23 页面设置

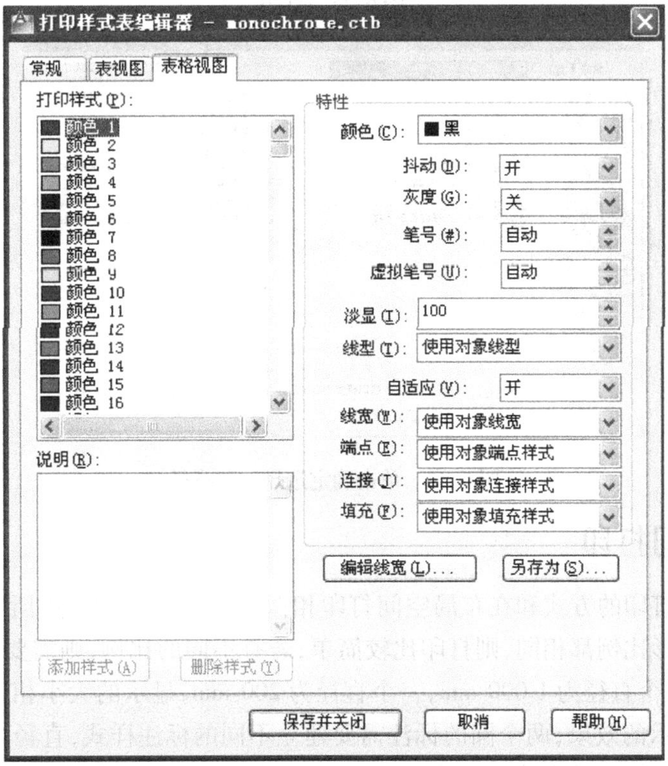

图6.24 打印样式编辑器

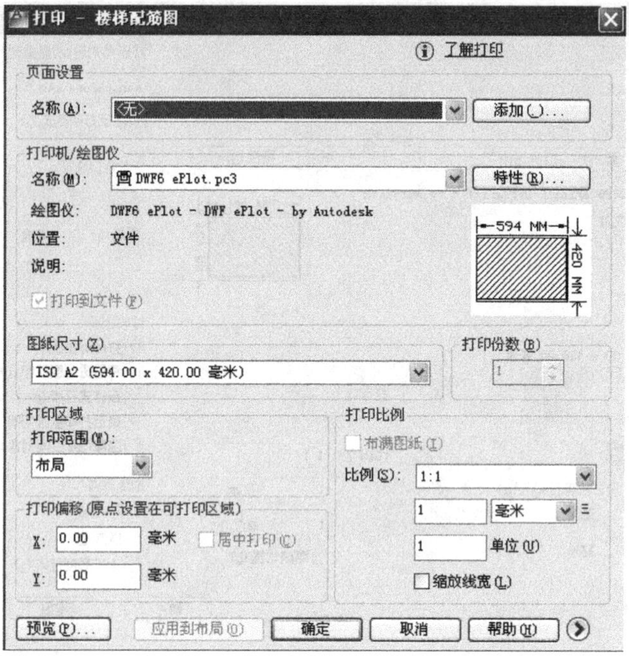

图 6.25　打印

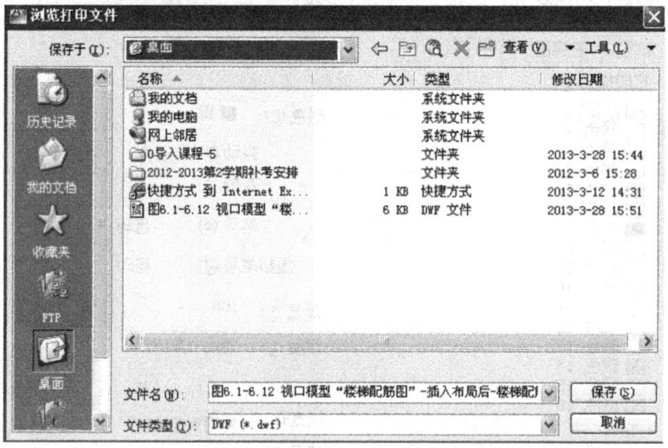

图 6.26　单击确定选择保存路径

2. 在模型空间打印

在模型空间打印的方式和在布局空间打印相似，不同的是要先将图形在模型空间内调整好。若所有图形比例都相同，则打印比较简单；若有不同的比例，则需要调整。如图 6.27 所示的两个圆，一个直径为 1 000 mm，一个直径为 200 mm，显示的大小相同，则两者的比例不同。为达到图示的效果，两个圆的标注需要建立不同的标注样式，直径为 1 000 mm 的圆的标注测量单位比例因子为默认 1，直径为 200 mm 的圆的标注测量单位比例因子为 0.2，如图 6.28 所示。

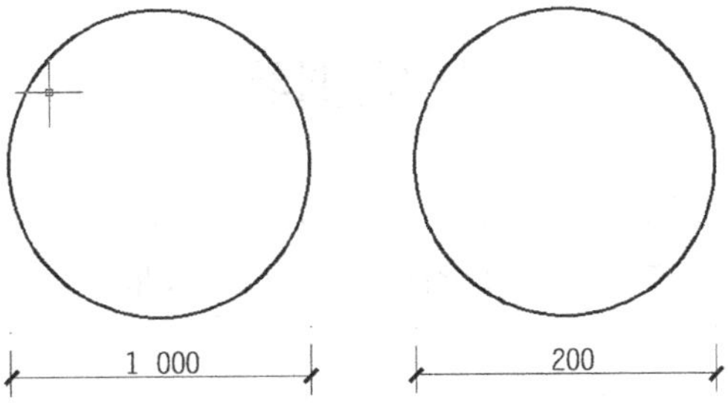

图 6.27　直径不同的两个圆

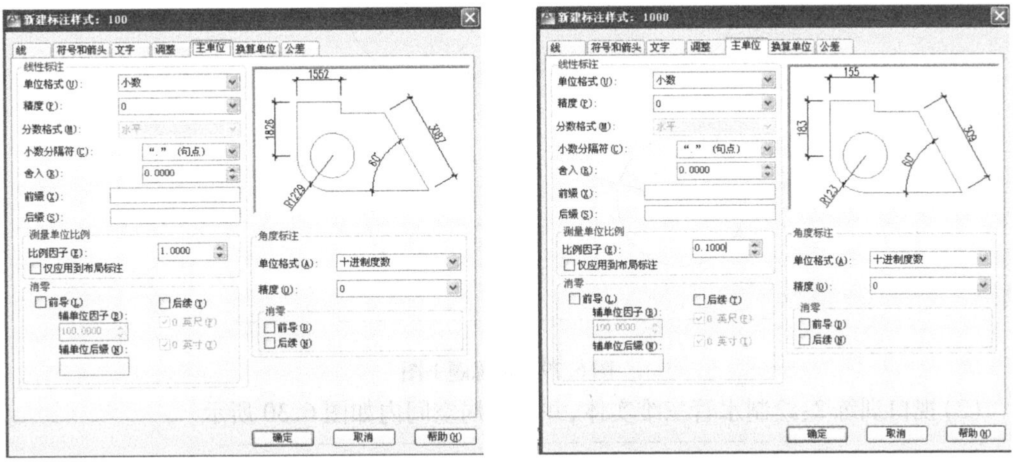

图 6.28　两个圆的标注采用不同的测量单位比例

设置好后，执行打印操作，弹出“打印—模型”对话框，选择打印机和图纸尺寸，在打印范围项，选择“窗口”方式，回到模型空间，用鼠标选定一个方框确定打印范围。为保证效果，将打印的比例设为图形标注样式全局比例因子的倒数，这样按照图形的实际尺寸打印输出。勾选“居中打印”“布满图纸”即可打印。

项目小结

(1)图纸在打印之前应进入图纸空间进行设置。

(2)通过布局和视口调整打印效果。

(3)可以通过设置布局向导打印图形。

(4)多视觉效果和一图多比例打印效果在视口内调整和打印。

技能训练

（1）视口训练1：在模型空间绘制半径分别为1,10,100和1 000 mm的4个圆，设置视口，利用视口调整图形显示的大小，达到图6.29所示的效果。

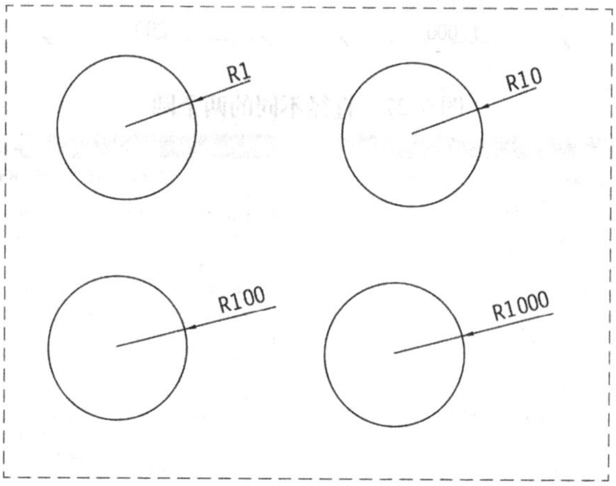

图6.29　训练题1图

（2）视口训练2：绘制水管三维实体，并在布局空间内如图6.30所示。

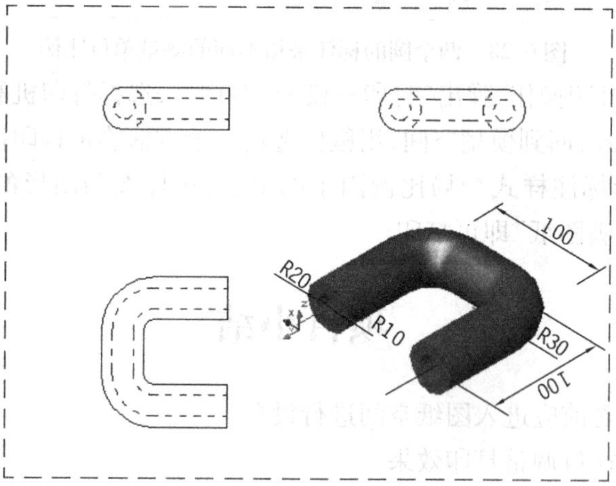

图6.30　训练题2图